YANTU GONGCHENG KANCHA YU

岩土工程勘察与
地基基础工程检测研究

DIJI JICHU GONGCHENG JIANCE YANJIU

刘克文　沈家仁　毕海民　主编

文化发展出版社
Cultural Development Press

图书在版编目（CIP）数据

岩土工程勘察与地基基础工程检测研究 / 刘克文，沈家仁，毕海民主编 . —北京：文化发展出版社有限公司，2019.6

ISBN 978-7-5142-2604-1

Ⅰ . ①岩… Ⅱ . ①刘… ②沈… ③毕… Ⅲ . ①岩土工程－地质勘探－研究②地基－基础（工程）－质量检验－研究 Ⅳ . ① TU412 ② TU47

中国版本图书馆 CIP 数据核字（2019）第 053511 号

岩土工程勘察与地基基础工程检测研究

主　　编：刘克文　沈家仁　毕海民

责任编辑：李　毅　　　　　　责任校对：岳智勇
责任印制：邓辉明　　　　　　责任设计：侯　铮
出版发行：文化发展出版社有限公司（北京市翠微路 2 号 邮编：100036）
网　　址：www.wenhuafazhan.com　www.printhome.com　　www.keyin.cn
经　　销：各地新华书店
印　　刷：阳谷毕升印务有限公司

开　　本：787mm×1092mm　1/16
字　　数：513 千字
印　　张：27.375
印　　次：2019 年 9 月第 1 版　2021 年 2 月第 2 次印刷
定　　价：60.00 元
ＩＳＢＮ：978-7-5142-2604-1

◆　如发现任何质量问题请与我社发行部联系。发行部电话：010-88275710

编委会

前　言

　　岩土工程勘察涉及工程地质理论、土力学理论、工程力学理论等,这些工程理论都是一种半科学半经验的理论,很多理论是建立在经验的基础上的,如很多公式都是经验公式。岩土工程的理论研究和工程实践计算应用大都离不开模型,采用规范计算公式也往往需考虑边界条件,选择适当的计算模型。因为模型是原型的理想化替代物,它反映原型的主要特征,而略去了次要特征,在岩土工程实践中,对于各种问题其分析模型并不是唯一的,因此模型的不确定性由此而来,模型选择不同,分析和计算结果就不同,甚至有很大差异。由于人们所采用的分析模型,就其实用性和复杂性来说,是与人们的认识水平和分析能力直接相关的,岩土工程设计发展趋势是越来越多地考虑实际结构的特点和性能,这就要求使用越来越复杂的模型,工程实践中也需要结合地区经验,考虑工程地质条件的复杂性,必要时需进行补充勘察并进行设计方案调整,做到技术可靠和经济合理。

　　地基基础质量检测是工程质量保证的重要环节,是保证建(构)筑物结构安全的重要手段。工业与民用建筑中的质量通病和重大质量事故多与基础工程的质量有关,其中有不少桩基工程的质量问题直接危及主体结构的正常使用与安全。近年来高层、超高层建筑不断涌现,建设规模日益增长扩大,建设工程大量采用复合地基和桩基础。影响地基质量的因素很多,涉及地基工程质量的安全事故将直接影响建(构)筑物结构正常使用,因此加强建设工程地基基础检测单位的质量监督管理,规范地基基础检测市场,提高地基基础检测质量,保证检测工作的科学性和公正性,对确保建设工程质量和使用安全有着重要的意义,所以对地基基础检测尤为重要。

　　本书在编写过程中参考了大量的国内外专家和学者的专著、报刊文献、网络资料，以及岩土工程勘察与地基基础工程检测的有关内容，借鉴了部分国内外专家、学者的研究成果，在此对相关专家、学者表示衷心的感谢。

　　虽然本书编写时各作者通力合作，但因编写时间和理论水平有限，书中难免有不足之处，我们诚挚地希望读者给予批评指正。

　　　　　　　　　　　　《岩土工程勘察与地基基础工程检测研究》编委会

目　　录

第一章　岩土分类与地下水类型

第一节　岩石的分类

岩石是天然形成的、由一种或多种矿物组成的、具有一定结构构造的集合体。岩石作为工程地基和环境介质，可按下列标准分类。

一、按成因分类

可分为岩浆岩、沉积岩和变质岩三大类。

1. 岩浆岩

岩浆在向地表上升过程中，由于热量散失，逐渐经过分异等作用冷凝而成岩浆岩。在地表下冷凝的称侵入岩，喷出地表冷凝的称喷出岩。侵入岩按距地表的深浅程度又分为深成岩和浅成岩。岩浆岩分类见表1-1。

表1-1　岩浆岩的分类

颜色		浅色 （浅灰、浅红、红色、黄色）			深色 （深灰、绿色、黑色）		产出 形态
矿物成分 成因及结构		含正长石		含斜长石	不含长石		
		石英 云母 角闪石	黑云母 角闪石 辉石	角闪石 辉石 黑云母	辉石 角闪石 橄榄石	辉石 橄榄石 角闪石	
侵入岩	深成岩	花岗岩	正长岩	闪长岩	辉长岩	橄榄岩 辉岩	岩基、 岩株
		等粒状，有时为斑粒状，所有矿物皆能用肉眼鉴别					

颜色			浅色 （浅灰、浅红、红色、黄色）			深色 （深灰、绿色、黑色）		产出形态
侵 入 岩	浅成岩	斑状（斑晶较大，且可分辨出矿物名称）	花岗斑岩	正长斑岩	闪长玢岩	辉绿岩	苦橄玢岩 金伯利岩	岩床、岩墙、岩脉、岩盘等
喷 出 岩		玻璃状，有时为细粒斑状，矿物难用肉眼鉴别	流纹岩	粗面岩	安山岩	玄武岩	苦橄岩	熔岩流
		玻璃状或碎屑状	黑曜岩、浮岩、火山凝灰岩、火山碎屑岩、火山玻璃					火山喷出的堆积物

2. 沉积岩

沉积岩是由岩石、矿物在内外动力地质作用下破碎成碎屑物质后，再经水流、风和冰川等的搬运，堆积在大陆低洼地带或海洋，再经胶结、压密等成岩作用而成的岩石。沉积岩分类见表1-2。

表1-2　沉积岩的分类

物质成分 沉积类型	硅质	泥质	石灰质	其他成分
碎屑沉积	石英砾岩、石英角砾岩、燧石角砾岩、石英砂岩、硬砂岩、粉砂岩	泥岩、页岩、黏土	石灰砾岩、石灰角砾岩、多种石灰岩	集块岩
化学沉积	桂华、链石岩、碧玉岩	铝质岩、铁质岩	石笋、石钟乳、石灰华、白云岩、石灰岩、泥灰岩	岩盐、石青、硬石膏、硝石
生物沉积	桂藻土	油页岩	白垩、白云岩、珊瑚石灰岩	煤炭、油砂、某种磷酸盐岩石

3. 变质岩

变质岩是岩浆岩或沉积岩在高温、高压或其他因素作用下，经变质所形成的岩石。原来母岩经变质作用后，不仅矿物重新结晶或生成新矿物，而且岩石的结构、构造亦发生变化；但一般情况下，仍保存原岩的产状。

大多数变质岩具有片麻状、片状构造，有的有变质矿物产生。变质岩分类见表1-3。

表1-3　变质岩的分类

岩石类别	岩石名称	主要矿物成分	鉴别特征
片状类	片麻岩	石英、长石、云母	片麻状构造，浅色长石带和深色云母带互相交错，结晶粒状或斑状结构
	云母片岩	云母、石英	具有薄片理，片理上有强的丝绢光泽，石英凭肉眼常看不到
	绿泥石片岩	绿泥石	绿色，常为鳞片状或叶片状的绿泥石块
	滑石片岩	滑石	鳞片状或叶片状的滑石块，用指甲可刻画，有高度的滑感
	角闪石片岩	普通角闪石、石英	片理常常表现不明显，坚硬
	千枚岩、板岩	云母、石英等	具有片理，肉眼不易识别矿物，锤击发清脆声，并具有丝绢光泽，千枚岩表现得很明显
块状类	大理岩	方解石、少量白云石	结晶粒状结构，遇盐酸起泡
	石英岩	石英	致密的、细粒的块体，坚硬，硬度值近7，玻璃光泽，断口呈贝壳状或次贝壳状

二、按坚硬程度分类

岩石按坚硬程度分类见表1-4所示。

表1-4　岩石坚硬程度

坚硬程度	坚硬岩	较硬岩	较软岩	软岩	极软岩
饱和单轴抗压强度f_r（MPa）	$f_r > 60$	$60 \geq f_r > 30$	$30 \geq f_r > 15$	$15 \geq f_r > 5$	$f_r \leq 5$

三、按风化程度分类

岩石按风化程度分类见表1-5。

表1-5 岩石风化程度

风化程度	野外特征	风化程度参考指标	
		波速比 K_v	风化系数 K_f
未风化	岩质新鲜，偶见风化痕迹	0.9 ~ 1.0	0.9 ~ 1.0
微风化	结构基本未变，仅节理面有铁质渲染或略有变色，有少量风化裂隙	0.8 ~ 0.9	0.8 ~ 0.9
中等风化	结构部分破坏，沿节理面有次生矿物，风化裂隙发育，岩体被切割成岩块。用镐难挖，岩心钻方可钻进	0.6 ~ 0.8	0.4 ~ 0.8
强风化	结构大部分破坏，矿物成分显著变化，风化裂隙很发育，岩体破碎，用镐可挖，干钻不易钻进	0.4 ~ 0.6	< 0.4
全风化	结构基本破坏，但尚可辨认，并且有微弱的残余结构强度，可用镐挖，干钻可钻进	0.2 ~ 0.4	—
残积土	组织结构全部破坏，已风化成土状，锹镐易挖掘，干钻易钻进，具可塑性	< 0.2	—

四、按软化系数分类

软化系数（K_R）为饱和状态与风干状态的岩石单轴极限抗压强度之比。

当 $K_R \leqslant 0.75$ 时，为软化岩石；

当 $K_R > 0.75$ 时，为不软化岩石。

五、按特殊性分类

当岩石具有特殊成分、特殊结构或特殊性质时，应定为特殊性岩石，如易溶性岩石、膨胀性岩石、崩解性岩石、盐渍化岩石等。

六、按岩体特征分类

岩体是指包括各种结构面的原位岩石的综合体，当作为工程建设的对象时，称为"工程岩体"。

1. 按岩体完整程度分类

按岩体完整程度分类见表1-6。

2. 按岩体基本质量等级分类

按岩体基本质量等级分类见表1-7。

表1-6　岩体完整程度

完整程度	完整	较完整	较破碎	破碎	极破碎
完整性指数	＞0.75	0.75～0.55	0.55～0.35	0.35～0.15	＜0.15

注：完整性指数为岩体压缩波速度与岩块压缩波速度之比的平方，选定岩体和岩块测定波速时，应注意其代表性。

表1-7　岩体基本质量等级

完整程度＼坚硬程度	完整	较完整	较破碎	破碎	极破碎
坚硬岩	Ⅰ	Ⅱ	Ⅲ	Ⅳ	Ⅴ
较硬岩	Ⅱ	Ⅲ	Ⅳ	Ⅳ	Ⅴ
较软岩	Ⅲ	Ⅳ	Ⅳ	Ⅴ	Ⅴ
软岩	Ⅳ	Ⅳ	Ⅴ	Ⅴ	Ⅴ
极软岩	Ⅴ	Ⅴ	Ⅴ	Ⅴ	Ⅴ

3. 按岩体结构类型分类

在地下洞室和边坡工程中，常按岩体结构类型分类，见表1-8。

表1-8　岩体结构类型

岩体结构类型	岩体地质类型	结构体形状	结构面发育情况	岩土工程特征	可能发生的岩土工程问题
整体状结构	巨块状岩浆岩和变质岩，巨厚层沉积岩	巨块状	以层面和原生构造节理为主，多呈闭合形，间距大于1.5m，一般为1～2组，无危险结构	岩体稳定，可视为均质弹性各向同性体	局部滑动或树塌，深埋洞室的岩爆
块状结构	厚层状沉积岩、块状岩浆岩和变质岩	块状柱状	有少量贯穿性节理裂隙，结构面间距0.7～1.5m，一般为2～3组，有少量分离体	结构面相互牵制，岩体基本稳定，接近弹性各向同性体	
层状结构	多韵律薄层、中厚层状沉积岩，副变质岩	层状板状	有层理、片理、节理，常有层间错动	变形和强度特征受层面控制，可视为各向异性弹塑性体，稳定性较差	可沿结构面滑塌，软岩可产生塑性变形

岩体结构类型	岩体地质类型	结构体形状	结构面发育情况	岩土工程特征	可能发生的岩土工程问题
碎裂状结构	构造影响严重的破碎岩层	碎块状	断层、节理、片理、层理发育，结构面间距0.25～0.5m，一般在3组以上，有许多分离体	整体强度很低，并受软弱结构面控制，呈弹塑性体，稳定性很差	易发生规模较大的岩体失稳，要特别注意地下水加剧岩体失稳的不良作用
散体状结构	断层破碎带，强风化及全风化带	碎屑状	构造和风化裂隙密集，结构面错综复杂，多充填黏性土，形成无序小块和碎屑	完整性遭到极大破坏，稳定性极差，接近松散体介质	

4. 按岩层厚度分类

按岩层厚度分类见表1-9。

表1-9 岩层厚度

层厚分类	单层厚度 h（m）
巨厚层	$h > 1.0$
厚层	$0.5 < h \leq 1.0$
中厚层	$0.1 < h \leq 0.5$
薄层	$h \leq 0.1$

第二节 土的分类

土是连续、坚固的岩石在物理风化、化学风化等一系列风化作用下形成的大小悬殊的颗粒，经过不同的搬运方式，在各种自然环境中沉积生成的松散沉积物。土在形成过程中，由于形成年代、物质成分、结构构造和堆积环境的不同而具有不同的工程特征，可依据不同的标准划分为不同类型。

一、按沉积年代分类

可分为老沉积土、一般沉积土和新近沉积土。

1. 老沉积土

老沉积土是第四纪晚更新世（Q_3）及其以前沉积的土。它是一种沉积年代久、工程性质较好的土，一般具有较高强度和较低压缩性。主要指广泛分布于长江中下游的晚更新世黏土（Q_3）、湖南湘江两岸的网纹状黏性土（Q_3）和内蒙古包头地区的下亚层土（Q_3）。

2. 一般沉积土

一般沉积土是第四纪全新世（Q_4文化期以前）沉积的土。其分布面积广，工程性质变化很大，是经常遇见的岩土工程勘察对象。其压缩模量 E_S 一般小于 15MPa；标准贯入锤击数 N 多小于 15 击；多属于中等压缩性。其他物理力学性质指标则变化较大。黏粒（$d < 0.005$mm）含量一般达 15% 以上，透水性低，而灵敏度高，作为建筑物的天然地基应注意其可能会产生不均匀沉降。

3. 新近沉积土

新近沉积土是指文化期以来，或第四纪全新世中近期沉积的土，一般为欠固结，强度低。野外鉴别方法见表1-10。

表1-10　新近沉积土的野外鉴别方法

沉积环境	颜色	结构性	包含物
河漫滩和山前洪冲积扇（锥）的表层，古河道，已填塞的湖塘、沟、谷、河道泛滥区	颜色较深而暗，呈褐、暗黄或灰色，含有机质较多时带灰黑色	结构性差，用手扰动原状土时，极易变软，塑性较低的土还有振动水析现象	在完整的剖面中无原生的粒状结构体，但可能含有圆形及亚圆形的钙质结核体（如姜结石）或贝壳等；在城镇附近可能含有少量碎砖、瓦片、陶瓷、铜币或朽木等人类活动的遗物

二、按地质成因分类

可分为残积土、坡积土、洪积土、冲积土、淤积土、冰积土和风积土。

1. 残积土（Q^{el}）

残积土是岩石经风化破碎后残留在原地的一种碎屑沉积物。它的分布主要受地形控制。由于山区原始地形变化较大，且岩石风化程度不一，往往在很小范围内，残积土层厚度变化就很大。在宽广的分水岭上，由雨水产生的地表径流速度很小，风化产物易于保留，残积土层较厚；在平缓的山坡上也常有残积土覆盖，但较薄。残积土颗粒未经磨圆或分选，没有层理构造，均质性差，因而土的物理力学性质很不一致，同时多为棱角状的粗颗粒土，其孔隙度较大，作为建筑物地基容易产生不均匀沉降。

2. 坡积土（Q^{dl}）

坡积土是在重力作用下，高处的风化物被雨水或雪水搬运到较平缓的山坡地带而形成的山坡堆积物。它一般分布在坡腰或坡脚下，其上部与残积土相接。坡积土随斜坡自上而下呈现由粗而细的分选现象。其矿物成分与下卧基岩没有直接关系，这是它与残积土明显的区别。由于坡积土形成于山坡，故常发生沿下卧基岩倾斜面滑动的现象。另外，坡积土由于组成物质粗细颗粒混杂，土质不均匀，厚度变化大（上部有时不足1m，下部可达几十米）。新近沉积的坡积土，土质疏松，压缩性较高。

3. 洪积土（Q^{pl}）

洪积土是由山区暴雨和临时性的洪水作用，在山前形成的沉积物。

山洪流出沟谷口后，由于流速骤减，被搬运的粗碎屑物质（如块石、砾石、粗砂等）首先大量堆积下来，离山渐远，洪积物颗粒随之变细，其分布范围也逐渐扩大。其地貌特征，靠山近处窄而陡，离山较远处宽而缓，形成锥体，故称为洪积扇。洪积物的颗粒虽因搬运过程中的分选作用而呈现随离山远近而变化的现象，但由于搬运距离短，颗粒的磨圆度仍不佳。此外，山洪是周期性产生的，每次的规模大小不尽相同，堆积下来的物质也不一样。因此，洪积土常呈现不规则的交错层理构造，如具有夹层、尖灭或透镜体等产状。靠近山地的洪积土颗粒较粗，地下水位埋藏较深，土的承载力一般较高，常为良好的天然地基；离山较远地段颗粒较细，土质均匀、密实，厚度较大，通常也是良好的天然地基。但在上述两部分的过渡地带，常常由于地下水溢出地表而造成宽广的沼泽地带，因此此地段土质软弱而承载力较低。

4. 冲积土（Q^{al}）

冲积土是由河流流水作用在平原河谷或山区河谷中形成的沉积物。其特点是呈现明显的层理构造。由于搬运作用显著，碎屑物质是由带棱角的颗粒（块石、碎石及角砾）经滚磨、碰撞逐渐形成的亚圆形或圆形颗粒（漂石、卵石、圆砾）。其搬运距离越长，则沉积物质越细。所以，冲积土具明显的分选性，层理清晰，常为砂与黏性土的交错层理，亦存在砾石层，故常为理想的天然地基。

5. 淤积土（Q^{m+1}）

淤积土是在静水或缓慢水流环境下所形成的沉积物。包括海相沉积土和湖泊沉积土两大类。

海相沉积土与海洋分区相对应而分为以下3类。

（1）滨海沉积土：主要由卵石、圆砾和砂等粗碎屑物质组成（可能有黏性土夹层），具水平或倾斜层理，砂层中常有波流作用留下的痕迹。作为地基，其强度尚高，但透水性较大。

（2）浅海沉积土：主要由细粒砂土、黏性土、淤泥和生物化学沉积物（硅质和石灰质等）组成。具有层理构造，压缩性高且不均匀，强度低。

（3）陡坡和深海沉积土：主要是有机质软泥，有压缩性，成分均一。

湖泊沉积土可分为湖边沉积土和湖心沉积土。如果湖泊逐渐淤塞，则可演变成沼泽，形成沼泽沉积物。

湖边沉积土主要由湖浪冲蚀湖岸、破坏岸壁形成碎屑物质。近岸带以粗粒的卵石、圆砾和砂土为主，远岸带则以细粒的砂土和黏性土为主。湖边沉积土具明显的斜层理构造。湖心沉积土主要以细颗粒物质为主。作为地基时，近岸带有较高的承载力，远岸带则差些。

沼泽沉积土主要是由含有半腐烂的植物残余体——泥炭组成。该土层含水量高，透水性低，含大量有机质，压缩性很高，承载能力很差，不能作为建筑物地基。

6. 冰积土（Q^{gl}）

冰积土是由冰川和冰水作用所形成的沉积物。一般可分为冰碛、冰湖及冰水沉积3种类型。冰碛物主要堆积在冰川的近底部分，颗粒常以砾石为主，夹有砂和黏土，由于受上覆冰层的巨大压力所压实，具有较高的强度，是良好的建筑物地基。冰湖和冰水沉积物，分别是冰湖或融化后的冰川水所形成的堆积物。冰湖沉积的带状黏土，具有明显的层理，但有时含有少量漂石，形成不均匀地基土。

7. 风积土（Q^{eol}）

风积土是由风力搬运形成的沉积物。主要包括松散的砂和砂丘，典型的黄土也是风积物的一种。这种土的特征是没有层理，同一地点沉积的物质颗粒大小十分接近，是良好的天然地基。

三、按颗粒级配或塑性指数分类

1. 《土的分类标准》（GBJ145—90）中的分类

依据表1–11中粒组划分标准，按不同粒组的相对含量把土分为巨粒土和含巨粒的土、粗粒土、细粒土三大类。

表1–11　粒组划分标准

粒组统称	粒组名称	粒径（d）范围（mm）
巨粒土	漂石（块石）粒	$d > 200$
	卵石（碎石）粒	$60 < d \leqslant 200$

粒组统称	粒组名称		粒径（d）范围（mm）
粗粒土	砾粒	粗砾	$20 < d \leqslant 60$
		细砾	$2 < d \leqslant 20$
	砂粒	粗砂	$0.5 < d \leqslant 2$
		中砂	$0.25 < d \leqslant 0.5$
		细砂	$0.075 < d \leqslant 0.25$
细粒土	粉粒		$0.005 < d \leqslant 0.075$
	黏粒		$d \leqslant 0.005$

（1）巨粒土和含巨粒的土

巨粒组质量多于总质量的15%的土属巨粒土和含巨粒的土，并可根据粒组的含量分为漂石、卵石、混合土漂石、混合土卵石、漂石混合土和卵石混合土（表1-12）。

表1-12 巨粒土和含巨粒的土

土类	粒组含量		土的名称
巨粒土	巨粒含量75% ~ 100%	漂石粒含量>50%	漂石
		漂石粒含量≤50%	卵石
混合巨粒土	巨粒含量50% ~ 75%	漂石粒含量>50%	混合土漂石
		漂石粒含量≤50%	混合土卵石
巨粒混合土	巨粒含量15% ~ 50%	漂石粒含量>卵石含量	漂石混合土
		漂石粒含量≤卵石含量	卵石混合土

（2）粗粒土

粗粒组质量多于总质量的50%的土称为粗粒土。根据砾粒组的含量，粗粒土又分为砾类土和砂类土。砾粒组质量多于总质量的50%的土称砾类土，砾粒组质量少于或等于总质量的50%的土称砂类土。砾类土和砂类土可按表1-13、表1-14进一步划分。

表1-13 砾类土

土类	砾	含细粒土砾	细粒土质砾
细粒组含量	<5%	5%~15%	大于15%且小于等于50%

表 1-14 砂类土

土类	砂	含细粒土砂	细粒土质砂
细粒组含量	< 5%	5%~15%	大于15%且小于等于50%

（3）细粒土

细粒组质量多于或等于总质量的50%的土称细粒土。

细粒土又分为细粒土和含粗粒的细粒土两类。粗粒组质量少于总质量的25%的土称细粒土，粗粒组质量为总质量的25% ~ 50%的土称含粗粒的细粒土。根据土中所含粗粒组的类别，含粗粒的细粒土又可分为含砾细粒土和含砂细粒土两类。砾粒占优势的土称含砾细粒土，砂粒占优势的土称含砂细粒土。

2. 按规范分类

《岩土工程勘察规范》（GB50021—2001）（2009版）、《建筑地基基础设计规范》（KGB5007—2012）中，土被划分为碎石土、砂土、粉土和黏性土。

（1）碎石土

粒径大于2mm的颗粒质量超过总质量50%的土。根据颗粒级配和颗粒形状按表1-15分为漂石、块石、卵石、碎石、圆砾和角砾。

表 1-15 碎石土

土的名称	颗粒形状	颗粒级配
漂石 块石	圆形及亚圆形为主 棱角形为主	粒径大于200mm的颗粒超过总质量的50%
卵石 碎石	圆形及亚圆形为主 棱角形为主	粒径大于20mm的颗粒超过总质量的50%
圆砾 角砾	圆形及亚圆形为主 棱角形为主	粒径大于2mm的颗粒超过总质量的50%

（2）砂土

粒径大于2mm的颗粒质量不超过总质量的50%，粒径大于0.075mm的颗粒质量超过总质量的50%的土。根据颗粒级配按表1-16分为砾砂、粗砂、中砂、细砂和粉砂。

（3）粉土

粒径大于0.075mm的颗粒质量不超过总质量的50%，且塑性指数小于或等于10的土。必要时，可根据颗粒级配分为砂质粉土（粒径小于0.005mm的颗粒质量不超过总质量10%）和黏质粉土（粒径小于0.005mm颗粒质量等于或超过总质量10%）。

表 1-16　砂土的分类

土的名称	颗粒级配
砾砂	粒径大于2mm的颗粒质量占总质量的25%～50%
粗砂	粒径大于0.5mm的颗粒质量超过总质量的50%
中砂	粒径大于0.25mm的颗粒质量超过总质量的50%
细砂	粒径大于0.075mm的颗粒质量超过总质量的85%
粉砂	粒径大于0.075mm的颗粒质量超过总质量的50%

（4）黏性土

塑性指数大于10的土，根据塑性指数分为粉质黏土（塑性指数大于10但小于等于17）和黏土（塑性指数大于17）。

3．按有机质含量分类

可按表1-17分为无机质土、有机质土、泥炭质土和泥炭。

表 1-17　土按有机质含量分类

分类名称	有机质含量	现场鉴别特征	说明
无机质土	$W_u < 5\%$		
有机质土	$5\% \leq W_u \leq 10\%$	深灰色，有光泽，味臭，除腐殖质外尚含少量未完全分解的动植物体，浸水后水面出现气泡，干燥后体积有收缩	1．如现场鉴别或有地区经验时，可不做有机质含量测定 2．当$w > w_1$，$1.0 \leq e < 1.5$时，称淤泥质土 3．当$w > w_{1+}$，$e \geq 1.5$时，称淤泥
泥炭质土	$10\% < W_u \leq 60\%$	深灰或黑色，有腥臭味，能看到未完全分解的植物结构，浸水体胀，易崩解，有植物残渣浮于水中，干缩现象明显	可根据地区特点和需要细分为： 弱泥炭质土：（10%<W_u≤25%） 中泥炭质土：（25%<W_u≤40%） 强泥炭质土：（40%<W_u≤60%）
泥炭	$W_u > 60\%$	除有泥炭质土特征外，结构松散，土质很轻，暗无光泽，干缩现象极为明显	

4．按特殊性分类

湿陷性土：在200kPa压力下浸水载荷实验的湿陷量与承压板宽度或直径比大于0.023的土应判为湿陷性土。包括在我国广泛分布的湿陷性黄土和在干旱（半干旱）地区，特别是山前洪、坡积扇（群）中常遇到的湿陷性碎石土、湿陷性砂土和其他湿陷性土。

这些土在一定压力下浸水常具有强烈的湿陷性。据有关资料，浸水后产生的附加沉降变形量可大于3cm。

红黏土：红黏土是指碳酸盐岩的岩石经岩溶化与红土化作用形成并覆盖于基岩上的棕红、褐黄等色的高塑性黏土。

软土：软土是指沿海的滨海相、三角洲相、溺谷相，内陆的河流相、湖泊相、沼泽相等主要由细粒土组成的具有孔隙比大（$e \geq 1$）、天然含水量高（$w \geq w_1$）、压缩性高［$a_{1-2} > 0.5MPa^{-1}$、强度低（$c_u < 30kPa$）以及灵敏度高（$S_t > 4$）］等特殊性土层，包括淤泥、淤泥质土、泥炭、泥炭质土等。

混合土：混合土是指由细粒土和粗粒土混杂且缺乏中间粒径的土。颗粒级配不连续，主要由黏粒、粉粒、砂粒、砾粒、卵石粒和漂石粒组成。

填土：填土是指由人类活动而堆填的土。包括素填土、杂填土、冲填土和压实填土。

多年冻土：多年冻土是指含有固态水且冻结状态持续两年或两年以上的土。当自然条件改变时，可能产生冻胀、融陷、热融滑塌等不良地质现象，并发生物理力学性质改变。

膨胀岩土：膨胀岩土是指含大量亲水矿物，湿度变化时有较大体积变化，变形受约束时产生较大内应力的岩土。对工程可能造成损害。

盐渍岩土：盐渍岩土是指岩土中易溶盐含量大于0.3%，并具有溶陷、盐胀、腐蚀等工程特性的土。

风化岩和残积土：风化岩指岩石在风化营力作用下，其结构、成分和性质已产生不同程度变异的岩石。当岩石已完全风化成土而未经搬运的应定名为残积土。

污染土：污染土是指由于致污物质侵入改变了物理力学性状的土。

第三节　地下水类型

地下水在岩土工程勘察、设计和施工过程中始终是一个极为重要的问题。地下水既作为岩土体的组成部分直接影响岩土性状，又作为工程建筑的环境，而影响工程建筑物的稳定性和耐久性。由于地下水会对岩土体及建筑物（构筑物）产生作用以及给工程施工带来各种问题，所以在岩土工程勘察时，着眼于岩土工程的设计和施工需要，应提供地下水的完整资料，评价地下水的作用和影响，预测地下水可能带来的后果并提出工程措施。

地下水以各种形式赋存和运动在地壳岩土体的空隙（孔隙、裂隙、溶隙）之中，按其存在的状态有气态水、吸着水、薄膜水、毛细管水、重力水和固态水之分。但在岩土工程勘察中，主要以其与工程的相互关系划分地下水类型。

一、按含水层埋藏条件划分

按含水层埋藏条件把地下水分为包气带水、潜水、承压水3种类型。

1. 包气带水

包气带水是位于潜水面以上未被水饱和的岩土体空隙中的水。主要包括土壤带水、过渡带水、毛细带水、上层滞水。

2. 潜水

潜水是埋藏在地面以下第一个稳定隔水层之上，具有自由表面的重力水。潜水有以下主要特征：有自由水面，为无压水；在重力作用下，可从水位高处向水位低处渗流，形成潜水径流；潜水面形状及其埋深受地形起伏控制和影响；分布区与补给区基本一致；水位、水量、水温、水质等随季节有明显变化。

3. 承压水

承压水是充满于两个稳定隔水层（或弱透水层）之间，具有静水压力的重力水。按承压水的埋藏条件，其具有与潜水不同的以下特征：具有承压性，顶面为非自由水面；由测压水位高处向测压水位低处流动；分布区与补给区不一致；水位、水量、水质等动态受气象、水文因素变化影响小；承压水含水层厚度稳定不变，不受季节影响；水质不易受污染。

二、按地下水赋存介质的空隙性质划分

按地下水赋存介质的主要空隙性质把地下水划分为孔隙水、裂隙水、岩溶水3种主要类型。

孔隙水：赋存于松散沉积颗粒构成的孔隙中的水。

裂隙水：赋存并运移于基岩裂隙中的水。表现出更强烈的不均匀性和各向异性。主要有：成岩裂隙水、风化裂隙水、构造裂隙水。

岩溶水：赋存和运移于岩溶地区岩体中的水。其具有较明显的分带性，运动的速度和流态多变。

各地下水类型特征与赋存状态见表1-18。

表1-18 地下水按含水层埋藏条件分类

埋藏条件	含水性质			
	水头性质	孔隙水	裂隙水	岩溶水
上层滞水	无压	包气带中局部隔水层以上透水层中的季节性水	基岩风化带中的季节性水	渗入的季节性或经常性水
潜水	一般无压，取决于地表水的渗入与蒸发	冲积、洪积、湖积和坡积层中的水	基岩上部裂隙中的水	裸露岩溶层中的水
承压水	承压，水位变化取决于水压的传送条件	第四纪地层承压隔水层中的水	基岩构造带裂隙中的水	溶洞或溶隙中的水

第二章 岩土工程勘察的基本
要求及主要类别

第一节 岩土工程勘察的基本程序

岩土工程勘察要求分阶段进行，各勘察阶段的勘察程序主要为承接勘察项目、筹备勘察工作、编写勘察大纲、进行现场勘察、室内岩土（水）试验、整理勘察资料、编写提交勘察报告。基本程序如下。

（1）承接勘察任务（签订勘察合同）。

通常由建设单位会同设计单位（委托方，简称甲方）委托勘察单位（即承包方，简称乙方）进行。签订合同时，甲方需向乙方提供相关文件和资料，并对其可靠性负责。相关文件包括：工程项目批件；用地批件（附红线范围的复制图）；岩土工程勘察委托书及技术要求（包括特殊技术要求）；勘察场地现状地形图（比例尺需与勘察阶段相适应）；勘察范围和建筑总平面布置图各一份（特殊情况可用有相对位置的平面图）；已有的勘察与测量资料。

（2）搜集资料，踏勘，编制工程勘察纲要。

这是保证勘察工作顺利进行的重要步骤。在搜集已有资料和野外踏勘的基础上，根据合同任务书要求和踏勘调查的结果，分析预估建设场地的复杂程度及其岩土工程性状，按勘察阶段要求布置相适应的勘察工作量，并选择有效勘察方法和勘探测试手段等。在制订勘察计划时还要考虑勘察过程中可能未预料到的问题，为更改勘察方案留有余地。

（3）工程地质测绘和调查。

在可行性研究勘察阶段和初步勘察阶段进行。对于详细勘察阶段的复杂场地也应考虑工程地质测绘。工程地质测绘之前应尽量利用航片或卫片、遥感影像判译资料。当场地条件简单时，仅作调查。根据工程地质测绘成果可进行建设场地的工程地质条件分区，为场地的稳定性和建设工程的适宜性进行初判。

（4）现场勘探，采取水样、原状（岩样）土样。

现场勘探方法主要有钻探、井探、槽探、工程物探等，并可配合原位测试和采取原状（岩）土试样、水试样，以进行室内土工试验和水分析实验。

（5）岩土测试（包括室内试验和原位测试）。

其目的是为地基基础设计提供岩土技术参数。测试项目通常按岩土特性和建设工程的性质确定。

（6）室内资料分析整理。

（7）提交岩土工程勘察报告。

第二节　岩土工程勘察级别

《岩土工程勘察规范》（GB50021）根据工程重要性等级、场地复杂程度等级和地基复杂程度等级划分岩土工程勘察等级。

一、工程重要性等级

《建筑地基基础设计规范》（KGB5007—2011）根据地基复杂程度、建筑物规模和功能特征以及由于地基问题可能造成建筑物破坏或影响正常使用的程度，将地基基础设计分为甲、乙、丙3个设计等级（表2-1）。岩土工程勘察中，根据工程的规模和特征，以及由于岩土工程问题造成工程破坏或影响正常使用的后果把工程重要性等级划分为一级、二级、三级（表2-2），与地基基础设计等级相一致。工程重要性等级主要考虑工程岩土体或工程结构失稳破坏导致工程建筑毁坏所造成生命及财产经济损失、社会影响、修复可能性等因素。

表2-1　地基基础设计等级

设计等级	建筑和地基类型
甲级	重要的工业与民用建筑物； 30层以上的高层建筑； 体型复杂、层数相差超过10层的高低层连成一体的建筑物； 大面积的多层地下建筑物（如地下车库、商场、运动场等）； 对地基变形有特殊要求的建筑物；

续表

设计等级	建筑和地基类型
甲级	复杂地质条件下的坡上建筑物（包括高边坡）； 对原有工程影响较大的新建建筑物； 场地和地基条件复杂的一般建筑物； 位于复杂地质条件及软土地区的2层及2层以上地下室的基坑工程
乙级	除甲级、丙级以外的工业与民用建筑物
丙级	场地和地基条件简单、荷载分布均匀的7层及7层以下民用建筑及一般工业建筑物；次要的轻型建筑物

表2-2 工程重要性等级

重要性等级	破坏后果	工程类型
一级工程	很严重	重要工程
二级工程	严重	一般工程
三级工程	不严重	次要工程

二、场地复杂程度等级

可以从建筑抗震稳定性、不良地质作用发育情况、地质环境破坏程度、地形地貌条件和地下水条件5个方面综合考虑。

1. 建筑抗震稳定性

按国家标准《建筑抗震设计规范》（GB50011—2010）规定，选择建筑场地时，应根据地质、地形、地貌条件划分对建筑抗震有利、一般、不利和危险的地段。

（1）危险地段：地震时可能发生滑坡、崩塌、地陷、地裂、泥石流等以及发震断裂带上可能发生地表位错的部位。

（2）不利地段：软弱土，液化土，条状突出的山嘴，高耸孤立的山丘，陡坡，陡坎，河岸和边坡的边缘，平面分布上成因、岩性、性状明显不均匀的土层（含故河道、疏松的断层破碎带、暗埋的塘浜沟谷和半填半挖地基），高含水量的可塑黄土，地表存在结构性裂缝等。

（3）一般地段：不属于有利、不利和危险的地段。

（4）有利地段：稳定基岩，坚硬土，开阔、平坦、密实、均匀的中硬土等。其中，上述规定中，场地土的类型按表2-3划分。

表 2-3　场地土的类型划分

类型	岩土名称和性状	土层剪切波速范围（m/s）
岩石	坚硬、较硬且完整的岩石	$v_s > 800$
坚硬土或软质岩石	破碎和较破碎的岩石或软、较软的岩石，密实的碎石土	$800 \geq v_s > 500$
中硬土	中密、稍密的碎石土，密实、中密的砾、粗、中砂，$f_{ak} > 150$ 的黏性土和粉土，坚硬黄土	$500 \geq v_s > 250$
中软土	稍密的砾、粗砂、中砂，除松散外的细砂、粉砂，$f_{ak} \leq 150$ 的黏性土和粉土，$f_{ak} > 130$ 的填土，可塑新黄土	$250 \geq v_s > 150$
软弱土	淤泥和淤泥质土，松散的砂，新近沉积的黏性土和粉土，$f_{ak} < 130$ 的填土，流塑黄土	$v_s \leq 150$

2.　不良地质作用发育情况

不良地质作用泛指由地球外动力地质作用引起的，对工程建设不利的各种地质作用。它们分布于场地内及其附近地段，主要影响场地稳定性，也对地基基础、边坡和地下洞室等具体的岩土工程有不利影响。不良地质作用强烈发育是指泥石流沟谷、崩塌、滑坡、土洞、塌陷、岸边冲刷、地下水强烈潜蚀等极不稳定的场地，这些不良地质作用直接威胁着工程安全；不良地质作用一般发育指虽有上述不良地质作用，但并不十分强烈，对工程的安全影响不严重。

3.　地质环境破坏程度

地质环境是指人为因素和自然因素引起的地下采空、地面沉降、地裂缝、化学污染、水位上升等。例如，采掘固体矿产资源引起的地下采空，抽汲地下液体（地下水、石油）引起的地面沉降、地面塌陷和地裂缝，修建水库引起的边岸再造、浸没、土壤沼泽化，排除废液引起岩土的化学污染，等等。

地质环境破坏对岩土工程的影响是不容忽视的，往往对场地稳定性构成威胁。地质环境"受到强烈破坏"，是指对工程的安全已构成直接威胁，如浅层采空、地面沉降盆地的边缘地带、横跨地裂缝，因蓄水而沼泽化等；"受到一般破坏"是指已有或将有上述现象，但不强烈，对工程安全的影响不严重。

4.　地形地貌条件

主要指的是地形起伏和地貌单元（尤其是微地貌单元）的变化情况。一般来说，山区和丘陵区场地地形起伏大，工程布局较困难，挖填土石方量较大，土层分布较薄且下伏基岩面高低不平。地貌单元分布较复杂，一个建筑场地可能跨多个地貌单元，因此地形地貌条件复杂或较复杂；平原场地地形平坦，地貌单元均一，土层厚度大且结构简单，因此地形地貌条件简单。

5. 地下水条件

地下水是影响场地稳定性的重要因素。地下水的埋藏条件、类型和地下水位等直接影响工程及其建设。

故综合上述影响因素把场地复杂程度划分为一级、二级、三级3个场地等级，划分条件如下。

（1）符合下列条件之一者为一级场地（复杂场地）

对建筑抗震危险的地段；不良地质作用强烈发育；地质环境已经或可能受到强烈破坏；地形地貌复杂；有影响工程的多层地下水、岩溶裂隙水或其他水文地质条件复杂，需专门研究的场地。

（2）符合下列条件之一者为二级场地（中等复杂场地）

对建筑抗震不利的地段；不良地质作用一般发育；地质环境已经或可能受到一般破坏；地形地貌较复杂；基础位于地下水位以下的场地。

（3）符合下列条件者为三级场地（简单场地）

地震设防烈度等于或小于6度，或对建筑抗震有利的地段；不良地质作用不发育；地质环境基本未受破坏；地形地貌简单；地下水对工程无影响。

三、地基复杂程度等级

根据地基土质条件划分为一级、二级、三级3个地基等级。土质条件包括：是否存在极软弱的或非均质的需要采取特别处理措施的地层、极不稳定的地基土或需要进行专门分析和研究的特殊土类，对可借鉴的成功建筑经验是否仍需要进行地基土的补充验证工作。划分条件如下。

1. 符合下列条件之一者为一级地基（复杂地基）

（1）岩土种类多，很不均匀，性质变化大，需特殊处理；

（2）严重湿陷、膨胀、盐渍、污染的特殊性岩土，以及其他情况复杂，需作专门处理的岩土。

2. 符合下列条件之一者即为二级地基（中等复杂地基）

（1）岩土种类较多，不均匀，性质变化较大；

（2）除上述规定之外的特殊性岩土。

3. 符合下列条件者为三级地基（简单地基）

（1）岩土种类单一，均匀，性质变化不大；

（2）无特殊性岩土。

四、岩土工程勘察分级

综合工程重要性等级、场地复杂程度等级和地基复杂程度等级把岩土工程勘察分为甲、乙、丙3个等级。其目的在于针对不同等级的岩土工程勘察项目，划分勘察阶段，制定有效勘察方案，解决主要工程问题。

第三节　岩土工程勘察阶段的划分

岩土工程勘察服务于工程建设的全过程，它的基本任务是为工程的设计、施工、岩土体的整治改造和利用提供地质资料和必要的技术参数，对有关岩土体问题进行分析评价，保证工程建设中不同阶段设计与施工的顺利进行。因此，岩土工程勘察首先应满足工程设计的要求。岩土工程勘察阶段的划分是与工程设计阶段相适应的，大致可以分为可行性研究勘察（或选址勘察）、初步勘察、详细（或施工图设计）勘察3个阶段。视工程的实际需要，当工程地质条件（通常指建设场地的地形、地貌、地质构造、地层岩性、不良地质现象和水文地质条件等）复杂或有特殊施工要求的重大工程地基，还需要进行施工勘察。施工勘察并不作为一个固定勘察阶段，它包括施工阶段的勘察和竣工后的一些必要的勘察工作（如检验地基加固效果、当地层现状与勘察报告不符时所做的监测工作或补充勘察等）。对于场地面积不大、岩土工程条件（包括场地条件、地基条件、工程条件）简单或有建筑经验的地区或单项岩土工程，其勘察可简化为一次性勘察，但勘察工作量布置应满足详细勘察工作要求；对于不良地质作用和地质灾害及特殊性岩土的岩土工程问题，应根据岩土工程的特点和工程性质具体对待；对于专门性工程，如水利水电工程、核电站等工程，应按工程要求，遵循相应的标准或规范进行专门性研究勘察。

一、可行性研究勘察阶段（选址勘察）

可行性研究勘察的目的是获取几个场地（场址）方案的主要工程地质资料，对拟选场地的稳定性、适宜性做出岩土工程评价，进行技术、经济论证和方案比较，以选取最优的工程建设场地。

要选取最优工程建设场地或场址，首先需要从自然条件和经济条件两方面论证，如场地复杂程度、气候、水文条件、供水水源、交通，等等。一般情况下，应力争避开如下工程地质条件恶劣的地区和地段：

（1）不良地质作用发育（如崩塌、滑坡、泥石流、岸边冲刷、地下潜蚀等），且对建筑物场地稳定性构成直接危害或潜在威胁；

（2）地基土性质严重不良；

（3）对建筑抗震危险；

（4）受洪水威胁或地下水的不利影响严重；

（5）地下有未开采的有价值矿藏或未稳定的地下采空区。

此勘察阶段，主要是在搜集分析已有资料的基础上进行现场踏勘，了解拟建场地的工程地质条件。若场地工程地质条件较复杂，已有资料不足以说明问题时，还应进行必要的工程地质测绘和钻探、工程物探等勘探工作。其勘察工作的主要内容为：

（1）调查区域地质构造、地形地貌与环境工程地质问题，如断裂、岩溶、区域地震及震情等；

（2）调查第四纪地层的分布及地下水埋藏性状、岩石和土的性质、不良地质作用等工程地质条件；

（3）调查地下矿藏及古文物分布范围；

（4）必要时进行工程地质测绘及少量勘探工作。

勘察的主要任务为：分析场地的稳定性和适宜性；明确选择场地范围和应避开的地段；进行选址方案对比，确定最优场地方案。

二、初步勘察阶段

初步勘察的目的是为密切配合工程初步设计的要求，对工程建设场地的稳定性做出进一步的岩土工程评价，为确定建筑总平面布置、选择主要建筑物或构筑物地基基础设计方案和不良地质作用的防治对策提供依据。勘察工作的范围是建设场地内的建筑地段。此阶段的主要勘察技术方法是在分析可行性研究勘察资料等已有资料的基础上，进行工程地质测绘与调查、工程物探、钻探和土工测试（包括室内土工实验和原位测试）。

1. 主要工作内容

根据选址方案范围，按本阶段勘察要求，布置一定的勘探与测试工作量；查明场地内的地质构造及不良地质作用的具体位置；探测和评价场地土的地震效应；查明地下水性质及含水层的渗透性；搜集当地已有建筑经验及已有勘察资料。

2. 主要工作任务

根据岩土工程条件分区，论证建设场地的适宜性；根据工程规模及性质，建议总平面布置应注意的事项；提供地层结构、岩土层物理力学性质指标；提供地基岩土的承载力及变形量资料；地下水对工程建设影响的评价；指出下阶段勘察应注意的问题。

三、详细勘察阶段

详细勘察的目的是为满足工程施工图设计的要求，对岩土工程设计、岩土体处理与加固及不良地质作用的防治工程进行计算与评价。经过可行性研究勘察和初步勘察以后，建设场地和场地内建筑地段的工程地质条件已查明，详细勘察的工作范围更加集中，主要针对的是具体建筑物地基或其他（如深基坑支护、斜坡开挖岩土体稳定性预测等）具体问题。所以，此勘察阶段所要求的成果资料更详细可靠，而且要求提供更多更具体的计算参数。

此勘察阶段的主要工作内容和任务：

（1）取得附有坐标及地形的工程建筑总平面布置图，各建筑物的地面整平标高，建筑物的性质、规模、结构特点，可能采取的基础形式、尺寸，预计埋置深度，对地基基础设计的特殊要求等。

（2）查明不良地质作用的成因、类型、分布范围、发展趋势及危害程度，并提出评价与整治所需的岩土技术参数和整治方案建议。

（3）查明建筑范围内各层岩土的类别、结构、厚度、坡度、工程特性，计算和评价地基的稳定性和承载力。

（4）对需进行沉降计算的建筑物，提供地基变形计算参数，预测建筑物的沉降、差异沉降或整体倾斜。

（5）对抗震设防烈度大于或等于6度的场地，应划分场地土类型和场地类别；对抗震设防烈度大于或等于7度的场地，尚应分析预测地震效应，判定饱和砂土或饱和粉土的地震液化势，并应计算液化指数。

（6）查明地下水的埋藏条件。当进行基坑降水设计时尚应查明水位变化幅度与规律，提供地层的渗透性参数。

（7）判定水和土对建筑材料及金属的腐蚀性。

（8）判定地基土及地下水在建筑物施工和使用期间可能产生的变化及其对工程的影响，提出防治措施及建议。

（9）对深基坑开挖尚应提供稳定计算和支护设计所需的岩土技术参数，论证和评价基坑开挖、降水等对邻近工程的影响。

（10）提供桩基设计所需的岩土技术参数，并确定单桩承载力；提出桩的类型、长度和施工方法等建议。

为了完成以上勘察任务，钻探、坑探、洞探、工程物探等勘探方法，静力触探、标准贯入试验、载荷试验、波速测试等原位测试方法和室内土工试验、现场检验和监测等岩土工程勘察技术方法在此阶段均能发挥其必需的重要作用。此外，地理信息系统（GIS）、全球卫星定位系统（GPS）和地球物理层析成像技术（CT）等新技术已得到广泛应用，尤其是在甲级、乙级岩土工程勘察项目中已取得了满意的应用成果资料。

各勘察阶段中具体的勘察工作量布置应按勘察工程类别和实际需要，参照现行《岩土工程勘察规范》（GB50021）和一些部门、地方的规程规范确定。

第四节　岩土工程勘察纲要

岩土工程勘察纲要是根据勘察任务的要求和踏勘调查结果，按规程规范的技术标准，提出的勘察工作大纲和技术指导书。勘察纲要是否全面、合理，会直接影响到岩土工程勘察的进度、质量和后续工作能否顺利进行。

岩土工程勘察纲要一般包括以下主要内容。

（1）勘察委托书及合同、工程名称、勘察阶段、工程性能（安全等级、结构及基础形式、建筑物层数与高度、荷载、沉降敏感性）、整平设计标高等。

（2）勘察场地的自然条件，地理位置及岩土工程地质条件（包括收集的地震资料、水文气象资料和当地的建筑经验），如表2-4所列内容。

表2-4　场地条件勘察要点

场地条件	技术要点
自然条件	气象、水文； 地形起伏变化情况（山地、斜坡、平坦场地）； 地貌单元与类型，有无暗塘暗沟； 地震烈度； 不良地质作用
地质条件	已有工程勘察资料情况（研究程度）； 地基土构成复杂程度、岩土成因类型和成因时代与地下水条件
场地复杂程度	明确场地条件的复杂程度（分复杂、中等和简单）
建筑经验	地基类型（天然地基、人工地基）、基础尺寸、埋深、地基承载力、沉降观测资料、地基评价、岩土工程治理经验、岩土工程事故教训与实录

（3）指明场地存在的问题和勘察工作的重点。

（4）拟采用的勘察方法、勘察内容，确定并布置勘察工作量。包括勘探点和原位测试的位置、数量、取样深度和质量等。要求勘察方法适宜，工作量适当。室内岩土试验的项目可参照表2-5、表2-6、表2-7、表2-8选择，水文地质参数测试方法可参照表2-9选择。钻探、坑探、洞探、工程物探和原位测试工作量以相适应的规范规定为参照。

表2-5　室内土工试验项目

试验类型	一般物理性质试验	力学性质试验	特殊性质试验
常规试验	土的比重G，天然含水量切，天然重度干重度yd，浮重度y'，孔隙比e，孔隙度n，饱和度sr，天然密度p，界限含水量（wp、wl），相对密度dr	固结试验和压缩试验强度试验（含抗剪强度和无侧限抗压强度等）渗透试验	湿陷性试验胀缩性试验有机质含量测试易溶盐含量测试
专门试验	颗粒分析试验相对密度试验	高压固结试验固结系数试验静止侧压力系数试验击实试验承载比（CBR）试验流变试验	溶陷试验毛细管上升高度试验冻土试验管涌试验

表2-6　土的压缩——固结试验方法与要求

试验方法	一般固结试验和压缩试验	高压固结试验
施加压力	一般土和软土：大于土自重压力与附加压力之和；老沉积土：大于先期固结压力与附加压力之和	不小于3200kPa
压缩曲线	提供e-P压缩曲线或分层综合e-P压缩曲线	提供e-lgP曲线（含回弹再压缩曲线）
指标	压缩系数标准值A_{1-2} 压缩模量标准值e_{s1-2} 压缩系数计算值$a\upsilon$ 压缩模量计算值Es	先期固结压力p_c 压缩指数Cc 回弹指数Cs 超固结比OCR
饱和土	固结系数$c\upsilon$ 应变—时间曲线	固结系数$c\upsilon$ 应变—时间曲线
变形稳定标准	每小时变形不超过0.01mm	每小时变形不超过0.005mm或每级压力下固结24h

表2-7　土的抗剪强度试验方法与要求

剪切类型 试验方法或内容		三轴压缩试验	直接剪切试验	
		对甲级建筑物	对乙级建筑物	对滑坡体
加荷速率较快	饱和软土	不固结不排水（UU）	快剪	快剪（残余剪）
	验算边坡稳定	不固结不排水（UU）	快剪	
	正常固结土 （中、低压缩性）	固结不排水（CU）（测孔隙水压力）	固结快剪	
加荷速度较慢		固结排水（CD）	固结慢剪	
承载力验算		不固结不排水（UU）	快剪	
剪切曲线		提供摩尔圆曲线应力—应变曲线	抗剪强度曲线	抗剪强度曲线
指标值		抗剪强度指标（C、ϕ）基本值和分层的标准值	抗剪强度指标基本值和分层的标准值	反演计算结果和残余抗剪强度指标

表2-8　岩石试验项目

试验类型	一般物理性质试验	力学性质试验	特殊项目试验
常规试验	含水量（率） 比重 密度	单轴抗压强度试验（饱和、干燥） 点荷载试验 直剪试验（结构面、岩石抗剪断面、岩石与混凝土胶结面）	岩相鉴定 膨胀试验 崩解试验
专门试验	波速测试 吸水率和饱和吸水率试验 渗透试验	变形参数试验 抗拉试验 三轴压缩试验 点荷载试验	

表2-9　水文地质参数测试方法

参数	测定方法
水位	钻孔、探井或测压管观测
渗透系数、导水系数	抽水试验、注水试验、压水试验、室内渗透试验
给水度、释水系数	单孔抽水试验、非稳定流抽水试验、地下水位长期观测、室内试验
越流系数、越流因数	多孔抽水试验（稳定流或非稳定流）
单位吸水率	注水试验、压水试验
毛细水上升高度	试坑试验、室内试验

（5）所遵循的技术标准。

（6）拟提交的勘察成果资料的内容，包括报告书文字章节和主要图表名称。

（7）勘察工作计划进度、人员组织和经费预算等。

岩土工程勘察纲要的编写，对现行规范中规定的工程、重要性等级为一级和场地地质条件复杂或有特殊要求的工程、重要性等级为二级或一般建筑，均可按以上内容要求详细编写；对其余的岩土工程勘察纲要可适当简化或采用表格形式。

第五节　岩土工程勘察的主要类别及要求

一、房屋建筑与构筑物岩土工程勘察

房屋建筑与构筑物岩土工程勘察包括低层与多层建筑和高层与超高层建筑的岩土工程勘察。按我国和国际标准，低层与多层分别指 1 ~ 3 层和 3 ~ 9 层或高度不超过 24m 的工业与民用建筑；高层指 10 ~ 30 层或高度为 24 ~ 100m 的建筑，超高层指 40 层以上或高度大于等于 100m 的建筑。无论是低层、多层、高层还是超高层，其岩土工程勘察均应该是在了解建筑荷载、结构类型、变形要求的基础上依实际勘察级别，分阶段或一次性进行。其主要工作内容有：

查明场地与地基的稳定性、地层结构、持力层和下卧层的工程特性、土的应力历史和地下水条件及不良地质作用等；提供满足设计、施工所需的岩土技术参数，确定地基承载力，预测地基变形性状；提出地基基础、基坑支护、工程降水和地基处理设计与施工方案的建议；提出对建筑物有影响的不良地质作用的防治方案建议；对于抗震设防烈度等于或大于 6 度的场地，进行场地与地基的地震效应评价。

1. 可行性研究勘察

可行性研究勘察阶段，应对拟建场地的稳定性和适宜性做出评价，勘察应符合以下要求：

（1）搜集区域地质、地形地貌、地震、矿产、当地的工程地质、岩土工程和建筑经验等资料；

（2）在充分搜集和分析已有资料的基础上，通过踏勘了解场地的地层、构造、岩性、不良地质作用和地下水等工程地质条件；

（3）当拟建场地工程地质条件复杂，已有资料不能满足要求时，应根据具体情况进行工程地质测绘和调查及必要的勘探工作；

（4）当有两个或两个以上拟选场地时，应进行比选分析。

2. 初步勘察

（1）初步勘察阶段应对场地内拟建建筑地段的稳定性做出评价，并进行以下主要工作：

搜集拟建工程的有关文件、工程地质和岩土工程资料以及工程场地范围的地形图；初步查明地质构造、地层结构、岩土工程特性、地下水埋藏条件；查明场地不良地质作用的成因、分布、规模、发展趋势，并对场地的稳定性做出评价；对抗震设防烈度等于或大于6度的场地，应对场地和地基的地震效应做出初步评价；季节性冻土地区，应调查场地土的标准冻结深度；初步判定水和土对建筑材料的腐蚀性；高层建筑初步勘察时，应对可能采取的地基基础类型、基坑开挖与支护、工程降水方案进行初步分析评价。

（2）该勘察阶段的勘探工作应符合下列要求：

勘探线应垂直地貌单元、地质构造和地层界线布置；每个地面单元均应布置勘探点，在地貌单元交接部位和地层变化较大的地段，勘探点应予加密；在地形平坦地区，可按网格布置勘探点；对岩质地基，勘探线和勘探点的布置及勘探孔的深度应根据地质构造、岩体特性、风化情况等，按地方标准或当地经验确定；对土质地基，勘探线、勘探点间距及勘探孔深度分别按表2-10、表2-11布置。

表2-10 初步勘察勘探线、勘探点间距

地基复杂程度等级	勘探线间距（m）	勘探点间距（m）
一级（复杂）	50～100	30～50
二级（中等复杂）	75～150	40～100
三级（简单）	150～300	75～200

表2-11 初步勘察勘探孔深度

工程重要性等级	一般性勘探孔（m）	控制性勘探孔（m）
一级（重要工程）	≥15	≥30
二级（一般工程）	10～15	15～30
三级（次要工程）	6～10	10～20

（3）当遇到如下情形之一时，应适当增减勘探孔深度：

当勘探孔的地面标高与预计整平地面标高相差较大时，应按其差值调整勘探孔深度；在预定深度内遇基岩时，除控制性勘探孔仍应钻入基岩适当深度外，其他勘探孔达到确认的基岩后即可终止钻进；在预定深度内有厚度较大，且分布均匀的坚实土层（如碎石土、密实砂、老沉积土等）时，除控制性勘探孔应达到规定深度外，一般性勘探孔的深度可适当减小；当有软弱土层时，勘探孔深度应适当增加，部分控制性勘探孔应穿透软弱土层或达到预计控制深度；对重要工业建筑应根据结构特点和荷载条件适当增加勘探孔深度。

（4）初步勘察采取土试样和进行原位测试应符合下列要求：

采取土试样和进行原位测试的勘探点应结合地貌单元、地层结构和土的工程性质布置，其数量可占勘探点总数的 1/4 ～ 1/2；采取土试样的数量和孔内原位测试的竖向间距，应按地层特点和土的均匀程度确定；每层土均应采取土试样或进行原位测试，其数量不少于 6 个。

（5）初步勘察应进行的水文地质工作有以下内容：

调查含水层的埋藏条件、地下水类型、补给排泄条件、各层地下水位，调查其变化幅度，必要时设置长期观测孔，检测水位变化；当绘制地下水等水位线图时，应根据地下水的埋藏条件和层位，统一测量地下水位；当地下水可能浸湿基础时，应采取水试样进行腐蚀性评价。

3. 详细勘察

详细勘察阶段应按单体建筑物和建筑群提出详细的岩土工程资料和设计、施工所需的岩土参数；对建筑地基做出岩土工程评价，并对地基类型、基础形式、地基处理、基坑支护、工程降水和不良地质作用的防治等提出建议。

（1）应进行的主要工作

搜集附有坐标和地形的建筑总平面图，场区的地面整平标高，建筑物的性质、规模、荷载、结构特点，基础形式、埋置深度，地基允许变形等资料；查明不良地质作用的类型、成因、分布范围、发展趋势和危害程度，提出整治方案的建议；查明建筑范围内岩土层的类型、深度、分布、工程特性，分析和评价地基的稳定性、均匀性和承载力；对需进行沉降计算的建筑物，提供地基变形计算参数，预测建筑物的变形特征；查明埋藏的河道、沟浜、墓穴、防空洞、孤石等对工程不利的埋藏物；查明地下水的埋藏条件，提供地下水位及其变化幅度；在季节性冻土地区，提供场地土的标准冻结深度；判定水和土对建筑材料的腐蚀性。

（2）勘探工作量布置

详细勘察勘探点布置和勘探孔深度，应根据建筑物特性和岩土工程条件确定。对岩质地基，应根据地质构造、岩体特性、风化情况等，结合建筑物对地基的要求，按地方标准或当地经验确定；对土质地基，按表 2-12 确定勘探点的间距。

表 2-12　详细勘察勘探点的间距

地基复杂程度等级	勘探点间距（m）
一级（复杂）	10 ~ 15
二级（中等复杂）	15 ~ 30
三级（简单）	30 ~ 50

①勘探点布置应满足下列要求：

其一，勘探点宜按建筑物周边线和角点布置，对无特殊要求的其他建筑物可按建筑物和建筑群的范围布置。

其二，同一建筑范围内的主要受力层和有影响的下卧层起伏较大时，应加密勘探点，查明其变化。

其三，重大设备基础应单独布置勘探点；重大的动力机器基础和高耸构筑物，勘探点不宜少于3个。

其四，勘探手段宜采用钻探与触探相结合，在复杂地质条件、湿陷性土、膨胀岩土、风化岩和残积土地区，宜布置适量探井。

其五，单栋高层建筑勘探点的布置，应满足对地基均匀性评价的要求，且不应少于4个；对密集的高层建筑群，勘探点可适当减少，但每栋建筑物至少应有1个控制性勘探点。

②详细勘察勘探孔的深度自基础底面算起确定，应符合下列要求：

其一，勘探孔深度应能控制地基主要受力层，当基础底面宽度不大于5m时，勘探孔的深度对条形基础不应小于基础底面宽度的3倍，对单独柱基不应小于1.5倍，且不应小于5m基础底面。

其二，对高层建筑和需做变形计算的地基，控制性勘探孔的深度应超过地基变形计算深度；高层建筑的一般性勘探孔应达到基底下0.5 ~ 1.0倍的基础宽度，并深入稳定分布的地层。

其三，对仅有地下室的建筑或高层建筑的群房，当不能满足抗浮设计要求，需设置抗浮桩或锚杆时，勘探孔深度应满足抗拔承载力评价的要求。

其四，当有大面积地面堆载或软弱下卧层时，应适当加深控制性勘探孔的深度。

其五，在上述规定深度内，当遇到基岩或厚层碎石土等稳定地层时，勘探孔深度应根据情况进行调整。

③勘探孔深度在满足以上要求的同时，尚应符合下列规定：

其一，地基变形计算深度，对中、低压缩性土可取附加压力等于上覆土层有效自重压力20%的深度；对于高压缩性土层可取附加压力等于上覆土层有效自重压力10%的深度。

其二，建筑总平面内的裙房或仅有地下室部分（或当基底附加压力$p_0 \leq 0$时）的控制性勘探孔的深度可适当减小，但应深入稳定分布地层，且根据荷载和土质条件不宜少于基底下0.5～1.0倍基础宽度。

其三，当需进行地基整体稳定性验算时，控制性勘探孔深度应根据具体条件满足验算要求。

其四，当需确定场地抗震类别而邻近无可靠的覆盖层厚度资料时，应布置波速测试孔，其深度应满足确定覆盖层厚度的要求。

其五，大型设备基础勘探孔深度不宜小于基础底面积宽度的2倍。

其六，当需进行地基处理时，勘探孔的深度应满足地基处理设计与施工要求；当采用桩基时，勘探孔的深度应满足桩基础方面的要求。

（3）详细勘察采取土试样和进行原位测试应符合下列要求：

①采取土试样和进行原位测试的勘探点数量，应根据地层结构、地基土均匀性和工程特点确定，且不应少于勘探孔总数的1/2，钻探取土试样孔的数量不应少于勘探孔总数的1/3；

②每个场地每一主要土层的原状土试样和原位测试数据不应少于6件（组），当采用连续记录的静力触探或动力触探为主要勘察手段时，每个场地不应少于3个孔；

③在地基主要受力层内，对厚度大于0.5m的夹层或透镜体，应采取土试样或进行原位测试；

④当土层性质不均匀时，应增加取土数量或原位测试工作量。

当基坑或基槽开挖后，岩土条件与勘察资料不符或发现有必须查明的异常情况时，应进行施工勘察。

在工程施工或使用期间，当地基土、边坡体、地下水等发生未曾估计到的变化时，应进行监测，并对工程和环境的影响进行分析评价。

二、地下洞室岩土工程勘察

地下洞室是基于某种目的而建造在地面以下的工程建筑。

主要包括如下几个方面：

铁路、公路隧道，海底隧道，过江（河）隧道，地铁、地下通道等交通隧道；输水洞、泄洪洞等水工涵洞；煤矿巷道、各种金属和非金属矿巷道；地下仓库、地下停车场、地下商场和旅馆等地下公共建筑；飞机库、武器库、人防工程等地下军事工程建筑；地下工厂。

随着人类工程建设和科技水平的进步，工程建筑向地下发展是一种趋势。但是，地下洞室工程在具有不占用地表面积、不受外界气候影响、无噪声、隐蔽性好等优点的同时，也存在围岩影响建筑物稳定性、施工环境差、投资大、施工安全性差等问题。地下洞室围岩的质量分级应与洞室设计采用的标准一致，无特殊要求时，可根据现行国家标准《工程岩体分级标准》（GB50218）执行，地下铁道围岩应按现行国家标准《地下铁道、轻轨交通岩土工程勘察规范》（GB50307）执行。

对于铁路、公路隧道和过江（河）隧道以《铁路工程地质勘察规范》（TB10012—2007）、《公路工程地质勘察规范》（JTGC20—2011）为技术标准进行工程地质勘察；对输水洞、泄洪洞等水工涵洞以《水利水电工程地质勘察规范》（GB50487—2008）为技术标准进行工程地质勘察。以下主要以人工开挖的无压地下洞室岩土工程勘察为主。

（1）各勘察阶段的目的、内容和要求。

地下洞室涉及土体洞室和岩体洞室，所以对于土体洞室和岩体洞室的岩土工程勘察均宜按表2-13进行。

表2-13　各勘察阶段的目的、内容和要求

勘察阶段	范围	目的	内容与要求
可行性研究勘察	包括若干个拟初步比选的场地	根据工程的用途、性质、规模及国家的规划部署，为方案比选提供资料	通过搜集区域地质资料，现场踏勘和调查，了解拟选方案的地形地貌、地层岩性、地质构造、工程地质、水文地质和环境条件，作出可行性评价，选择合适的洞址和洞口
初步勘察	已选定场地及其周边	查明选定方案的地质条件和环境条件，初步确定岩体质量等级（围岩类别），对洞址和洞口的稳定性作出评价，为初步设计提供依据	一般以工程地质测绘和调查为主，必要时辅以少量的勘探与试验。应主要查明下列问题： ①地貌形态和成因类型； ②地层岩性、产状、厚度、风化程度； ③断裂和主要裂隙的性质、产状、充填、胶结、贯通及组合关系； ④不良地质作用的类型、规模和分布； ⑤地震地质背景； ⑥地应力的最大主应力作用方向； ⑦地下水类型、埋藏条件、补给、排泄和动态变化； ⑧地表水体的分布及其与地下水的关系，淤积物的特征； ⑨洞室穿越地面建筑、地下构筑物、管道等既有工程的相互影响

勘察阶段	范围	目的	内容与要求
详细勘察	选定的洞址及洞室	详细查明洞址、洞口、洞室穿越线路的工程地质和水文地质条件，分段划分岩体质量等级（围岩类别），评价洞室和围岩的稳定性，为设计支护结构和确定施工方案提供资料	应采用钻探、钻孔物探和测试为主的勘察方法。主要进行以下工作： ①查明地层岩性及其分布，划分岩组和风化程度，进行岩石物理力学性质试验； ②查明断裂构造和破碎带的位置、规模、产状和力学属性，划分岩体结构类型； ③查明不良地质作用的类型、性质、分布，并提出防治措施的建议； ④查明主要含水层的分布、厚度、埋深，地下水的类型、水位、补给排泄条件，预测开挖期间出水状态、涌水量和水质的腐蚀性； ⑤城市地下洞室需降水施工时，应分段提出工程降水方案和有关参数； ⑥查明洞室所在位置及邻近地段的地面建筑和地下构筑物、管线状况，预测洞室开挖可能产生的影响，提出防护措施
施工勘察	洞室内及与其有关的地段	为在施工中验证和补充前阶段资料，预测和解决施工中新揭露的岩土工程问题。为调整围岩类别、修改设计和施工方法提供依据	应配合导洞或毛洞开挖进行。主要进行下列工作： ①施工地质编录和地质图件绘制； ②参加施工监测系统设计，监控分析和数值分析； ③进行超前地质预报、探明坑道掌子面前方的地层、构造、水量、水压以及有无地热、岩爆、膨胀岩等问题； ④测定围岩的地应力、弹性波速度及岩石物理力学性质，修正围岩类别； ⑤进行围岩稳定性分析，测定开挖后围岩变形、松弛范围及随时间变化速度； ⑥测定支护系统的应力应变，对支护参数及施工方案及时提供修改建议

（2）初步勘察时，勘探与测试工作应满足下列要求：

①采用浅层地震剖面法或其他有效方法圈定隐伏断裂、构造破碎带，查明基岩埋深，划分风化带。

②勘探点宜沿洞室外侧交叉布置，勘探点间距宜为100～200m，采取试样和原位测试勘探孔不宜少于勘探孔总数的2/3；控制性勘探孔深度，对岩体基本质量等级为Ⅰ级和Ⅱ级的岩体宜钻入洞底设计标高下1～3m，对Ⅲ级岩体宜钻入3～5m，对Ⅳ级、Ⅴ级的岩体和土层，勘探孔深度应根据实际情况确定。

③每一主要岩层和土层均应采取试样，当有地下水时应采取水试样；当洞区存在有害气体和地温异常时，应进行有害气体成分、含量或地温测定；对高地应力地区，应进行地应力测量。

④必要时可进行钻孔弹性波或声波测试，钻孔CT或钻孔电磁波CT测试。

⑤室内岩石试验和土工试验项目，应按相应规定执行。

（3）详细勘察时，勘探和测试工作应满足下列要求：

①可采用浅层地震勘探和孔间地震CT或孔间电磁波CT测试等方法，详细查明基岩埋深、岩石风化程度，隐伏体（溶洞、破碎带等）的位置，在钻孔中进行弹性波波速测试，为确定岩体质量等级、评价岩体完整性、计算动力参数提供资料。

②勘探点宜在洞室中线外侧6～8m交叉布置，山区地下洞室按地质构造布置，且勘探点间距不应大于50m；城市地下洞室的勘探点间距，岩体变化复杂的场地宜小于25m，中等复杂的宜为25～40m，简单的宜为40～80m。

③采集试样和原位测试勘探孔数量不应少于勘探孔总数的1/2。

④第四系中的控制性勘探孔深度应根据工程地质、水文地质条件、洞室埋深、防护设计等需要确定，一般性勘探孔可钻至基底设计标高下6～10m，控制性勘探孔深度，可按初步勘察要求进行。

在地下洞室岩土工程勘察中，凭工程地质测绘、工程物探和少量的钻探工作，其精度是难以满足施工要求的，尚需依靠施工勘察和超前地质预报加以补充和修正。因此，施工勘察和地质超前预报关系到地下洞室掘进速度和施工安全，可以起到指导设计和施工的作用。超前地质预报主要包括下列内容：①断裂、破碎带和风化囊的预报；②不稳定块体的预报；③地下水活动情况的预报；④地应力状况的预报。超前预报的方法，主要有超前导坑预报法、超前钻孔测试法、掌子面位移量测法等。

三、岸边工程的岩土工程勘察

岸边工程包括港口工程、造船和修船水工建筑物以及取水构筑物工程，主要有码头、船台、船坞、护岸、防波堤等在江、河、湖、海的水陆交界处或近岸浅水中兴建的水工建筑及构筑工程。岸边工程通常有以下特点：

（1）建筑场地工程地质条件复杂。地形坡度大，位于水陆交变地带；地貌上跨越两个或两个以上地貌单元；地层复杂、多变，常分布高灵敏性软土、混合土、层状构造土及风化岩；由于受地表水的冲淤作用和地下水动压力影响，岸坡坍塌、滑坡、冲淤、侵蚀、管道等不良地质作用发育。

（2）作用于水工建筑物及其基础上的外力频繁、强烈且多变。

（3）施工条件复杂。一般采用水下施工，会受到风浪、潮汐、水流等水动力作用。

因此，岸边工程的岩土工程勘察，宜分为可行性研究勘察、初步设计勘察和施工图设计勘察三个阶段进行。对于小型工程、场地已经确定的单项工程、场地岩土工程条件简单或已有资料充分的地区，可简化勘察阶段或一次性施工图设计勘察；对于岩土工程条件复杂的重要建筑物地基和遇有地质条件与勘察资料不符而影响施工以及地基中存在岩溶、土洞等需地基处理或需改变地基基础形式等问题时，除按阶段勘察外，还应配合设计和施工，进行施工勘察。

岸边工程勘察应着重查明下列内容：地貌特征和地貌单元交界处的复杂地层；高灵敏度软土、混合土等特殊性土和基本质量等级为Ⅴ级岩体的分布和工程特性；岸边滑坡、崩塌、冲刷、淤积、潜蚀、沙丘等不良地质作用。

1. 可行性研究勘察

可行性研究勘察阶段应以搜集资料、工程地质测绘或踏勘调查为主，内容包括地层分布、构造特点、地貌特征、岸坡形态、冲刷淤积、水位升降、岸滩变迁、淹没范围等情况和发展趋势。必要时进行适量勘探工作，并应对岸坡稳定性和适宜性做出评价，提出最优场址方案的建议。勘察主要内容有：

地貌类型及其分布、港湾或河段类型、岸坡形态和冲淤变化；地层成因、时代、岩土性质与分布；对场地稳定有影响的地质构造和地震活动情况；不良地质作用和地下水情况；岸坡的整体稳定性，尤其是水的运动（潮汐、涌浪、地下水等）对岸坡的影响。

2. 初步设计勘察

初步设计勘察应满足合理确定总平面布置、结构形式、基础类型和施工方法的需要，对不良地质作用的防治提出方案和建议。宜以工程地质测绘（1∶2000 ～ 1∶5000）与调查、钻探、原位测试和室内岩土试验为主要勘察方法。初步勘察应符合下列规定：

（1）工程地质测绘，应调查岸线变迁和动力地质作用对岸线变迁的影响；埋藏河、湖、沟谷的分布及其对工程的影响；潜蚀、沙丘等不良地质作用的成因、分布、发展趋势及其对场地稳定性的影响。

（2）勘探线宜垂直岸向布置；勘探线和勘探点的间距，应根据工程要求、地貌特征、岩土分布、不良地质作用等确定；岸坡地段和岩石与土层组合地段宜适当加密。

（3）勘探孔的深度应根据工程规模、设计要求和岩土条件确定。

（4）水域地段可采用浅层地震剖面或其他物探方法。

（5）对场地的稳定性应做出进一步评价，并对总平面布置、结构和基础形式、施工方法和不良地质作用的防治提出建议。

3. 施工图设计勘察

施工图设计勘察应详细查明各个建筑物、构筑物影响范围内的岩土分布和物理力学性质，影响岸坡和地基稳定性的不良地质条件，为岸坡、地基稳定性验算、地基基础设计、岸坡设计、地基处理与不良地质作用治理提供详细的岩土工程资料。勘探线和勘探点应结合地貌特征和地质条件，根据工程总平面布置确定，复杂地基地段应予加密。勘探孔深度应根据工程规模、设计要求和岩土条件确定，除建筑物和结构物特点与荷载外，应考虑岸坡稳定性、坡体开挖、支护结构、桩基等的分析计算需要。此阶段采用的勘察方法主要是钻探、原位测试和室内岩土物理力学试验、渗透试验。

四、基坑工程的岩土工程勘察

为了进行多层、高层和超高层建筑物（构筑物）基础或地下室的施工，必须在地面以下开挖基坑。当基坑开挖深度超过自然稳定的临界深度时，为保证基础或地下室安全施工及基坑周边环境（指基坑开挖影响范围内既有建筑物和构筑物、道路、地下设施、管线、岩土体、地下水体等）的安全，必须对基坑开挖侧壁及周边环境采用支挡或加固措施。对于高层、超高层深度超过7m的深基坑开挖与支护工程面临的勘察任务尤为艰巨。基坑可分为土质基坑和岩质基坑，在绝大多数情况下涉及的是土质基坑，所以我们以土质基坑为重点。对岩质基坑，应根据场地的地质构造、岩体特征、风化情况、基坑开挖深度等按当地标准或当地经验进行勘察。

基坑工程勘察宜满足如下要求：

（1）需进行基坑设计的工程，勘察时应包括基坑工程勘察的内容。在初步勘察阶段，应根据岩土工程条件，初步判定可能发生的问题和需要采取的支护措施；在详细勘察阶段，应针对基坑工程设计的要求进行勘察；在施工阶段，必要时尚应进行补充勘察。

（2）基坑工程勘察范围和深度应根据场地条件和设计要求确定。勘察平面范围宜超出开挖边界外开挖深度的2～3倍。在深厚软土区，勘察范围尚应适当扩大。勘探深度应满足基坑支护结构设计的要求，宜为开挖深度的2～3倍。若在此深度内遇到坚硬黏性土、碎石土和岩层，可根据岩土类别和支护设计要求减小深度。勘探点间距应视地层复杂程度而定，可在15～30m内选择，地层变化较大时，应增加勘探点，查明地层分布规律。

（3）根据地层结构及岩土性质，评价施工造成的应力、应变条件和地下水条件的改变对土体的影响。

（4）当场地水文地质条件复杂，在基坑开挖过程中需要对地下水进行控制（降水和隔渗）时，应进行专门的水文地质勘察。

（5）当基坑开挖可能产生流砂、流土、管涌等渗透性破坏时，应进行针对性勘察，分析评价其产生的可能性及对工程的影响。当基坑开挖过程中有渗流时，地下水的渗流作用宜通过渗流计算确定。

（6）应进行基坑环境状况的调查，查明邻近建筑物和地下设施的现状、结构特点以及对施工振动、开挖变形的承受能力。在城市地下管网密集分布区，可通过地理信息系统或其他档案资料了解管线的类别、平面位置、埋深和规模，必要时应采用有效方法进行地下管线探测。

（7）在特殊性岩土分布区进行基坑工程勘察时，可根据特殊性岩土的相关规定进行勘察，对软土的蠕变和长期强度，软岩和极软岩的失水崩解，膨胀土的膨胀性和裂隙性以及非饱和土增湿软化等对基坑的影响进行分析评价。

（8）在取得勘察资料的基础上，根据设计要求，针对基坑特点，应提出解决下列问题的建议：分析场地的地层结构和岩土的物理力学性质，提出对计算参数取值及支护方式的建议；提出地下水的控制方法及计算参数的建议；提出施工过程中应进行的具体现场监测项目建议；提出基坑开挖过程中应注意的问题及其防治措施的建议。

（9）基坑工程勘察应针对以下内容进行分析，提供有关计算参数和建议：边坡的局部稳定性、整体稳定性和坑底抗隆起稳定性；坑底和侧壁的渗透稳定性；挡土结构和边坡可能发生的变形；降水效果和降水对环境的影响；开挖和降水对邻近建筑物和地下设施的影响。

工程测试参数包括：含水量（w）、重度（y）、固结快剪强度峰值指标（c，ϕ）、三轴不排水强度峰值指标（c_{cu}，ϕ_{cu}）、渗透系数（K）、测试水平与垂直变形计算所需的参数。

抗剪强度参数是基坑支护设计中最重要的参数，由于不同的试验方法（有效应力法或总应力法、直剪或三轴、UU或CU）可能得出不同的结果。所以，在勘察时，应按照设计所依据的规范、标准的要求进行试验，提供数据。

五、边坡工程的岩土工程勘察

在市政建设和铁路、公路修建中经常会遇到人工边坡或自然边坡，而边坡的稳定性则直接影响着市政工程和铁路、公路运行。故边坡岩土工程勘察的目的就是查明边坡地区的地貌形态、影响边坡的岩土工程条件，评价其稳定性。

1. 边坡岩土工程勘察的主要内容

（1）查明边坡地区地貌形态及其演变过程、发育阶段和微地貌特征。查明滑坡、危岩、崩塌、泥石流等不良地质作用及其范围和性质。

（2）查明岩土类型、成因、工程特性和软弱层的分布界线、覆盖层厚度、基岩面的形态和坡度。

（3）查明岩体主要结构面的类型、产状、延展情况、闭合程度、充填状况、充水状况、力学属性和组合关系，主要结构面与临空面关系，是否存在外倾结构面。

（4）查明地下水的类型、水位、水压、水量、补给和动态变化、岩土的透水性及地下水的出露情况。

（5）查明地区气象条件（特别是雨期、暴雨强度）、汇水面积、坡面植被、地表水对坡面、坡脚的冲刷情况。

（6）确定岩土的物理力学性质和软弱结构面的抗剪强度，提出斜坡稳定性计算参数，确定人工边坡的最优开挖坡形及坡角。

（7）采用工程地质类比法、图解分析法和极限平衡法评价边坡稳定性，对不稳定边坡提出整治措施和监测方案。

2. 各阶段勘察要求

大型边坡岩土工程宜分阶段进行，各阶段勘察应符合如下要求：

（1）初步勘察应搜集地质资料，进行工程地质测绘和调查、少量的勘探和室内试验，初步评价边坡的稳定性。

（2）详细勘察应对可能失稳的边坡及相邻地段进行工程地质测绘、勘探、试验、观测和分析计算，作出稳定性评价，对人工边坡提出最优开挖坡角；对可能失稳的边坡提出防护处理措施的建议。

（3）施工勘察应配合施工开挖进行地质编录，核对、补充前阶段的勘察资料，必要时，进行施工安全预报，提出修改设计的建议。

3. 其他

边坡岩土勘察方法以工程地质测绘和调查、钻探、室内岩土试验、原位测试和必要的工程物探为主。其中工程地质测绘、岩土测试及勘探线布置宜参照以下要求进行。

（1）工程地质测绘应查明边坡的形态及坡角、软弱层和结构面的产状、性质等。测绘范围应包括可能对边坡稳定有影响的所有地段。

（2）勘探线应垂直边坡走向布置，勘探点间距不宜大于50m。尚遇有软弱夹层或不利结构面时，勘探点可适当加密。勘探点深度应穿过潜在滑动面并深入稳定层内2～3m，坡角处应达到地形剖面的最低点。当需要查明软弱面的位置、性状时，宜采用与结构面成30°～60°角的钻孔，并布置少量的探洞、探井或大口径钻孔。探洞宜垂直于边坡。当重要地质界线处有薄覆盖层时，宜布置探槽。

（3）主要岩土层及软弱层应采取试样。每层的试样对土层不应少于6件，对岩层不应少于9件；软弱层可连续取样。

（4）抗剪强度试体的剪切方向应与边坡的变形方向一致，三轴剪切试验的最高围压及直剪试验的最大法向压力的选择，应与试样在坡体中的实际受荷情况相近。对控制边坡稳定的软弱结构面，宜进行原位剪切试验。对大型边坡，必要时可进行岩体应力测试、波速测试、动力测试、模型试验。抗剪强度指标，应根据实测结果结合当地经验确定，并宜采用反分析方法验证。对永久型边坡，尚应考虑强度可能随时间降低的效应。水文地质试验包括地下水流速、流向、流量和岩土的渗透性试验等。

（5）大型边坡的监测内容应包括边坡变形，地下水动态及易风化岩体的风化速度等。

六、管道和架空线路的岩土工程勘察

管道和架空线路工程简称为管线工程，是一种线形工程。包括长输油、气管道线路，输水、输煤等管线工程，穿、跨越管道工程和高压架空送电线路，大型架空管道等大型的架空线路工程。其特点是通过的地质地貌单元多，地形变化大，各种不良地质作用和特殊土体都可能会遇到，故管道和架空线路岩土工程勘察的主要任务就是查明管线经过处一定范围内的地质条件，分析评价稳定性、适宜性，提出预防和解决可能发生的岩土工程地质问题的措施。

管道和架空线路工程，一般按架设性质分为管道工程（埋设管线工程）、架空线路工程两种。

1. 管道工程（埋设管线工程）

管道工程包括地面敷设管道和大型穿、跨越工程，如油气管道、输水输煤管道、尾矿输送管道、供热管道等。

管道工程勘察与其设计相适应而分阶段进行。大型管道工程和大型穿、跨越工程应分为选线勘察、初步勘察、详细勘察3个阶段。中型工程可分为选线勘察、详细勘察2个阶段。对于岩土工程条件简单或有工程经验的地区，可适当简化勘察阶

段。如小型线路工程和小型穿、跨越工程一般一次性达到详细勘察要求。

（1）选线勘察

选线勘察是一个重要的勘察阶段。如果选线不当，管道沿线的滑坡、泥石流等不良地质作用和其他岩土工程地质问题就较多，往往不易整治，从而增加工程投资，给国家造成人力物力上的浪费。因此，在选线勘察阶段，应通过搜集资料、工程地质测绘与调查，掌握各线路方案的主要岩土工程地质问题，对拟选穿、跨越河段的稳定性和适宜性作出评价。选线勘察应符合下列要求：调查沿线地形地貌、地质构造、地层岩性、水文地质等条件，推荐线路越岭方案；调查各方案通过地区的特殊性岩土和不良地质作用，评价其对修建管道的危害程度；调查控制线路方案河流的河床、河岸坡的稳定性程度，提出穿、跨越方案比选的建议；调查沿线水库的分布情况，近期和远期规划，水库水位、回水浸没和塌岸的范围及其对线路方案的影响；调查沿线矿产、文物的分布概况；调查沿线地震动参数或抗震设防烈度。

穿越和跨越河流的位置应选择河段顺直与岸坡稳定，水流平缓，河床断面大致对称，河床岩土构成比较单一，两岸有足够施工程度等有利河段。宜避开如下河段：河道异常弯曲，主流不固定，经常改道；河床为粉细砂组成，冲淤变幅大；岸坡岩土松软，不良地质作用发育，对工程稳定性有直接影响或潜在威胁；断层河谷或发震断裂。

（2）初步勘察

初步勘察主要是在选线勘察的基础上，进一步搜集资料，现场踏勘，进行工程地质测绘和调查。对拟选线路方案的岩土工程条件作出初步评价，协同设计人员选择出最优路线方案。该勘察阶段主要的勘察技术方法是工程地质测绘和调查，尽量利用天然和人工露头，只在地质条件复杂、露天条件不好的地段，才进行简要的勘探工作。管道通过河流、冲沟等地段宜进行物探，地质条件复杂的大中型河流应进行钻探。每个穿、跨越方案宜布置勘探点1~3个，勘探孔深度宜为管道埋设深度以下1~3m（可参照详细勘察阶段的要求）。

初步勘察的主要勘察内容：划分沿线的地貌单元；初步查明管道埋设深度内岩土的成因、类型、厚度和工程特性；调查对管道有影响的断裂的性质和分布；调查沿线各种不良地质作用的分布、性质、发展趋势及其对管道的影响；调查沿线井、泉的分布和地下水位情况；调查沿线矿藏分布及开采和采空情况；初步查明拟穿、跨越河流的洪水淹没范围，评价岸坡稳定性。

（3）详细勘察

详细勘察应在工程地质测绘和调查的基础上布置一定的钻探、工程物探等勘探工作量，主要查明管道沿线的水文地质、工程地质条件及环境水对金属管道的腐蚀性，提出岩土工程设计参数和建议，对穿、跨越工程尚应论述河床、岸坡的稳定性，提出护岸措施。

详细勘察勘探点布置应满足下列要求：

对管道线路工程，勘探点间距视地质条件复杂程度而定，宜为200 ~ 1000m，包括地质勘察点及原位测试点，并应根据地形、地质条件复杂程度适当增减；勘探孔深度宜为管道埋设深度以下1 ~ 3m。

对管道穿越工程，勘探点应布置在穿越管道的中线上，偏离中线不应大于3m，勘探点间距宜为30 ~ 100m，并不应少于3个；当采用沟埋敷设方式穿越时，勘探孔深度宜钻至河床最大冲刷深度以下3 ~ 5m；当采用顶管或定向钻方式穿越时，勘探孔深度应根据设计要求确定。

2. 架空线路工程

架空线路工程，如220kV及其以上的高压架空送电线路、大型架空索道等。大型架空线路工程勘察与其设计相适应，分为初步设计勘察和施工图设计勘察两个阶段。小型的架空线路工程可合并一次性勘察。

（1）初步设计勘察

初步设计勘察应为选定线路工程路径方案和重大跨越段提出初步勘察成果，并对影响线路取舍的岩土工程问题做出评价，推荐出地质地貌条件好、路径短、安全、经济、交通便利、施工方便的最佳线路路径方案。其主要勘察方法是搜集和利用航测资料。

该阶段的主要勘察任务是：

调查沿线地形地貌、地质构造、地层岩性和特殊性岩土的分布、地下水及不良地质作用，并分段进行分析评价。

调查沿线矿藏分布、开发计划与开采情况；线路宜避开可采矿层；对已开采区，应对采空区的稳定性进行评价。

对大跨越地段，应查明工程地质条件，进行岩土工程评价，推荐最优跨越方案。

对大跨越地段，应做详细的调查或工程地质测绘，必要时，辅以少量的勘探、测试工作。

（2）施工图设计勘察

施工图设计勘察是在已经选定的线路下进行杆塔定位、塔基勘探，结合塔位（转角塔、终端塔、大跨越塔等）进行工程地质调查、勘探和岩土性质测试及必要的计算工作，提出合理的塔基基础和地基处理方案及施工方法等。架空线路工程杆塔基础受力的基本特点是承受上拔力、下压力或者倾覆力。因此，应参照原水利电力部标准《送电线路基础设计技术规定》（SDGJ62—84），根据杆塔性质（如直线塔、耐张塔、终端塔等）进行基础上拔稳定计算、基础倾覆计算和基础下压地基计算。

施工图设计勘察要求：平原地区应查明塔基土层的分布、埋藏条件、物理力学性质，水文地质条件及环境水对混凝土和金属材料的腐蚀性；丘陵和山区除查明塔基土层的分布、埋藏条件、物理力学性质、水文地质条件及环境水对混凝土和金属材料的腐蚀性外，尚应查明塔基近处的各种不良地质作用，提出防治措施建议；大跨越地段尚应查明跨越河道的地形地貌，塔基范围内地层岩性、风化破碎程度、软弱夹层及其物理力学性质；查明对塔基有影响的不良地质作用，并提出防治措施建议；对特殊设计的塔基和大跨越塔基，当抗震设防烈度等于或大于6度时，勘察工作应满足场地和地基的地震效应的有关规定。

七、桩基础岩土工程勘察

1. 桩基岩土工程勘察的内容

（1）查明场地各层岩土的类型、深度、分布、工程特性和变化规律；

（2）当采用基岩作为桩的持力层时，应查明基岩的岩性、构造、岩面变化、风化程度，确定其坚硬程度、完整程度和基本质量等级，判定有无洞穴、临空面、破碎岩体或软弱岩层；

（3）查明水文地质条件，评价地下水对桩基设计和施工的影响，判定水质对建筑材料的腐蚀性；

（4）查明不良地质作用，可液化土层和特殊性岩土的分布及其对桩基的危害程度，并提出防治措施的建议；

（5）评价成桩可能性，论证桩的施工条件及其神环境的影响。

桩基岩土工程勘察宜采用钻探和触探以及其他原位测试相结合的方式进行，对软土、黏性土、粉土、砂土的测试手段，宜采用静力触探和标准贯入试验；对碎石土宜采用重型或超重型圆锥动力触探试验。

为了满足设计时验算地基承载力和变形的需要，勘探点应布置在柱列线位置上，对群桩应根据建筑物的体型布置在建筑物轮廓的角点、中心和周边位置上。

2. 勘探点的间距及勘探孔的深度要求

（1）土质地基勘探点间距应符合下列规定：

对端承桩宜为12 ~ 24m，相邻勘探孔揭露的持力层层面高差宜控制为1 ~ 2m；对摩擦桩宜为20 ~ 35m；当地层条件复杂，影响成桩或设计有特殊要求时，勘探点应适当加密；复杂地基的一柱一桩工程，宜每柱设置勘探点。

（2）一般性勘探孔的深度应达到预计桩长以下（3 ~ 5）d（d为桩径），且不得小于3m；对大直径桩，不得小于5m。

（3）控制性勘探孔深度应满足下卧层验算要求；对需验算沉降的桩基，应超过地基变形计算深度。

（4）钻至预计深度遇软弱层时，应予以加深；在预计勘探孔深度内遇稳定坚实岩土时，可适当减小深度。

（5）对嵌岩桩，应钻入预计嵌岩面以下（3 ~ 5）d并穿过溶洞、破碎带，到达稳定地层。

（6）对可能有多种桩长方案时，应根据最长桩方案确定。

八、废弃物处理工程的岩土工程勘察

废弃物处理工程主要指工业废渣（矿山尾矿、火力发电厂灰渣、氧化铝厂赤泥等）堆场、垃圾填埋场等固体废弃物处理工程（不含核废料处理），主要有平地型、山谷型、坑埋型等废弃物堆填场。对于山谷型堆填场，不仅有坝，还有其他工程设施，一般由下列工程组成：

初期坝，一般为土石坝，有的上游用砂石、土工布组成反滤层；堆填场，即库区，有的还设截洪沟，防止洪水入库；管道、排水井、隧洞等，用以输送尾矿、灰渣，降水、排水。对于垃圾堆填场，尚有排气设施；截污坝、污水池、截水墙、防渗帷幕等，用以集中有害渗出液，防止堆场周围环境的污染，对垃圾填埋场尤为重要；加高坝，废弃物堆填超过初期坝高后，用废渣加高坝体；污水处理厂、办公用房等建筑物；垃圾填埋场的底部设有复合型密封层，顶部设有密封层；赤泥堆场底部也有土工膜或其他密封层；稳定、变形、渗漏、污染等的检测系统。

1. 勘察的主要内容

废弃物处理工程的岩土工程勘察应配合工程建设分阶段进行，可分为可行性研究勘察、初步勘察、详细勘察。勘察范围包括堆填场（库区）、初期坝、相关的管线、隧洞等构筑物和建筑物，以及邻近相关地段，并应进行地方建筑材料勘察。

废弃物处理工程应着重查明下列内容：地形地貌特征和气象水文条件；地质构造、岩土分布和不良地质作用；岩土的物理力学性质；水文地质条件、岩土和废弃物的渗透性；场地、地基和边坡的稳定性；污染物的运移，对水源和岩土的污染，对环境的影响；筑坝材料和防渗覆盖用黏土的调查；全新活动断裂、场地地基和堆积体的地震效应。

2. 勘察的方法、目的和任务

废弃物处理工程各阶段岩土工程勘察的方法、目的和任务见表2-14。

表2-14　废弃物处理工程岩土工程勘察的方法、目的和任务

勘察阶段	勘察方法	目的和任务
可行性研究勘察	踏勘、调查，必要时辅以少量勘探工作	对场地的稳定性和适宜性做出评价
初步勘察	以工程地质测绘为主（比例尺宜为1∶2000～1∶5000），辅以勘探、原位测试、室内试验	对拟建工程的总平面布置、场地稳定性、废弃物对环境的影响等进行初步评价，并提出建议
详细勘察	勘探、原位测试、室内试验。地质条件复杂地段还应进行工程地质测绘（比例尺不应小于1∶1000）	获取工程设计所需的参数，提出设计施工和监测工作的建议，并对不稳定地段和环境影响进行评价，提出治理建议

废弃物处理工程勘察前应搜集以下技术资料：废弃物的成分、粒度、物理和化学性质，废弃物的日处理量、输送和排放方式；堆场或填埋场的总容量、有效容量和使用年限；山谷型堆填场的流域面积、降水量、径流量及多年一遇洪峰流量；初期坝的坝长和坝顶标高，加高坝的最终坝顶标高；活动断裂和抗震设防烈度；邻近的水源地保护带、水源开采情况和环境保护要求。

3. 勘察要求

由于废弃物的种类、地形条件、环境保护要求等各不相同，工程建设及运行有较大差别，故在废弃物处理工程中工业废渣堆场和垃圾填埋场的岩土工程勘察应根据实际情况符合相应规范要求。一般应符合表2-15的要求。

表2-15　工业废渣堆场和垃圾填埋场岩土工程勘察要求

类型项目	工业废渣堆场	垃圾填埋场
勘探、测试应符合的规定	勘探线宜平行于堆填场、坝、隧洞、管线等构筑物的轴线布置，勘探点间距应根据地质条件复杂程度确定； 对初期坝，勘探孔的深度应能满足分析稳定、变形和渗漏的要求；	除应符合工业废渣堆场的规定外，还应符合下列要求： 需进行变形分析的地段，其勘探深度应满足变形分析的要求；

类型项目	工业废渣堆场	垃圾填埋场
勘探、测试应符合的规定	与稳定、渗漏有关的关键性地段，应加密加深勘探孔或专门布置勘探工作； 可采用有效的物探方法辅助钻探和井探； 可采用有效的物探方法辅助钻探和井探； 隧道勘察应符合地下洞室勘察的有关规定	岩土和似土废弃物的测试，可按《岩土工程勘察规范》（GB50021）中原位测试和室内试验的有关规定执行，非土废弃物的测试，应根据其种类和特性采用合适的方法，并可根据现场监测资料，用反分析方法获取设计参数； 测定垃圾渗出液的化学成分，必要时进行专门试验，研究污染物的运移规律
岩土工程评价的内容	洪水、滑坡、泥石流、岩溶、断裂等不良地质作用对工程的影响； 坝基、坝肩和库岸的稳定性，地震对稳定性的影响； 坝址和库区的渗漏及建库对环境的影响； 对地方建筑材料的质量、储量、开采和运输条件，进行技术经济分析	除应符合工业废渣堆场的规定外，尚宜包括下列内容： 工程场地的稳定性以及废弃物堆积体的变形和稳定性； 地基和废弃物变形，导致防渗衬层、封盖层及其他设施实效的可能性； 坝基、坝肩、库区和其他有关部位的渗漏； 预测水位变化及其影响； 污染物的运移及其对水源、农业、岩土和生态环境的影响

九、水利水电工程地质勘察

水利水电建设工程是通过建造一系列水工建筑物（如挡蓄水建筑物、取水建筑物、输水建筑物、泻水建筑物、整治建筑物、专门建筑物），利用和调节江、河地表水，使之用于灌溉、发电、水运、拦淤、防洪等，达到兴利除害目的的大型工程。

根据国家防洪标准，水利水电枢纽工程和水工建筑物划分为五等，见表2-16、表2-17。

在水利水电工程的完成过程中，水对地质环境的作用是主要的，对水利水电枢纽工程和水工建筑物影响非常之大，会产生水库渗漏、库岸塌落、水库浸没等工程地质问题。因此水利水电工程地质勘察就是要通过对工程建设区工程地质条件和问题的调查分析，为水利水电工程的规划、设计、施工提供充分可靠的地质依据。通常，水利水电工程地质勘察与其设计阶段相适应，分为规划勘察、可行性研究勘察和技术施工勘察3个阶段进行，对于中小型水利水电工程可简化勘察阶段。

表2-16 水利水电枢纽工程的分等指标

工程等级	工程规模	分等指标						
		水库总库容（×10^8m³）	防洪		治涝面积（万亩）	灌溉面积（万亩）	供水	水电站装机容量（10^4kW）
			保护城镇及工矿区	保护农田面积（万亩）				
一	大（1）型	>10	特别重要城市、工矿区	>500	>200	>150	特别重要	>120
二	大（2）型	1~10	重要城市、工矿区	100~500	60~200	50~150	重要	30~120
三	中型	1~0.1	中等城市、工矿区	30~100	15~60	5~50	中等	5~30
四	小（1）型	0.1~0.01	一般城镇、工矿区	5~30	3~15	0.5~5	一般	1~5
五	小（2）型	0.01~0.001		<5	<3	<0.5		<1

表2-17 水工建筑物级别的划分

工程等级	永久性建筑物级别		临时性建筑物级别
	主要建筑物	次要建筑物	
一	1	3	4
二	2	3	4
三	3	4	5
四	4	5	5
五	5	5	5

1. 规划勘察

规划勘察实际包含了水电工程中的预可行性勘察内容。该阶段勘察的目的是为河流开发方案和水利水电工程规划提供地质资料和地质依据。勘察的主要任务和内容是：

（1）搜集了解规划河流或河段的区域地质和地震资料；

（2）了解各梯级水库、水坝区的基本地质条件和主要工程地质问题，分析建坝建库的可能性，为选定河流规划方案、近期开发工程的控制性提供地质资料；

（3）进行各梯级坝区附近的天然建筑材料普查；

（4）勘察内容包括规划河流或河段勘察、水库区勘察、各梯级坝区勘察几个方面。

该阶段主要勘察技术方法是区域地质调查、1：2000 ～ 1：10000的工程地质测绘、工程物探及适量的钻探、洞探和岩土试验。

2. 可行性研究勘察

该阶段勘察的目的是为选定坝址和建筑场地，查明水库及建筑区的工程地质条件，为选定坝型、枢纽布置进行地质论证和建筑物设计提供依据。

勘察的主要任务和内容：

查明水库区岩土工程问题和水文地质问题，并预测蓄水后的变化；查明建筑物区的工程地质条件，为选定坝址、坝型、枢纽布置、各建筑物的轴线和岩土工程治理方案提供依据和建议；查明导流工程的工程地质条件，必要时进行施工附属建筑物场地的勘察和施工与生活用水水源初步调查；进行天然建筑材料详查；进行地下水动态观测和岩土体变形监测；勘察内容包括：区域构造稳定性勘察和严重渗漏区勘察、水库浸没区勘察、水库坍岸区勘察、不稳定岸坡勘察、水库诱发地震研究等水库区专门性勘察、坝址区勘察、地下洞室勘察、渠道勘察、引水式地面电站和泵站厂址勘察、溢洪道勘察、通航建筑物勘察、导流工程勘察、天然建筑材料勘察等诸多方面。

该阶段采取的主要勘察技术方法：区域地质调查、1：1000 ～ 1：5000工程地质测绘、勘探（钻探、洞探、物探）、土工试验、岩石试验（室内、原位）、水文地质试验、长期观测与监测和分析预测等方法。

3. 技术施工设计勘察

该阶段勘察的目的是在已选定的枢纽建筑场地上，通过专门性勘察和施工地质工作，检验前期勘察成果的正确性，为优化建筑物设计提供依据。

勘察的主要任务和内容：

针对初步设计审批中要求补充论证的和施工开挖中发现的岩土工程问题进行勘察；进行施工地质工作；提出施工和运行期间岩土工程监测内容、布置方案和技术要求的建议，并分析岩土工程监测资料；必要时进行天然建筑材料复查；勘察内容包括：水库诱发地震、岸坡稳定性、坝基岩土体变形和稳定性问题研究以及洞室围岩稳定性研究等专门性岩土工程勘察和施工地质工作，对建筑场地地质现象进行观测和预报，提出地基加固和其他岩土工程治理方案的决策性建议，参加与岩土工程有关的工程验收工作。

勘察方法根据专门性工程具体情况和施工地质状况而定，通常采用超大比例尺测绘（1：200～1：1000）、专门性勘探试验方法（如弹性波测试、点荷载试验等）和长期观测等方法。此外，还采用观察、素描、实测、摄影和录像等方法编录和测绘施工开挖揭露的地质现象及相关情况。

十、不良地质作用和地质灾害的岩土工程勘察

不良地质作用是由地球内力或外力产生的对工程可能造成危害的地质作用；地质灾害是由不良地质作用引发的，危及人身、财产、工程或环境安全的事件。

在人类工程活动或工程建设中常遇到的不良地质作用和地质灾害有：岩溶、崩塌、滑坡、泥石流、地面沉降、地裂缝、场地和地基的地震效应、海水入侵，等等。在我国许多大中城市地区，由于大量开采地下承压水和集中的工程活动，地面沉降、地裂缝、岩溶塌陷等地质灾害时有发生，许多山区的铁路、公路沿线和江河水运沿岸发生滑坡、崩塌或泥石流，损毁铁路、公路设施，阻塞水运航道，威胁人的生命和财产安全，造成重大经济损失和社会影响。在对大量不良地质作用和地质灾害的调查研究中发现，无论其属于哪种类型，均具有一定的渐变性、突发性、区域性、周期性、致灾性和可防御性特点，可以通过岩土工程勘察查明它们的孕育时间、条件，影响因素，演化、发生规律，预防、预测其活动发展，把灾情减到最小程度。因此，在岩土工程勘察中，不良地质作用和地质灾害的勘察已经越来越受到岩土工程界和地质灾害研究者的重视。

在不良地质作用和地质灾害的勘察中，目前还没有完全统一的勘察规范，一般是按不良地质作用和地质灾害的类型、规模，以查明和解决以下问题为主。

（1）调查地形、地貌、地层岩性以及不良地质作用和地质灾害与区域地质构造的关系；

（2）查明不良地质作用和地质灾害的分布和活动现状；

（3）查明不良地质作用和地质灾害的形成条件、影响因素、成因机制与活动规律；

（4）对已经发生或存在的不良地质作用和地质灾害，预测其发展趋势，提出控制和治理对策；对可能发生的不良地质作用和地质灾害，应结合区域地质条件，预

测发生的可能性，并进行有关计算，提出预防和控制的具体措施和建议。

不良地质作用和地质灾害产生的动力来源、影响因素、活动规模各有不同，故其类型较多，但其勘察方法亦大同小异，可按不良地质作用和地质灾害的类型选择踏勘、工程地质测绘和调查、长期观测、钻探、原位测试、工程物探、室内岩土试验、水化学分析试验及地理信息系统（GIS）、地质雷达和地球物理层析成像技术（CT）等新技术、新方法。工作量的多少以获取高可靠度的地质资料为依据布置。

除以上各种岩土工程勘察外，还有地基处理岩土工程勘察、既有建筑物的增载和保护岩土工程勘察、铁路岩土工程勘察、公路岩土工程勘察、地铁岩土工程勘察、城市轻轨岩土工程勘察等。

第三章　工程地质测绘和调查

工程地质测绘和调查是岩土工程勘察的技术方法之一。通过搜集资料、调查访问、踏勘、地质测量、描绘等基础地质方法和遥感影像判释、地理信息系统（GIS）、全球卫星定位系统（GPS）等新技术、新方法，获取与工程建设直接或间接相关的各种地质要素和岩土工程资料，并把这些资料反映在标准地形底图或地质图上，为初步评价建设场地工程地质环境及场地稳定性、工程地质分区、合理布置勘察工作量提供依据。对于工程地质测绘的定义为：采用搜集资料、调查访问、地质测量、遥感解译等方法，查明场地的工程地质要素，并绘制相应的工程地质图件。通常，对岩石出露或地貌、地质条件较复杂的场地应进行工程地质测绘；对地质条件简单的场地，可采用调查代替工程地质测绘。在可行性研究勘察阶段和初步勘察阶段，工程地质测绘和调查能发挥其重要的作用。在详细勘察阶段，可通过工程地质测绘和调查对某些专门地质问题（如滑坡、断裂等）作补充调查。

第一节　工程地质测绘和调查的范围、比例尺、精度

在工程地质测绘和调查之前，必须先确定其范围，选择合理的比例尺，这也是保证测绘精度的基础。

一、工程地质测绘和调查的范围

工程地质测绘和调查应包括场地及其附近地段。

工程地质测绘一般不像地质测绘那样按照图幅逐步完成全国的区域性测绘，而是根据规划与设计建筑物的要求，在与该项工程活动有关的范围内进行。测绘范围大些就能观察更多的天然露头和剖面，有利于更好地了解区域工程地质条件；但同时却增大了测绘工作量，提高了工程造价。可见，选定合适的测绘范围是一个很重要的问题。选择的依据一方面是设计建筑物的类型、规模及设计阶段，另一方面是

区域地质条件的复杂程度及其研究程度。所以，工程地质测绘与调查的范围应包括工程建设场地及其附近地段。

建筑物的类型、规模不同，与自然地质环境相互作用的广度和强度也就不同。例如，对于大型水利枢纽工程，由于水文地质条件急剧改变，往往引起大范围内自然地理和地质条件的变化，由此会导致生态环境的破坏，并影响到水利工程本身的效益及稳定性。对此类建筑物的测绘范围，应包括水库上、下游，甚至上游的分水岭地段和下游的河口地段的较大范围。而房屋建筑和构筑物一般仅在小范围内与地质环境发生作用，通常则不需要进行大面积工程地质测绘和调查。

工程地质测绘范围应随着岩土工程勘察阶段的提高而减小。工程地质条件越复杂，研究程度越差，工程地质测绘和调查的范围就越大。一种情况是场地内工程地质条件非常复杂；另一种情况是场地内工程地质条件比较简单，但场地附近有危及建筑物安全的不良地质作用存在。如山区的城镇和厂矿企业往往兴建于地形比较平坦开阔的洪积扇上，场地本身工程地质条件较简单，可一旦泥石流暴发则有可能摧毁建筑物及其他设施。此时工程地质测绘范围应将泥石流形成区包括在内。这两种情况必须适当扩大工程地质测绘和调查的范围，否则，就可能给整个工程带来灾难。当拟建场地或其邻近地段内有其他地质研究成果时，应予以充分利用，此时工程地质测绘和调查的范围可适量减小。

二、工程地质测绘和调查的比例尺

工程地质测绘和调查应紧密结合工程建设的规划、设计要求进行，所以比例尺的选择主要取决于设计建筑物类型、设计阶段和工程建筑所在地区条件的复杂程度以及研究程度。其中设计阶段的要求起最重要的作用。随着设计阶段的提高，建筑场地的位置越来越具体、范围越来越缩小，而对地质条件的详细程度的要求越来越高。所以，所采用的测绘比例尺就需要逐步加大。

参照《岩土工程勘察规范》（GB50021—2001）（2009版），工程地质测绘的比例尺可根据勘察阶段不同，按以下选取：

（1）可行性研究勘察阶段，选用1:5000 ~ 1:50000，属中、小比例尺；

（2）初步勘察阶段，选用1:2000 ~ 1:10000，属大、中比例尺；

（3）详细勘察阶段，选用1:200 ~ 1:2000，属大比例尺。

（4）当工程地质条件复杂时，比例尺可适当放大，以利解决某一特殊的岩土工程问题。对工程有重要影响的地质单元（滑坡、断层、软弱夹层、洞穴、泉等），可采用扩大比例尺表示。

三、工程地质测绘和调查的精度

工程地质测绘和调查的精度包括野外观察、调查、描述各种工程地质条件的详细程度和各种地质条件，如岩层、地貌单元、自然地质现象、工程地质现象等在地形底图上表示的详细程度与精确程度，显然，这些精度必须与图的比例尺相适应。

传统上，野外观察、调查、描述各种地质条件的详细程度用单位测试面积上观测点数目和观测路线长度来控制。不论其比例尺多大，都以图上每1cm²内一个点来控制平均观测点数目。当然其布置不是均布的，而应是复杂地段多些，简单地段少些，且都应布置在关键点上。例如，各种单元的界线点、泉点、自然地质现象或工程地质现象点，等等。测绘比例尺增大、观测点数目增多而天然露头不足，则必须以人工露头来补充，所以测绘时须进行剥土、探槽、试坑等轻型勘探工程。地质观测点的数量以能控制重要的地质界线并能说明工程地质条件为原则，以利于岩土工程评价。为此，要求将地质观测点布置在地质构造线、地层接触线、岩性分界线、不同地貌单元及微地貌单元的分界线、地下水露头以及各种不良地质作用分布的地段。观测点的密度应根据测绘区的地质和地貌条件、成图比例尺及工程特点等确定。一般控制在图上的距离为2～5cm。例如，在1:5000的图上，地质观测点实际距离应控制在100～250m。此控制距离可根据测绘区内工程地质条件复杂程度的差异并结合对具体工程的影响而适当加密或放宽。在该距离内应做沿途观察，将点、线观察结合起来，以克服只孤立地做点上观察而忽视沿途观察的偏向。当测绘区的地层岩性、地质构造和地貌条件较简单时，可适当布置"岩性控制点"，以备检验。《岩土工程勘察规范》（GB50021—2001）（2009版）中对地质观测点的布置、密度和定位要求如下：

（1）对地质构造线、地层接触线、岩性分界线、标准层位和每个地质单元体应有地质观测点。

（2）地质观测点的密度应根据场地的地貌、地质条件、成图比例尺和工程要求等确定，并应具代表性。

（3）地质观测点应充分利用天然和已有的人工露头，当露头少时，应根据具体情况布置一定数量的探坑或探槽。

（4）地质观测点的定位应根据精度要求选用适当方法；地质构造线、地层接触线、岩性分界线、软弱夹层、地下水露头和不良地质作用等特殊地质观测点，宜用仪器定位。

为了保证各种地质现象在图上表示的准确程度，《岩土工程勘察规范》（GB50021-2001）（2009版）要求：地质界线和地质观测点的测绘精度，在图上不应低于3mm。水利、水电、铁路等系统要求不低于2mm。

地质观测点的定位标测，对成图的质量影响很大。根据不同比例尺的精度要求和工程地质条件的复杂程度，地质观测点一般采用的定位标测方法有四种。

（1）目测法，适于小比例尺的工程地质测绘，该法系根据地形、地物以目估或步测距离标测。

（2）半仪器法，适用于中等比例尺的工程地质测绘，它是借助于罗盘仪、气压计等简单的仪器测定方位和高度，使用步测或测绳量测距离。

（3）仪器法，适于大比例尺的工程地质测绘，即借助于经纬仪、水准仪等较精密的仪器测定地质观测点的位置和高程；对于有特殊意义的地质观测点，如地质构造线、不同时代地层接触线、不同岩性分界线、软弱夹层、地下水露头以及不良地质作用发育点等，均宜采用仪器法。

（4）卫星定位系统（GPS），满足精度条件下均可应用。为了达到上述规定的精度要求，野外测绘填图中通常采用比提交成图比例尺大一级的地形图作为填图的底图。例如，进行比例尺为1∶10000的工程地质测绘时，常采用1∶5000的地形图作为野外作业填图底图，野外作业填图完成后再缩成1∶10000的成图作为正式成果。

第二节　工程地质测绘和调查的内容

工程地质测绘和调查，应综合研究各种地质条件，与岩土工程紧密结合。调查、量测自然地质现象和工程地质现象，预测工程活动与地质环境之间的相互作用，即应着重针对岩土工程的实际问题。

一、地形、地貌

查明地形、地貌特征及其与地层、构造、不良地质作用的关系，划分地貌单元。地形、地貌与岩性、地质构造、第四纪地质、新构造运动、水文地质以及各种不良地质作用的关系密切。地貌是岩性、构造、新构造运动和近期外动力地质作用的结果。研究地貌可以判断岩性、地质构造及新构造运动的性质和规模，搞清第四纪沉积物的成因类型和结构，并据此了解各种不良地质作用的分布和发展演化历史、河流发育史等。相同的地貌单元不仅地形特征近似，且其表层地质结构、水文地质条件也往往相同，还常常发育着性质、规模相同的自然地质作用。因此在平原区、山麓地带、山间盆地以及有松散沉积物覆盖的丘陵区进行工程地质测绘和调查时，应着重于地形地貌，并以地貌作为工程地质分区的基础。

工程地质测绘和调查中，地形地貌研究的内容：

地貌形态特征、分布和成因；划分地貌单元；地貌单元形成与岩性、地质构造及不良地质作用等的关系；各种地貌形态和地貌单元的发展演化历史。

在大比例尺工程地质测绘中，还应侧重于微地貌与工程建筑物布置以及岩土工程设计、施工关系等方面的研究。

在山前地段和山间盆地边缘广泛发育洪积扇地貌。大型洪积扇面积可达几十甚至上百平方千米，由于洪积物在搬运过程中的分选作用，洪积土颗粒呈现随离山由近到远，颗粒由粗到细的现象，因此，把洪积扇由靠近山前到远离山前分为上、中、下3个区段。每一区段的地质结构和水文地质条件不同，因此建筑适宜性和可能产生的岩土工程问题也各异。洪积扇的上部以砾石、卵石和漂石为主，强度高而压缩性小，是房屋建筑和构筑物的良好天然地基，但由于渗透性强，若建水工建筑物则可能会产生严重渗漏；中部以砂土为主，夹有粉土和黏性土的透镜体，易产生渗透性变形问题；中部与下部过渡地段由于岩性变细，地下水埋藏浅，往往有溢出泉和沼泽分布，承载力低而压缩性大，不宜作为一般房屋建筑物地基；下部主要分布黏性土和粉土，且有河流相的砂土透镜体，地形平缓，地下水埋藏较浅，若土体形成时代较早，也可作为房屋建筑较理想的天然地基。

平原地区的冲积地貌，应区分出河床、河漫滩、牛轭湖和阶地等各种地貌形态。不同地貌形态的冲积物分布和工程性质不同，其建筑适宜性也各异。河床相沉积物主要为砂砾土，将其作为房屋地基是良好的，但作为水工建筑物地基时将会产生渗漏和渗透变形问题。河漫滩相一般为黏性土，有时有粉土和粉、细砂夹层，土层厚度较大，也较稳定，一般适宜做各种建筑物的地基，但需注意粉土和粉、细砂层的渗透变形问题。牛轭湖相是由含有大量有机质的黏性土和粉、细砂组成的，并常有泥炭层分布，土层的工程性质较差，也较复杂。对阶地的研究，应划分出阶地的级数，查明各级阶地的高程、相对高差、形态特征以及土层的物质组成、厚度和性状等，并进一步研究其建筑适宜性和可能产生的岩土工程问题。例如，成都市区主要位于岷江支流府河的阶地上，一级阶地表层粉土厚0.7 ~ 0.4m，其下为Q_4早期的砂砾石层，厚28 ~ 100m，地下水埋深1 ~ 3m；二级阶地表层黏土厚5 ~ 9m，下为砂砾石层，地下水埋深5 ~ 8m；三级阶地地面起伏较大，上部为厚达10余米的成都黏土和网纹状红黏土，下部为粉质黏土充填的砾石层。成都黏土属膨胀性土，一般在其上修建的低层建筑的基础和墙体易开裂，渠道和道路路堑边坡往往容易产生滑坡。

二、地层岩性

工程地质测绘和调查对地层岩性的研究包括：

岩土的地层年代；岩土层的成因、分布、性质和岩相；岩、土层的层序、接触关系、厚度及其变化规律；对岩层应鉴定其风化程度，对土层应区分新近沉积土、各种特殊土。

在不同比例尺的工程地质测绘中，地层年代可利用已有的成果或通过寻找标准化石、做孢子花粉分析确定。此外，选择填图单位时，应注意寻找标志层（指岩性、岩相、层位和厚度都较稳定，且颜色、成分和结构等具有特征标志，地面出露又较好的岩土层，如黄土地区的古土壤层），按比例尺大小确定。

三、地质构造

地质构造决定区域稳定性（尤其是现代构造活动与活断层）。它限定了各种性质不同的岩土体的空间位置、地表形态、岩体的均一性和完整性以及岩体中各种软弱结构面的位置，它是选择工程建设场地的主要依据，亦是评价岩土体稳定性的基础因素。

工程地质测绘和调查对地质构造研究的内容包括：岩体结构类型，岩层的产状及各种构造形式的分布、形态和规模；各类结构面（尤其是软弱结构面）的产状及其性质，包括断层的位置、类型、产状、断距、破碎带宽度及充填胶结情况；岩、土层接触面和软弱夹层的特性；新构造活动的形迹及其与地震活动的关系。

在工程地质测绘与调查中，对地质构造的研究，必须运用地质历史分析和地质力学的原理与方法，才能查明各种构造结构面（带）的历史组合和力学组合规律。既要对褶皱、断裂等大的构造形迹进行研究，又要重视节理、裂隙等小构造的研究。尤其在大比例尺工程地质测绘中，小构造研究具有重要的实际意义。节理、裂隙泛指普遍、大量地发育于岩土体内各种成因的、延展性较差的结构面，其空间展布数米至二三十米，无明显宽度。如构造节理、劈理、原生节理、层间错动面、卸荷裂隙、次生剪切裂隙等均包括在内。

节理、裂隙工程地质测绘和调查的主要内容有：①节理、裂隙的产状、延展性、穿切性和张开性；②节理、裂隙面的形态、起伏差、粗糙度、充填胶结物的成分和性质等；③节理、裂隙的密度。

节理、裂隙必须通过专门的测量统计，查明占主导地位的节理、裂隙的走向及其组合特点、分布规律和特性，分析它们对工程的作用和影响。

四、水文地质条件

工程地质测绘和调查对水文地质条件研究的主要目的就是为解决和防治与地下水活动有关的岩土工程问题及不良地质作用提供资料，因此，应从岩性特征、地下水露头的分布、性质、水量、水质入手，搜集气象、水文、植被、土的标准冻结深度等资料，调查最高洪水水位及其发生时间、淹没范围，查明地下水类型，补给来源及排泄条件，井、泉的位置，含水层的岩性特征、埋藏深度、水位变化、污染情况及其与地表水体的关系等。

对其中泉、井等地下水的天然和人工露头以及地表水体的调查，应在测区内进行普查，并将它们标测于地形底图上。对其中有代表性的以及与岩土工程有密切关系的水点，还应进行详细研究，布置适当的监测工作，以掌握地下水动态和孔隙水压力变化。

五、不良地质作用

不良地质作用直接影响工程建筑的安全、经济和正常使用。在工程地质测绘和调查时，对测区内影响工程建设的各种不良地质作用的研究，其目的就是要发现不良地质作用与地层岩性、地质构造、水文地质条件等的关系，为评价建筑场地的稳定性提供依据，并预测其对各类岩土工程的不良影响。

研究不良地质作用要以地层岩性、地质构造、地貌和水文地质条件研究为基础，并搜集气象、水文等自然地理因素资料。研究内容包括：查明岩溶、土洞、滑坡、崩塌、泥石流、冲沟、地面沉降、断裂、地震震害、地裂缝、岸边冲刷等不良地质作用的形成、分布、形态、规模、发育程度，并分析它们的形成机制，促使其发育的条件和发展演化趋势，预测其对工程建设的影响。研究方法将在后面相关章节中介绍。

六、人类工程活动

《岩土工程勘察规范》（GB50021—2001）（2009版）中重点强调了工程地质调查对人类工程活动影响场地稳定性的研究。调查人类工程活动对场地稳定性的影响，包括人工洞穴、地下采空、大挖大填、抽水排水及水库诱发地震等。

人工洞穴、地下采空引起地表塌陷，过量抽取地下承压水导致地面沉降，水库蓄水诱发地震、引起库岸坍塌再造，引水渠道渗漏引发斜坡失稳等，使地质环境恶化，对建设场地的稳定性带来不利影响。因此，在工程建设之前，通过工程地质调查，查明和发现人类工程活动与地质环境的相互制约、相互影响的关系，就能预测和主动控制某些工程地质作用的发生，这也是岩土工程地质勘察的任务之一。

七、对已有建筑物的调查

对工程建筑区及其附近已有建筑物的调查，是工程地质测绘和调查的特有内容。调查当地已有建筑物的结构类型、基础形式和埋深，施工季节和施工时的环境，建筑物的使用过程，建筑物的变形损坏部位，破裂机制及其时间、发展过程，建筑物周围环境条件的变化和当地建筑经验，分析已有建筑物完好或损坏的原因等，都极大地有利于岩土工程的分析、评价和整治。

某一地质环境内已有建筑物都应被看作一项重要的试验，研究该建筑物是否"适应"该地质环境，往往可以得到很多在理论方面和实践方面都极有价值的资料。通过这种研究就可以划分稳定地段，判明工程地质评价的正确性，评估和预测使建筑物受到损害的各种地质作用的发展情况。

对已有建筑物调查，不能仅限于研究个别受损害的建筑物，而应调查区内所有建筑物。

1. 调查的主要内容

观察描绘其变形，并绘制草图；研究技术文献，了解其结构特征；通过直接观察区内的地质条件，查阅以往勘察资料、施工编录，或通过访问，了解建筑物所处的地质条件；根据建筑物结构特征、所处地质环境、出现的变形现象，分析变形的长期观测资料，以判定变形原因。

2. 具体调查工作

（1）建筑物位于不良的地质环境内，且有变形标志。此时应查明不良地质因素在什么条件下有害于哪一类建筑物，并调查各种防护措施的有效性，以便寻求更有效的防护措施。例如，成都市Ⅲ级阶地上的低层房屋往往出现开裂现象，且开裂往往地区性地成群出现，裂缝有其特殊性。角端裂缝常表现为山墙上的对称或不对称的倒"八"字形，有时山墙上还出现上大下小分枝或不分枝的竖向裂缝。纵墙上有水平裂缝，同时伴有墙体外倾等现象。经分析研究，其变形原因是由于成都Ⅲ级阶地上的表层黏土属膨胀土，随着季节变化，土的含水量发生较大变化而产生膨胀变形，使建筑物的不同部位产生不均匀沉降变形所致。调查发现，凡属深埋达1.5m以上者极少产生开裂，采用护壁等措施不能制止墙体开裂发展，只有加深基础砌置深度才是防治膨胀土地基上建筑物开裂的有效措施。

（2）建筑物位于不良地质环境中，但无变形标志。在调查时就应查清是否由于采用了特殊结构，或是以往对工程地质条件的危害性做了过分的评价。这些资料对场地的利用及建筑结构的设计有很重要的意义。

（3）建筑物位于有利的地质环境中，有变形标志。这时就必须首先查明是否由于建筑材料质量或工程质量不良而造成，以证实分析自然历史因素所得的工程地质评价是否正确。通过这种分析，往往可以发现施工方法以及组织方面的缺陷。如果不是由于以上原因产生变形，就需要进一步研究地质条件，发现某些隐蔽的不良地质条件。例如，对西安隐伏地裂缝带上建筑物墙体、地基变形破坏特征的调查分析，就可确定隐伏地裂缝的走向及影响带范围，也可根据建筑物变形或破坏成群出现的规律，发现埋藏的淤泥层。

（4）建筑物位于有利的地质环境内，无变形标志。在这种情况下仍需研究是否这些建筑物采用了特殊结构，使其强度大大提高，以至于把某些不利的地质条件隐蔽起来了。

通过以上调查分析，就可以更加具体地评价建筑区的工程地质条件，并对建筑物的可能变形做出正确预测，减少勘探和试验工作量，使建筑物的设计更合理。

第三节　工程地质测绘和调查的方法、程序、成果资料

一、工程地质测绘和调查的方法

工程地质测绘和调查的方法与一般地质测绘相近，主要是沿一定观察路线做沿途观察和在关键地点（或露头点）上进行详细观察描述。选择的观察路线应当以最短的线路观测到最多的工程地质条件和现象为标准。在进行区域较大的中比例尺工程地质测绘时，一般穿越岩层走向或横穿地貌、自然地质现象单元来布置观测路线。大比例尺工程地质测绘路线以穿越走向为主布置，但须配合以部分追索界线的路线，以圈定重要单元的边界。在大比例尺详细测绘时，应追索走向和追索单元边界来布置路线。

在工程地质测绘和调查过程中，最重要的是要把点与点、线与线之间观察到的现象联系起来，克服孤立地在各个点上观察现象、沿途不连续观察和不及时对现象进行综合分析的偏向。也要将工程地质条件与拟进行的工程活动的特点联系起来，以便能确切预测两者之间相互作用的特点。此外，还应在路线测绘过程中就将实际资料、各种界线反映在外业图上，并清绘在室内底图上，及时整理，及时发现问题和进行必要的补充观测。

工程地质测绘和调查的具体方法可归纳为以下几点。

1. 工程地质测绘和调查的基本方法（表3-1）

表3-1　工程地质测绘的基本方法

基本方法	说明
路线穿越法	垂直穿越地貌单元、岩层和地质构造线走向，能较迅速地了解测区内各种地质界线、地貌界线、构造线、岩层产状及各种不良地质作用等位置，常用于各类比例尺测绘
追索法	沿地层、构造和其他地质单元界线逐条追索并将界线绘于图上，地表可见部分用实线表示，推测部分用虚线表示。这种方法多用于中、小比例尺测绘
布点法	根据地质条件复杂程度和不同的比例尺，预先在图上布置一定数量的地质点，对第四系地层覆盖地段，必须要有足够的人工露头点，以保证测绘精度。适用于大、中比例尺测绘

2. 地貌测绘分析方法（表3-2）

表3-2　地貌测绘分析方法

分析方法	说明
形态分析法	观察描述各地貌单元的形态，尽可能直接测量其形态要素（长度、宽度、坡度、相对高度等），并辅以照相、素描和室内分析绘图等来判识地貌组合依存关系，揭示其发生发展规律
沉积物相分析法	根据地貌发育过程和相关沉积物的特征，来确定其发育的地理环境和地质作用过程，而沉积物中保存下来的化石、同位素元素和古地磁等信息，可确定地貌形成的时代
动力分析法	通过对地貌形态特征、微地貌的组合关系、相关堆积物的结构构造、生物化石、地球化学元素的迁移等来分析地貌发育的外动力地质作用；通过对地貌发育过程多层地貌和新构造形迹研究，分析内动力地质作用的性质和变化幅度

3. 岩体结构面测量统计方法

岩体结构面测量包括地层与构造的产状测量和节理、裂隙的统计两部分。

地层与构造的产状通常用地质罗盘测定；当倾角太小或确定困难时，可采用"三点法"或"V字形法则"确定。

节理、裂隙统计应首先选择统计地点。一般应选在不同构造单元或地层岩性的典型地段。如研究褶皱或断层时，可在褶皱轴、两翼、倾伏端等处或断层两侧一定距离内布点；评价岩体稳定性时，应在工程建设范围内岩体结构最不利岩体稳定的地段布点。其次是确定统计数量。每个统计点，节理、裂隙统计数量为80～100个。

最后，绘制节理、裂隙统计图，常用的统计图有裂隙玫瑰图、裂隙极点图、裂隙等密度图或等值线图。

4. 地质点标测方法

地质观测点的定位标测，对成图质量影响很大，常用表3-3所列方法。

表3-3　地质点的标测方法

方法		仪器设备	说明	适用比例尺
目测法			利用地形图上地形地物的特点估测地质点位置	≤1∶25000
半仪器法	交会法	罗盘仪	选择3个明显地形地物点，用罗盘仪测出地质点相应的3个方位角，在地形图上画出上述方位角，这三条线之交点即为地质点	1∶25000 ~ 1∶5000
	导线法	罗盘仪 测绳	选择与地质点相邻的三角点、水准点、地物点为基点，罗盘仪测方位，测绳量距离，对地质点进行位置标测	
		气压计	用气压计测高程、结合地形地物进行地质点位置标测	
仪器法		经纬仪 水准仪 全站仪	用经纬仪、水准仪、全站仪等测定地质点位置和高程	≥1∶5000
卫星定位系统（GPS）			满足精度的条件下均可应用	

5. 观测记录、素描与采集标本

（1）观测记录应注明工作日期、天气、工作人员、工作路线、观测点编号与位置、类型。

（2）对露头点的工程地质、水文地质条件、地貌和不良地质作用进行描述，对地层、构造产状及节理、裂隙进行测量与统计，对有代表性的地质现象进行素描或摄影，并标注有关说明。

（3）采集各类岩、土样品和岩（化）石标本，进行分类编号，注明产地、层位及有关说明，并妥善保管。

（4）对天然露头不能满足观测要求而又对工程评价有重要意义的地段，应进行人工露头或必要的勘探工作。

二、工程地质测绘和调查的程序

（1）阅读已有的地质资料，明确工程地质测绘和调查中需要重点解决的问题，编制工作计划。

（2）利用已有遥感影像资料，如对卫星照片、航测照片进行解译，对区域工程地质条件做出初步的总体评价，以判明不同地貌单元各种工程地质条件的标志。

（3）现场踏勘。选定观测路线，选定测制标准剖面的位置。

（4）正式测绘开始。

测绘中随时总结整理资料，及时发现问题，及时解决，使整个工程地质测绘和调查工作目的更明确，测绘质量更好，工作效率更高。

三、工程地质测绘和调查的成果资料

工程地质测绘和调查的成果资料包括实际材料图、综合工程地质图、工程地质分区图、综合地质柱状图、工程地质剖面图以及各种素描图、照片和文字说明等。

第四节　遥感影像在工程地质测绘中的应用

遥感是一种远距离的、非接触的目标探测技术方法。通过搭载在遥感平台（如航摄飞机、人造地球卫星）上的传感器，接受从目标反射和辐射来的电磁波，以探测和获得目标信息，然后对所获取的信息进行加工处理，从而实现对目标进行定位、定性或定量的描述。随着传感器技术、遥感平台技术、数据通信技术等相关技术的发展，遥感技术已经进入了一个能够动态、快速、准确、多手段提供多种地质观测数据的新阶段。现代遥感技术的显著特点是尽可能地集多种传感器、多级分辨率、多谱段和多时相技术于一身，并与全球定位系统（GPS）、地理信息系统（GIS）、惯性导航系统（INS）等高技术系统相结合，以形成智能型传感器。我国利用航空遥感技术测制地形图已形成了完备的教学、科研和生产体系。国际上已相继推出了一批高水平的遥感影像处理商业软件包。所有这些都使遥感技术的应用领域不断扩大。在岩土工程勘察的工程地质测绘和调查中，如陆地卫星照片、航空照片、热红外航空扫描图像等遥感影像的应用也更加广泛。

一、遥感技术在工程地质测绘和调查中应用的目的、任务和要求

遥感技术主要用在可行性研究（选址、选线）阶段的中、小比例尺工程地质测

绘和调查中。其主要目的是为结合工程地质地面测绘，研究拟建场地的地貌、地层、岩性、地质构造、水文地质条件及不良地质作用，初步评价场地工程地质条件、环境工程地质条件。在大型（或甲级）岩土工程勘察中，遥感影像判释结果还可作为拟定岩土工程勘察方案的依据。遥感影像判释的基本任务为：①获取常规地面测绘和调查难以取得的某些工程地质、环境工程地质信息；②从遥感影像中全面取得勘察区的有关信息，解释场地的工程地质、环境工程地质条件。

在工程地质测绘和调查中，利用遥感影像判释结果可以节省地面测绘和调查的工作量，也可以校正或填补所填绘的各种地质体或地质现象的位置范围，提高工程地质测绘和调查的精度。

遥感影像的比例尺一般参照如下要求：

航片的比例尺与地面填图比例尺接近。当搜集的航片比例尺过小，而填图面积又不大时，航片可放大使用。航片放大不宜超过4倍；陆地卫星MSS图像可选用不同时期、不同波段的1∶500000或1∶200000的黑白图像以及彩色合成或其他增强处理的图像。陆地卫星的TM图像一般放大到1∶20000～1∶100000；热红外图像的比例尺不小于1∶30000。

二、遥感影像判释的原理及标志

1. 判释原理

卫星照片、航空照片、热红外航空扫描图实际上都是按一定比例尺缩小了的自然景观的综合影像图。各种不同的地质体或地质现象由于有不同的产状、结构、物化特性并受到不同程度的内外动力地质作用而形成各种形态的自然景观。这些自然景观的直接映像就是色调、形态各具特点的影像，分析其中包含的地质信息，就能判释区分各地质体或地质现象。

2. 直接判释标志

带有地质信息的各种影像数据特征称为判释标志。能直接反映出地质体或地质现象属性的影像特征称为直接判释标志，如色调、形状、形式、结构、阴影和一些相关体等。不能直接反映只能间接分析出地质体或地质现象的影像特征称为间接判释标志，如水系、地貌形态、人类活动特征。

直接判释标志包括：形状、大小、色调、阴影、反射差及地表面图形。

形状是地物的外部轮廓在影像上的反映。比例尺越大，反映的地物形状越清楚。影像上地物形状除了与地物本身形状和所处的位置有关外，还与传感器的成像机理、成像方式有关。在近似垂直摄影的中心投影像片上，目标影像形状与地面上的形状基本一致。

（1）地物的影像尺寸，如长、宽、面积、体积等地物。地物大小特征主要取决于影像比例尺。

（2）色调是由于地物反射、吸收和透射太阳辐射电磁波中的可见光部分所造成的。包括黑白影像上地质体的亮度和彩色影像上的颜色。地物的形状、大小在影像上都是通过色调表现出来的，所以色调是最基本的判释标志。色调不仅和地物本身色调有关，而且还与成像机理有关。同一地面目标在全色图像、多光谱图像、假彩色图像和真彩色图像上的色调是不一样的，如绿色植被在假彩色图像上表现为红色，而在真彩色图像上却表现为绿色。

（3）阴影分为本影和落影。本影是物体未被太阳光直接照射到的阴暗部分，它有助于获得立体感。落影是指地物投射到地面的影子，可用以测量物体的高度。当阳光与地面的夹角成45°时，航片上落影的长度等于物体本身的高度。落影有助于分辨物体的形状。总之，阴影的存在对地物的判释有两方面的效果：一方面阴影的存在对于判释地物的形状等几何特性非常有利，另一方面对于落在阴影中的地物进行判释增加了困难。

（4）反射差指物体对光线反射强弱的不同程度。一般反光强的地物具有浅色调，反光弱的地物具有深色调。如裸露的基岩与植被层相比，具有较大的反射差，基岩呈浅色调，植被呈深色调。

（5）地表面图形指由个体较小的地物影像所构成的花纹和图案。可以用以区分地层岩性和辨别构造。

3. 间接判释标志

对间接判释标志进行分析、研究、推理、判断可达到判释地物的目的。经常利用的间接标志有：水系、地貌形态、植被、水文点、土壤、人类活动特征等。

水系的类型及其连续性是地质判释的基础之一。由于水系的发育与地貌、岩性、地质构造的关系密切，因此水系特征反映了一定的地层岩性和地质构造。对水系的分析应包括水系的密度、均匀性、沟谷形态、类型四个方面。

地貌形态反映的是地层岩性和构造的差异。一些地貌界线往往也是地质界线。

植被的疏密变化和选择性生长以及某些植被的缺失与排列情况都可以用于判释地质体或地质现象。如泥岩和页岩上的植物较砂岩和灰岩上的生长茂密；在节理或断裂方向生长的植物往往呈线性排列。

水文点主要包括小溪、河流、湖泊、沼泽、泉点、水化学异常等。在干旱和半干旱地区，这些水文点标志对地物的判释具有重要的意义。

土壤的类型、分布、颜色、含水量、影纹特征、农林垦殖活动情况，与判释有一定联系。

人类活动留下的大量痕迹，如采矿、建筑兴建水利、抽取地下水引起地面沉降等均可作为判释的间接标志。

直接判释标志和间接判释标志是相对的，不同的判释标志可以从不同的角度反映地物的性质特征，只有综合利用判释标志才能得到正确的判释结果。

三、遥感影像判释的工作程序

利用遥感影像资料判释解译进行工程地质测绘时，搜集航空相片和卫星相片的数量，同一地区应有2～3套，一套制作镶嵌略图，一套用于野外调绘，一套用于室内清绘。

在初步解译阶段，对航空相片或卫星相片进行系统的立体观测，对地貌和第四纪地质进行解译，划分松散沉积物与基岩的界线，进行初步构造解译等。

第二阶段是野外踏勘和验证。核实各典型地质体在照片上的位置，并选择一些地段进行重点研究，作实测地质剖面和采集必要的标本。

最后阶段是成图，将解译资料、野外验证资料和其他方法取得的资料，集中转绘到地形底图上，然后进行图面结构的分析。如有不合理现象，要进行修正、重新解译或到野外复验。要求现场检验地质观测点数宜为工程地质测绘点数的30%～50%。

遥感影像判释工作主要包括以下几个程序。

1. 准备工作

明确调查任务；明确调查区的位置、范围以及精度要求；搜集与成图比例尺相当的地形图、遥感影像图和工程地质、环境工程地质文字资料。对搜集到的资料检查、编录后进行分析评价，以发现存在的问题，确定判释的工作任务；进行现场踏勘；提出遥感判释的工作纲要。

2. 室内判释

（1）室内判释阶段的内容。

①初步判释阶段。一般在现场踏勘前进行，基本任务是在分析已有资料的基础上，建立室内初步判释标志，对遥感影像进行判释，编制初步判释草图。

②详细判释阶段。在现场踏勘后进行，基本任务是根据踏勘时建立的详细判释标志，修订初步判释标志，再进行遥感影像的判释，编制详细判释成果图。

③综合性判释阶段。在现场工作基本完成后进行，基本任务是根据完善的判释

标志，结合现场调查资料或图像处理结果，对遥感影像进行综合分析，编制最终判释成果图。

（2）建立初步判释的标志。

一般利用搜集到的地质图、地质文字资料以及以往影像判释经验，与地质体的影像对比，找出标志层或标志构造，以逐步推断建立相关地质体标志。

（3）判释内容顺序。

一般按水系、地貌、地层岩性、地质构造顺序进行。判释过程应遵循由浅入深，先整体后局部，先宏观后微观，由定性到定量的原则。

3. 现场工作

现场工作可分为详判前进行的踏勘性现场工作和详判后进行的判释成果检验的现场工作。详判前的现场工作着重用客观实际检验，修正和补充室内建立的各种判释标志；详判后的现场工作则侧重于检验判释结果和实地观察，量测在遥感影像上难以获取的工程地质要素与数据，以提高最终判释结果的质量。现场工作的内容包括：现场建立判释标志，布置观察路线，地面观测与现场判释相结合；现场检验需补充的资料和现场工作自检、互检和验收。

4. 资料整理和成图

（1）遥感图像处理。

遥感图像处理是对遥感影像判释的定量化判释，可以提高判释的质量。

常用图像处理方法有光学图像增强处理和计算机数字图像处理两大类。

（2）正式成果采用的底图。

采用的底图有水系图、地形图和像片平面图3种。

（3）转绘成正式判释图。

把检查无误的单张像片或镶嵌图上的最终判释结果，准确地转绘到与成图比例尺相应的底图上。转绘误差不超过1mm。

四、遥感判释的主要内容

1. 地貌

地貌是地球表面的形态表现，而遥感影像又是地球表面形态缩影的真实写照，形态逼真，能够给人们以宏观和直观的感觉，既可以进行宏观地貌的研究，又可进行微观地貌的分析，十分有利于地貌单元的划分和不同地貌类型的确定，弥补了地面测绘和调查对小型地貌、微地貌效果较好，但对宏观和中型地貌的研究不足。

地貌形态和类型通常包括：山地地貌、平原与盆地地貌、流水地貌、岩溶地貌、冰川冻土地貌、风沙地貌、黄土地貌、海岸地貌等。

大量实践已经证明，利用遥感影像进行地貌判释研究，可以替代相当部分的地面填图调查工作，对宏观、中型地貌的研究提供的资料更为可靠、便捷。

2. 地层岩性

地层是工程地质测绘和调查中的基础性工作，通过地层层序和接触关系可以帮助人们判断地质构造的性质。地层是由各类岩石构成的，要查明各种地质现象，就应先确定岩石的类型。

在工程地质测绘和调查中，地层岩性的确定难度最大。利用遥感影像判释就可大大改善传统地面测绘和调查中的不足。地层包括从新生代到太古代的所有地层。按国际上地层划分原则和我国地层划分现状，我国的地层划分除按国际单位命名外，有的按全国性（大区域性）和地方性地层单位名称命名，如群、阶、组、段、带等。岩性则包括岩浆岩、沉积岩和变质岩三大岩类。

利用遥感影像判释地层岩性主要是根据岩石所表现的形态、色调、节理以及水系、植被、覆盖层和人类活动痕迹等标志进行。

3. 地质结构

地质结构包括断层、活动构造、褶皱、岩层产状、地层接触关系、节理，等等。由于观察视野的限制，利用地面测绘和调查查明构造比较困难，而通过遥感影像观测就容易多了。比如利用遥感图像根据断层标志判释出断层后，现场只需验证 1～2 个点即可把断层的类型、位置、性质及其规模查明。

4. 不良地质作用

不良地质作用是工程地质测绘和调查的重要内容之一。地面测绘和调查方法，有较大的局限性，而利用遥感图像判释调查，可以直接按影像勾绘出范围，并确定类别和性质，同时，还可查明其产生原因、分布规律和危害程度。某些不良地质作用的发生较快，利用不同时期的遥感图像进行对比研究，往往能对其发展趋势和危害程度做出准确的判断。不良地质作用判释是工程地质判释内容中效果最好的一种，可收到事半功倍之效。

第五节　全球定位系统（GPS）在工程地质测绘中的应用

GPS 是新一代卫星导航与定位系统。随着 GPS 系统的不断成熟与完善，其在工程地质测绘领域得到广泛的应用。测绘界普遍采用了 GPS 技术，极大地提高了测绘工作效率、控制网布网的灵活性和精度。

一、GPS在工程地质测绘中的应用原理

　　GPS采用交互定位的原理，已知几个点的距离，则可求出未知所处的位置。对GPS而言，已知点是空间的卫星，未知点是地面某一移动目标。卫星的距离由卫星信号传播时间来测定，将传播时间乘上光速可求出距离：$R=vt$。其中，无线信号传输速度为$v=3 \times 10^8 \text{m/s}$，卫星信号传到地面时间为$t$（卫星信号传送到地面大约需要0.06s）。最基本的问题是要求卫星和用户接收机都配备精确的时钟。由于光速很快，要求卫星和接收机相互间同步精度达到纳秒级，由于接收机使用石英钟，因此测量时会产生较大的误差，不过也意味着在通过计算机后可被忽略。这项技术已经用惯性导航系统（INS）增强而开发出来了。工程中要测量的地图或其他种类的地貌图，只需让接收机在要制作地图的区域内移动并记录一系列的位置便可得到。

二、GPS在工程地质测绘中的应用

　　GPS的出现给测绘领域带来了根本性的变革。在工程测量方面，GPS定位技术以其精度高、速度快、费用省、操作简便等优良特性被广泛应用于工程控制测量中。可以说，GPS定位技术已完全取代了用常规测角、测距手段建立的工程控制网，而且正在日益发挥其强大的功能作用。例如，利用GPS可进行各级工程控制网的测量，GPS用于精密工程测量和工程变形监测，利用GPS进行机载航空摄影测量等。在地质灾害监测领域，GPS可用于地震活跃区的地震监测、大坝监测、油田下沉、地表移动和沉降监测等，此外还可用来测定极移和地球板块的运动。

三、测置的特点

　　GPS可为各类用户连续提供动态目标的三维位置、三维速度及时间信息。归纳有以下主要特点：

　　（1）功能多、用途广。GPS系统不仅可以用于测量、导航，还可以用于测速、测时。

　　（2）定位精度高。在实时动态定位（RTK）和实时差分定位（RTD）方面，定位精度可达到厘米级和分米级，能满足各种工程测量的要求。

　　（3）实时定位。利用全球定位系统进行导航，即可实时确定运动目标的三维位置和速度，可实时保障运动载体沿预定航线运行，亦可选择最佳路线。

　　（4）观测时间短。利用GPS技术建立控制网，可缩短观测时间，提高作业效益。

（5）观测站之间无须通视。GPS测量只要求测站150m以上的空间视野开阔，与卫星保持通视即可，并不需要观测站之间相互通视。

（6）操作简便，自动化程度很高。GPS用户接收机一般重量较轻、体积较小、自动化程度较高，野外测量时仅"一键"开关，携带方便。

（7）可提供全球统一的三维地心坐标。在精确测定观测站平面位置的同时，可以精确测量观测站的大地高程。

第四章　工程勘探与取样

人类工程活动对地壳表层岩、土体的影响往往会达到某一深度，建筑工程或以岩土为材料，或与岩土介质接触并产生相互作用。岩土工程勘察，只有在查明岩土体的空间分布的基础上，才能对场地稳定性、建筑物适应性及地基土承载能力、变形特性等做出岩土工程分析评价。通过勘探揭示地下岩土体（包括与岩土体密切相关的地下水）的空间分布与变化，并通过取样提供对岩土特性进行鉴定和各种试验所需的样品。因此，勘探和取样是岩土工程勘察的基本勘探手段，二者不可缺一。

岩土工程勘探是岩土工程勘察的一种手段，包括钻探、井探、槽探、坑探、洞探以及工程物探、触探等。

第一节　钻探

钻探是岩土工程勘察中应用最为广泛的一种勘探方法。要了解深部地层并采取岩、土、水样，钻探是唯一可行的方法。

一、岩土工程钻探方法与选择

1. 岩土工程钻探方法

根据破碎岩土的方法、冲洗介质的种类及循环方式、钻探设备与机具的特点，岩土工程勘察中钻探的方法可主要分为回转、冲击、冲击回转、振动和冲洗几种类型。

（1）回转钻探

通过钻杆将旋转矩传递至孔底钻头，同时施加一定的轴向压力实现钻进。产生旋转力矩的动力源可以是人力或机械，轴向压力则依靠钻机的加压系统以及钻具自重。

回转钻探包括硬质合金钻进、金刚石钻进、钢粒钻进、牙轮钻进、全面钻进等，但在岩土工程勘察中，土层以硬质合金钻进为主，岩层以硬质合金、金刚石钻进为主，而且需要采取大量岩土样。其钻进规程涉及的钻进参数主要有：钻压（施加在钻头上的轴向载荷）、钻具转速、冲洗介质（清水、钻井液、压缩空气）的品质、冲洗液泵量等。若是干式无循环钻进，则只涉及钻压与钻具转速。

回转钻探中钻头的主要类型见表4-1。

表4-1 回转钻探常用钻头

钻探类型	钻头名称	功能特性
螺旋类钻探	螺旋（麻花）钻头、勺形钻头	适用于黏性土层，可干法钻进，螺纹旋入土层之中，提钻时扰动土样，供肉眼鉴别及分类试验之用
	提土器	功能同上，加有中心空杆及底活塞，可通水通气，防止提钻时孔底产生真空，造成缩孔、管涌等孔底扰动破坏
环形钻探（岩心钻探）	合金钻头、钢粒钻头（单管及双管）	适用于土层及岩层，对孔底做环形切削研磨，用循环液清除输出岩粉，环形中心保留柱状岩心，提取后可供鉴别、试验之用
	金刚石钻头（单管及双管）	功能同上，钻进效率高，高速回转对岩心破坏扰动小，可获得更高的岩心采取率
（无岩心）孔底全面钻探	鱼尾钻头、三翼钻头、牙轮钻头	适用于土层及岩层，对整个孔底切削研磨，用循环液清除输出岩粉，可不提钻连续钻进，效率高，只能根据岩粉及钻进感觉判断地层变化

此外，国外使用较多的空心管连续螺旋钻也是一种回转钻头，即在空心管外壁加上连续的螺旋翼片，用大功率的钻机驱动旋入土层之中，螺旋翼片将碎屑输送至地面，提供有关地层变化的粗略信息，通过空心管则可进行取样及标准贯入试验等工作。用这种钻头可钻出直径为150～250mm的钻孔，深度可达30～50m。长而连续的钻头旋入土中后实际上也起到了护壁套管的作用。

（2）冲击钻探

利用钻具自重冲击破碎孔底实现钻进。破碎后的岩粉、岩屑由循环液冲出地面，也可以采用带活门的抽砂筒提出地面。冲击钻头有"一"字形、"十"字形等多种（图4-4），可通过钻杆或钢丝绳操纵。其中，钢丝绳冲击钻进使用较为广泛。钢丝绳冲击钻进的规程如下。

①钻具重量。钻具重量等于钻头、钻杆与绳卡的重量之和。不同性质岩土体应选取合适的单位刃长上钻具重量，一般有：

土层100 ～ 200N/m；

软岩层200 ～ 300N/m；

中硬岩层350 ～ 400N/m；

硬岩层500 ～ 600N/m；

极硬岩层650 ～ 800N/m。

②冲击高度。指钻头在冲击运动时提离孔底的高度。一般取0.6 ～ 1.1m。

③冲击次数。冲击次数和冲击高度是相互联系的，冲击次数按下式计算：

$$n = 20\sqrt{\frac{j}{s}}(次 / min)$$

式中：j——钻具在岩粉浆中的下降加速度，m/s^2；

S——冲击高度，m。

④岩粉密度。岩粉密度直接影响钻进效率，岩粉密度大，影响钻具下降加速度，对破岩不利，若过低，则岩屑留在孔底形成岩粉垫，使钻头不易接触孔底，钻进效率低。通常通过控制掏砂间隔和数量来调整岩粉密度。

冲击钻进可应用于多种土类以至岩层，对卵石、碎石、漂石、块石尤为适宜。

在黄土地区，一种近于冲击钻探的用重锤锤击取样管进入土层的锤击钻探使用也较广泛。

（3）冲击回转钻探

冲击回转钻探是在钻头承受一定静载荷的基础上，以竖向冲击力和回转切削力共同破碎岩土体的钻探方法。一种类型是顶驱式：在钻杆顶部用风动、液动或电动机构实现冲击，并同时回转钻杆，实现钻进；另一种是潜孔式：用液力或气力驱动靠近孔底的冲击器，产生冲击力，同时由地面机构施加轴向压力和回转扭矩，实现钻进。其中潜孔式冲击回转钻探也称为潜孔锤钻进，钻探深度不受限制，除在硬和坚硬基岩中（如大型水利水电工程地质勘察）应用外，在砂卵石层、漂石层钻进更有优势。按使用动力的介质性质分为液动冲击回转钻（液动潜孔锤）和气动冲击回转钻（气动潜孔锤）。其中的气动冲击回转钻探方法多用于无水或缺水地区。

潜孔锤钻进用钻头须承受较大的动载荷及摩擦作用，因此要求钻头体具有较高的表面硬度和较好的耐磨性及足够的冲击韧性。常用的主要有两种：刃片钻头和柱齿钻头。刃片钻头用于软岩钻进，柱齿钻头用于硬岩钻进。

（4）振动钻探

通过钻杆将振动器激发的振动力迅速传递至孔底管状钻头周围的土中，使土的抗剪阻力急剧降低，同时在一定轴向压力下使钻头贯入土层中，这种钻进方式能取得较有代表性的鉴别土样，且钻进效率高，常用于黏性土层、砂层以及粒径较小的卵石、碎石层。但这种钻进方式对孔底扰动较大，往往影响高质量土样的采取。

振动钻进的工艺参数主要有：

①振动频率。振动器必须有一定的振动频率才能实现钻进，振动频率越高，钻具的振幅越大，钻进的深度也就越深，但振动频率不能选择过高，这是因为有如下关系式：

$$w = \frac{m^2 f^3}{4Q}$$

式中：W——钻机的功率；

M——偏心力矩；

f——振动频率；

Q——钻具质量。

②振幅。振幅是影响钻具的重要因素，只有当振幅超过起始振幅 A 时，钻头才能切入岩土层。振幅 A 一般选（3 ~ 5）A_0，A_0 随振动频率、钻具断面尺寸和地层条件而变化。

③偏心力矩。与振动器偏心轮的质量有关，增大偏心力矩，能在密实坚硬的土层中钻进，但偏心力矩不能过大，否则过大的振动器质量会引起上部钻杆变形。

④回次长度。是一个人为控制的参数，在实际钻进中，等取样管全部装满才结束回次是不合理的。为了提高回次钻速必定存在最优回次长度。表4-2是选择最优回次长度的参考值。

表4-2 最优回次长度参考值

孔深（m）	108mm孔径			146mm孔径		
	Ⅰ	Ⅱ	Ⅲ	Ⅰ	Ⅱ	Ⅲ
0 ~ 4	4.0	3.6	3.0	3.0	2.5	2.0
4 ~ 10	2.5	2.0	1.5	1.5	1.5	
10 ~ 20	2.0	1.5	1.0	2.0	1.0	0.7
20	1.5	1.0	0.7	1.5	0.7	0.4

（5）冲洗钻探

通过高压射水破坏孔底土层实现钻进。土层破碎后随水流冲出地面。这是一种简单快速、成本低廉的钻进方法，适用于砂层、粉土层和不太坚硬的黏性土层，但冲出地面的粉屑往往是各土层物质的混合物，代表性很差，给地层的判断划分带来困难。故该方法主要用于查明基岩起伏面的埋藏深度。

以上几种钻探方法适用于不同的岩土层，在岩土工程勘察中较常使用，针对具体工程及岩土层情况，应选择合适有效的钻探方法。

在岩土工程勘察中，土层的钻探一般应考虑以下要求：选择符合土层特点的有效钻进方式；能可靠地鉴别地层，鉴定土层名称、天然重度和湿度状态，准确判定分层深度，观测地下水位；尽量避免或减轻对取样段的扰动。

根据大量工程实践经验，岩土工程勘察中，工程钻探应优先选择回转钻探方法，其次是冲击回转钻探、冲击钻探（或锤击钻探）、冲洗钻探。在滑坡及湿陷性土层、膨胀性土层中钻进，应注意采用干式无循环钻探方法或优质泥浆的有循环钻探方法。

《岩土工程勘察规范》（GB50021—2001）（2009版）对几种常用钻探方法的地层适用范围做出了明确规定（表4–3）。

表4–3　钻探方法的适用范围

钻探方法		钻进地层					勘察要求	
		黏性土	粉土	砂土	碎石土	岩石	直观鉴别，采取不扰动土样	直观鉴别，采取扰动土样
回转	螺旋钻探	++	+	+	–	–	++	++
	无岩心钻探	++	++	++	–++	++	–	–
	岩心钻探	++	++	++		++	++	++
冲击	冲击钻探	–	+	++	++	–	–	–
	锤击钻探	++	++	++	+	–	++	++
振动钻探		++	++	++	+	–	+	++
冲洗钻探		+	++	++				

在岩土工程勘察中，基岩钻探方法选择主要考虑以下方面要求：

（1）岩石坚硬程度、风化等级、裂隙情况、钻进效率和岩心采取率，冲洗液、护壁堵漏。

（2）基岩工程勘察钻探视具体情况以选择冲击回转、回转钻探为主，以冲击钻探为辅。

《岩土工程勘察规范》(GB50021—2001)(2009版)对岩土工程钻探有以下规定：

钻探口径和钻具规格应符合现行国家标准的规定。成孔口径应满足取样、测试和钻进工艺的要求。采取原状土样的钻孔，孔径不得小于91mm；仅需鉴别地层的钻孔，口径不宜小于36mm；钻进深度和岩土分层深度的量测精度，不应低于±5cm；应严格控制非连续取心钻进的回次进尺，使分层进度符合要求；对鉴别地层天然湿度的钻探，在地下水位以上应进行干钻，当必须加水或使用循环液时，应采用双层岩心管钻进；岩心钻探的岩心采取率，对完整和较完整岩体不应低于80%，较破碎和破碎岩体不应低于65%；对需重点查明的部位（滑动带、软弱夹层等）应采用双层岩心管连续取心；当需确定岩石质量指标RQD时，应采用75mm口径（N型）双层岩心管和金刚石钻头；定向钻进的钻孔应分段进行孔斜测量；倾角和方位的测量精度应分别为±0.1°和±3.0°；岩土工程勘探后，钻孔（包括探井、探槽）完工后应妥善回填。

钻探操作的具体方法，应按现行标准《建筑工程地质钻探技术标准》（JGJ87–92）执行。

二、常用工程勘察钻探机械设备

岩土工程勘察中钻探的主要目的是查明或获取地下岩土的性质、分布、结构等方面的地质信息与资料，采取岩土试样或进行原位测试。与大口径的基桩工程钻探比较，岩土工程勘察钻孔具有口径小、孔深大、需采取原状岩土样等特点，因此要求钻探的专门性机械——钻机除需满足钻探深度、口径和钻进速度方面的要求外，还应满足以下性能要求：①能按设计钻进方式钻探，具多功能性（如冲击、回转、静压等）；②转速低，扭矩大，能按技术标准采取原状岩土样，并能满足原位测试对钻孔的要求；③能适应现场复杂的地形条件，具有较好的机动性或解体性，操作简单，便于频繁移位和拆卸安装。目前，用于岩土工程勘察的钻探设备种类很多，机械化、液压化、智能化程度也越来越高，基本已达一机多用。目前国内外使用的岩土工程勘察钻机可分为以下几类。

①简易人力钻。简易人力钻是带有三脚架或人力绞车或通过人力直接钻进的器具。包括带有三脚架的人力钻，用手提的小口径螺旋钻、勺形钻、洛阳铲等。带有三脚架的人力钻兼有回转、冲击功能，钻头有螺旋钻头、砸石器、抽砂筒等。简易人力钻主要适用于浅部土层和基岩强风化层钻进。因钻进效率低，劳动强度大，仅在地形复杂、机动钻机难以达到的场地或有特殊要求时使用，如基坑检验等。

②拖挂式（或移动式）轻型单一回转螺旋钻机、冲击钻机、冲击回转两用钻机。单一回转螺旋钻机，多以小型汽油机、柴油机为动力，带动机械或液压动力头进行回转钻进，用连续长、短螺旋钻头钻进土层，用硬质合金钻头或金刚石钻头钻进岩层。轻型冲击钻机和冲击回转两用钻机的底盘和拖动轮轴连在架腿上，牵引时以钻架腿当拉杆，移动、运输十分方便。其采用机械传动、人力或液压控制，冲击时操纵卷扬机离合器，回转则依靠悬挂动力头或落地式转盘，能根据地层情况进行金刚石钻进或螺旋钻进。如国产的SH-30、QP-50等型钻机。

③自行式轻型或中型动力头多用车装钻机。这种类型钻机型号繁多，大都是回转钻机或复合式（多功能）钻机，有机械传动、液压操纵的半液压钻机和液压传动、液压操纵的全液压钻机两种。回转钻机中，部分采用动力头，少数采用钻柱给进或螺旋差动给进。一般能运用多种钻进方式和工艺，如回转钻进、套管跟管回转钻进、空心管长螺旋钻进等。用循环液时有冲洗液钻进、牙轮钻进、硬质合金钻进、金刚石钻进等。这类钻机机械化、液压化程度高，动力机马力大，扭矩、给进和起拔能力都很强，一般都安装在重载车上。如全液压多功能钻机，YDC-100、DPP-3型钻机。

三、复杂地层钻探

1. 复杂地层中几种常用钻探方法

在岩土工程勘察中，会遇到各种复杂地层，如湿陷性黄土、岩溶、软土等特殊性岩土层，断层破碎带等软弱夹层、砂卵石层等。为了探明复杂地层的空间分布、埋藏情况和采取高质量岩土样品，就必须采用一些针对性很强的特殊性钻探工艺方法。

（1）跟管钻进

跟管钻进适用于松散无黏着力的砂层和软土层。所用的钻具结构主要为：①合金钻头岩心管、钻杆或勺钻钻杆跟套管；②管钻（有阀式）掏砂、跟套管。

钻进工艺主要是利用小于套管直径一、二级的钻头在孔内钻进，钻进到一定深度将岩心管提离孔底一定高度，同时立即跟下套管，一般钻具提高不超过套管底部，防止涌砂，但水位高，涌砂严重的地层可采用超前钻进随时跟管，以达到钻孔深度，不断跟管隔砂。

（2）优质泥浆护壁回转钻进

适用的地层条件：松散砂层；一般流砂层虽有土质，但胶结较差，比较松散；膨胀岩土层；湿陷性黄土地层；深度较大结构密实的砂、卵石层或松散卵砾石层。

使用的钻具结构主要有：合金钻头、岩心管、钻杆钻头（有拦挡设施）；膨胀性地层中，可用肋骨钻头、岩心管、钻杆；黄土不取样时，可用翼片钻头；砂卵石层可用密集式大八角合金钻头（有拦挡设施）。

钻进工艺主要是利用优质泥浆：密度 $1.1 \sim 1.3 \text{g/cm}^3$，漏斗黏度 $25 \sim 30\text{s}$，失水量 10mL 以下，使孔内泥浆柱压力通过失水渗透形成泥皮控制孔壁砂层的稳定性；钻进时压力转速等参数不高，钻具提出孔内要回灌浆液，防止柱压不足孔壁坍塌；要保证泥浆的净化，随地层条件变化调整适宜的泥浆性能。

在遇水膨胀或湿陷性黄土层，泥浆保证优质条件，突出降低失水量，以防失水造成孔径缩小和湿陷后坍塌。

渗漏地层，可在泥浆中加入惰性材料，如锯末、蛭石、棉籽壳等，严重渗漏时可用堵渗剂处理。

（3）无泵反循环钻进

无泵反循环钻进适用于胶结性差的松散、怕水冲刷的软弱地层和缺水地区。在钻进过程中，由于冲洗液的反循环避免了对样品的正面冲刷和冲洗液液柱压力对样品的损坏，从而有利于保护岩土样品，但须注意的是夹层厚度小于0.5m的地层不宜采用。

无泵反循环钻进技术与操作要领：孔底钻头压力要适当，过大会产生岩心堵塞、粘钻，甚至烧钻头等事故；依地层松软程度适当选择钻具转数。

（4）CSR钻进

CSR（Center Sample Recovery）为反循环中心取样。由空气压缩机所产生的高压空气，沿气路管，经侧入式水龙头进入双壁钻杆内外管环状间隙下行至孔底，为潜孔锤冲击回转提供动力和冲洗介质，然后大部分高压空气进入内管，以反循环方式携带岩心及岩屑上返（上返速度大于25m/s）到地表，连续取到岩心和岩粉样品。CSR钻进方法主要用于覆盖层、基岩层及风化壳地层钻探，因此在隧道、坝基、岩石滑坡等勘察工程中以及其他岩土工程勘察中均可得到较好的取样和钻进效果。若以水泵产生的高压水流作为动力和冲洗介质，则可进行水力反循环连续取心。

CSR钻进的主要特点如下：可以连续获取有代表性的高质量样品，且样品不与孔壁地层接触，避免了污染和混淆；钻进效率高，免去了常规钻进工艺的取心工序，比金刚石取心钻进效率高 $3 \sim 4$ 倍；有利于钻进复杂地层，因为双壁钻杆形成一个闭路循环，可以不下套管，且循环介质漏失量也少。

2. 几种复杂地层中工程勘察钻探的要点

（1）软土层钻探

软土层多为淤泥、淤泥质黏性土，含水量较大；呈流动、软塑状态，钻进极不易成孔，易塌孔和缩径。遇有这类地层时，常使用低角度的长螺旋钻探或带阀管的冲击钻探，而且必须跟管钻进。每钻进1m，就可跟进套管1m，跟进套管后可进行超前取样。软塑状态软土中可用泥浆护壁，泥浆的比重要大一些，使其有较大的液柱压力来平衡钻孔孔壁的侧压力，以保持其稳定性。

（2）松散砂层钻探

在松散的含水砂层中钻进钻孔极易坍塌，应注意防止发生涌砂现象。这种地层中钻进要解决两个问题，一是钻孔护壁，保证钻孔结构壳整；二是防止钻进中产生涌砂现象。钻进方法一般采用管钻冲击，冲程不应过大，一般为0.1～0.2m，每回次钻进0.5m左右。为了避免孔内发生涌砂，应采用人工注水，使孔内水位高于地下水位，必要时使用泥浆以增加压力，防止涌砂。用管钻冲击钻进一般跟管钻进，若遇有此松散夹层但不能下入套管时，可用高黏度大比重泥浆护壁。对于需作标准贯入试验的砂层，必须严防涌砂现象发生。

（3）大块碎石、砾石地层钻探

卵、砾石层中几乎全由大小碎块岩石组成，有时还存在巨大的漂砾或砾石夹层。此种地层给钻进带来极大困难。常采取以下方法：

当砾径在200mm以下时，先用"一"字形或"十"字形钻头进行冲击破碎岩石，也可用锥形钻头冲击破碎，然后用提筒捞取破碎后的岩屑。

砾径大于200mm的碎石层中，可用钢粒进行钻进穿过大的砾石或漂砾，或者用孔内爆破的方法来破碎孔内漂砾，然后再用提筒捞取碎岩。

不论两种中的哪种情况，为了保证钻孔结构完整，在钻探中均应向孔内投放一定数量的黏土球，以保护孔壁的完整稳定。

（4）滑坡体钻探

为保证滑坡钻探的岩心质量，应采用干钻、双层岩心管、无泵孔底反循环等方法进行。钻进中应随时注意地层的破碎、密度、湿度的变化情况，详细观察分析确定滑动面位置。当钻进快到预计滑动面附近时，回次进尺不应超过0.15～0.30m，以减少对孔底岩层的扰动，便于鉴定滑动面特征。

（5）岩溶地层钻探

在岩溶地层中钻进需注意可能发生漏水、掉钻以及钻入空洞后钻孔发生歪斜等情况。钻进时如发现岩层变软、进尺加快或突然漏水或取出岩心有钟乳石和溶蚀等现象，应注意防止遇空洞造成掉钻事故。钻穿洞穴顶板后应详细记录洞的顶底板深度、填充物性质、地下水情况等。为防止钻孔歪斜，可采取下导向管或接长岩心管等办法，当再开始在洞穴底板钻进时宜用低压慢速旋转。若洞穴漏水可用黏土或水泥封闭后钻进。

岩土工程勘察的场地条件复杂，对于一些类别的岩土工程勘察还会在江、河、海等水域进行工程勘察钻探，可依据相关规程规范选择有效的钻探方法。

四、钻探成果资料

钻探成果资料包括钻探野外记录、编录、野外钻孔柱状图、岩土心样等。

钻探野外记录是岩土工程勘察中最基本的原始资料，应包括以下两个方面的内容。

（1）岩土描述

包括地层名称、分层深度、岩土性质等。对不同类型岩土，岩性描述应包括：

①碎石土：颗粒级配，粗颗粒形状，母岩成分，风化程度，是否起骨架作用，充填物的性质，湿度，充填程度，密实度，层理特征。

②砂土：颜色，颗粒级配，颗粒形状和矿物组成，黏性土含量，湿度，密实度，层理特征。

③粉土：颜色，颗粒级配，包含物，湿度，层理特征。

④黏性土：颜色，状态，包含物，结构及层理特征。

⑤岩石：颜色，主要矿物，结构，构造和风化程度。对沉积岩应描述颗粒大小、形状、胶结物成分和胶结程度。对岩浆岩和变质岩应描述矿物结晶大小和结晶程度。对岩体的描述尚应包括结构面、结构体特征和岩层厚度。

（2）钻进过程的记录

关于钻进过程的记录包括：使用钻进方法，钻具名称、规格，护壁方式等；钻进难易程度，进尺速度，操作手感，钻进参数的变化情况；孔内情况，应注意缩径、回淤，地下水位或循环液位及其变化等；取样及原位测试的编号、深度位置，取样工具名称规格，原位测试类型及其结果；岩心采取率，岩体（石）质量指标（RQD）值等。其中岩心采取率是衡量岩心钻探质量的重要指标，和岩体（石）质量指标的概念是近似的。用岩体质量指标可以定量地判断岩体的完整程度。岩体（石）质量指标 RQD（Rock Quality Designation）应以采用 75mm 口径（N 型）双层岩心管和金刚石钻头获取的大于 10cm 的岩心总长度占钻探总进尺长度的比例确定，岩心的断开裂隙是岩体原有的天然裂隙面而并非钻进破坏所致。故

$$RQD = \frac{大于10cm的岩心累计长度}{钻探总进尺长度} \times 100\%$$

考虑到钻探的实际困难，《岩土工程勘察规范》（GB50021—2001）（2009版）要求对完整和较完整岩体不应低于80%，对较破碎和破碎岩体不应低于65%。

上述野外记录是钻探过程中的文字记录，岩土心样则是文字记录的辅助资料，它不仅对原始记录的检查和校对是必要的，而且对日后施工开挖过程的资料核对也有重要价值，故应在一段时间内妥善保存。

此外，钻孔柱状图是野外记录的图形化，对以土层为主的钻孔和以岩层为主的钻孔可以有不同的图式。柱状图是以钻孔为单位绘制的，可以详尽地反映钻孔结构、地层岩性等细部情形和钻进过程中的可变信息。

第二节　井探、槽探、洞探

一、井探、槽探、洞探的特点及适用条件

井探、槽探、洞探是查明地下地质情况的最直观有效的勘探方法。当钻探难以查明地下地层岩性、地质构造时，可采用井探、槽探进行勘探。当在大坝坝址、地下洞室、大型边坡等工程勘察中，需详细调查深部岩层性质、风化程度及构造特性时，则采用洞探方法。

探井、探槽主要适用于土层之中，可用机械或人力开挖，并以人力开挖居多。开挖深度受地下水位影响。在交通不便的丘陵、山区或场地狭窄处，大型勘探机械难以就位，用人力开挖探井、探槽方便灵活，获取地质资料翔实准确，编录直观，勘探成本低。

探井的横断面可以为圆形，也可以为矩形。圆形井壁应力状态较有利于井壁稳定，矩形则较有利于人力挖掘。为了减小开挖方量，断面尺寸不宜过大，以能容一人下井工作为度。一般圆形探井直径0.8～1.0m，矩形探井断面尺寸0.8m×1.2m。当施工场地许可，需要放坡或分级开挖时，探井断面尺寸可增大；探槽开挖断面为一长条形，宽度0.5～1.2m，在场地允许和土层需要的情况下，也可分级开挖。

探井、探槽开挖过程中，应根据地层情况、开挖深度、地下水位情况采取井壁支护、排水、通风等措施，尤其是在疏松、软弱土层中或无黏性的砂、卵石层中，必须进行支护，且应有专门技术人员在场。此外，探井口部保护也十分重要，在多雨季节施工应设防雨棚，开排水沟，防止雨水流入或浸润井壁。土石方不能随意弃置于井口边缘，以免增加井壁的主动土压力，导致井壁失稳或支撑系统失效，或者土石块坠落伤人。一般堆土区应布置在下坡方向离井口边缘不少于2m的安全距离。

探井、探槽开挖方量大，对场地的自然环境会造成一定程度的改变甚至破坏，还有可能对以后的施工造成不良影响。在制定勘探方案时，对此应有充分估计。勘探结束后，探井、探槽必须妥善回填。

洞探主要是依靠专门机械设备在岩层中掘进，通过竖井、斜井和平洞来观察描述地层岩性、构造特征，并进行现场试验，以了解岩层的物理力学性质指标。所以，洞探包括竖井、斜井和平洞，是施工条件最困难、成本最高而且最费时间的勘探方法。在掘进过程中，需要支护不稳定的围岩和排除地下水，掘进深度大时还需要有专门的出碴和通风设施，所以，洞探的应用受到一定限制，但在一些水利水电、地下洞室等工程中，为了获得有关地基和围岩中准确而详尽的地质结构和地层岩性资料，追索断裂带和软弱夹层或裂隙强烈发育带、强烈岩溶带等，以及为了进行原位测试（如测定岩土体的变形性能、抗剪强度参数、地应力等），洞探是必不可少的勘探方法，这在详细勘察阶段显得尤其重要。竖井由于不便出碴和排水，不便于观察和编录，往往用斜井代替。在地形陡峭、探测的岩层或断裂带产状较陡时，则广泛采用平洞勘探。

井探、槽探、洞探的特点和适用条件归纳为表4–4。

表4–4　井探、槽探、洞探的特点及适用条件

勘探种类	勘探实物工作量名称	特点	适用条件
井探	探井	断面有圆形和矩形两种，圆形直径0.8～1.2m，矩形断面尺寸0.8×1.2m，深度受地下水位影响，以5～10m较多，通常小于20m	常用于土层中，查明地层岩性、地质结构，采取原状土样，兼作原位测试
槽探	探槽	断面呈长条形，断面宽度0.5～1.2m，深度受地下水位影响，一般3～5m	剥除地表覆土，揭露基岩。划分土层岩性，追踪查明地裂缝、断层破碎带等地质结构线的空间分布及剖面组合情况
洞探	竖井	形状近似于探井，但口径大于探井。需进行井壁支护、排水、通风等	查明地层岩性和地质结构及覆盖土层厚度、基岩情况
	斜井	具有一定倾斜度的竖井	查明地层岩性和地质结构及覆盖土层厚度、基岩情况
	平洞	在地面有出口的水平通道，深度大，需支护	常用于地形陡峭的基岩层中，查明河谷地段地层岩性软弱夹层、破碎带、风化岩层等，并可进行一些原位测试

二、观察、描述、编录

1. 现场观察、描述

（1）量测探井、探槽、竖井、斜井、平洞的断面形态尺寸和掘进深度。

（2）详尽地观察和描述四壁与底（顶）的地层岩性，地层接触关系、产状、结构与构造特征、裂隙及充填情况，基岩风化情况，并绘出四壁与底（顶）的地质素描图。

（3）观察和记录开挖期间及开挖后井壁、槽壁、洞壁岩土体变形动态，如膨胀、裂隙、风化、剥落及塌落等现象，并记录开挖（掘进）速度和方法。

（4）观察和记录地下水动态，如涌水量、涌水点、涌水动态与地表水的关系等。

2. 绘制展示图

展示图是井探、槽探、洞探编录的主要成果资料。绘制展示图就是沿探井、探槽、竖井、斜井或平洞的壁、底（顶）把地层岩性、地质结构展示在一定比例尺的地质断面图上。井探、槽探、洞探类型特点不同，展示图的绘制方法和表示内容各有不同，其采用的比例尺一般为1:25 ~ 1:100，其主要取决于勘察工程的规模和场地地质条件的复杂程度。

（1）探井和竖井的展示图。

探井和竖井的展示图有两种。一种是四壁辐射展开法，另一种是四壁平行展开法。四壁平行展开法使用较多，它避免了四壁辐射展开法因井较深存在的不足。

（2）探槽展示图。

探槽在追踪地裂缝、断层破碎带等地质界线的空间分布及查明剖面组合特征时使用很广泛。因此在绘制探槽展示图之前，确定探槽中心线方向及其各段变化，测量水平延伸长度、槽底坡度、绘制四壁地质素描显得尤为重要。

探槽展示图有以坡度展开法绘制的展示图和以平行展开法绘制的展示图两种，通常是沿探槽长壁及槽底展开，绘制一壁一底的展示图。其中，平行展示法使用广泛，更适用于坡壁直立的探槽。

（3）平洞展示图。

平洞展示图绘制从洞口开始，到掌子面结束。其具体绘制方法是：按实测数据先画出洞底的中线，然后，依次绘制洞底—洞两侧壁—洞顶—掌子面，最后按底、壁、顶和掌子面对应的地层岩性和地质构造填充岩性图例与地质界线，并应绘制洞底高程变化线，以便于分析和应用。

第三节　取样技术

一、钻孔取土器的设计要求

岩土工程勘察中需采取保持原状结构的土试样。影响取土质量的因素很多，如钻进方法、取土方法、土试样的保管和运输等，但取土器的结构是主要影响因素之一，设计取土器应考虑下列要求：

（1）取土器进入土层要顺利，尽量减小摩擦阻力；

（2）取土器要有可靠的密封性能，使取土时不至于掉土；

（3）取土器结构简单，便于加工和操作。

此外，还应考虑下列因素：

（1）土样顶端所受的压力，包括钻孔中心的水柱压力、大气压力及土样与取土筒内壁摩擦时的阻力；

（2）土样下端所受的吸力，包括真空吸力、土样本身的内聚力和土样自重；

（3）取土器进入土层的方法和进入土层的深度。

二、钻孔取土器类型

取土器按壁厚可分为薄壁和厚壁两类；按进入土层的方式可分为贯入（静压或锤击）及回转两类。

1. 贯入式取土器

（1）贯入式取土器设计控制指标

贯入式取土器的两种取样管如图4-1所示。

$$c_a = \frac{D_W^2 - D_E^2}{D_E^2} \times 100\%$$

对于无管靴的薄壁取土器，$D_W = D_t$，故

$$c_a = \frac{D_t^2 - D_e^2}{D_e^2} \times 100\%$$

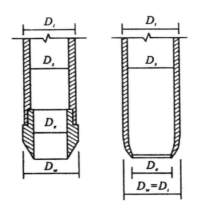

图4-1 取土器样管

1）面积比 Ca

式中：D_t——取样管外径；

D_S——取样管内径；

D_e——管靴刃口内径；

D_w——管靴外径。

C_a越大，被排挤的土越多，挤进土样中的多余土也可能越多，扰动的可能性越大，因此，C_a值宜尽量减小，最好能减小到取土器结构强度所能允许的程度。一般薄壁取土器的C_a值应≤10%，采取低级别土样的厚壁取土器C_a值可达到30%。C_a值过大的缺陷可采用提高贯入速度、设置固定活塞，特别是减小刃口角度的办法来弥补。

2）内间隙比 C_i

$$C_i = \frac{D_s - D_e}{D_e} \times 100\%$$

适当的C_i值可使内壁摩擦力减小，使扰动程度降低，但当C_i值过大，会使土样进入后过分膨胀，增加扰动，并造成逃土的可能性。因此对于短的取土器，C_i可取0%~1.0%；对于中等长度的取土器，C_i可取0.5%~3.0%。

C_i的最佳值随着土样直径的增大而减小。内壁光洁，刃口角度很小的取土管，C_i可降低至零。

3）外间隙比 C_0

$$C_0 = \frac{D_W - D_T}{D_T} \times 100\%$$

C_0 增大可减小外壁摩擦力，使面积比 C_a 增大。所以，对于无黏性土，C_0 可取零值。对黏性土，C_0 值不大于 2% ~ 3%。薄壁取土器的 C_0 为零。

4）取土器直径

考虑取土方法、土层性质、环刀直径等因素后，取土器的内径应稍大于室内试验试样的直径。目前试样直径多采用 ϕ50mm 或 ϕ80mm，相应的取土器直径宜采用 ϕ75mm 或 ϕ110mm。在湿陷性黄土地区，取土器直径不应小于 120mm，砂土可采用直径较小的取土器，以免提取时脱落土样。

5）取土器长度 L

取土器长度决定于所谓"安全贯入深度" H_s。安全贯入深度是指贯入深度 H 与进入管内的土样长度 L 保持正常比值（等于或略低于 1.0）关系的贯入深度，应略小于极限贯入深度。国外对直径 2 ~ 3 英寸（1 英寸 =0.0254m）的取土器推荐的合适长度为：

对无黏性土

$$L_S = （5 ~ 10） D_S$$

对黏性土

$$Ls = （10 ~ 20） D_S$$

6）刃口角度 a

刃口角度是影响土样质量的重要因素。小的 a 值可在很大程度上弥补面积比 C_a 过大的缺陷。但 a 过小，要求使用良好的材质及加工处理技术，否则刃口易受损，寿命降低，成本提高。

不同壁厚的贯入式取土器技术规格见表 4–5。

表 4–5　不同壁厚取土器的技术规格

取土器参数	厚壁取土器	薄壁取土器		
		敞口自由活塞	水压固定活塞	固定活塞
面积比 C_a（%）	13 ~ 20	≤ 10	10 ~ 13	
内间隙比 C_i（%）	0.5 ~ 1.5	0	0.5 ~ 1.0	
外间隙比 C_0（%）	0 ~ 2.0	0		
刃口角度 a（°）	< 10	5 ~ 10		
长度 L（mm）	400, 550	对砂土：（5 ~ 10）D_e；对黏性土：（10 ~ 15）D_e		

续表

取土器参数	厚壁取土器	薄壁取土器		
		敞口自由活塞	水压固定活塞	固定活塞
外径D_t（mm）	75～89，108	75，100		
衬管	整圆或半合管，由塑料、酚醛层压纸或镀锌铁皮制成	无衬管，束节式取土器衬管同左		

（2）各种贯入式取土器

贯入式取土器可分为敞口取土器和活塞取土器两大类型。敞口取土器按管壁厚度分为厚壁和薄壁两种；活塞取土器则分为固定活塞、水压活塞、自由活塞等几种。

1）敞口取土器

国外称谢尔贝管，是最简单的取土器，其主要优点是结构简单，取样操作简便，缺点是对土样质量不易控制，且易于逃土。在取样管内加装内衬管的取土器称为敞口厚壁取土器，其外管多采用半合管，易于卸出衬管和土样。其下接厚壁管靴，能应用于软硬变化范围很大的多种土类。由于壁厚，面积比（C_a可达30%～40%，对土样扰动大，只能取得Ⅱ级以下的土样。薄壁取土器只用一薄壁无缝管作取样管，面积比可降低至10%以下，可作为采取Ⅰ级土样的取土器。薄壁取土器内不可能设衬管，一般是将取样管与土样一同封装运送到实验室。薄壁取土器只能用于软土或较疏松的土层取样。若土质过硬，取土器易于受损。

考虑到我国管材供应的实际问题，薄壁取土器难以完全普及，《岩土工程勘察规范》允许以束节式取土器代替薄壁取土器。这种束节式取土器是综合了厚壁和薄壁取土器的优点而设计的。将厚壁取土器下端刃口段改为薄壁管（此段薄壁管的长度一般不应短于刃口直径的3倍），能减轻厚壁管面积比的不利影响，取出的土样可达到或接近Ⅰ级。

2）活塞取土器

如果在敞口取土器的刃口部装一活塞，在下放取土器的过程中，使活塞与取样管的相对位置保持不变，即可排开孔底浮土，使取土器顺利达到预计取样位置。此后将活塞固定不动，贯入取样管，土样则相对地进入取样管，但土样顶端始终处于活塞之下，不可能产生凸起变形。回提取土器时，处于土样顶端的活塞既可隔绝上部水压、气压，也可以在土样与活塞之间保持一定的负压，防止土样失落而又不会出现过分的抽吸。依照这种原理制成的取土器称为活塞取土器。活塞取土器有以下几种。

①固定活塞取土器。在敞口薄壁取土器内增加一个活塞以及一套与之相连接的活塞杆，活塞杆可通过取土器的头部并经由钻杆的中空延伸至地面；下放取土器时，活塞处于取样管刃口端部，活塞杆与钻杆同步下放，到达取样位置后，固定活塞杆与活塞，通过钻杆压入取样管进行取样。固定活塞薄壁取土器是目前国际上公认的高质量取土器，但因需要两套杆件，操作比较费事。其代表型号有 Hvorslev 型、NGI 型等。

②水压固定活塞取土器。是针对固定活塞式取土器的缺点而制造的改进型。国外以其发明者命名为奥斯特伯格取土器，其特点是去掉了活塞杆，将活塞连接在钻杆底端，取样管则与另一套在活塞缸内的可动活塞连接，取样时通过钻杆施加水压，驱动活塞缸内的可动活塞，将取样管压入土中，其取样效果与固定活塞式相同，操作较为简单，但结构仍较复杂。

③自由活塞取土器。与固定活塞取土器不同之处在于活塞杆不延伸至地面，而只穿过接头，用弹簧锥卡予以控制，使活塞杆只能向上不能向下。取样时依靠土试样将活塞顶起，操作较为简单，但土试样上顶活塞时易受扰动，取样质量不及以上两种。

2. 回转式取土器

回转式取土器有以下两种。

（1）单动三重（二重）管取土器

类似于岩心钻探中的双层岩心管，取样时外管切削旋转，内管不动，故称单动。如在内管内再加衬管，则成为三重管。其代表型号为丹尼森（Denison）取土器。丹尼森取土器的改进型称为皮切尔（Pitcher）取土器，其特点是内管刃口的超前值可通过一个竖向弹簧按土层软硬程度自动调节。单动三重管取土器可用于中等以至较硬的土层中。

（2）双动三重（二重）管取土器

与单动不同之处在于取样时内管也旋转，因此可切削进入坚硬的地层，一般适用于坚硬黏性土，密实砂砾以至软岩。但所取土样质量等级不及单动三重（二重）管取土器。

三、不扰动土样的采取方法

采取不扰动土试样，必须保持其天然的湿度、密度和结构，并应符合I级土样质量要求（见取样质量要求内容）。

1. 钻孔中采取不扰动土试样的方法

（1）击入法

击入法是用人力或机械力操纵落锤，将取土器击入土中的取土方法。按锤击次数分为轻锤多击法和重锤少击法；按锤击位置又分为上击法和下击法。经过取样试验比较认为，就取样质量而言，重锤少击法优于轻锤多击法，下击法优于上击法。

（2）压入法

压入法可分为慢速压入和快速压入两种。

1）慢速压入法。是用杠杆、千斤顶、钻机手把等加压，取土器进入土层的过程是不连续的。在取样过程中对土试样有一定程度的扰动。

采用静力压入取样的条件可用下式表示：

$$P \geqslant （FR+f\pi D_t \text{h}）\text{a-q}$$

式中：P——压入取土器所需的力，kN；

F——取土器的环状面积，m^2；

R——土层抗压程度，kPa；

f——取土器与土层的侧壁摩擦阻力，kPa（见表4-6）；

D_t——取土器外径，m；

h——取土器与孔壁的接触长度，m；

a——尖端阻力系数（各种均质土层为1.0，砂砾石为1.3～2.5）；

q——钻具重量，kN。

表4-6　取土器与土层的侧壁摩擦阻力 f 值

土的类别	f（kPa）	土的类别	f（kPa）
流动性淤泥软土	1～5	饱和粉砂	30～40
流塑的粉质黏土	7.5	饱和细砂及中砂	40～50
软塑黏土及粉质黏土	10～20	密实中砂	50～60
可塑黏土及粉质黏土	30～40	粗砂及细砾	75
硬塑黏土及粉质黏土	45	坚硬黏土	60～75
松散土	10	混杂的砾土及黏土	80～90
粉土	10～30	含砂的砾石	90～100

2）快速压入法。是将取土器快速、均匀地压入土中，采用这种方法对土试样的扰动程度最小。目前普遍使用以下两种：

①活塞油压筒法，采用比取土器稍长的活塞压筒通以高压，强迫取土器以等速压入土中；

②钢绳、滑车组法，借机械力量通过钢绳、滑车装置将取土器压入土中。

（3）回转法

此法系使用回转式取土器取样，取样时内管压入取样，外管回转削切的废土一般用机械钻机靠冲洗液带出孔口。这种方法可减少取样时对土试样的扰动，从而提高取样质量。

2. 探井、探槽中采取不扰动土试样方法

探井、探槽中采取不扰动土试样可采用两种方式，一种是锤击敞口取土器取样，另一种是人工刻切块状土样。后一种方法使用较多，因为块状土试样的质量高。

人工刻取块状土试样一般应注意以下几点：避免对取样土层的人为扰动破坏，开挖至接近预计取样深度时，应留下20～30cm厚的保护层，待取样时再细心铲除；防止地面水渗入，井底水应及时抽走，以免浸泡；防止暴晒导致水分蒸发，坑底暴露时间不能太长，否则会风干；尽量缩短切削土样的时间，及早封装。

块状土试样可以切成圆柱状和方块状，也可以在探井、探槽中采取"盒状土样"，这种方法是将装配式的方形土样容器放在预计取样位置，边修切、边压入，从而取得高质量的土试样。

四、复杂或特殊岩土层取样方法

1. 饱和软黏性土取样

饱和软黏性土强度低，灵敏度高，极易受扰动，并且当受扰动后，强度会显著降低。在严重扰动的情况下，饱和软土强度可能降低90%。

在饱和软黏性土中采取高质量等级试样必须选用薄壁取土器。土质过软时，不宜使用自由活塞取土器，取样之前应对取土器做仔细检查，刃口卷折、残缺的取土器必须更换。取样管应形状圆整，取样管上、中、下部直径的最大、最小值相差不能超过1.5mm。取样管内壁加工光洁度应达到▽5～▽6。饱和软黏性土取样时应注意：

（1）应优先采用泥浆护壁回转钻进。这种钻进方式对地层的扰动破坏最小。泥浆柱的压力可以阻止塌孔、缩孔以及孔底的隆起变形。泥浆的另一作用是提升时对土样底部能产生一定的浮托力，掉样的可能性因而减小。

（2）清水冲洗钻探也是可以使用的钻探方法，因为在孔内始终保持高水头也是有利的，但应注意采用侧喷式冲洗钻头，不能采用底喷式钻头，否则对孔底冲蚀剧烈，对取样不利。

（3）螺旋钻头干钻虽是常用的方法，但螺旋钻头提升时难免引起孔底缩孔、隆起或管涌。因此采用螺旋钻头钻进时，钻头中间应设有水、气通道，以使水、气能及时通达钻头底部，消除真空负压。

（4）强制挤入的大尺寸钻具，如厚壁套管、大直径空心机械螺旋钻、冲击、振动均不利于取样。如果采用这类方法钻进，必须在预计取样位置以上一定距离停止钻进，改用对土层扰动小的钻进方法，以利于取样。

在饱和软黏性土中取样应采用快速、连续的静压方法贯入取土器。

2. 砂土取样

砂土在钻进和取样过程中，更容易受到结构的扰动。砂土没有黏聚力，当提升取土器时，砂样极易掉落。在探井、探槽中直接采取砂样是可以获得高质量试样的，但开挖成本高，不现实。

在钻探过程中为了采取砂样，可采用泥浆循环回转钻进。用泥浆护壁既可防止塌孔、管涌，又可浮托土样，在土样底端形成一层泥皮，从而减小掉样的危险。

此外，也可用固定活塞薄壁取土器和双层单动回转取土器采取砂样。前者只能用于较疏松细砂层，对密实的粗砂层宜采用后者。

日本的Twist取土器，是在活塞取土器外加一套管，两管之间安放有橡皮套，橡皮套与取样管靴相连。贯入时两管同时压下，提升时，内部取样管先提起一段距离，超过橡皮套后停止上提，改为旋扭，使橡皮套伸长并扭紧，形成底端的封闭，然后内外管一并提起。这种取土器取砂成功率较高。日本的另一种大直径（ϕ200mm）取砂器，其底部的拦挡装置是通过缆绳操纵的。当贯入结束后，提拉缆绳，即可收紧拦挡，形成底端封闭，亦可采取较高质量的砂样。

采取高质量砂样的另一类方法是事先设法将无黏性的散粒砂土固化（胶凝或冷冻），然后用岩心钻头取样。

3. 卵、砾石土取样

卵石、砾石土粒径悬殊，最大粒径可达数十厘米以上，采样很困难。在通常口径的钻孔中不可能采取I～Ⅲ级卵石土样。在必须要采取卵石、砾石土试样时可考虑用以下方法：

（1）冻结法。将取样地层在一定范围内冻结，然后用岩心钻探取心。

（2）开挖探坑。人工采取大体积块状试样。

若卵石土粒径不大，且含较多黏性土时，采用厚壁敞口取土器或三重管双动取土器能取到质量级别为Ⅲ或Ⅳ级的试样；砾石层在合适的情况下，用三重管双动取土器有可能取得Ⅰ~Ⅱ级试样。

4. 残积土取样

残积土层取样的困难在于土质复杂多变，软硬变化悬殊，一般的取土器很难完成取样。如非饱和的残积土遇水极易软化、崩解，应采用黏度大的泥浆作循环液，用三重管取土器采取土试样。在强风化层中可采用敞口取土器取样，取土器贯入时往往需要大能量多次锤击，在管靴需要加厚的同时，土层也受到较大扰动。因此，在残积土层中钻孔取样较好的方法是采用回转取土器，并以能自动调节内管超前值的皮切尔式三重管取土器为最好，为避免冲洗液对土样的渗透软化，泥浆应具有高黏度，并注意控制泵压和流量。

五、取样质量要求

1. 土试样质量等级

根据试验目的，《岩土工程勘察规范》（B50021—2001）（2009版）把土试样的质量分为4个等级（表4-7）。

表4-7　土试样质量等级

等级	扰动程度	试验内容
Ⅰ	不扰动	土类定名、含水量、密度、强度试验、固结试验
Ⅱ	轻微扰动	土类定名、含水量、密度
Ⅲ	显著扰动	土类定名、含水量
Ⅳ	完全扰动	土类定名

2. 取样技术要求

《岩土工程勘察规范》（GB50021—2001）（2009版）规定：

在钻孔中采取Ⅰ~Ⅱ级砂样时，可采用原状取砂器，并按相应的现行标准执行。

在钻孔中采取Ⅰ~Ⅱ级土试样时，应满足下列要求：

（1）在软土、砂土中宜采用泥浆护壁；如使用套管，应保持管内水位等于或稍高于地下水位，取样位置应低于套管底3倍孔径的距离；

（2）采用冲洗、冲击、振动等方式钻进时，应在预计取样位置1m以上改用回转钻进；

（3）下放取土器之前应仔细清孔，清除扰动土，孔底残留浮土厚度不应大于取土器废土段长度（活塞取土器除外）；

（4）采取土试样宜用快速静力连续压入法；

（5）具体操作方法应按现行标准《原状土取样技术标准》（JGJ89—92）执行。

3. 土试样封装、贮存和运输

对于Ⅰ~Ⅲ级土试样的封装、贮存和运输，应符合下列要求：

（1）取出土试样应及时妥善密封，以防止湿度变化，并避免暴晒或冰冻；

（2）土试样运输前妥善装箱、填塞缓冲材料，运输过程中避免颠簸。对于易振动液化、灵敏度高的试样宜就近进行试验。

（3）土试样采取后至试验前的贮存时间一般不应超过两个星期。

第四节　工程物探

一、工程物探的分类及应用

不同成分、结构、产状的地质体，在地下半无限空间呈现不同的物理场分布。这些物理场可由人工建立（如交、直流电场、重力场等），也可以是地质体自身具备的（如自然电场、磁场、辐射场、重力场等）。在地面、空中、水上或钻孔中用各种仪器测量物理场的分布情况，对其数据进行分析解释，结合有关地质资料推断欲测地质体性状的勘探方法，称为地球物理勘探。用于岩土工程勘察时，亦称为工程物探。

按地质体的不同物理场，工程物探可分为：电法勘探、地震勘探、磁法勘探、重力勘探、放射性勘探，等等。各种工程物探在岩土工程勘察中的应用见表4-8。

表4-8　工程物探在岩土工程勘察中的应用

类别	方法名称		探测对象
直流电法	电阻率法	电剖面法	探测断层破碎带和岩溶范围，探查基岩起伏和含水层，探查滑坡体，圈定冻土带
		电测探法	探测基岩埋深和风化带厚度，探测地下水位，圈定岩溶发育范围
	充电法		探测地下洞穴，测量地下水流速、流向，探查暗河和充水裂隙带，探测地下管线
	自然电场法		探测地下水流向、流速，探测隐伏断裂等
	激发极化法		寻找地下水，探测隐伏断裂、地下洞穴等
交流电法	电感应磁法		探测基岩埋深、隐伏断裂、地下洞穴、地下管线等

类别	方法名称	探测对象
交流电法	地质雷达	探测基岩埋深、基岩风化带，探测隐伏断裂、地下洞穴，查探潜水面和含水层分布，探测地下管线
	甚低频法	探测岩溶洞穴、断层破碎带、地裂缝等
地震勘探	折射波法	工程地质分层、查明含水层埋深、追索断层破碎带、圈定大型滑坡体厚度和范围
	反射波法	工程地质分层
	波速测试	测定地基土动弹性力学参数
	地脉动测量	研究地震场地稳定性与建筑物共振破坏
重力勘探		探查地下空洞、隐伏断层、破碎带
声波测量	声幅测量	探查地下洞室工程的岩石应力松弛范围等
	声纳法	河床断面测量
放射性勘探	γ径迹法	寻找地下水、岩石裂隙、地裂缝
	地面放射性测量	区域性工程地质填图

工程物探的作用主要有：

（1）作为钻探的先行手段。了解隐蔽的地质界线、界面或异常点（如基岩面、风化带、断层破碎带、岩溶洞穴等）。

（2）作为钻探的辅助手段。在钻孔之间增加地球物理勘探点，为钻探成果的内插、外推提供依据。

（3）作为原位测试手段。测定岩土体的波速、动弹性模量、动剪切模量、卓越周期、电阻率、放射性辐射参数、土对金属的腐蚀性等。

二、直流电阻率法

直流电法勘探中的电阻率法，是岩土工程勘察中常见的物探方法之一。它是依靠人工建立直流电场，测量欲测地质体与周围岩土体间的电阻率差异，从而推断地质体性质的方法。在自然状态下，地下电介质的电阻率绝不是均匀分布的，观测所得的电阻率值并不是欲测地质体的真电阻率，而是在人工电场作用范围内所有地质体电阻率的综合值，即"视电阻率"值。视电阻率的物理意义是以等效的均匀电断面代替电场作用范围内不均匀电断面时的等效电阻率值。

所以，电阻率法实际上是以一定尺寸的供电和测量装置，测得地面各点的视电阻率，根据视电阻率曲线变化推断欲测地质体性状的方法。

视电阻率基本表达式为：

$$P_s = k\frac{\Delta v}{I}$$

式中：P_S——视电阻率，$\Omega \cdot m$；

ΔV ——电位差，mV；

I ——电流强度，mA；

K——装置系数，m。

电阻率法使用的前提是：

（1）欲测地质体与其围岩间的电阻率差，应能保证在围岩背景值上突出地质体的电性异常。异常值用下式表示：

$$\gamma = \frac{P_S - P_0}{P_0} \times 100\%$$

式中：γ ——相对异常值（不得小于15%）；

P_s ——欲测地质体视电阻率值；

P_0 ——围岩视电阻率值。

（2）欲测地质体的大小、形状、埋深、产状，必须在装置所建立的电场可控制范围之内。

（3）场地内无不可排除的电磁干扰。

电阻率法根据供电电极和测量电极的相对位置以及它们的移动方式，可分为电测深法和电剖面法两大类，并可以再细分为多种方法，但在岩土工程勘察中应用最广泛的还是对称四极电测深法、对称四极剖面法、联合剖面法和中间梯度剖面法。

三、地震勘探

地震勘探是通过人工激发的弹性波在地下传播的特点来解释判断某一地质体问题。由于岩（土）体的弹性性质不同，弹性波在其中的传播速度也有差异，利用这种差异可判定地层岩性、地质构造等。按弹性波的传播方式，地震勘探主要分为直达波法、折射波法、反射波法。

1. 直达波法

由震源直接（不经过地质体界面的反射和折射）传播到接收点的波称直达波。利用直达波时距曲线（弹性波到达观测点的时间t和到达观测点所经过的距离s的关系曲线）可求得直达波速，从而解决某些勘探问题。

直达波时距曲线为直线，其表达式如下：

$$t = \frac{s}{\upsilon}$$

式中：t——直达波从震源到达接收点的时间，s；

　　　s——直达波从震源到达接收点的直线距离，m；

　　　υ——直达波的波速。根据其外业工作性质、条件不同，可分纵波波速 υ_p 和横波波速 υ_s，m/s。

直达波法具有勘探和原位测试双重功能，广泛应用的波速测试实际就是直达波法的进一步应用。

2. 折射波法

弹性波从震源向地层中传播，若遇到性质不同的地层界面时，就会遵循折射定律发生折射现象（图4-2）。

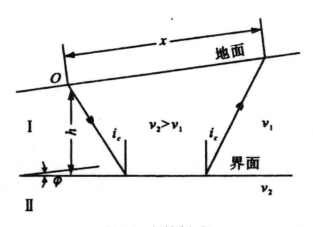

图4-2　折射波行程

折射波的时距曲线表达式为：

$$= \frac{2h\cos i_c}{\upsilon_1} + \frac{x}{\upsilon_2}\sin(i_c + \phi)$$

式中：χ——震源至观测点间的距离，m；

　　　h——震源至折射界面的垂直距离（法线深度），m；

　　　υ_1——上层介质（入射波）的波速，m/s；

　　　υ_2——下层介质（滑行波）的波速，m/s；

i_c ——临界入射角（$\sin i_c = \dfrac{\upsilon_1}{\upsilon_2}$），° ；

ϕ ——平整界面的倾角，°。

当界面水平时，折射波时距曲线表达式则为：

$$t = \frac{x}{\upsilon_2} + \frac{2h\cos i_c}{\upsilon_1}$$

此时，折射波时距曲线如图4-3所示。

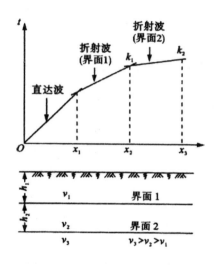

图4-3　折射波时距曲线

当地表下有 n 层水平界面时，折射波法的时距曲线方程为：

$$t_n = \frac{n}{\upsilon_n} + 2\sum_{k=1}^{n-1} \frac{h_k \cos i_{n \cdot k}}{\upsilon_k}$$

式中：t_n ——第 n 层折射界面折射波到达观测点的时间，s ；

　　　χ ——震源至观测点间的距离，m ；

　　　h_k ——第 k 层的厚度，m ；

　　　υ_n ——第 n 折射层的波速，m/s ；

　　　υ_k ——第 k 层中的波速，m/s ；

　　　$i_{n.k}$ ——在 k 层中折射波射线的临界入射角，°。

折射波在工程勘察中，是一种研究岩层界面（如基岩埋藏深度）、断层位置等的行之有效的方法。它的适用范围是：①界面以下波速必须大于界面以上波速，对三层或多层界面的情况，需各层波速递次增大，即 $v_1 < v_2 < \cdots < v_n$；②界面无明显起伏，界面倾角 ϕ 需满足：$i + \phi < 90°$。

3. 反射波法

弹性波从震源向地层中传播，遇到性质不同的地层界面时，遵循反射定律而发生反射。反射波回到地面所需的时间与界面的深度有关。如果测得反射波到达地面所需的时间，做出反射波时距曲线，就可以推出所需探测的地层界面深度。

四、电视测井

1. 以普通光源为能源的电视测井

利用日光灯光源为能源，投射到孔壁，再经平面镜反射到照像镜头来完成对孔壁的探测。

（1）主要设备及工作过程

主要设备：由孔内摄像机、地面控制器、图像监视器等组成的孔内电视。

主要工作过程：孔内摄像机为钻孔电视的地下探测头，它将孔壁情况由一块45°平面反射镜片反射到照像镜头，经照像镜头聚焦到摄像管的光靶面上，便产生图像视频讯号。照明光源为特制异形日光灯，在45°平面镜下端嵌有小罗盘，使所摄取的孔壁图像旁边有指示方位的罗盘图像。摄像机及光源能作360°的往复转动，因而可对孔壁四周进行摄像。

地面控制器是产生各种工作电源和控制讯号的装置，它给地下摄像机的工作状态发出讯号。

孔内摄像机将视频讯号经电缆传送至图像监视器而显示电视图像。

（2）图像解释

岩石粗颗粒的形状可直接从屏幕上观察，颗粒大小可用直接量取的数据除以放大倍数。

水平裂纹在屏幕上为一水平线。

垂直裂纹：摄像机在孔内转动360°，电视屏幕上将出现不对称的两条垂直线，此两条垂直线方位夹角的平分线所指方位角加减90°，即为裂隙走向。通过钻孔中心的垂直裂隙，摄像机转动一周，可以看到对称的两条垂直线。当垂直线在屏幕中央时，罗盘所指的方位角即为其走向。

倾斜裂隙：在屏幕上呈现波浪曲线，摄像机转动一周，曲线最低点对应罗盘指针方位角即为其倾向。转动到屏幕上出现倾斜的直线与水平线的交角即为其倾角，可直接在屏幕上量得。

裂隙宽度可在屏幕上量得后除以放大倍数。

岩石裂隙填充物为泥质时，屏幕上呈灰白色，充填物为铁锰质时呈灰黑色。

其他如孔、洞、不同岩石互层等均能从电视屏幕上直接观察到。

（3）使用条件

多用于钻孔孔径大于100mm、深度较浅的钻孔中。由于是普通光源，浑水中不能观察，若孔壁上有黏性土或岩粉等黏附时，观察也困难。

2.　以超声波为光源的电视测井

利用超声波为光源，在孔中不断向孔壁发射超声波束，接收从井壁反射回来的超声波，完成对孔壁的探测，从而建立孔壁电视图像。

（1）主要设备及工作过程

主要设备：井下设备由换能器、马达、同步讯号发生器、电子腔等组成，地面设备由照像记录器、监视器及电源等构成。

仪器的主要工作过程：钻孔中，电子腔给换能器以一定时间间隔和宽度的正弦波束作能源，换能器则发射一相应的定向超声波束，此波束在水中或泥浆中传播，遇到不同波阻抗的界面时（如孔壁）产生反射，其反射的能量大小决定于界面的物理特征（如裂隙、空洞）；换能器同时又接收反射回来的超声波束，将其变为电讯号送回电子腔；电子腔对讯号做电压和功率放大后，经电缆送至地面设备，用以调制地面仪器荧光屏上光点的亮度；用马达带动换能器旋转并缓慢提升孔下设备，完成对整个孔壁的探测。如果使照像胶片随井下设备的提升而移动，在照像胶片上就记录下连续的孔壁图像。

（2）图像解释

当孔壁完整无破碎时，超声波束的反射能量强，光点亮；反之能量则弱或不反射光，光点暗。若图像上出现黑线则是孔壁裂隙，出现黑斑则是空洞。

孔壁不同的裂隙、空洞的对应解释与以普通光源为能源的电视测井相近。

（3）适用条件

适用于检查孔壁套管情况及基岩中的孔壁岩层、结构情况，主要优点是可以在泥浆和浑水中使用。

五、地质雷达

地质雷达是交流电法勘探的一种。

其工作原理是：由发射机发射脉冲电磁波，其中一部分沿着空气与介质（岩土体）分界面传播，经时间 t_0 后到达接收天线（称直达波），为接收机所接收；另一部分传入岩土体介质中，在岩土体中若遇到电性不同的另一介质层或介质体（如另一种岩层、土层、裂隙、洞穴）时就发生反射和折射，经时间 t 后回到接收天线（称回波）。根据接收到直达波和回波传播时间来判断另一介质体的存在并测算其埋藏深度。

地质雷达具有分辨能力强，判释精度高，一般不受高阻屏蔽层及水平层、各向异性的影响等优点。它对探查浅部介质体，如覆盖层厚度、基岩强风化带埋深、溶洞及地下洞室和管线等非常有效。

六、综合物探

物探方法由于具有透视性和高效性，因而在岩土工程勘察中广泛应用，但同时，又由于物性差异、勘探深度及干扰因素等原因而使其具有条件性、多解性，从而使其应用受到一定限制。因此，对于一个勘探对象只有使用几种工程物探方法，即综合物探方法，才能最大限度地发挥工程物探方法的优势，为地质勘察提供客观反映地层岩性、地质结构与构造及其岩土体物理力学性质的可靠资料。

为了查明覆盖层厚度，了解基岩风化带的埋深、溶洞及地下洞室、管线位置，追踪断层破碎带、地裂缝等地质界线，常使用直流电阻率法、地震细探或地质雷达方法。大量实践证明：只要目的层存在明显的电性或波速差异，且有足够深度，都可以用电阻率法普查，再用地震勘探或地质雷达详查。此外，用直流电阻率法、磁法勘探和重力勘探联合寻找含水溶洞，用地震勘探、直流电阻率法、放射性勘探联合查明地裂缝三维空间展布的可靠程度也已接近100%。

第五章　现场检验和监测

现场检验和监测是岩土工程勘察的重要内容和重要工作环节。现场检验和监测工作应在工程施工期间进行。但对有特殊要求的工程（指有特殊意义的，一旦损坏将造成生命财产重大损失，或产生重大社会影响的工程；对变形有严格限制的工程；采用新的设计施工方法而又缺乏经验的工程），应根据工程特点，确定必要的检验和监测项目，在使用期内继续进行。

岩土工程勘察重视和强调在定性岩土工程评价基础上的量化评价。通过现场检验和监测所获取的数据，可以预测一些不良地质作用的发展演化趋势及其对工程建筑的可能危害；通过现场足尺试验和监测数据进行反分析，求取岩土体的工程参数，以及时修正勘察成果，优化工程设计；用现场检验和监测结果对岩土工程施工质量进行监控，保证工程的质量和安全。

第一节　现场检验和监测的内容

现场检验和监测，尤其是现场监测工作对保证工程安全有着重要的作用。《岩土工程勘察规范》（KGB50021）要求现场检验和监测的记录、数据、图件应保持完整，并应按工程要求整理分析。现场检验和监测资料，应及时向有关方面报送，当监测数据接近危及工程的临界值时，必须加密监测，并及时报告，以便及时采取措施，保证工程质量和人身安全。并要求现场检验和监测完成后提交成果报告，在成果报告中应附有相关曲线和图纸，进行分析评价，提出建议。

现场检验是在现场采用一定手段，对勘察成果或设计、施工措施的效果进行核查。现场检验包含两方面内容：

（1）验证、核查岩土工程勘察成果与评价建议，即在施工时通过基坑开挖等手段揭露岩土体，所获得的第一手工程地质资料较之勘察阶段更为确切，可以用来补充和修正勘察成果。如果实际情况与勘察成果出入较大时，还应进行施工阶段的补充勘察，如确实与原勘察结果有较大不同，则可能需要修改设计和施工工艺。

（2）对岩土工程施工质量的控制与检验，即施工监理与质量控制。例如，天然地基基槽的尺寸、槽底标高、局部异常的处理措施，桩基基础施工中的质量监控，地基处理施工质量的控制与检验，深基坑支护系统施工质量的监控等。

现场监测指的是在工程勘察、施工以及使用期间在现场对岩土性状和地下水的变化，岩土体和结构物的应力、位移进行系统监视和观测。其目的是保证工程的正常施工和运营，确保安全。监测工作主要包含三方面内容：

（1）对施工中各类荷载作用下岩土反应性状的监测。例如，土压力观测、岩土体中的应力量测、岩土体变形和位移监测、孔隙水压力观测等。

（2）对施工或运营中结构物的监测。对于像核电站等特别重大的结构物，则在整个运营期间都要进行监测。

（3）对环境条件的监测。包括对工程地质条件中某些要素的监测，尤其是对工程构成威胁的不良地质作用，在勘察期间就应布置监测，如滑坡、崩塌、泥石流、土洞等；此外，还有对相邻结构物及工程设施在施工过程中可能发生的变化、施工振动、噪声和污染等的监测。

通常，具体的监测工作有：建筑物变形监测；基坑工程监测；边坡和洞室稳定性监测；滑坡监测；崩塌监测；岩溶塌陷监测等。

总之，现场检验和监测主要包括地基基础的检验和监测、不良地质作用和地质灾害的监测、地下水监测三大类。

第二节　地基基础的检验和监测

地基基础的检验和监测包括：天然地基的基槽检验和监测；桩基工程的检验和监测；地基处理效果的检验和监测；基坑工程的监测；建筑物的沉降观测。

一、天然地基的基槽检验和监测

1. 现场检验

天然地基的基坑（基槽）开挖后，应检验开挖揭露的地基条件是否与勘察报告一致，这是必须做的常规工作，通常由勘察人员会同建设、设计、施工、监理以及质量监督部门共同进行。为了做好此项工作，要求熟悉勘察报告内容，掌握地基持力层的空间分布和工程性质，并了解拟建建筑物的类型和工作方式，研究基础设计图纸及环境监测资料等。

现场检验内容主要包括：

（1）岩土分布及其性质；

（2）地下水情况。

存在下列情况时应着重检验：

天然地基持力层的岩性、厚度变化较大时；桩基持力层顶面标高起伏较大时；基础平面范围内存在两种或两种以上不同地层时；基础平面范围内存在异常土质，或有坑穴、古墓、古遗址、古井、旧基础等；场地存在破碎带、岩脉以及湮没废弃的河、湖、沟、浜时；在雨季、冬季等不良气候条件下施工，土质可能受到影响时。

现场检验时，一般首先核对基础或基槽的位置、平面尺寸和坑底标高，是否与图纸相符。对土质地基，可用肉眼、微型贯入仪、轻型圆锥动力触探等简易方法，检验土的密实度和均匀性，必要时可在槽底普遍进行轻型圆锥动力触探。但坑底下埋有砂层，且承压水头高于坑底时，应特别慎重，以免造成冒水涌砂。

如果基坑（基槽）开挖揭露后发现有异常情况，应提出处理措施或修改设计的建议。若岩土条件与勘察报告出入较大，或设计有较大变动时，应建议进行施工勘察。

2. 现场监测

当重要建筑物基坑开挖较深或地基土层较软弱时，可根据需要布置监测工作。现场监测内容有：基坑底部回弹观测，建筑物基础沉降及各土层的分层沉降观测，地下水控制措施的效果及影响的监测，基坑支护系统工作状态的监测等。

高层建筑在采用箱形基础时，由于基坑开挖面积大而深，卸除了土层较大的自重应力后，普遍存在基坑底面的回弹。基坑的回弹再压缩量一般占建筑物完工时沉降量的1/2～1/3，最大可达1倍以上；地基土质越硬则回弹所占比值越大。由此说明基坑回弹不可忽视，应予以监测，并将实测沉降量减去回弹量，才是真正的地基土沉降量，否则实际观测的沉降量偏大。

除卸荷回弹外，在基坑暴露期间，土中黏土矿物吸水膨胀、基坑开挖接近临界深度导致土体产生剪切位移以及基坑底部存在承压水时，皆可引起基坑底部隆起，观测时也应予以注意。

基底回弹监测应在开挖完工后立即进行，在基坑的不同部位设置固定测点，用水准仪观测，且继续进行建筑物施工过程中直至竣工之后的地基沉降监测，最终可绘制基底的回弹、沉降与卸载、加载关系曲线。

二、桩基工程的检验和监测

1. 桩基工程的质量问题

桩基是高层建筑的主要基础形式，是广泛使用的深基础类型之一。桩基的主要功能是将荷载传递至地下较深处的密实土层或基岩层上，以满足建筑对承载力和变形的要求。

桩基工程按施工方法，可分为预制桩和灌注桩两种，其最主要的材料是钢筋混凝土。

预制桩主要采用锤击和静压方式把预制好的钢筋混凝土桩打入或压入土层之中，常见的质量问题有：

桩身混凝土标号低或桩身有缺陷，锤击过程中桩头或桩身破裂；桩无法穿透硬夹层而达不到设计标高；由于沉桩挤土引起土层中出现高孔隙水压力，导致大范围土体隆起和侧移，对周围建筑物、管线、道路等产生危害；在桩基施工中，由于相邻工序处理不当，造成基桩过大侧移而引起基桩倾斜、位移。

灌注桩以"地下作业"为主，经过成孔、成桩、养护几个施工阶段，相对于预制桩而言，其质量控制的难度更大，存在的质量问题也更多，常见的质量问题有：

由于混凝土配合比不正确、离析等原因，使桩身混凝土强度不够；由于夹泥、断桩、缩颈等原因，造成桩身结构缺陷；桩底虚土、沉碴过厚或桩周泥皮过厚，使桩长或桩径不够。

由此可见，无论是预制桩还是灌注桩，在施工过程中的质量问题都影响桩基的承载能力，将导致桩基础不能满足建筑物或构筑物对承载力和变形的要求，因此，必须加强桩基质量检验和监测工作。

2. 桩基工程检验和监测的内容

桩基工程检验和监测的内容，除了核对桩的位置、尺寸、距离、数量、类型，核查选用的施工机械、置桩能量与场地条件和工程要求，核查桩基持力层的岩土性质、埋深和起伏变化，以及桩尖进入持力层的深度等以外，对于桩基强度、变形和几何受力条件三个方面的检验是重点检验内容。

（1）桩基强度。桩基强度检验包括桩身结构完整性和桩承载力的检验。桩身结构完整性是指桩是否存在断桩、缩颈、离析、夹泥、孔洞、沉碴过厚等施工缺陷。桩基强度常采用声波法、动测法和静力载荷试验等检测。

（2）桩基变形。桩基变形需通过长期的沉降观测才能获得可靠结果，而且应以群桩在长期荷载作用下的沉降为准。一般工程只要桩身结构完整性和桩承载力满足要求，桩尖已达设计标高，且土层未发生过大隆起，就可以认为已符合设计要求。

重要工程必须进行沉降观测。

（3）几何受力条件。桩的几何受力条件是指桩位、桩身倾斜度、接头情况、桩顶及桩尖标高等的控制。在软土地区因打桩或基坑开挖造成桩的位移或上浮是经常发生的，通常应以严格的桩基施工工艺操作来控制。必要时应对置桩过程中造成的土体变形、超孔隙水压力以及对相邻工程的影响进行观测。

3. 桩基工程检验和监测方法

桩长设计一般采用地层和标高双控制，并以勘察报告为设计依据。但在工程实践中，实际地层情况与勘察报告不一致是常有的事，故应通过试打试钻，检验岩土条件是否与设计时预计的一致。在工程桩施工时，也应密切注意是否有异常情况。如遇异常情况，应及时提出处理措施。当与勘查报告差异较大时，应建议进行施工勘察。对大直径挖孔桩，应逐桩检验孔底尺寸和岩土情况。

桩身质量的检验包括桩的承载力、桩身混凝土灌注质量和结构完整性等检验内容。对于单桩承载力的检验，应采用载荷试验与动测相结合的方法。其中最传统而有效的方法是静载荷试验法，可进行单桩竖向承载力、单桩水平承载力、单桩竖向抗拔力测试，其试验要点在国家标准《建筑地基基础设计规范》（GB50007—2012）、《建筑桩基技术规范》（KJGJ—2008）等规范规程中均有详细规定；采用低应变和高应变动力法检验桩基施工质量、判断桩身完整性、检测单桩承载力等也已广泛使用，由于测试原理不同又可分为多种方法，具体可遵循《建筑基桩检测技术规范》（JGJ106—2003）、《基桩高应变动力检测规程》（JGJ106—97）、《基桩低应变动力检测规程》（JGJ—T93—95）的有关规定。

对于桩身混凝土灌注质量和结构完整性检验主要是用于大直径灌注桩。检验方法除以上提到的方法外，还有钻孔取芯法、声波法。钻孔取芯法可以检查桩身混凝土质量和孔底沉碴，但由于芯样小，灌注桩的局部缺陷往往难以被发现；使用声波法检测灌注桩的混凝土灌注质量，如检测因施工质量造成的断桩、夹泥、缩颈、孔洞等混凝土缺陷，并且在检测过程中多以声时值的变化作为判别基本依据，以波幅和波形作为解释的辅助参量。

三、地基处理效果的检验和监测

当地基土的强度和变形不能满足设计要求时，往往需要采用加固与改良的措施进行处理。地基加固与改良的方案、措施较多，各有其适用条件。为了保证地基处理方案的适宜性、使用材料和施工的质量以及处理效果，按《岩土工程勘察规范》（KGB 50021）规定，应做现场检验和监测。

现场检验的内容包括：

核查选用方案的适用性，必要时应预先进行一定规模的试验性施工；核查换填或加固材料的质量；核查施工机械特性、输出能量、影响范围；对施工速度、进度、顺序、工序搭接的控制；按有关规范、规程要求，对施工质量的控制；按计划在不同工期和部位对处理效果的核查；检查停工及气候变化或环境条件变化对施工效果的影响。

现场监测的内容包括：

对施工中土体性状的改变，如地面沉降、土体变形、超孔隙水压力等的监测；用取样、原位测试等方法，进行地基土处理前后性状比较和处理效果的监测；对施工造成的振动、噪声、环境污染的监测；必要时做处理后地基长期效果的监测。

地基处理效果的检验，除载荷试验外，尚可采用静力触探、圆锥动力触探、标准贯入试验、旁压试验、波速测试等方法。

地基处理的方法有十余大类、上百种之多，与此对应的现场检验和监测方法也较多，具体可参照相关规范、规程的要求。

四、基坑工程的监测

基坑工程已经成为一项综合性很强的系统工程，已成为一门独立的学科分支。其包括为保证基坑施工、主体地下结构的安全和周围环境不受损害而采取的支护结构、降水和土方开挖与回填等。随着高层和超高层建筑的日益发展，基坑工程规模越来越大，基坑开挖越来越深、面积也越来越大，基坑围护结构的设计和施工越来越复杂，需要的理论和技术越来越高，需要足够的技术力量来解决复杂的基坑稳定、变形、环境保护等问题。基坑工程尤其是深基坑工程涉及结构工程、岩土工程和环境工程等众多学科领域，综合性更高，影响因素亦更多，尽管有国家标准和地方规范做技术标准，但由于设计计算理论还不够成熟，在一定程度上还依赖于工程实践经验。因此，为确保基坑设计、施工的可靠性，除在分析模型、计算方法、选用概率理论来尽量拟合实际情况外，还必须对基坑工程进行现场监测，对于验证设计方案、局部调整施工参数以及改进和提高设计水平、进行信息化施工具有现实的指导意义。

基坑监测工作基本要求：

（1）基坑监测应由委托方委托具备相应资质的第三方承担。

（2）基坑围护设计单位及相关单位应提出监测技术要求。

（3）监测单位监测前应在现场踏勘和收集相关资料基础上，依据委托方和相关单位提出的监测要求和规范、规程规定编制详细的基坑监测方案，监测方案须在本单位审批的基础上报委托方及相关单位认可后方可实施。

（4）基坑工程在开挖和支撑施工过程中的力学效应是从各个侧面同时展现出来的，在诸如围护结构变形和内力、地层移动和地表沉降等物理量之间存在内在的紧密联系，因此监测方案设计时应充分考虑各项监测内容间监测结果的互相印证、互相检验，从而对监测结果有全面正确的把握。

（5）监测数据必须是真实可靠的，数据的可靠性由测试元件安装或埋设的可靠性、监测仪器的精度、可靠性以及监测人员的素质来保证。监测数据真实性要求所有数据必须以原始记录为依据，任何人不得更改、删除原始记录。

（6）监测数据必须是及时的，监测数据需在现场及时计算处理，计算有问题可及时复测，尽量做到当天报表当天出。因为基坑开挖是一个动态的施工过程，只有保证及时监测，才能有利于及时发现隐患，及时采取措施。

（7）埋设于结构中的监测元件应尽量减少对结构的正常受力的影响，埋设水土压力监测元件、测斜管和分层沉降管时的回填土应注意与土介质的匹配。

（8）对重要的监测项目，应按照工程具体情况预先设定预警值和报警制度，预警值应包括变形或内力量值及其变化速率。但目前对警戒值的确定还缺乏统一的定量化指标和判别准则，这在一定程度上限制和削弱了报警的有效性。

（9）基坑监测应整理完整的监测记录表、数据报表、形象的图表和曲线，监测结束后整理出监测报告。

基坑工程监测方案，应根据场地条件和开挖支护的施工设计确定。基坑工程的现场监测应采用仪器监测与巡视检查相结合的方法，并应包括下列内容：

支护结构的变形；基坑周边的地面变形；邻近工程和地下设施的变形；地下水位；渗漏、冒水、冲刷、管涌等情况。

其中，仪器监测具体包括以下内容的监测：

水平位移监测；竖向位移监测；深层水平位移监测；倾斜监测；裂缝监测；支护结构内力监测；土压力监测；孔隙水压力监测；地下水位监测；锚杆拉力监测；坑外土体分层竖向位移监测。

巡视检查应在基坑工程整个施工期内，每天均安排有专人进行。

对于支护结构的巡视检查应包括：

支护结构成型质量；冠梁、支撑、围檩有无裂缝出现；支撑、立柱有无较大变形；止水帷幕有无开裂、渗漏；墙后土体有无沉陷、裂缝及滑移；基坑有无涌土、流砂、管涌。

对于施工工况的巡视检查应包括：

开挖后暴露的土质情况与岩土工程勘察报告有无差异；基坑开挖分段长度及分层厚度是否与设计要求一致，有无超长、超深开挖；场地地表水、地下水排放状况是否正常，基坑降水、回灌设施是否运转正常；基坑周围地面堆载情况，有无超堆荷载。

对于基坑周边环境的巡视检查应包括：

（1）地下管道有无破损、泄漏情况；

（2）周边建（构）筑物有无裂缝出现；

（3）周边道路（地面）有无裂缝、沉陷；

（4）邻近基坑及建（构）筑物的施工情况。

对于监测设施的巡视检查应包括：

（1）基准点、测点完好状况；

（2）有无影响观测工作的障碍物；

（3）监测元件的完好及保护情况。

巡视检查方法以目测为主，可辅以锤、钎、量尺、放大镜等工器具以及摄像、摄影等设备进行。巡视检查应对自然条件、支护结构、施工工况、周边环境、监测设施等的检查情况进行详细记录。如发现异常，应及时通知委托方及相关单位，巡视检查记录应及时整理，并与仪器监测数据综合分析。

在基坑监测过程中，当出现下列情况之一时，应加强监测，提高监测频率，并及时向委托方及相关单位报告监测结果：

①监测数据达到报警值；

②监测数据变化量较大或者速率加快；

③存在勘察中未发现的不良地质条件；

④超深、超长开挖或未及时加撑等未按设计施工；

⑤基坑及周边大量积水、长时间连续降雨、市政管道出现泄漏；

⑥基坑附近地面荷载突然增大或超过设计限值；

⑦支护结构出现开裂；

⑧周边地面出现突然较大沉降或严重开裂；

⑨邻近的建（构）筑物出现突然较大沉降、不均匀沉降或严重开裂；

⑩基坑底部、坡体或支护结构出现管涌、渗漏或流砂等现象；

⑪基坑工程发生事故后重新组织施工；

⑫出现其他影响基坑及周边环境安全的异常情况。

当出现下列情况之一时，必须立即报警；若情况比较严重，应立即停止施工，并对基坑支护结构和周边的保护对象采取应急措施：

①监测数据达到报警值；

②基坑支护结构或周边土体的位移出现异常情况或基坑出现渗漏、流砂、管涌、隆起或陷落等；

③基坑支护结构的支撑或锚杆体系出现过大变形、压屈、断裂、松弛或拔出的迹象；

④周边建（构）筑物的结构部分、周边地面出现可能发展的变形裂缝或较严重的突发裂缝；

⑤根据当地工程经验判断，出现其他必须报警的情况。

基坑工程监测可具体参照国家标准《建筑基坑工程监测技术规范》（GB 50497—2009）、《基坑工程施工监测规程》（J 10884—2006）和地方标准规定。地方标准如上海市工程建设规范《基坑工程施工监测规程》（DG/TJ 08—2001—2006）。

五、建筑物的沉降观测

下列工程应进行沉降观测：

（1）地基基础设计等级为甲级的建筑物；

（2）不均匀地基或软弱地基上的乙级建筑物；

（3）加层、接建，邻近开挖、堆载等，使地基应力发生显著变化的工程；

（4）因抽水等原因，地下水位发生急剧变化的工程；

（5）其他有关规范规定需要做沉降观测的工程。

观测点的布置，一般是在建筑物周边的墙、柱或基础的同一高程处设置多个固定的观测点，且在墙角、纵横墙交叉处、沉降缝两侧都应有测点控制。距离建筑物一定范围设基准点，从建筑物修建开始直至竣工以后的相当长时间内定期观测各测点高程的变化。观测次数和间隔时间应根据观测目的、加载情况、沉降速率确定，当沉降速率小于1mm/100d时可停止经常性的观测。建筑物竣工后的观测间隔可参照表5-1。

表5-1　竣工后观测时间间隔

沉降速率（mm/d）	观测间隔时间（d）
＞0.3	15
0.1～0.3	30

沉降速率（mm/d）	观测间隔时间（d）
0.05 ~ 0.1	90
0.02 ~ 0.05	180
0.01 ~ 0.02	365

沉降观测应按现行标准《建筑物变形测量规范》（KJGJ8）的规定执行。

除上述地基基础的检验和监测外，工程需要时可进行岩土体的下列监测：

（1）洞室或岩石边坡的收敛量测；

（2）深基坑开挖的回弹量测；

（3）土压力或岩体应力量测。

对于地下洞室，常需进行岩体内部的变形监测。可根据具体情况，在洞室顶部，洞壁水平部位，45°角部位，采用机械钻孔埋设多点位移计，监测成洞时围岩的变形和成洞后围岩的蠕动。

第三节　不良地质作用和地质灾害的监测

《岩土工程勘察规范》（GB 50021）（2009年版）规定，对于下列情况应进行不良地质作用和地质灾害的监测：

（1）场地及其附近有不良地质作用或地质灾害，并可能危及工程的安全或正常使用时；

（2）工程建设和运行，可能加速不良地质作用的发展或引发地质灾害时；

（3）工程建设和运行，对附近环境可能产生显著不良影响时。

不良地质作用和地质灾害的监测，应根据场地及其附近的地质条件和工程实际需要编制监测纲要，按纲要进行。纲要内容包括：监测目的和要求、监测项目、测点布置、观测时间间隔和期限、观测仪器、方法和精度、应提交的数据和图件等，并及时提出灾害预报和采取措施的建议。

不良地质作用和地质灾害的类型较多，其监测的要求、内容和监测方法各有不同。常见不良地质作用和地质灾害监测内容如下。

（1）对于岩溶土洞发育区应着重监测下列内容：

地面变形；地下水位的动态变化；场区及其附近的抽水情况；地下水位变化对

土洞发育和塌陷发生的影响。

（2）对于滑坡监测应包括下列内容：

滑坡体的位移；滑面位置及错动；滑坡裂缝的发生和发展；滑坡体内外地下水位、流向、泉水流量和滑带孔隙水压力；支挡结构及其他工程设施的位移、变形、裂缝的发生和发展。

（3）对于危岩和崩塌的监测应包括下列内容：

①当需判定崩塌剥离体或危岩的稳定性时，应对张裂缝进行监测。

②对可能造成较大危害的崩塌，应进行系统监测，并根据监测结果，对可能发生崩塌的时间、规模、塌落方向和途径、影响范围等做出预报。

（4）对现采空区，应进行地表移动和建筑物变形的观测，并应符合下列规定：

观测线宜平行和垂直矿层走向布置，其长度应超过移动盆地的范围；观测点的间距可根据开采深度确定，并大致相等；观测周期应根据地表变形速度和开采深度确定。

（5）对地面沉降的监测。

当因城市或工业区抽水而引起区域性地面沉降时，应进行区域性的地面沉降监测，监测要求和方法应按有关标准进行。

不良地质作用和地质灾害的监测主要是对变形、应力、地下水的监测。通过监测数据比对及其分析结果可正确地判断其稳定状态，为进一步采取治理措施提供依据和计算参数，也能检验对不良地质作用和地质灾害治理的效果。

一、变形监测

变形监测包括地面位移监测、岩土体内部变形和滑动面位置监测、收敛量测。

1. 地面位移监测

主要采用经纬仪、水准仪或光电测距仪、全站仪重复观测各测点的位移方向和水平、铅直距离等，以此来判定地面位移矢量及其随时间的变化情况。测点可根据具体条件和要求布置成不同形式的线、网，在地质条件较复杂和位移较大的部位测点应适当加密。近年来，航空摄影测量、全球卫星定位系统（GPS）和时域分布光纤传感技术已经在国内地质灾害监测中得到较普遍应用。对规模较大的滑坡或重要的高切坡坡面进行位移监测是为了了解滑体地表水平变形和垂直变形情况以及滑体滑动方向，采用TOPCOMGPS自动监测系统已经取得了良好的监测效果。GPS自动监测系统是将卫星定位技术、光纤技术、计算机技术集成的系统，由GPS基准站、GPS监测站、光纤技术及中心站组成，其监测精度可达2mm。

2. 岩土体内部变形和滑动面位置监测

准确地确定滑动面位置是进行滑坡稳定性分析和整治的前提条件，对于处于蠕滑阶段的滑坡效果尤为显著。

除借助钻孔完成监测的管式应变计、倾斜计、位移计等传统方法外，还有BOTDR监测新技术应用。

管式应变计监测是在聚氯乙烯管上隔一定距离贴电阻应变片，随后将其埋置于钻孔中，用于测量由于滑坡滑动引起聚氯乙烯管子的变形。安装变形管时，必须使应变片正对着滑动方向。测量结果能显示滑坡体不同深度随时间的位移变形情况以及滑动面（带）的位置。

倾斜计监测是一种量测滑坡引起钻孔弯曲的装置，可以有效地了解滑动面的深度。此装置有插入型和定置型两种。插入型是由地面悬挂一个传感器至钻孔中，量测预定各深度的弯曲；定置型是在钻孔中按深度装置固定的传感器。根据其监测结果能判断滑动面（带）的深度。

位移计监测是一种通过测量金属线伸长来确定滑动面位置的装置，一般采用多层位移计量测，将金属线固定于孔壁的各层位上，末端固定于滑床上。用此监测结果可以判断滑动面（带）深度和滑坡体随时间的位移变化。

除以上传统监测方法外，近年来对岩土体内部变形（如岩溶地面塌陷、基坑工程）及其滑坡体深部位移（或滑动面位置）的监测，固定式测斜仪、TDR分布式光纤传感技术已被普遍应用。固定式测斜仪监测方法是把测斜仪（如美国AGI公司的906-S型倾角传感器）固定在测斜孔中测斜管内某个固定位置，用遥测的方法来测该位置倾角的连续变化；TDR监测系统按光的载体不同分为拉曼散射的分布式光纤监测系统、瑞利散射的分布式光纤监测系统和基于布里渊散射的分布式光纤监测系统三种。其中，基于布里渊散射的分布式光纤传感技术监测系统（BOTDR）是国际上近年来研发出来的一项尖端技术，其主要原理是利用光纤中的布里渊散射光的频移变化量与光纤所受的轴向应变和温度之间的线性关系进行岩土体内部位移监测。监测时，TDR中的脉冲发生器发出的电脉冲沿着同轴电缆从地表向下传播，在电缆断裂或变形处即被反射回来，反射信号在电缆的特性信号曲线上显示为一个脉冲峰尖。边坡位移相对大小、变形速率以及变形位置能被立即精确地确定下来。

3. 收敛量测

收敛量测是直接量测岩体表面两点间的距离改变量。通过收敛量变化可以了解洞室壁面间的相对变形和工程边坡上张裂缝的发展变化，并对工程稳定性趋势作出评价，对破坏时间作出预报。

工程边坡的张裂缝量测方法比较简单，一般在裂缝两侧埋设固定点，用钢尺等直接量测，如三峡链子崖危岩体上几条张裂缝的监测有用到此方法。

洞室壁面收敛量测则需专用的收敛计量测。收敛计量测时，首先要选择代表性洞段，量测前在壁面设置测桩，收敛计的选择可根据量测方向、位移大小、量测精度确定。收敛计分垂直方向收敛量测、水平方向收敛量测、倾斜方向收敛量测三种。其中，垂直收敛计量测洞室顶、底板之间的相对变形，可使用悬挂型和螺栓型收敛计；水平收敛计常用带式收敛计和钢尺式收敛计，在跨度不大的洞室中使用方便，量测精度较高，比较适用，但对于跨度较大的洞室，收敛计的挠曲变形会使量测精度降低，可视洞室观察情况选用新的量测方法。倾斜方向的变形量测，可使用水平收敛计，但收敛计与测桩间应改为球铰连接方式，以适应不同方向量测的要求。

二、应力量测

对工程兴建过程中和兴建之后岩土体内部应力进行量测，其量测结果可用于监测工程的安全性，也可检验计算模型和计算参数的适用性和准确性。通常，岩土体内部应力量测主要指对房屋建筑物基础底面与地基土的接触压力、挡土结构上的土压力、洞室的围岩压力等岩土压力的量测。

岩土压力的量测主要借助压力传感器装置。一般将压力传感器埋设于建筑（结构）物与岩土体的接触面上。常用的压力传感器多为压力盒，有液压式、气压式、钢弦式、电阻应变式等不同型式和规格，其中的钢弦式、电阻应变式压力盒使用较为广泛。由于岩土压力量测在工程施工和运营期间进行，故应注意压力盒等量测装置不被破坏。为了保障量测数据的可靠性，压力盒应有足够的强度和耐久性，加压、减压性能良好，且能适应温度和环境条件的变化而保持稳定。此外，还应注意压力盒与土体刚度的协调性问题，埋设时避免对土体的扰动，回填土的性状应与周围土体一致。

对压力盒等岩土压力量测装置定时观测，即可获取岩土体内部应力随时间变化的资料。

第四节　地下水的监测

一、地下水监测的条件

地下水对工程岩土体的强度和变形以及工程建筑的稳定性有极大的影响，是各种不良地质作用产生的重要因素。例如，高层建筑的基坑开挖与支护中，地下水的作用可能引起坑底隆起、涌水、边壁流土或坍塌、支护结构位移倾倒等基坑工程事故；边坡工程中，地下水在坡体内产生的孔隙水压力、浮托力、渗透压力直接影响边坡的稳定性，产生滑坡；覆盖型岩溶区由于地下水作用可能产生岩溶地面塌陷等。

根据《岩土工程勘察规范》（GB 50021K）（2009版），下列情况应进行地下水监测：

（1）地下水位的升降影响岩土体的稳定时；

（2）地下水位上升产生浮托力对地下室和地下构筑物的防潮、防水或稳定性产生较大影响时；

（3）施工降水对拟建工程或相邻工程有较大影响时；

（4）施工或环境条件改变，造成的孔隙水压力、地下水压力（水位）的变化，对工程设计或施工有较大影响时；

（5）地下水位的下降造成区域性地面沉降时；

（6）地下水位升降可能使岩土体产生软化、湿陷、胀缩时；

（7）需要进行污染物运移对环境影响的评价时。

地下水的监测主要有如下内容：

地下水位的升降、变化幅度及其与地表水、大气降水的关系；工程降水对地质环境及附近建筑物的影响；基坑、地下洞室施工，边坡工程、岸边工程稳定性评价，软土地基加固等进行孔隙水压力和地下水压力的监控；对管涌和流土渗透变形的渗透压力（动水压力）监控；当工程可能受到腐蚀时，对地下水水质的监测等。

地下水监测工作的布置应根据监测目的、场地条件、工程要求、水文地质条件确定。地下水监测方法应符合以下规定：

（1）地下水位的监测，可设置专门的地下水位观测孔，或利用水井、地下水天然露头进行；

（2）孔隙水压力、地下水压力的监测，可采取孔隙水压力计、测压计进行；

（3）用化学分析法监测水质时，采样次数每年不应少于4次，进行相关项目的分析。

一般情况下，地下水的监测是对孔隙水压力、地下水压力（水位）、水质的监测。

二、孔隙水压力监测

孔隙水压力监测的目的见表5-2。

表 5-2　孔隙水压力监测目的

项目	监测目的	项目	监测目的
加载预压地基强夯加固地基预制桩施工	估计固结度以控制加载速率控制强夯间歇时间和确定强夯度控制打桩速率	基坑工程降水边坡工程	监测减压井压力和地面沉降滑坡稳定性评价和治理

监测孔隙水压力所用的孔隙水压力计型号和规格较多，应根据监测目的、岩土的渗透性和监测期长短等条件选择，其量测精度、灵敏度、量程必须满足要求。

孔隙水压力监测点的布置视不同目的而异，一般是将多个压力计顺着孔隙水压力变化最大的方向埋置，以形成监测剖面和监测网，各点的埋置深度可不相同，以能观测到孔隙水压力变化为准。压力计可采用钻孔法或压入法埋设。压入法只适用于软土。采用钻孔法时，当钻达埋置深度后先于孔底填入少量砂，待置入测头后再在周围和上部填砂，最后用膨胀性黏土球将钻孔全部严密封堵。由于埋设压力计时会改变土体中的应力和孔隙水压力的平衡条件，所以需要一定时间待其恢复原状后才能进行正式观测。观测结果应整理成孔隙水压力变化曲线图。

三、地下水位、水质监测

地下水水位和水质监测工作的布置，应根据岩土体的性状和工程类型确定。一般顺着地下水流向布置观测线。为了监测地表水与地下水之间的关系，则应垂直地表水体的岸边线布置观测线。在水位变化大的地段、上层滞水或裂隙水聚集地带，皆应布置观测孔。基坑开挖工程降水的监测孔应垂直基坑长边布置观测线，其深度应达到基础施工的最大降水深度以下 1m 处。动态监测除布置监测孔外，还可利用地下水天然露头或水井。

在滑坡体的地下水位监测中，加拿大 RocTest 公司的 PWS 型振弦式渗压计使用情况较好，为了减少钻孔的数量，渗压计的埋设可与监测滑坡体深部位移的测斜管的埋设同步进行，在测斜管的钻孔完成后，可将渗压计置于测斜管外侧一同埋入钻孔内部。

除地下水位监测外，还应包括水温、泉的流量、水质监测，在某些监测孔中应定期取水样做化学分析。同时，也应观测大气降水、气温和地表水体（河、湖）的水位等，便于相互对照。

　　监测时间应满足下列要求：①动态监测时间不应少于一个水文年，观测时间间隔视目的和动态变化急缓时期而定，一般雨讯期加密，干旱季节放疏，可以3～5天或10天观测一次，而且各监测孔皆同时进行观测，作化学分析的水样，可放宽取样时间间隔，但每年不宜少于4次；②当孔隙水压力变化可能影响工程安全时，应在孔隙水压力降至安全值后方可停止监测；③对受地下水浮托力的工程，地下水水位监测应进行至工程荷载大于浮托力后方可停止监测。

　　对于不良地质作用和地质灾害监测，除了以上监测内容和方法的介绍，对于当地的降雨强度和雨量监测也是不可忽视的，尤其是对于重大边坡区，暴雨或持续的强降雨是边坡失稳的重要诱发因素。故在边坡处或临近边坡处还须进行降雨强度和雨量监测。监测降雨量最常用的仪器是翻转式雨量计，降雨通过漏斗进入机械翻转装置，由脉冲计数电路捕获信息，从而计算得出降雨强度和降雨量值监测结果（如澳大利亚ICT公司的翻转雨量计）。

第六章　特殊性岩土的岩土工程勘察与评价

特殊性岩土是指具有独特的物理力学性质和工程特征，以及特殊的物质组成、结构构造的岩土。如果在这类岩土上修建建筑物，为了安全和经济，就必须采取一些有效的勘察手段和特殊的判别与评价方法，否则可能会给工程建设带来不良后果。

本章主要介绍湿陷性黄土、膨胀（岩）土、红黏土、软土、填土、多年冻土、混合土、盐渍（岩）土、风化岩和残积土、污染土的岩土工程勘察与评价。

第一节　湿陷性黄土

湿陷性黄土属于黄土，是一种分布最为广泛的湿陷性土。当其未受水浸湿时，强度较高，压缩性较低。但受水浸湿后，在上覆土层的自重应力或自重应力和建筑物附加应力作用下，土的结构迅速破坏，并发生显著的附加下沉，其强度也迅速降低。因此，对于湿陷性黄土的定义为：在一定压力下受水浸湿，土的结构迅速破坏，并产生显著的附加下沉的黄土。

湿陷性黄土分布在近地表几米到几十米深度范围内，主要为晚更新世形成的马兰黄土（Q3）和全新世形成的Q4黄土（包括Q_{41}黄土和Q_{42}新近堆积的黄土）。而中更新世及其以前形成的离石黄土和午城黄土一般仅在上部具有较微弱的湿陷性或不具有湿陷性。我国陕西、山西、甘肃等省区分布有大面积的湿陷性黄土，其湿陷性黄层厚度见表6-1统计。

表 6-1　不同地区湿陷性黄土厚度　　　　　　　　　　　　　　　　单位：m

区域	地点	一级阶地	二级阶地	三、四级阶地
陇西地区	西宁	0 ~ 4.5		
	兰州	0 ~ 5.0		27
	天水	0 ~ 3.0		
陇东——陕北地区	固原	0 ~ 5.0	15	9 ~ 20
	延安	0 ~ 4.5	6	12
	平凉			
关中地区	宝鸡	6 ~ 11		5
	虢镇	6 ~ 9		12
	西安			5 ~ 14
	乾县	0 ~ 3.0	5 ~ 10	6 ~ 19
	蒲城			
豫西地区	三门峡	8.0		8 ~ 12
	洛阳	0 ~ 3.0	5 ~ 8	< 8
山西地区	太原	2 ~ 10		17
	临沂	8 ~ 9		10
	侯马	6		

一、湿陷发生的原因及其影响因素

黄土的湿陷是一个复杂的物理、化学变化过程，它受到多方面因素的影响和制约。对其湿陷的机理研究的观点较多，如毛细管假说、溶盐假说、水膜楔入说、欠固结理论结构学说等，现基本趋于一种综合性解释。

黄土湿陷的发生离不开管道（或水池）漏水、地面积水、生产和生活用水等渗入地下的影响，或由于降水量较大，灌溉渠和水库的渗漏、回水使地下水位上升的影响。受水浸湿只不过是湿陷发生的外界条件，黄土本身固有的结构特征、物质成分才是产生湿陷的内在原因。

黄土的结构是在形成黄土的整个历史过程中造成的。干旱或半干旱的气候是黄土形成的必要条件。季节性的短期雨水把松散干燥的粉粒粘聚起来，而长期的干旱使土中水分不断蒸发，于是，少量的水分连同溶于其中的盐类都集中在粗粉粒的接触点处。可溶盐逐渐浓缩沉淀而成为胶结物。随着含水量的减小，土粒彼此靠近，颗粒间的分子引力以及结合水和毛细水的联结力也逐渐加大。这些因素都增强了土粒之间抵抗滑移的能力，阻止了土体的自重压密，于是形成了以粗粉粒为主体骨架的多孔隙结构。黄土结构中零星散布着较大的砂粒，附于砂粒和粗粉粒表面的细粉粒、黏粒、腐殖质胶体以及大量集合于大颗粒接触点处的各种可溶盐和水分子形成了胶结性联结，从而构成了矿物颗粒集合体，周边有几个颗粒包围着孔隙就是肉眼可见的大孔隙。

在被水浸湿时，结合水膜增厚楔入颗粒之间，于是结合水联结消失，盐类溶于水中，骨架强度随着降低，土体在上覆土层的自重应力或自重应力与附加应力共同作用下，其结构迅速破坏，土粒滑向大孔隙，粒间孔隙减小，土层就发生湿陷。

黄土中胶结物的成分和多少，颗粒的组成和分布以及孔隙比、含水量以及所受压力大小，均对湿陷性强弱有着重要影响。天然孔隙比越大或天然含水量越小，则湿陷性越强。在天然孔隙比和含水量不变的情况下，所受压力越大，黄土的湿陷性越大，但当压力超过某一数值后，再增加压力，湿陷量反而会减小。

二、湿陷性黄土的判评

1. 湿陷性黄土的判定

《湿陷性黄土地区建筑规范》（GB 50025—2004）规定：黄土的湿陷性，应按室内浸水（饱和）压缩试验在一定压力下测定的湿陷系数 δs 值判定。当不能取试样做室内湿陷性试验时，应采用现场静载荷试验确定湿陷性：在200kPa压力下，浸水静载荷试验的附加湿陷量与承压板宽度之比等于或大于0.023，应判定为湿陷性黄土。

按照室内浸水（饱和）压缩试验方法，将原状试样加压力至一定值P，待变形停止后，将试样浸水，测定在该压力下试样浸水（饱和）而产生的湿陷量，其与试样原始高度之比，就称为湿陷系数δs，即单位厚度的环刀试样，在一定压力下下沉稳定后，试样浸水饱和所产生的附加下沉。按下式计算：

$$\delta_s = \frac{h_p - h_p}{h_0}$$

式中：h_p——保持天然湿度和结构的试样，加压至一定压力时，下沉稳定后的高度（mm）；

　　　h_p——上述加压稳定后的试样，在浸水作用下，下沉稳定后的高度（mm）；

　　　h_0——试样的原始高度（mm）。

测定湿陷系数的压力P，用地基中黄土实际受到的压力是比较合理的，但在初勘阶段，建筑物的平面位置、基础尺寸和基础埋深等尚未确定，以实际压力评判黄土的湿陷性存在不少具体问题。因而《湿陷性黄土地区建筑规范》（GB 50025—

2004）规定：测定湿陷系数 δs 的试验压力，应自基础底面算起（如基底标高不确定时自地面下1.5m算），10m内的土层该压力应用200kPa，10m以下至非湿陷性黄土层顶面，应用其上覆土的饱和自重压力（当大于300kPa时，仍应用300kPa）；当基底压力大于300kPa时，宜用实际压力；当压缩性较高的新近堆积黄土，基底下5m以内的土层宜用100 ～ 150kPa压力，5 ～ 10m和10m以下至非湿陷性黄土层顶面，应分别用200kPa和上覆土的饱和自重压力。

湿陷性黄土的判定：

当 $\delta s < 0.015$ 时，为非湿陷性黄土；

当 $\delta s \geq 015$ 时，为湿陷性黄土。

湿陷性黄土的湿陷程度，按湿陷系数式值大小分为以下3种：

①当 $0.015 \leq \delta s < 0.03$ 时，湿陷性轻微；

②当 $0.03 < \delta s \leq 0.07$ 时，湿陷性中等；

③当 $\delta s > 0.07$ 时，湿陷性强烈。

按室内浸水压缩试验测定不同深度的土试样在饱和自重压力下的自重湿陷系数 δ_{zs}，即单位厚度的环刀试样，在上覆土的饱和自重压力下，下沉稳定后，试样浸水饱和所产生的附加下沉。自重湿陷系数 δ_{zs} 按下式计算：

$$\delta_{zs} = \frac{h_g - h_z}{h_0}$$

式中：h_g——保持天然湿度和结构的试样，加压至该试样上覆土的饱和自重压力时，下沉稳定后的高度（mm）；

h_z——上述加压稳定后的试样，在浸水作用下，下沉稳定后的高度（mm）；

h_0——试样的原始高度（mm）。

按 δ_{zs} 值，把湿陷性黄土进一步划分为自重湿陷性黄土和非自重湿陷性黄土：

当 $\delta_{zs} < 0.015$ 时，为非自重湿陷性黄土；

当 $\delta_{zs} \geq 0.015$ 时，为自重湿陷性黄土。

自重湿陷性黄土在没有外部压力，仅仅在本身自重压力作用下浸水会产生湿陷，而非自重湿陷性黄土，只有在外部压力达到一定值时浸水才会发生湿陷。所以，把使非自重湿陷性黄土开始发生湿陷所需的最低压力称为湿陷起始压力 P_{sh} 或表达为湿陷性黄土浸水饱和，开始出现湿陷时的压力。该值是反映非自重湿陷性黄土特性的重要指标，并具有实用价值，对于建筑物的地基设计具有重要意义，通常由室内浸水压缩试验的 p–δs 曲线确定（图6–1），取 δs=0.015所对应的压力为湿陷起始压力

P_{sh}，也可以按现场静载荷试验的 P–S，（压力与浸水下沉量）曲线，取其转折点所对应的压力作为湿陷起始压力 P_{sh}。

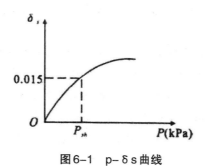

图6-1　p-δs曲线

2. 场地湿陷类型判定

湿陷性黄土场地的湿陷类型，应按自重湿陷量的实测值△zs或计算值△zs判定，并符合下列规定：

（1）当自重湿陷量的实测值△zs或计算值△zs小于或等于70mm时，应定为非自重湿陷性黄土场地；

（2）当自重湿陷量的实测值△zs或计算值△zs大于70mm时，应定为自重湿陷性黄土场地；

（3）当自重湿陷量的实测值和计算值出现矛盾时，应按自重湿陷量的实测值判定。

湿陷性黄土场地自重湿陷量计算值，按下式计算：

$$\Delta_{zs} = \beta_0 \sum_{i=1}^{n} \delta_{zsi} h_i$$

式中：δzsi——第 i 层土的自重湿陷系数；

$\quad\quad hi$——第 i 层土的厚度（mm）；

$\quad\quad \beta_0$——因地区土质而异的修正系数。在缺乏实测资料时，可按下列规定取值：对陇西地区可取1.5；对陇东——陕北——晋西地区可取1.2；对关中地区可取0.9；对其他地区可取0.5。

自重湿陷量的计算值△zs应自天然地面算起（当挖、填方的厚度和面积较大时，应自设计地面算起），至其下非湿陷性黄土层的顶面止，其中自重湿陷系数 $\delta_{zsi} <$ 0.015 的土层不累计。

在工程实际中，由于整平场地，往往使挖、填方的厚度和面积较大，使其下部土层所承受的实际土自重压力与勘察时相差较大，因而使所判定的场地湿陷类型与实际情况不尽一致。所以，当挖、填方厚度和面积较大时，测定自重湿陷系数所用的上覆土的饱和自重压力和自重湿陷量计算值的累计，均应自设计地面算起，否则，计算与判别结果可能不符合实际情况。

按自重湿陷量计算值判定场地湿陷类型，室内试验测定湿陷系数比较简便，不受现场条件限制，且有利于查明各土层的自重湿陷系数沿深度的变化规律。据对大量计算和实测资料的分析，各地区的自重湿陷量计算值和实测值，由于不同地区存在土质差异，对计算的自重湿陷量乘以一个因地区土质而异的修正系数 β_0 值，就使同一场地的自重湿陷量计算值基本上接近自重湿陷量实测值。

3. 地基湿陷等级判定

湿陷性黄土地基的湿陷等级，应根据湿陷量的计算值和自重湿陷量的计算值等因素，按表6-2判定。

表6-2　湿陷性黄土地基的湿陷等级

湿陷类型 $\triangle s$（mm）$\triangle zs$（mm）	非自重湿陷性场地	自重湿陷性场地	
	$\triangle zs \leqslant 70$	$70 < \triangle zs \leqslant 350$	$\triangle zs > 350$
$\triangle zs \leqslant 300$	Ⅰ（轻微）	Ⅱ（中等）	
$300 < \triangle zs \leqslant 700$	Ⅱ（中等）	*Ⅱ（中等）或Ⅲ（严重）	Ⅲ（严重）
$\triangle s > 700$	Ⅱ（中等）	Ⅲ（严重）	Ⅳ（很严重）

湿陷性黄土地基受水浸湿饱和，其湿陷量的计算值 $\triangle s$，应按下式计算：

$$\Delta_s = \sum_{i=1}^{n} \beta \delta_{si} h_i$$

式中：δ_{si} ——第 i 层土的湿陷系数；

h_i ——第 i 层土的厚度（mm）；

β ——考虑地基土的受水浸湿可能性和侧向挤出等因素的修正系数。在缺乏实测资料时，按下列规定取值：基底下 0 ~ 5m 深度内 β 取 1.5；基底下 5 ~ 10m 内取 1.0；基底下 10m 以下至非湿陷性黄土层顶面，在自重湿陷性黄土场地，可取工程所在地区的 ft 值。湿陷量的计算值 A 的计算深度，应自基础底面（如基底标高不确定时，自地面下 1.5m）算起；在非自重湿陷性黄土场地，累计至基底下 10m（或地基压缩层）深度止；在自重湿陷性黄土场地，累计至非湿陷性黄土层顶面止。其中湿陷系数 δs（10m 以下为 I）小于 0.015 的土层不累计。

三、湿陷性黄土的勘察评价要点

（1）查明场地内湿陷性黄土的地层时代、岩性、成因、分布范围。

（2）查明场地内不良地质现象和地质环境等问题的成因、分布范围，对场地稳定性影响程度及发展趋势。

（3）查明场地内地下水条件，预估地下水位季节性变化幅度和升降的可能性。

（4）查明场地内各土层的物理力学性质指标。包括 G、y、w、e、n、Sr、$I_L I_P$ 和 a_{1_2}、E_S、C、ϕ δ_s δ_{ZS} 等指标。

（5）进行湿陷性评价，划分场地湿陷类型和地基湿陷等级。

（6）确定湿陷性黄土的承载力特征值。

对于湿陷性黄土地基，参照《建筑地基基础设计规范》（KGB 5007—2011），通常用以下几种方法确定其承载力特征值：

①根据载荷试验成果确定。即：

$$f_{ak}=P_u/K \text{ 或 } f_{ak}=P_0$$

式中：f_{ak}——承载力特征值；

　　P_u——平板载荷试验曲线上极限荷载值；

　　P_0——平板载荷试验曲线上临塑荷载值（或称为比例界限荷载）；

　　K——安全系数，一般取 1.6 ~ 2.4。

②根据室内土工试验测定的土的物理力学指标统计值或建议值确定 Q_3、Q_{41} 的湿陷性黄土承载力基本值 f_0（表 6-3）、饱和湿陷性黄土承载力基本值（表 6-4）、新近堆积湿陷性黄土承载力基本值（表 6-5），再乘以回归修正系数得到承载力特征值 f_{ak}，此方法尽管在《建筑地基基础设计规范》（GB 5007）中已取消，但各地区情况不同，具体可参照当地经验。

表 6-3　Q_3、Q_{41} 的湿陷性黄土承载力基本值　　　　　单位：kPa

w（%） F_0 W_1/e	≤ 13	16	19	22	25
22	180	170	150	130	110
25	190	180	160	140	120
28	210	190	170	150	130

续表

w（%） F_0 W_l/e	≤ 13	16	19	22	25
31	230	210	190	170	150
34	250	230	210	190	170
37	—	250	230	210	190

表6-4　饱和湿陷性黄土承载力基本值　　　　单位：kPa

W/W_l F_0 A_{1-2}（map^{-1}）	0.8	0.9	1.0	1.1	1.2
0.1	186	183			
0.2	173	170	166		
0.3	160	157	153	150	
0.4	147	144	140	136	133
0.5	133	130	126	123	119
0.6	119	116	113	110	106
0.7	106	103	100	97	93
0.8		90	87	84	80
0.9			74	71	68
1.0				58	54

表6-5　新近堆积的湿陷性黄土承载力基本值　　　　单位：kPa

W/W_l F_0 A_{1-2}（map^{-1}）	0.4	0.5	0.6	0.7	0.8	0.9
0.2	149	143	138	133	128	123
0.4	137	132	127	122	117	112
0.6	126	121	116	111	106	101
0.8	115	110	105	100	95	90
1.0		100	95	90	85	80
1.2			85	80	95	90
1.4				70	65	60

③按圆锥动力触探、标准贯入试验和静力触探测试成果确定承载力特征值f_{ak}。

④按理论公式计算确定承载力特征值f_{ak}。

（7）进行场地地震效应评价。

（8）提出地基基础方案建议。

（9）提出基础施工有关问题及其处理建议。

（10）提出湿陷性黄土地基的处理措施。

消除地基土的全部湿陷（对甲类建筑物）或部分湿陷量（对乙、丙类建筑物），常采用以下处理方法：

①垫层法。将湿陷性土层挖去，换以素土或灰土（石灰与土的配合比一般为2∶8或3∶7）分层夯实。并可将其分为局部垫层和整片垫层，可处理垫层厚度以内的湿陷性。不能用砂土或其他粗粒土换垫。此方法适用于地下水位以上的地基处理。

②夯实法。夯实法有重锤夯实法及强夯法。重锤夯实法可处理地表下厚度1～2m土层的湿陷性。强夯法可处理3～6m厚度土层的湿陷性，可局部或整片处理。适用于饱和度$s_r > 60\%$的湿陷性黄土地基。

③挤密法。采用素土或灰土挤密桩，可处理地基下5～15m土层的湿陷性。适用于地下水位以上的地基处理，可局部或整片处理。

④桩基础。桩基础只起荷载传递作用，而不是消除黄土的湿陷性，故桩端应支承在压缩性较低的非湿陷性土层上。

⑤预浸水法。预浸水法可用于处理湿陷性土层厚度大于10m，自重湿陷量△zs≥500mm的场地，以消除土的自重湿陷性。自地面下6m以内的土层，有时因自重应力不足而可能仍有湿陷性，尚应采用垫层等方法处理。

⑥单液硅化或碱液加固法。单液硅化加固法是将硅酸钠（$R_2O \cdot nSiO_2$）溶液注入土中。对已有建筑物地基进行加固时，在非自重湿陷性场地，宜采用压力灌注；在自重湿陷性场地，应让溶液通过灌注孔自行渗入土中。

碱液加固法是将碱液（NaOH）通过灌注孔渗入土内，适宜加固非自重湿陷性黄土场地上的已有建筑物地基。

此两种方法一般用于加固地下水位以上的地基。

第二节 膨胀（岩）土

膨胀（岩）土是指含有大量亲水矿物，湿度变化时有较大的体积变化，变形约束时产生较大的内应力的岩土，包括膨胀岩和膨胀土。根据累积资料，我国膨胀（岩）土的分布、成因及形成的地质年代特征列于表6-6。

表6-6 中国膨胀（岩）土分布、成因及形成的地质年代特征

地区		成因	地质年代	地貌特征
四川	成都、广汉、南充、西昌	冲洪积，冰水沉积、残积	Q2～Q3	Ⅱ级以上阶地，低丘缓坡
云南	鸡街、蒙自、文山	冲积，残、坡积	Q3	Ⅱ级阶地斜坡
广西	宁明、南宁、贵县	冲、洪积，残、坡积	Q3～Q4	Ⅰ、Ⅱ级阶地，残丘、岩溶平原与阶地
湖北	郧县、襄樊、荆门、枝江	洪、冲积，湖相沉积，坡、残积	Q2～Q3、Q1～Q2	Ⅱ级以上阶地，山前丘陵
安徽	合肥、淮南	冲、洪积，洪积	Q3～Q4	Ⅱ级阶地，垅岗，Ⅰ级阶地
河南	平顶山、南阳	湖相沉积，冲、洪积	Q1	山前缓坡、垅岗
山东	泗水、临沂、泰安	坡、洪积，坡、残积，冲积，洪积，湖相沉积		斜坡地形、一级阶地、河谷平原阶地、山前缓坡
陕西	康平、汉中、安康	残坡积，洪积，冲积	Q2～Q3	Ⅱ级以上阶地、盆地和阶地、垅岗

根据《岩土工程勘察规范》（GB 50021）中有关规定，具有下列特征的土可初判为膨胀土：

（1）多分布在二级或二级以上阶地、山前丘陵和盆地边缘；

（2）地形平缓，无明显自然陡坎；

（3）常见浅层滑坡、地裂，新开挖的路堑、边坡、基槽易发生坍塌；

（4）裂缝发育，方向不规则，常有光滑面和擦痕，裂缝中常充填灰白、灰绿色黏土；

（5）干时坚硬，遇水软化，自然条件下呈坚硬或硬塑状态；

（6）自由膨胀率一般大于40%；

（7）未经处理的建筑物成群破坏，低层较多层严重，刚性结构较柔性结构严重；

（8）建筑物开裂多发生在旱季，裂缝宽度随季节变化。

膨胀土的终判是在初判基础上按现行国家标准《膨胀土地区建筑技术规范KGBJ 112—87）规定进行。

膨胀岩的初判特征主要有：

（1）多见于伊利石含量大于20%的黏土岩、页岩、泥质砂岩；

（2）具有膨胀土（3）～（7）条特征的岩石。

由于膨胀岩土性质复杂，许多问题仍在研究之中。对于膨胀岩的判定，尚无统一的指标和方法，多年来一直采用综合判定，即按初判和终判两步进行。膨胀（岩）土的勘察评价，仍然是根据工程情况及地区性经验参照《膨胀土地区建筑技术规范》（GBJ 112—87）进行。当膨胀岩作为地基时，可参照膨胀土的判定方法进行。当膨胀岩作为其他环境介质时，其膨胀性的判定无统一标准。如中国科学院地质研究所将钠蒙脱石含量5%～6%，钙蒙脱石含量11%～14%作为判定标准；原铁道部第一勘测设计院以蒙脱石含量8%或伊利石含量20%作为判定标准；也有将干燥饱和吸水率25%作为膨胀岩和非膨胀岩的划分界线。在此主要以膨胀土勘察评价为重点内容介绍。

一、膨胀土的矿物成分和构造特征

膨胀土裂隙发育，具显著的遇水膨胀和失水收缩性等特征，是与其矿物成分与构造特征密不可分的。

已有的研究资料表明，我国膨胀土的黏土矿物以伊利石组矿物为主，蒙脱石组和高岭石组矿物为辅，黏粒中一般还含一定数量的绿泥石、针铁矿及石英。碎屑矿物以石英为主，长石次之，云母较少。此外，铁锰质结核普遍可见。在可溶性矿物中，易溶盐和中溶盐含量很低，而碳酸盐的含量相对较高。次生碳酸盐常以结核状、硬壳状以及结石形式出现，有机质含量一般均较低。

膨胀土的化学成分主要有：SiO_2、Fe_2O_3、Al_2O_3、TiO_2、CaO、MgO、K_2O、Na_2O等。

膨胀土的物质成分一般比较均一，在水平方向上变化不大，但在垂直方向上由于物质的次生分异，而呈现有不同的构造特征。如钙质结核和铁锰结核密集层呈结核状构造，铁质浸染层土层呈花斑状构造。膨胀土最重要的构造特征是裂隙均较发育。根据研究资料，一般认为膨胀土中的裂隙主要为风化裂隙和胀缩裂隙。其中风化裂隙普遍分布于膨胀土的表层，深度一般不超过10m，裂隙呈无序排列，纵横交错，常充填有灰白色黏土；胀缩裂隙主要沿近垂直和近水平方向延伸，有时也有斜倾裂隙，但近垂直的裂隙密度最高，裂隙壁上常有灰白、灰绿等色黏土，并有铁锰浸染斑，裂隙一般较窄，甚至呈隐形。

由于膨胀土中裂隙较为发育，且一般均存在厚度不等（可达5～6cm）、强度甚低的灰白色黏土，常给建筑物的稳定和安全带来危害。

二、膨胀土的工程性质

1. 膨胀土的一般性质

由于膨胀土的分布、成因、成土的地质作用多样，其物理力学性质也就有明显的差别。综合我国各地区膨胀土的物理力学指标（表6-7），可将其一般性质归纳为以下几点：

（1）膨胀土的液限w_L与塑性指数IP不高，属中低塑性土，与一般黏土相近；

（2）天然孔隙比e不高，与一般黏性土相近；

（3）天然含水量w接近塑限w_p，液性指数I_L接近于零，土体多呈坚硬、硬塑状态；

（4）天然情况下抗剪强度较高，但浸水后，强度值降低很大，C、ϕ值与浸水之前相差若干倍。

表6-7　膨胀土主要物理学指标

项目	天然含水量W（%）	孔隙比e	液限w_L（%）	塑限w_P（%）	塑性指数Ip	液性指数I_l	压缩模量Es（MPa）
范围	20～30	0.5～0.8	38～50	20～35	18～25	-0.14～0.00	9～12

2. 膨胀土的胀缩性

膨胀土吸水膨胀、失水收缩的性能称为胀缩性。表征膨胀土胀缩性能强弱的指标一般有：自由膨胀率（δ_{ef}）、膨胀率（δ_{ep}）、膨胀力（pe）、竖向线缩率（δ_s）、收缩系数（λ_s）等。

（1）自由膨胀率（δ_{ef}）

指人工制备的烘干土样，在水中增加的体积与原体积之百分比。

$$\delta_{ef} = \frac{v_w - v_0}{v_0} \times 100\%$$

式中：v_0——土样原有的体积（mL）；

　　v_w——土样在水中膨胀稳定后的体积（mL）。

（2）膨胀率（δ_{ep}）

指在一定压力作用下，处于侧限条件下的原状土样在浸水膨胀稳定后，土样增加的高度与原高度之百分比。

$$\delta_{ep}=\frac{h_w-h_o}{h_o}\times100\%$$

式中：h_w——土样浸水膨胀稳定后的高度（mm）；

　　h_0——土样原始高度（mm）。

（3）膨胀力（pe）

指原状土样在体积不变时，由于浸水膨胀产生的最大内应力，可为计算土的膨胀变形量和确定地基承载力的特征值提供依据。膨胀力的确定方法是：以各级压力下的δ_{ep}为纵坐标，以压力P-δ_{ep}为横坐标，绘制P-δ_{ep}曲线，该曲线与横坐标的交点即为该土样的膨胀力（图6-2）。

（4）竖向线缩率（δ_s）和收缩系数（λ_s）

竖向线缩率是指土的竖向收缩变形与试样原始高度之百分比。

$$\delta_s=\frac{h_0-h}{h_0}\times100\%$$

式中：h_0——土样的原始高度（mm）；

　　h——土样在温度100～105℃烘至稳定后的高度（mm）。

收缩系数的确定，应先根据不同时间的线缩率及相应的含水量绘制收缩曲线（图6-3），以原状土样在直线收缩阶段，含水量减小1%时的竖向线缩率δ_s即为收缩系数λ_s，按下式计算：

$$\lambda_s=\frac{\Delta\delta_s}{\Delta_w}$$

式中：$\Delta\delta_s$——收缩过程中与两点含水量之差对应的竖向线缩率之差（%）；

　　Δw——收缩过程中直线变化阶段两点含水量之差（%）。

（5）胀缩总率（δ_{eps}）

膨胀土具有吸水膨胀，失水收缩，再吸水再膨胀，再失水又收缩的变形特性，这个特性被称为膨胀土的膨胀与收缩的可逆性，用胀缩总率δ_{eps}表示。

$$\delta_{eps}=\delta_{epi}+\lambda_s\times\Delta w$$

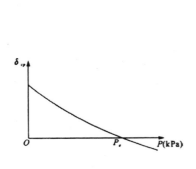

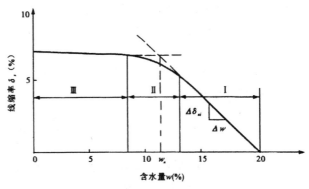

图6-2　P–δ_{ep}曲线　　　　　　　　图6-3　收缩曲线图

式中：δ_{eps}——压力P_i下的膨胀率（％）；

　　　λ_s——压力P_i下的收缩系数；

　　$\triangle w$——土的含水量可能减少的幅度（％）。

据此公式可以得到：

如果天然含水量W＜0.8wp，比较低，在干旱地区，基坑开挖后经暴晒的土，式中的为零，这时土的胀缩总率即是土的膨胀率。

如果天然含水量W＞1.2Wp，比较高，施加的压力P_i等于膨胀力，即$\delta_{ep}=0$，此时胀缩总＋即为收缩率，其值决定含水量可能变化的幅度，若能及时采取措施，控制含水量使变化很小/就可使建筑物地基变形很小。

如果P_i大于土的膨胀力，则δ_{eps}为负值，即压力尺作用下不产生膨胀而出现收缩变形。

（6）膨胀土各向异性指标

膨胀土由于结构构造特征具有胀缩各向异性。判断胀缩各向异性的指标有$a_缩$和$a_胀$，其计算公式如下：

$$a_缩 = \frac{e_{sl}}{e_{sd}}$$

$$a_胀 = \frac{e_{pl}}{e_{pd}}$$

式中：e_{sl}、e_{sd}——收缩试验测定的竖向收缩率和横向收缩率；

　　　e_{pl}、e_{pd}——三向膨胀试验测定的竖向膨胀率和横向膨胀率。

当 $a_缩$（或 $a_胀$）=1 时，表明竖向胀缩和横向胀缩相等，土体为各向同性；当 $a_缩$（或 $a_胀$）＞1 时，即竖向胀缩大于横向胀缩，表明土以竖向胀缩为主；反之，当 $a_缩$（或 $a_胀$）＜1 时，表明土以横向胀缩为主。$a_缩$一般为 0.70 ~ 1.50，但在广西宁明最高达 3.33。$a_胀$在陕南、云南为 1.30 ~ 2.62，在河南为 0.80 ~ 1.00，但在广东湛江则可高达 4.00。由此可见，不同地区膨胀土的膨胀各向异性差别较大，不容忽视。

膨胀土之所以具有较强的胀缩性，主要取决于以下内在因素：

（1）矿物成分：膨胀土主要由蒙脱石、伊利石等亲水矿物组成。

（2）微观结构特征：膨胀土中普遍存在片状黏土矿物，颗粒彼此叠聚成微集聚体基本结构单元。电镜观察证明，膨胀土的微观结构为集聚体与集聚体彼此面面接触形成分散结构，这种结构具有很大的吸水膨胀和失水收缩的能力。

（3）黏粒的含量：土中黏粒含量越多，土的胀缩性越强。

（4）土的密度和含水量：天然密度越大，膨胀性越强，但收缩性相反就较弱；反之，膨胀量就小，收缩量就大。

（5）土的结构强度：结构强度越大，土体限制胀缩变形的能力也越大。当土的结构受到破坏后，土的胀缩性随之增强。

此外，气候条件、地形地貌条件、建筑物本身条件等外在因素也影响膨胀土的胀缩性。

三、膨胀土地基的评判

1. 膨胀土的判别

膨胀土的判别是解决膨胀土地区地基勘察、设计的首要问题。据我国大多数地区膨胀土和非膨胀土试验指标的统计分析，凡自由膨胀率 $\delta_{ef} \geqslant 40\%$，土中黏粒成分主要由亲水性矿物组成，并具有膨胀土的野外特征和建筑物开裂破坏特征，胀缩性显著的黏性土，就判为膨胀土（本节开始部分已述）。

2. 膨胀土的膨胀潜势

结合我国情况，用自由膨胀率作为膨胀土的判别和分类指标，一般能获得较好的效果。研究表明，自由膨胀率能较好反映土中黏土矿物成分、颗粒组成、化学成分和交换阳离子性质的基本特征。土中的蒙脱石矿物越多，小于 0.002mm 的黏粒在土中占较多份量，且吸附着较活泼的钠、钾离子时，那么土体内部积储的膨胀潜势越强，自由膨胀率就越大，土体显示出强烈的胀缩性。调查表明：自由膨胀率较小的膨胀土，膨胀潜势较弱，建筑物损坏轻微；自由膨胀率高的土，具有强的膨胀潜势，则较多建筑物将遭到严重破坏。《膨胀土地区建筑技术规范》按自由膨胀率大小划分土的膨胀潜势强弱，以综合分析土的胀缩性高低（表6-8）。

3. 膨胀土地基的胀缩等级

按《膨胀土地区建筑技术规范》（GBJ 114—87），对膨胀土胀缩等级以胀缩变形量 S_e 的大小进行划分（表6-9）。

表6-8　膨胀土的膨胀潜势分类

自由膨胀率 δ_{ef}（%）	膨胀潜势
$40 \leqslant \delta_{ef} < 65$	弱
$65 \leqslant \delta_{ef} < 90$	中
$\delta_{ef} \geqslant 90$	强

表6-9　膨胀土地基的胀缩等级

胀缩变形量 S_e（mm）	级别
$15 \leqslant S_c < 35$	I
$35 \leqslant S_c < 70$	II
$Sc \geqslant 70$	III

地基土膨胀变形量 S_e 按下式计算：

$$s_e = \psi_c \sum_{i=1}^{n} \delta_{epi} h_i$$

式中：S_e——地基土的膨胀变形量（mm）；

　　　Ψ_c——计算膨胀变形量的经验系数，宜根据当地经验确定，若无可依据经验时，三层及三层以下建筑物可采用0.6；

　　　δ_{cpi}——基础底面下第 i 层土在该层土的平均自重压力与平均附加压力之和作用下的膨胀率，由室内试验确定；

　　　h_i——第 i 层土的计算厚度（mm）；

　　　n——自基础底面至计算深度内所划分的土层数（计算深度应根据大气影响深度确定；有浸水可能时，可按浸水影响深度确定）。

地基土收缩变形量按下式计算：

$$s_s = \psi_s \sum_{i=1}^{n} \lambda_{si} \bullet \Delta w_i \bullet h_i$$

式中：S_s——地基土的收缩变形量（mm）；

　　　Ψ_s——计算收缩变形量的经验系数，宜根据当地经验确定，若无可依据经验时，三层及三层以下建筑物可采取0.8；

λ_{si}——第i层土的收缩系数，由室内试验确定；

Δw_i——地基土收缩过程中，第i层土可能发生的含水量变化的平均值（以小数表示）；

n——自基础底面至计算深度内所划分的土层数，计算深度可取大气影响深度，当有热源影响时，应按热源影响深度确定。具体按《膨胀土地区建筑技术规范》规定执行。

地基土的胀缩变形量（或称分级胀缩变形量）应为膨胀变形量与收缩变形量之和，或以下式计算：

$$s_c = \psi \sum_{i=1}^{n}(\delta_{epi} + \lambda_{si} \bullet \Delta w)h_i$$

式中：Ψ——计算胀缩变形量的经验系数，可取0.7。

其他符号意义同上。

四、膨胀（岩）土的勘察评价要点

（1）运用工程地质测绘和调查重点查明以下内容：

①查明膨胀（岩）土的岩性、地质年代、成因、产状、分布以及颜色、节理、裂缝等外观特征；

②划分地貌单元和场地类型（平坦场地、坡地场地），查明有无浅层滑坡、地裂、冲沟以及微地貌形态和植被情况；

③调查地表水的排泄和积聚情况以及地下水类型、水位及变化规律；

④搜集当地降水量、蒸发力、气温、地温、干湿季节、干旱持续时间等气象资料，查明大气影响深度；

⑤调查当地建筑经验。

（2）勘探工作量布置应遵守下列规定：

①勘探点宜结合地貌单元和微地貌形态布置；其数量应比非膨胀（岩）土地区适当增加，其中采取试样的勘探点不应少于全部勘探点的1/2。

②勘探孔深度，除应满足基础埋深和附加应力的影响深度外，尚应超过大气影响深度；控制性勘探孔不应小于8m，一般性勘探孔不应小于5m。

③在大气影响深度内，每个控制性勘探孔均应采取Ⅰ、Ⅱ级土试样，取样间距不应大于1.0m，在大气影响深度以下，取样间距可为1.5～2.0m；一般性勘探孔从

地表下1m开始至5m深度内，可取Ⅲ级土试样，测定天然含水量。

（3）确定膨胀（岩）土的工程性质指标。包括一般性指标和表征膨胀（岩）土胀缩性的自由膨胀率、一定压力下的膨胀率、收缩系数、膨胀力等指标。

（4）进行胀缩性评价，主要包括膨胀（岩）土的膨胀潜势分类和膨胀土地基的胀缩等级划分。

（5）确定膨胀（岩）土地基承载力，按下列情况确定：

①一级工程的地基承载力特征值应采用浸水载荷试验方法确定；

②二级工程宜采用浸水载荷试验，试验时先分级加荷至设计荷载，浸水后再分级加荷至破坏或设计荷载的2倍；

③三级工程可采用饱和状态下不固结不排水三轴剪切试验计算或根据已有经验确定。

需要注意的是，膨胀（岩）土的承载力一般均较高，但其承载力随含水量的增加而降低，故在确定承载力特征值时不应忽视其含水量的变化。

（6）膨胀（岩）土往往在坡度很小时就产生滑动，所以对于边坡及位于边坡上的工程，要特别重视对稳定性的分析验算。验算时应考虑坡体内含水量变化的影响；均质土可采用圆弧滑动法，有软弱夹层及层状膨胀（岩）土时应按最不利的滑动面验算；具有胀缩裂缝及地裂缝的膨胀边坡，应进行沿裂缝滑动的验算。

（7）提出膨胀（岩）土地基处理的措施。

膨胀（岩）土地基处理一般有以下几种处理措施：

膨胀土地基处理可采用换土、砂石垫层、土性改良等方法。换土可采用非膨胀性土或灰土，换土厚度可通过变形计算确定。平坦场地上Ⅰ、Ⅱ级膨胀土的地基处理，宜采用砂、碎石垫层，垫层厚度不应小于300mm，并做好防水处理；膨胀土层较厚时，应采用桩基，桩尖支承在非膨胀土层上，或支承在大气影响层以下的稳定层上；膨胀岩以治理为主。

第三节　红黏土

红黏土是指在湿热气候条件下碳酸盐系岩石经过第四纪以来的红土化作用形成并覆盖于基岩上，呈棕红、褐黄等色的高塑性黏土。其主要特征是：液限（w_L）大于50%，孔隙比（e）大于1.0；沿埋藏深度从上到下含水量增加，土质由硬到软明显变化；在天然情况下，虽然膨胀率甚微，但失水收缩强烈，故表面收缩，裂隙发育。原生的红黏土经后期水流再搬运，可在一些近代冲沟、洼谷、阶地、山麓等处沉积于各类岩石上而成为次生红黏土，由于其搬运距离不远，很少外来物质，仍保持红黏土基本特征，液限（w_L）大于45%，孔隙比（e）大于0.9。

红黏土是一种区域性特殊性土，主要分布在贵州、广西、云南等地区，在湖南、湖北、安徽、四川等省也有局部分布。地貌上一般发育在高原夷平面、台地、丘陵、低山斜坡及洼地上，厚度多在5～15m，天然条件下，红黏土含水量一般较高，结构疏松，但强度较高，往往被误认为是较好的地基土。由于红黏土的收缩性很强，当水平方向厚度变化大时，极易引起不均匀沉陷而导致建筑破坏。

一、红黏土的物质成分和结构构造

红黏土的矿物成分主要是以高岭石和伊利石为主的黏土矿物，碎屑矿物主要是石英、长石，且含量极少。由于长期而强烈的淋滤作用，使红黏土中可溶盐和有机质含量都很低，一般均小于1%。红黏土的化学成分见表6-10，pH通常小于7。

表6-10　红黏土的化学成分表

氧化物	SiO_2	Al_2O_3	Fe_2O_3	CaO	MgO	烧失量
百分含量（%）	33.5～68.9	9.6～12.7	13.4～36.4	0.66～1.73	0.72～1.4	8.5～15.9

红黏土的构造特征主要表现为裂隙、结核和土洞的存在。发育的裂隙以垂直的为主，也有斜交的和水平的。裂隙壁上有灰白、灰绿色黏土物质和铁锰质敷设，土中铁锰质结核呈零星状普遍存在。红黏土中常常有土洞发育。

二、红黏土的分类

红黏土除按成因划分原生红黏土与次生红黏土外，还必须根据红黏土诸特征对其作出不同的工程分类。

1. 按含水比 $a_w\left(=\dfrac{w}{w_L}\right)$ 分类

红黏土除按液性指数判定状态外，还可按含水比进行湿度状态分类。

湿度状态是影响红黏土工程性能的重要因素，在岩土工程勘察中，必须按表6-11划分湿度状态。

表6-11　红黏土湿度状态分类

状态	坚硬	硬塑	可塑	软塑	流塑
aw值	aw ≤ 0.55	0.55 < aw ≤ 0.70	0.70 < aw ≤ 0.85	0.85 < aw ≤ 1.00	aw > 1.00

2. 按裂隙发育特征进行结构分类

红黏土中富含网状裂隙，其分布特征与地貌部位有一定联系，土中裂隙有随远离地表而递减之势。裂隙的赋存，使土体成为由不同的延伸方向和宽、长裂隙面与其间的土块所构成，当其承受较大水平荷载、基础浅埋、外侧地面倾斜或有临空面等情况时，将影响土的整体强度或降低其承载能力，构成了土体稳定和受力条件的不利因素。

对土体结构的鉴别与划分，强调地貌、自然地应力条件的调查与分析，并综合考虑地形、高度、坡度、覆盖条件、坡向、土的性质特征与水等因素。工程中根据裂隙发育特征进行结构分类（表6-12）。

表6-12　红黏土结构分类

土体结构	外观特征
致密状的	偶见裂隙（<1条/m）
巨块状的	较多裂隙（1～5条/m）
碎块状的	富裂隙（>5条/m）

3. 按复浸水特征分类

红黏土天然状态膨胀率仅0.1%～2.0%，其胀缩性主要表现为收缩，线缩率一般2.5%～8%，最大达14%（硬塑状态）。但在收缩后复水效应及湿化性上，不同的红黏土却有明显不同的表现。根据土的外观特征、黏土矿物、化学成分以及复水特征等提出了经验方程 $I'r=1.4+0.0066wl$，以 $I'r$ 和液限比 $Ir\left(\dfrac{w_L}{w_P}\right)$ 对红黏土进行复水特性分类（表6-13）。

4. 按地基均匀性分类

红黏土具有水平方向上厚度与竖向上湿度状态分布不均匀的特征。为了便于地基基础设计计算，红黏土可按地基均匀性分类（表6-14）。

表6-13　红黏土复浸水特性分类

类别	Ir与I′r关系	复浸水特性
I	Ir＞I′r	收缩后复浸水膨胀，能恢复到原位
II	Ir＜I′r	收缩后复浸水膨胀，不能恢复到原位

表6-14　红黏土地基均匀性分类

均匀性	基底压缩层范围内岩土组成
均匀地基	全部由红黏土组成
不均匀地基	由红黏土与岩石组成

三、红黏土的工程性质

1. 红黏土的一般性质

根据研究资料，我国红黏土的一般工程性质指标如表6-15所示，但各地均存在一定的差别。

表6-15　我国红黏土的一般工程性质指标

天然含水量 W（%）	30 ~ 60	液性指数 I_L	−0.1 ~ 0.4
天然密度 p（g/cm^3）	1.65 ~ 1.85	饱和度 s_r（%）	＞80
土粒比重 G	2.76 ~ 2.90	压缩系数 a_{1-2}（MPa^{-1}）	0.1 ~ 0.4
孔隙比 e	1.1 ~ 1.7	变形模量 E_o（MPa）	10 ~ 30
液限机 w_L（%）	50 ~ 90	内聚力 C（MPa）	0.04 ~ 0.09
塑限 w_P（%）	20 ~ 50	内摩擦角 ϕ（°）	8 ~ 18
塑性指数	20 ~ 40		
I_P			

红黏土的一般性质可以归纳为：

（1）天然含水量和孔隙比均较高，一般分别为30% ~ 60%和1.1 ~ 1.7。且多数处于饱水状态，饱和度在85%以上。

（2）含较多的铁锰元素，因而其比重（G）较大，一般为2.76 ~ 2.90。

（3）黏粒含量高，常超过50%，塑性指数较高。

（4）含水比 aw 一般为0.5 ~ 0.8，故多为硬塑状态和坚硬或可塑状态。

（5）压缩性低，强度较高。压缩系数一般为0.1 ~ 0.4MPa^{-1}，固结快剪C一般为0.04 ~ 0.09MPa，ϕ 一般为8° ~ 18°。

2. 红黏土的收缩性和膨胀性

红黏土最突出的工程地质特性是其失水时体积剧烈收缩的性能。在天然状态下，红黏土的膨胀率（δ_{ep}）仅0.1% ~ 2.0%，而线缩率（δ_s）一般可达2.5% ~ 8%，最大到14%（硬塑状态）。

红黏土胀缩性指标及胀缩变形量同膨胀（岩）土的计算相同，此处可参阅7.2节的有关内容。

红黏土胀缩变形量的大小主要取决于其吸附水分的能力和实际的天然含水量的高低。因此，除依赖于本身的特性外，介质的特性和影响含水量变化的条件是不可忽视的。介质中低价离子浓度高，将增强红黏土的胀缩性能。可以说对红黏土胀缩性影响较大的是气候、地形、植被及水文地质等影响水量变化的条件。一般在潮湿多雨、气温不高、地形平坦、植被茂盛、地下水埋藏较浅的地区，红黏土的胀缩变形较弱；反之，晴阴相间、干湿交替、地形坡度较大、植被稀疏、地下水埋藏较深的地区，其含水量变化较大，则胀缩变形剧烈而频繁。

四、红黏土的勘察评价要点

红黏土具有垂直方面状态变化大，水平方向厚度变化大，且裂隙、土洞发育，土层底部常有软弱土层，基岩面起伏也很大，所以其勘察评价要点如下：

1. 运用工程地质测绘和调查应着重查明的内容

（1）不同地貌单元的原生红黏土和次生红黏土的分布、厚度、物质组成、土性等特征及其差异，并调查当地建筑经验；

（2）下伏基岩、岩溶发育特征及其与红黏土土性、厚度变化的关系；

（3）地裂分布、发育特征及其成因，土体结构特征，土体中裂隙的密度、深度、延展方向及其发育规律；

（4）地表水体和地下水的分布、动态及其与红黏土状态垂向分带的关系；

（5）现有建筑物开裂原因分析，当地勘察、设计、施工经验等。

2. 红黏土地区勘探工作量的布置

红黏土地区勘探点的布置，应取较密的间距，查明红黏土厚度和状态的变化。初步勘察勘探点间距宜取30 ~ 50m；详细勘察勘探点间距，对均匀地基宜取12 ~ 24m，对不均匀地基宜取6 ~ 12m。厚度和状态变化大的地段，勘探点间距还需加密。各阶段勘探孔的深度可按《岩土工程勘察规范》（GB 50021—2001）（2009年版）中对各类岩土工程勘察的基本要求布置。对不均匀地基，勘探孔深度应达到基岩。

3. 红黏土岩土工程评价的主要内容

（1）查明红黏土的物理力学性质指标。对于裂隙发育的红黏土应进行三轴压缩试验及无侧限抗压强度试验，确定其抗剪强度参数。当需评价边坡稳定性时，应进行重复慢剪等试验确定其力学参数。

（2）确定红黏土地基承载力。主要通过室内土工试验测定的红黏土的物理力学性质指标平均值查表及通过载荷试验等原位测试成果确定。当基础浅埋、外侧地面倾斜、有临空面或承受较大水平荷载时，应考虑土体结构及裂隙对承载力的影响，以及开挖面长时间暴露、裂隙发展和复浸水对土质的影响。

4. 提出红黏土地基处理的措施

红黏土地基处理基本同膨胀（岩）土相同，只是红黏土的收缩变形最为突出，故在具体处理时，应结合当地经验，采取具体有效措施。

第四节　软土

软土一般是指天然含水量大、压缩性高、承载力低的软塑到流塑状态的黏性土。《岩土工程勘察规范》（GB 50021—2001）（2009版）对软土定义为：天然孔隙比大于或等于1.0，且天然含水量大于液限的细粒土，包括淤泥、淤泥质土、泥炭、泥炭质土等。天然软土主要分布于沿海滩地、河口三角洲以及内陆河、湖、港汊地区及其附近。

一、软土的成因

软土根据其沉积环境不同，有以下几种成因类型：

（1）滨海沉积软土。在表层广泛分布一层由近代各种营力作用生成的厚度为0～3.0m、黄褐色黏性土硬壳。下部淤泥多呈深灰色或灰绿色，间夹薄层粉砂。常有贝壳及海洋生物残骸。

（2）湖泊沉积软土。是近代淡水盆地和咸水盆地的沉积。其物质来源与周围岩性基本一致，在稳定的湖水期逐渐沉积而成。沉积物中夹有粉砂颗粒，有明显层理。淤泥结构松散，呈暗灰、灰绿或暗黑色，表层硬层不规律，厚0～4m，时而有泥炭透镜体。淤泥厚度一般10m左右，最厚可达25m。

（3）河滩沉积软土。主要包括河漫滩相沉积和牛轭湖相沉积。成层情况较为复杂，其成分不均一，走向和厚度变化大，平面分布不规则。软土常呈带状或透镜状，间与砂或泥炭互层，厚度不大，一般小于10m。

（4）沼泽沉积软土。是在地下水、地表水排泄不畅的低洼地带，且蒸发量不足以干化淹水地面的情况下形成的沉积物。多伴以泥炭，常出露于地表，下部分布有淤泥层或淤泥与泥炭互层。

此外，软土在山区也时有分布，但分布规律较为复杂，一般可以从沉积环境、水文地质条件、古地理环境、地表特征、人类活动几方面去鉴别；在平原江、河附近及人工渠附近由于人工疏通航道等原因也会有软土存在。

二、软土的工程性质

大量的工程实践发现，软土细颗粒成分多，孔隙比大，天然含水量高，压缩性高，有机质含量高，成土年代较近，强度低，渗透系数小。所以在通常情况下，软土有如下特征指标：

（1）小于0.075mm粒径的土粒占土样总重50%以上；

（2）天然孔隙比 e 大于1.0；

（3）天然含水量 w 大于该土的液限 w_L；

（4）压缩系数 a_{1-2} 在 $0.5MPa^{-1}$ 以上；

（5）不排水抗剪强度小于30kPa；

（6）渗透系数 k 小于 $10^{-6}cm/S$；

（7）灵敏度 St 一般在 3 ~ 4。

由此归纳，软土具有以下工程地质性质特征：

①触变性。软土具有触变特征，当原状土受到振动以后，破坏了结构连接，降低了土的强度或很快地使土变成稀释状态。触变性的大小，常用灵敏度 Sf 来表示。软土的 S，一般在 3 ~ 4，也有达 8 ~ 9 的，最高达到16。因此，当软土地基受振动荷载后，易产生侧向及沿基底面两侧挤出等现象。

②高压缩性。由室内压缩试验得知，软土的大部分压缩变形发生在垂直压力为100kPa左右。反映在建筑物的沉降方面为沉降变形量大。

③低强度。不排水抗剪强度小于30kPa，承载力小于100kPa。若要提高软土的强度，则必须改善其固结排水条件。

④低透水性。软土透水性弱，一般垂直方向渗透系数在 $k10^{-6}$ ~ $10^{-8}cm/S$，对地基排水固结不利，反映在建筑物沉降延续时间长。同时，在加载时期，地基中常出现较高的孔隙水压力，影响地基的强度。

⑤流变性。软土除排水固结引起变形外，在剪应力作用下，土体还会发生缓慢

而长期的剪切变形。对于边坡、堤岸、码头等稳定性不利。

⑥不均匀性。软土由微细和高分散的颗粒组成，黏粒层中多局部以粉粒为主，平面分布上有所差异，垂直方向上具明显分选性，作为建筑物地基，则易产生差异沉降。

三、软土的勘察评价要点

（1）通过工程地质测绘和调查、勘探查明：

①软土成因类型、成层条件、分布规律、层理特征、土层水平向和垂直向的不均匀性；

②地表硬壳层的分布与厚度、下伏硬土层或基岩的埋深与起伏；

③固结历史、应力水平和结构破坏对强度和变形的影响；

④微地貌形态和暗埋的塘、浜、沟、坑、穴的分布与埋深及其填土的情况；

⑤开挖、回填、支护、工程降水、打桩、沉井等对软土应力状态、强度和压缩性的影响；

⑥当地工程经验。

（2）通过室内土工试验和一些原位测试方法查明软土的物理力学性质指标。

（3）确定软土承载力。

确定软土承载力是采取软土地基处理方案的基础。软土地基承载力特征值应根据室内试验、原位测试和当地建筑经验，并结合以下因素综合确定。其中，用变形控制原则比按强度控制原则更重要。

①软土成层条件、应力历史、结构性、灵敏度等力学特性和排水条件；

②上部结构的类型、刚度、荷载性质和分布，对不均匀沉降的敏感性；

③基础的类型、尺寸、埋深、刚度等；

④施工方法和程序；

⑤采用预压排水处理的地基，应考虑软土固结排水后强度的增长。

（4）验算软土地基沉降变形量。可采用分层总和法计算，并乘以经验系数，也可采用应力历史法计算沉降量，再根据当地经验进行修正，必要时应考虑软土的次固结效应。

（5）提出基础形式和持力层的建议，对于上为硬层、下为软土的双层土地基应进行下卧层验算。

（6）提出软土地基处理的措施。

建造在软土地基上的建筑物易产生较大沉降或不均匀沉降，且沉降稳定往往需要很长的时间，所以在软土地基上建造建筑物，必须慎重对待。在设计上除了加强上部结构的刚度外，可对软土地基采取以下一些处理措施：

①充分利用软土地基表层的密实土层（称硬壳层，其厚度为 1 ~ 2m）作为基础的持力层，基础尽可能浅埋（但需验算下卧层强度）。

②减少建筑物对地基土的附加压力，采用架空地面，减少回填土重量，设置地下室等。

③采用换土垫层（砂垫层）与桩基，提高地基承载力。

④采用砂井预压，使土层排水固结。

⑤采用高压旋喷、深层搅拌等方法，将土粒胶结，从而改善土的工程性质，形成复合地基，以提高承载力。

软土的岩土工程勘察可参照《软土地区工程地质勘察规范》（JGJ 83—1991）中的详细规定。

第五节　填土

由于人类活动而堆填的土，统称为填土。在我国大多数城市的地表面，普遍覆盖着一层人工活动堆积土层。这种土无论其物质组成、分布特征和工程性质均相当复杂，且具有地区性特点。例如，上海地区多暗浜、暗塘、暗井，常用土和垃圾回填，含有大量的腐殖质；福州市表层为瓦砾填土，其下部常见一种黏性土质填土。在旧河道、旧湖塘地带，可见一种与淤泥混杂堆填的软弱填土，呈流动或饱和状态。又如，西安市由于古城兴衰、战争等，普遍覆盖一层填土，厚度 2 ~ 6m，多为瓦砾素土，其间密布古井渗坑，周围土体呈黑绿色。

一、填土的分类

根据其物质组成和堆填方式，可将填土分为素填土、杂填土、冲填土和压实填土四类。

1. 素填土

由碎石土、砂土、粉土和黏性土等一种或几种材料组成，不含杂物或含杂物很少的土。

（1）按主要组成物质分为：

碎石素填土；砂性素填土；黏性素填土。

（2）按堆填时间分为：

①老填土：主要组成物质为粗颗粒，堆填时间在10a以上者；或主要组成物质为细颗粒，堆填时间在20a以上者。

②新填土：堆填年限低于上述规定者。

素填土的承载力取决于它的均匀性和密实度。在堆填过程中，未经人工压实时，一般密实度较差，不宜做天然地基；但堆积时间较长，由于土的自重压密作用，也能达到一定的密实度。如堆积时间超过10a的黏性土，超过5a的粉土，超过2a的砂土，均具有一定的强度和密实度，可以作为一般建筑物的天然地基。

2. 杂填土

含大量建筑垃圾、工业废料或生活垃圾等杂物的填土。

按组成物质和特征分为：

（1）建筑垃圾土：主要由碎砖、瓦砾、朽木等建筑垃圾组成，有机物含量较少。

（2）工业废料土：由现代工业生产的废渣、废料堆积而成，如矿渣、煤渣、电石渣等以及其他工业废料夹少量土类组成。

（3）生活垃圾土：由大量从居民生活中抛弃的废物，诸如炉灰、布片、菜皮、陶瓷片等杂物夹土类组成，一般含有机质和未分解的腐殖质较多。

3. 冲填土

冲填土也叫吹填土，是由水力冲填泥砂形成的填土。

冲填土是我国沿海一带常见的填土之一。主要是由于整治或疏通江河航道，或因工农业生产需要填平或填高江河附近某些地段时用高压泥浆泵将挖泥船挖出的泥砂，通过输泥管，排送到需要填高地段及泥砂堆积区而成。上海黄浦江、天津的海河塘沽、广州的珠江等河流两岸及滨海地段不同程度分布有这种填土。

4. 压实填土

按一定标准控制材料成分、密度、含水量，经过分层压实（或夯实）的填土称为压实填土。压实填土在筑路、坝堤等工程中经常涉及。

二、填土的工程性质

填土的工程性质和天然沉积土比较起来有很大的不同。由于堆填时间、环境，特别是物质来源和组成成分的复杂和差异，造成填土性质很不均匀，分布和厚度变化缺乏规律，带有极大的人为偶然性，往往在很小的范围内，填土的质量密度会在垂直方向和水平方向变化较大。

填土往往是一种欠压密土，具有较高的压缩性，在干旱和半干旱地区，干或稍湿的填土往往具有湿陷性。

因此，填土的工程地质性质主要包括以下几方面。

1. 不均匀性

填土由于物质来源、组成成分的复杂和差异，分布范围和厚度变化缺乏规律性，所以，不均匀性是填土的突出特点，而且在杂填土和冲填土中表现更加显著。例如，冲填土在吹泥的出口处，沉积的土粒较粗，甚至有石块，顺着出口向外围土粒则逐渐变细，并且在冲填过程中，由于泥砂来源的变化，造成冲填土在纵横方向上的不均匀性，故冲填土层多呈透镜体状或薄层状出现。

2. 湿陷性

填土由于堆填时未经压实，所以土质疏松，孔隙发育，当浸水后会产生附加下陷，即湿陷。通常，新填土比老填土湿陷性强，含有炉灰的杂填土比素填土湿陷性强，干旱地区填土的湿陷性比气候潮湿、地下水位高的地区的填土湿陷性强。

3. 自重压密性

填土属欠固结土，在自身重力和大气降水下渗的作用下有自行压密的特点，压密所需的时间随填土的物质成分不同而有很大的差别。例如，由粗颗粒组成的砂和碎石类素填土，一般回填时间在2～5a即可达到自重压密基本稳定；而粉土和黏性材料的素填土则需5～15a才能达到基本稳定。建筑垃圾和工业废料填土的基本稳定时间需2～10a；而含有大量有机质的生活垃圾填土的自重压密稳定时间可长达30a以上。冲填土的自重压密稳定时间更长，可达几十年甚至上百年。

4. 压缩性大，强度低

填土由于密度小，孔隙度大，结构性很差，故具有高压缩性和较低的强度。在密度相同的条件下，填土的变形模量比天然土低很多，并且，随着含水量的增大，变形模量急剧降低。对于杂填土而言，当建筑垃圾土的组成物以砖块为主时，则性能优于以瓦片为主的土；而建筑垃圾土和工业废料土一般情况下性能优于生活垃圾土，这是因为生活垃圾土物质成分杂乱，含大量有机质和未分解或半分解状态的植物质。对于冲填土，则是由于其透水性弱，排水固结差，土体呈软塑或流塑状态之故。

三、填土的勘察评价要点

填土勘察应在一般勘探工作量布置原则的基础上加密勘探点，确定暗埋的塘、浜、坑的范围。勘探孔的深度应穿透填土层。故，填土的勘探方法应根据填土性质确定。对由粉土或黏性土组成的素填土，可采用钻探取样、轻型钻具与原位测试相结合的方法；对含较多粗粒成分的素填土和杂填土宜采用动力触探、钻探，并应有一定数量的探井。

1. 填土勘察

填土勘察的主要内容有：

（1）搜集资料，调查地形和地物的变迁，查明填土来源、堆积年限和堆积方式。

（2）查明填土的分布范围、厚度、物质成分、颗粒级配、均匀性、密实性、压缩性和湿陷性。

（3）判定地下水对建筑材料的腐蚀性。

（4）确定冲填土在冲填期间的排水条件，冲填完成后的固结条件、固结性能和固结状态。

（5）查明填土的工程特性指标。主要采用以下测试方法确定：

①填土的均匀性和密实度宜采用触探法，并辅以室内试验；

采用触探法时，轻型圆锥动力触探适用于黏性土、粉土素填土；静力触探适用于冲填土和黏性土素填土；中型、重型圆锥动力触探和标准贯入试验适用于粗粒填土。

②填土的压缩性、湿陷性宜采用室内固结试验或现场静载荷试验；

③杂填土成分复杂，均匀性很差，单纯依靠钻探难以查明，应有一定数量的探井。杂填土的密度试验宜用大容积法。

④对压实填土，在压实前应测定填料的最优含水量和最大干密度，压实后应测定其干密度，计算压实系数。

2. 填土岩土工程评价

填土岩土工程评价应包括以下内容：

（1）阐明填土的成分、分布和堆积年代，判定地基均匀性、压缩性和密实度；必要时应按厚度、强度和变形特性分层或分区评价。

（2）对于堆积年限较长的素填土、冲填土和由建筑垃圾或性能稳定的工业废料组成的杂填土，当较均匀和较密实时可作为天然地基。由有机质含量较高的生活垃圾和对基础有腐蚀性的工业废料组成的杂填土不宜作为天然地基。

（3）确定填土地基承载力特征值。按地区经验或室内土工试验、原位测试综合确定。

（4）当填土底面的天然坡度大于20%时，应验算其稳定性。

3. 提出填土地基处理的措施

（1）换土垫层法。

（2）表层压实法。处理轻型低层建筑物地基时，可采用人力夯或机械夯、平碾式振动碾，对表层疏松填土进行人工压实。

（3）灰土桩。

（4）挤密砂桩。

第六节　多年冻土

《岩土工程勘察规范》（GB 50021—2001）（2009版）对多年冻土的定义为：含有固态水，且冻结状态持续二年或二年以上的土。当温度条件改变时，多年冻土的物理力学性质随之改变，并可产生冻胀、融沉、热融滑塌等不良地质现象。

多年冻土在我国主要分布于青藏高原、帕米尔及西部高山（包括祁连山、阿尔泰山、天山等）、东北的大小兴安岭等高海拔、低纬度的高寒地区。

一、多年冻土的类型和一般性质

对多年冻土的工程性质起主要作用的是冰的含量及其存在形式。但是冻土中的含冰量是极不稳定的，随着湿度、温度的升降，冰的含量剧烈变化，从而导致冻土的工程地质性质发生相应的显著变化。

冻土的含水性通常用总含水量（w_o）表示。即：

$$w_o = \frac{M_w + M_i}{M_s} \times 100\%$$

式中：M_w——冻土中液态水的质量；

M_i——冻土中固态水的质量；

M_s——冻土中矿物颗粒的质量。

可按总含水量（抑）将多年冻土分为：少冰冻土、多冰冻土、富冰冻土、饱冰冻土、含土冰层（表7-21）。

按埋藏条件分为：衔接多年冻土和不衔接多年冻土；

按物质成分分为：盐渍多年冻土和泥炭多年冻土；

按变形特性分为：坚硬多年冻土、塑性多年冻土和松散多年冻土。

多年冻土为不透水层，具有牢固的冰晶胶结联结，从而具有较高的力学性能。抗压强度和抗剪强度均较高，但受温度和总含水量的变化及荷载作用时间长短的影响；内摩擦角很小，可近似把多年冻土看作理想的粘滞体；在短期荷载作用下，压缩性很低，类似于岩石，可不计算变形，但在长期荷载作用下，冻土的变形增大，特别是温度在近似零度时，变形会更突出。

二、多年冻土的冻胀性和融沉性

1. 冻胀性

土冻结时体积膨胀，在于水在转化为冰时体积膨胀，从而使土的孔隙度增大。如果土中的原始孔隙空间足以容纳水在冻结时所增大的体积，则冻胀不会发生；只有在土的原始饱和度很高或有新的水分补充时才会发生冻胀。所以对冻胀性的理解应为：土冻结时体积随之增大的性能。因此，常用体积的相对变化量——冻胀率（η）来表示。冻胀率按下式计算：

$$\eta = \frac{v - v_0}{v} \times 100\%$$

式中：v_0——冻结前土的体积；

v——冻结后土的体积。

冻胀性是对多年冻土上层的季节融冻层评价的重要依据。在自然界中，冻胀也常表现为土层表面的隆起，因此，也用冻土冻结前后高度的相对变化来表示其冻胀性，冻胀率亦可按下式计算：

$$\eta = \frac{h - h_0}{h} \times 100\%$$

式中：h_0——冻结前土层的高度；

h——冻结后土层的高度。

按冻胀率可对冻土的冻胀性进行评：

当时，$\eta \leq 1\%$时，为不冻胀土；

当$1\% < \eta \leq 3.5\%$时，为弱冻胀土；

当$3.5 < \eta \leq 6\%$时，为冻胀性土；

当$\eta > 6\%$时，为强冻胀土。

多年冻土的冻胀性与含水量有关，当含水量低到一定程度时，土在冻结过程中将不表现出冻胀性，此含水量界限值称为起始冻胀含水量（wf）。它随土的分散度不同而异，一般情况下，随颗粒组成中粗粒组的增加而降低。

多年冻土的冻胀分级，按现行《冻土地区建筑地基基础设计规范》（JGJ 118—98）执行。

2. 融沉性

融沉性对多年冻土地基的评价有着重要的意义。融沉性是在冻土融化过程中表现出的性能，即融沉性是冻土在融化过程中，由于固态冰转化为液态水时体积缩小的性能。在融化过程中，土粒间联结消弱，水分排出，在自重压力下，特别是在外部荷载作用下，多年冻土可能产生较大的压缩变形。多年冻土的融沉性可以用融化下沉系数 δ_0 值表示。《岩土工程勘察规范》（GB 50021—2001）（2009版）按融化下沉系数表 δ_0（融沉系数）的大小把多年冻土分为不融沉、弱融沉、融沉、强融沉、融陷5种融沉类别、5个融沉等级。

平均融化下沉系数 δ_0 可按下式计算：

$$\delta_0 = \frac{h_1 - h_2}{h_1} = \frac{e_1 - e_2}{1 + e_1} \times 100\%$$

式中：h_1、e_1——冻土试样融化前的高度（mm）和孔隙比；

　　　h_2、e_2——冻土试样融化后的高度（mm）和孔隙比。

三、多年冻土的不良地质现象

1. 伴随着冻结过程发生的冻土的不良地质现象

（1）冻胀。以冻胀丘（由于土中水分冻结造成的地表局部隆起，亦称为冰皋）和冻拔石为主要现象。

（2）厚层地下冰。在黏性土的多年冻土上限附近，常可遇见一层厚度不等的较纯的地下冰层。在山坡下部和一些负地形部位，地下冰层的厚度有时可达到几十厘米，甚至 2 ~ 3m。它们是在年复一年的冻结凝成冰过程中形成的。

（3）冰椎。冬季在河流水溪河床部位，由于水面封冻，过水断面减小形成阻塞压力，一旦压力大于冰层强度，河水便冲破冰层溢流于冰面形成河冰椎。若以地下水为水源，则形成泉冰椎。冰椎常常阻塞交通，危及行车安全，毁坏工程建筑物。

（4）寒冻石流。寒冻风化形成的碎石在斜坡上由于冻融过程中的重力和流水作用顺坡向下，形成寒冻石流。

（5）寒冻裂隙。在寒冬季节的低温作用下，土石表面的收缩应力大于土石的内聚强度，使其开裂。

2. 伴随融化过程发生的冻土的不良地质现象

（1）热融沉陷和热融湖塘。当厚层地下冰消融时，地表发生沉陷，形成垂直下陷的凹地的过程称为热融沉陷。当这些热融沉陷凹地被地表水或地下水注满时就形成了热融湖塘。

（2）热融滑塌。在有厚层地下冰分布的斜坡上，当坡脚处的地下冰在夏季暴露而发生融化时，其上覆融土及植被失去支撑而塌落，掩盖了坡脚及其两侧暴露的冰层，同时却暴露了上方的地下冰层，使它发生融化，产生新的塌落，如此反复滑塌，一直向斜坡上方发展，形成融冻滑塌。融冻滑塌体形成的稀泥物质常顺坡向下流动掩埋道路、壅塞桥涵，使路基湿软，危害其下方和坡上方建筑的稳定和安全。

（3）融冻泥流。缓坡上的细粒土，由于冻融作用而结构破坏，又因下伏冻土层阻隔，土中水分不能下渗，从而使土饱和甚至成为泥浆，沿层面顺坡向下蠕动，这种现象称为融冻泥流。它有表层泥流和深层泥流两种。表层泥流分布广、规模小、流动快；深层泥流以地下冰或多年冻土层为滑动面，长达几百米，宽几十米，移动速度缓慢。融冻泥流极大地威胁着其下方的工程设施及建筑物安全。

四、多年冻土的勘察评价要点

多年冻土勘察应根据多年冻土的设计原则、多年冻土的类型和特征进行。

多年冻土的设计原则有"保持冻结状态的设计"、"逐渐融化状态的设计"和"预先融化状态的设计"三种。不同的设计原则对勘察的要求是不同的。在多年冻土勘察中，多年冻土上限深度及其变化值，是各项工程设计的主要参数。影响上限深度及其变化的因素很多，如季节融化层的导热性能、气温及其变化，地表受日照和反射热的条件，多年地温等。确定多年冻土上限深度的方法主要有野外直接测定、用有关参数或经验方法计算两种途径。野外直接测定法是在最大融化深度的季节，通过勘探或实测地温，直接进行鉴定；在衔接的多年冻土地区，在非最大融化深度的季节进行勘探时，可根据地下冰的特征和位置判断上限深度。我国东北地区常用上限深度的统计资料或公式计算，或用融化速率推算；青藏高原常用外推法判断或用气温法、地温法计算。在我国青藏公路、铁路的工程实践中，对青藏高原多年冻土的勘察、地基处理、工程防治经验更多。

1. 运用工程地质测绘和调查查明的内容

多年冻土的分布范围、上限深度；多年冻土的类型、厚度、总含水量、构造特征，物理力学和热学性质；多年冻土层上水、层间水、层下水的赋存形式、相互关系及其对工程的影响；多年冻土的融沉性分级和季节融化层土的冻胀性分级；厚层地下冰、冰椎、冰丘、冻土沼泽，热融滑塌、热融湖塘、融冻泥流等不良地质作用的形态特征、形成条件、分布范围、发生发展规律及其对工程的危害程度。

2. 勘探点间距与深度应结合工程和地区的实际情况布置

（1）多年冻土地区勘探点间距，在满足《岩土工程勘察规范》（GB50021）

（2009版）中对各类岩土工程勘察基本要求的同时，应予以适当加密。特别是在初步勘察和详细勘察阶段要引起注意。

（2）勘探孔深度布置要满足下列要求：

对保持冻结状态设计的地基，不应小于基底以下2倍基础宽度，对桩基应超过桩端以下3～5m；对逐渐融化状态和预先融化状态设计的地基，应符合非冻土地基的要求；无论何种设计原则，勘探孔的深度均宜超过多年冻土上限深度的1.5倍；在多年冻土的不稳定地带，应查明多年冻土下限深度；当地基为饱冰冻土或含土冰层时，应穿透该层。

3. 多年冻土的勘探测试应满足的要求

（1）多年冻土地区钻探宜缩短施工时间，宜采用大口径低速钻进，终孔直径不宜小于108mm，必要时可采用低温泥浆，并避免在钻孔周围造成人工融区或孔内冻结。

（2）应分层测定地下水位。

（3）保持冻结状态设计地段的钻孔，孔内测温工作结束后应及时回填。

（4）取样的竖向间隔，除应满足规范相应要求外，在季节融化层还应适当加密，试样在采取、搬运、贮藏、试验过程中应避免融化。进行热物理的冻土力学试验的冻土试样，取出后应立即冷藏，尽快试验。

（5）试验项目除按常规要求外，尚应根据需要，进行总含水量、体积含冰量、相对含冰量、未冻水含量、冻结温度、导热系数、冻胀量、融化压缩等项目的试验；对盐渍化多年冻土和泥炭化多年冻土，尚应分别测定易溶盐含量和有机质含量。

（6）工程需要时，可建立地温观测点，进行地温观测；

（7）当需查明与冻土融化有关的不良地质作用时，调查工作宜在2月至5月进行；多年冻土上限深度的勘察时间宜在九十月。

4. 多年冻土岩土工程评价的主要内容

（1）查明多年冻土的物理力学性质、热物理性质、总含水量、冻胀分级、融沉等级和类型。

（2）确定多年冻土的地基承载力，应区别保持冻结地基和容许融化地基，结合当地经验用载荷试验或其他原位测试方法综合确定。具体可按下述方法确定多年冻土的承载力特征值：

①对安全等级为甲级的建筑物，应采用载荷试验或其他原位试验方法结合当地建筑经验综合确定；

②对于安全等级为乙级的建筑物，宜采用载荷试验或其他原位试验确定。当无

条件时，对保持冻结状态的地基，可根据冻土的物理力学性质和地温状态，按表6-16确定；对于允许融化的地基，应采用融化土地基的承载力特征值，按实测成果确定；

表6-16　多年冻土地基承载力特征值　　　　　单位：kPa

土的名称	基础底面的月平均最高气温（℃）				
	−0.5	−1.0	−1.5	−2.0	−3.5
（1）块石、卵石、碎石	600	950	1100	1250	1650
（2）圆砾、角砾、砾、粗砂、中砂	600	750	900	1050	1450
（3）细砂、粉砂	450	550	650	750	1000
（4）粉土	400	450	550	650	850
（5）黏性土	350	400	450	500	700
（6）饱冰冻土	250	300	350	400	550

③对安全等级为丙级的建筑物，可根据邻近建筑的经验确定。

（3）除次要工程外，建筑物宜避开饱冰冻土、含土冰层地段和冰椎、冰丘、热融湖、厚层地下冰、融区与多年冻土区之间的过渡带。宜选择坚硬岩层、少冰冻土和多冰冻土地段以及地下水位或冻土层上水位低的地段和地形平缓的高地。

5. 提出多年冻土地区的地基处理措施

多年冻土地区地基处理措施应根据建筑物的特点和冻土的性质选择适宜有效的方法。一般选择以下处理方法：

（1）保护冻结法。宜用于冻层较厚、多年地温较低和多年冻土相对稳定的地带，以及不采暖的建筑物和富冰冻土、饱冰冻土、含土冰层的采暖建筑物或按容许融化法处理有困难的建筑物。如我国青藏铁路穿越的多年冻土区，其冻胀、融沉是威胁青藏铁路路基稳定的最大问题。在以保护多年冻土，冷却路基的思路引导下，根据铁路线不同地段实际地质、气象、水文等条件，采取遮阳、改变地表面颜色等调控阳光辐射措施；铺设保温材料、热半导结构、热棒（桩）等调控热传导措施；采用通风管路基、抛石护坡、热虹吸管等调控对流措施，以实现对多年冻土的保护，保证铁路的安全畅通。

（2）容许融化法。宜用于地基总融陷量不超过地基容许变形值的少冰冻土或多冰冻土地基；容许融化法的预先融化宜用于冻土厚度较薄、多年地温较高、多年冻土不稳定的地带的富冰冻土、饱冰冻土和含土冰层地基，并可采用人工融化压密或挖除换填法进行处理。

第七节　混合土

混合土是主要由级配不连续的黏粒、粉粒和碎石粒（砾粒）组成的土。《岩土工程勘察规范》（GB 50021—2001）（2009版）对混合土的定义为：由细粒土和粗粒土混杂且缺乏中间粒径的土。

当碎石土中粒径小于0.075mm的细粒土质量超过总质量的25%时，应定名为粗粒混合土；当粉土或黏性土中粒径大于2mm的粗粒土质量超过总质量的25%时，应定名为细粒混合土。

混合土在颗粒级配累积曲线和颗粒级配分布曲线形态上呈现出不连续状。

一、混合土的成因

混合土的成因一般有冲积、洪积、坡积、冰碛、崩塌堆积、残积等。与工程建设联系比较密切的混合土主要是坡积、洪积、冰水沉积成因的土。

混合土在沿海及河流阶地多有分布。

二、混合土的工程特征

混合土成分复杂多变，颗粒粒径相差悬殊，土中含水量变化较大，力学性能不稳定，易分散。有些地区的混合土中还会发生较强的渗透变形破坏。

三、混合土的勘察评价要点

混合土大小颗粒混杂，布置勘探工作量时，应有一定数量的探井，以便直接观察并采取不扰动试样。圆锥动力触探和标准贯入试验对粗粒混合土是很好的勘探手段，但还应有一定数量的钻孔或探井配合。

混合土的勘察评价主要包括如下内容：

（1）查明地形和地貌特征，混合土的成因、分布，下卧土层或基岩的埋藏条件。

（2）查明混合土的组成、均匀性及其在水平方向和垂直方向上的变化规律。

（3）勘探点的间距和勘探孔的深度除应满足《岩土工程勘察规范》相应要求外，尚应适当加密加深。

（4）应有一定数量的探井，并应采取大体积土试样进行颗粒分析和物理力学性质测定。

（5）对粗粒混合土宜采用动力触探试验，并应有一定数量的钻孔或探井检验。

（6）现场载荷试验的承压板直径和现场直剪试验的剪切面直径都应大于试验土层最大粒径的5倍，载荷试验的承压板面积不应小于$0.5m^2$，直剪试验的剪切面面积不宜小于$0.25m^2$。

（7）混合土的承载力应采用载荷试验、动力触探试验并结合当地经验确定。

（8）混合土边坡的允许坡度值可根据现场调查和当地经验确定。对重要工程应进行专门试验研究。

（9）提出混合土地基的处理措施。

经验和专门研究表明：黏性土、粉土中的碎石组分的质量只有超过总质量的25%时，才能起到改善土的工程性质的作用；而在碎石土中，黏粒组分的质量大于总质量的25%时，则对碎石土的工程性质有明显的影响，特别是当含水量较大时。

混合土地基常采用的地基处理方法有：换土垫层，强夯，桩基。

第八节　盐渍（岩）土

盐渍（岩）土包括盐渍岩和盐渍土。盐渍（岩）土的判别条件为：①岩土中含石膏、芒硝、岩盐（主要是K、Na、Ca、Mg的氯化物、硫酸盐）、硼酸盐及K、Na的硝酸盐等易溶盐，其含量大于0.3%；②自然环境下具有溶陷、盐胀、腐蚀等工程特性。符合以上条件的岩土即称土。其中，盐渍岩是由含盐较高的天然水体（泻湖、孤海、盐湖等）通过蒸发作用产生的化学沉淀所形成的岩石；盐渍土是当地下水沿土层的毛细管升高至地表或接近地表，经蒸发作用水中盐分被析出并聚集于地表或地表以下土层中所成。

盐渍岩在我国主要分布于四川盆地、湘鄂西地区、云南和江西的红层盆地、江汉盆地、衡阳盆地、南阳盆地、东濮盆地、洛阳盆地等地区。盐渍岩一般见于湖相或深湖相沉积的中生界地层，如白垩系红色泥质粉砂岩、三叠系泥灰岩及页岩。

盐渍土的分布也较广泛。如我国西北青海、新疆、宁夏等省区的内陆湖泊区和沿海的滨海地区均分布有盐渍土。另外，在平原地带，由于河床淤积或灌溉等原因，也常使土壤盐碱化形成盐渍土。

一、盐渍（岩）土的分类

盐渍岩按主要含盐矿物成分可分为石膏盐渍岩、芒硝盐渍岩等。

盐渍土按含盐的化学成分和含盐量分类。

1. 盐渍土按含盐的化学成分分类

（1）氯盐类盐渍土。主要含NaCl、KCl、CaCl$_2$、MgCl$_2$等氯盐。这类土通常有明显的吸湿性，土中盐分易溶解，冰点低。

（2）硫酸盐类盐渍土。主要含Na$_2$SO$_4$、MgSO$_4$等硫酸盐。这类土由于所含的Na$_2$SO$_4$、MgSO$_4$在溶液中结晶时会结合水分子形成结晶水化合物（如Na$_2$SO$_4$·10H$_2$O、MgSO$_4$·7H$_2$O）而体积增大，但在一定湿度条件时会亦脱水形成无水分子的结晶化合物而体积减小，故有较明显的盐胀性。

（3）碳酸盐类盐渍土。主要含Na$_2$CO$_3$、NaHCO$_3$碳酸盐。土中碱性反应强烈，使黏土颗粒发生最大的分散，崩解性强，速度快，并具盐胀性。详见表6-17。

表6-17　盐渍土按含盐化学成分分类

盐渍土名称	$\dfrac{c(CL^-)}{2C(SO_4^{2-})}$	$\dfrac{2C(CO_3^{2-})+C(HO_3^-)}{C(CL^-)+2C(SO_4^{2-})}$
氯盐渍土	>2	—
亚氯盐渍土	2~1	—
亚硫酸盐渍土	1~0.3	—
硫酸盐渍土	<0.3	—
碱性盐渍土	—	>0.3

2. 盐渍土按含盐量分类

在大量工程实践中发现，当土中含盐量超过一定值时，土的工程性能就会发生改变。故为了便于解决工程问题，盐渍土按含盐量进行分类，见表6-18。

表6-18　盐渍土按含盐置分类

盐渍土名称	平均含盐量（%）		
	氯及亚氯盐	硫酸及亚硫酸盐	碱性盐
弱盐渍土	0.3~1.0	—	—
中盐渍土	1.0~5.0	0.3~2.0	0.3~1.0
强盐渍土	5.0~8.0	2.0~5.0	1.0~2.0
超盐渍土	>8.0	>5.0	>2.0

二、盐渍（岩）土的工程性质

1. 盐渍岩的工程特性

（1）整体性

盐渍岩多为易溶和中溶的化学沉积岩，在地下深处环境下具有整体结构，基本上不存在裂隙（若有裂隙也将为盐类沉淀所充填）并有较高的塑性变形性，不透水。

（2）易溶性

盐渍岩由于所含的各种盐类矿物具有强可溶性或相对高的可溶性，而呈现出易溶性，对工程建设构成潜在危害。如在石膏—硬石膏岩分布的地区，几乎都发育岩溶化现象，尤其是由于水工建筑物的运营，可能会在石膏岩中出现新的岩溶化洞穴，而引起地面塌陷或建筑基础的不均匀沉陷。

（3）膨胀性

硫酸盐类盐渍岩经过成岩脱水作用后形成硬石膏、无水芒硝、钙芒硝等，但在水的作用下具有吸水结晶膨胀性，从而会导致岩体的变形（如大范围形成肠状褶曲、小范围内底鼓等），使工程建筑破坏。

（4）腐蚀性

主要是硫酸盐类盐渍岩的固有特性。硫酸盐对混凝土的腐蚀机理主要在于进入水中的 SO_4^{2-}，通过毛细力作用进入混凝土中，与水泥中的 Ca^{2+} 形成 $CaSO_4 \cdot 2H_2O$，由于 $CaSO_4 \cdot 2H_2O$ 体积膨胀而使混凝土产生结构破坏；或 Na_2SO_4 溶液进入混凝土后，$NaSO_4 \cdot 10H_2O$ 的结晶膨胀（体积增加9.8倍）而使混凝土遭到强烈腐蚀。

2. 盐渍土的工程性质

（1）吸湿性

氯盐类盐渍土含较多的 Na^+，由于其水解半径大，水化膨胀力强，故在其周围可形成较厚的水化薄膜，使盐渍土具有较强的吸湿性和保水性。

（2）有害毛细水作用

盐渍土中有害毛细水上升能直接引起地基土的浸湿软化和次生盐渍化，从而使土的强度降低，产生盐胀、冻胀，危害工程设施。因此在盐渍土地区，控制地下水位，掌握有害毛细水上升高度是岩土工程问题之一。

（3）溶陷性

盐渍土浸水后，由于土中可溶盐的溶解，在土自重压力下产生沉陷的现象，称为盐渍土的溶陷性。盐渍土的溶陷性是用溶陷系数 δ 表示的。溶陷系数的测定有室内压缩试验和现场浸水载荷试验两种。

室内压缩试验。适用于土质较均匀、不含粗砾，能采取原状土试样的黏性土、粉土和含少量黏土的砂土。在一定压力P作用下测得下沉量，待下沉稳定后浸水，土体产生溶陷，并测出溶陷终止时的最终溶陷值，按下式计算溶陷系数δ。压力P的确定宜采用设计平均压力值，一般采用200kPa。

$$\delta = \frac{h_p - h'_p}{h_o}$$

式中：h_o——土试样的原始高度（mm）；

h_P——原状土试样加压力至P时，下沉稳定后的高度（mm）；

h'_p——上述加压稳定后的土试样，经浸水溶滤，下沉稳定后的高度（mm）。

现场浸水载荷试验。

该方法试验设备与一般载荷试验设备相同。承压板的面积一般为0.25m²。对浸水后软弱盐渍土，不应小于0.5m²，试验基坑宽度不小于承压板宽度的5倍。基坑底铺设5～10cm厚的砾砂层。试坑深度通常为基础埋深。

按载荷试验方法逐级加荷至预定压力P。每级加荷后，按规定时间进行观测，等沉降稳定后测得承压板沉降量。然后向基坑内均匀注水，保持水头高为0.3m，浸水时间根据土的渗透性确定，一般应达5～12d。观测承压板的沉降，直到沉降稳定，并测定相应的沉降值。

试验土层的平均溶陷系数δ按下式计算：

$$\delta = \frac{\Delta S}{h}$$

式中：ΔS——承压板压力为P时，浸水下沉稳定后所测得试验土层的溶陷量（mm）。

h——承压板下盐渍土湿润深度（可通过钻探取样与试验前含水量对比确定，也可用瑞利波波速法确定）（mm）。

按溶陷系数大小可以把盐渍土划分为溶陷性土和非溶陷性土。

当$\delta < 0.01$时，为非溶陷性土；

当$\delta \geq 0.01$时，为溶陷性土。

（4）腐蚀性

盐渍土及其地下水对建筑结构材料具有腐蚀性，腐蚀程度除与土、水中盐类成分及含量有关外，还与建筑结构所处的环境条件有关。

（5）盐胀性

当土中含有一定量的硫酸盐或碳酸盐时就会发生盐胀。

硫酸盐类盐渍土发生盐胀的主要原因是，当土中含水量、含盐量、温度达到某一条件时，土中的硫酸盐沉淀结晶，体积增大；当温度和含水量变化后，结晶盐又脱水，体积缩小，当含盐量＜2%时，盐胀产生的危害较小；当含盐量超过2%时，盐胀会对工程建筑产生较大危害。当含水量为18%～22%，温度为15℃～-6℃，含盐量超过2%时，盐胀值最大。

碳酸盐类盐渍土盐胀则是由于碳酸盐中含有的大量吸附性阳离子，遇水时与胶体颗粒相作用，在胶体颗粒周围形成结合水薄膜，减少了各颗粒间的黏聚力，使其互相分离，而引起土体盐胀变形。试验表明，当土中Na_2CO_3含量超过0.5%时，其盐胀量就显著增大。

盐渍土的盐胀性，对工程建设存在潜在危害，因此，在工程实践中对其盐胀性的评价是不可忽视的。

三、盐渍土溶陷性、盐胀性、腐蚀性评价

1. 盐渍土溶陷性评价

按中国石油天然气总公司标准《盐渍土地区建筑规定》计算地基分级溶陷量△和划分溶陷等级。

（1）地基分级溶陷量按下式计算：

$$\Delta = \sum_{i=1}^{n} \delta_i h_i$$

式中：δ_i——第 i 层土的溶陷系数；

h_i——第 i 层土的厚度（cm）；

n——基础底面（初勘自地面下 1.5m 算起）以下至 10m 深度范围内全部溶陷性盐渍土的层数。

（2）根据分级溶陷量划分盐渍土地基溶陷等级。按表6-19划分。

表6-19　盐渍土地基溶陷等级

溶陷等级	分级溶陷量△（cm）
Ⅰ	7＜△≤15
Ⅱ	15＜△≤40
Ⅲ	△＞40

2. 盐渍土盐胀性评价

通过盐渍土盐胀临界深度，评价盐渍土的盐胀性。

盐渍土盐胀临界深度是通过野外观测获得的。其方法是：在拟建场地自地面向下5m左右深度内，于不同深度处埋设测标，每日定时数次观测气温、各测标的盐胀量及相应深度处的地温变化，观测周期为1年。

四、盐渍（岩）土的勘察评价要点

1. 盐渍（岩）土工程地质调查的主要内容

（1）盐渍岩土的成因、分布和特点；

（2）含盐化学成分、含盐量及其在岩土中的分布；

（3）溶蚀洞穴发育程度和分布；

（4）气象和水文资料；

（5）地下水的类型、埋藏条件、水质、水位及其季节变化；

（6）植物生长状况；

（7）含石膏为主的盐渍岩石膏的水化深度，含芒硝较多的盐渍岩在隧道通过地段的地温情况；

（8）当地工程经验。

2. 盐渍（岩）土勘探测试工作量布置

（1）勘探工作量布置在符合相关规范规定的基础上，其勘探孔类型、勘探点间距和勘探深度均应以查明盐渍岩土分布特征、采取一定原状土试样等为主要前提。

（2）钻探采取（岩）土试样宜在干旱季节进行，对用于测定含盐离子的扰动土取样，宜符合表6-20。

表6-20　盐渍土扰动土试样取样要求

勘察阶段	深度范围（m）	取土试样间距（m）	取样孔占勘探孔总数的百分（%）
初步勘察	＜5	1.0	100
	5～10	2.0	50
	＞10	3.0～5.0	20
详细勘察	＜5	0.5	100
	5～10	1.0	50
	＞10	2.0～3.0	30

（3）工程需要时，应测定有害毛细水上升的高度。

（4）应根据盐渍土的岩性特征，选用载荷试验等适宜的原位测试方法，对于溶陷性盐渍土尚应进行浸水载荷试验确定其溶陷性。

（5）对盐胀性盐渍土宜现场测定有效盐胀厚度和总盐胀量，当土中硫酸钠含量不超过1%时，可不考虑盐胀性。

（6）除进行常规室内试验外，尚应进行溶陷性试验和化学成分分析，必要时可对岩土的结构进行纤维结构鉴定。

（7）溶陷性指标的测定可按湿陷性土的湿陷试验方法进行。

3．盐渍（岩）土工程评价的主要内容

（1）盐渍土的常规物理力学性质指标。

（2）岩土中含盐类型、含盐量以及主要含盐矿物对岩土工程特性的影响。

（3）岩土的溶陷性、盐胀性、腐蚀性和场地工程建设的适宜性。

（4）盐渍（岩）土地基的承载力特征值。

①盐渍土地基承载力特征值。由于盐渍土含盐性质及含盐量的不同，土的工程特性各异，地域性强，目前尚无土工试验指标与载荷试验参数建立的关系，所以载荷试验是获取盐渍土地基承载力的基本方法。如果采用其他原位测试方法，应与载荷试验结果进行对比后再确定。

②盐渍岩地基承载力特征值。可按《建筑地基基础设计规范》（GB 50007—2011）中软质岩石承载力特征值的小值确定（200 ~ 500kPa），并应考虑盐渍岩的水溶性影响。

（5）盐渍岩边坡的坡度宜比非盐渍岩的软质岩石边坡适当放缓，对软弱夹层、破碎带应部分或全部加以防护。

（6）盐渍（岩）土对建筑材料的腐蚀性评价应按水、土的腐蚀性评价进行。

4．提出盐渍（岩）土的工程防护和地基处理措施

（1）盐渍岩通常可采取以下工程防护措施：

①工程布置应尽量避开主要盐渍岩地层。

②对基础下蜂窝状溶蚀洞穴可采用抗硫酸盐水泥注浆。

③对各类建筑物基础，均应采用防腐蚀措施（如表面涂热沥青等），对地下水侵蚀渗出部位应采用抗硫酸盐水泥材料。

④设置排水措施、隔水设施和阻水帷幕，防止或消除大气降水、洪水、地下水及工业生活用水对盐渍岩的溶解作用，尤其是水工建筑物基础，采取严格防渗措施和排水措施是十分必要的。

⑤在盐渍岩尤其是膨胀性盐渍岩中地下开挖时，最重要的是要保持岩石的干燥，施工中禁止用水，开挖时要尽量减少对岩石的扰动，应全断面一次开挖，底板及边壁开挖后要及时喷射混凝土进行封闭。

（2）盐渍土一般采取以下地基处理措施：

①浸水预溶法。适用于土层厚度不大或渗透性较好的盐渍土。处理前需经现场试验确定浸水时间与预溶深度。

②强夯法。适用于地下水位以上，孔隙比较大的低塑性盐渍土。此方法可和浸水预溶法联合进行，可大幅度提高承载力。

③换土垫层。适用于处理溶陷性很高的分布范围不大的盐渍土。垫层宜用灰土或易夯实的非盐渍土。

④振冲法。适用于粉土及粉细砂层，地下水位较高的盐渍土地区。注意振冲时所用的水应采用场地内地下水或卤水，忌用一般淡水。

⑤物理化学处理方法（或称盐化处理）。主要适用于含盐量很高，土层较厚，其他方法难以处理，且地下水位较深的盐渍土地区。

第九节　风化岩与残积土

风化岩是指岩石在风化营力作用下，其结构、成分和性质已产生不同程度变异的岩石。残积土是岩石已经完全风化成土而未经搬运，是残留在原地的松散碎屑物，其矿物结晶颗粒、结构、构造均不易辨识。

一、风化岩与残积土分类

风化岩按其风化程度可划分为：全风化岩、强风化岩、中等风化岩、微风化岩四种。

硬质岩石风化而成的风化岩、残积土与由软质岩石风化而成的风化岩、残积土在波速及机械钻进过程方面有较大的差异。

花岗岩残积土可按大于2mm颗粒的含量分为砾质黏性土（＞20%）、砂质黏性土（≤20%）、黏性土（不含）。

由于岩体风化是一个复杂的地质作用过程，风化的程度、风化速度与当地气候条件、地质构造、地形地貌、水文地质条件等因素密切相关，所以，岩体风化壳的厚度、岩性特征及其风化形式在不同的地区、不同的地貌单元部位均有较大差异。风化岩的常见风化形式及特征见表6-21。

表 6-21　风化岩的常见风化形式及特征

风化形式	特征
面状风化	岩性、构造均匀地区，各处风化程度相似，风化壳底板大致与地面平行，主要指层状岩
带状风化	风化作用沿断裂带或某些易风化岩脉进行，风化岩呈带状分布
球状风化	三组及三组以上原生节理将岩体分割为岩块，原生节理相交的部位表面积最大，风化作用最集中，风化速度最快，岩块体的棱角逐步被圆化后呈现出"孤石"的状态。如花岗岩类岩石的球状风化
囊状风化	岩体的风化沿不同方向的断裂破碎带或节理裂隙带交汇处深入，形成宽度不大而深度较大的风化囊
夹层风化	软硬相间、抗风化能力相差悬殊的岩体中。风化岩呈层状夹于其他岩体中

二、风化岩与残积土的勘察评价要点

1. 风化岩和残积土勘察应重点查明的内容

（1）母岩地质年代和岩石名称；

（2）划分岩石的风化程度并查明不同风化程度带的埋深及厚度；

（3）岩脉和风化花岗岩中球状风化体（孤石）的分布；

（4）岩土的均匀性、破碎带及软弱夹层的分布；

（5）风化岩节理发育情况及其产状；

（6）地下水赋存条件。

2. 风化岩和残积土的勘探测试应符合的要求

（1）勘探点间距应取《岩土工程勘察规范》（GB50021—2001）（2009版）中对各类岩土工程勘察规定的最小值；

（2）勘探工作除钻探、物探外，必须有一定的井探和槽探工作量；

（3）宜在探井中刻取或用双重管、三重管采取试样，且每一风化带不应少于3组；

（4）宜采用原位测试与室内试验相结合，原位测试可采用圆锥动力触探、标准贯入试验、波速测试和载荷试验；

（5）室内试验除常规物理力学试验外，对相当于极软岩和极破碎的岩体，可按土工试验要求进行，对残积土，必要时应进行湿陷性和湿化试验；

（6）对花岗岩类残积土应测定其中细粒土的天然含水量、塑限、液限；

（7）区分风化岩与残积土。

主要是区分全风化岩和残积土。各类风化岩的野外特征会有差别，具体应在现场的经验基础上参考一些试验、测试指标划分。

以采用标准贯入试验、波速测试或采取土试样测定无侧限抗压强度几种方法为主。

3. 风化岩与残积土的岩土工程评价

主要包括风化岩与残积土的不均匀沉降评价和地基承载力特征值确定及边坡变形稳定问题评价。

（1）对于厚层的强风化和全风化岩石，宜结合当地经验进一步划分为碎块状、碎屑状和土状；厚层残积土可进一步划分为硬塑残积土和可塑残积土，也可根据含砾或含砂量划分为黏性土、砂质黏性土和砾质黏性土。

（2）确定物理力学性质指标。

（3）确定承载力特征值。

①对于地基基础设计等级为甲级建筑物和花岗岩类残积土的承载力特征值、变形模量应采用载荷试验确定。

②有成熟地方经验时，对地基基础设计等级为乙级、丙级的工程，可根据标准贯入试验（表6-22）等原位测试资料，结合当地经验综合确定。

（4）建在软硬互层或风化程度不同地基上的工程，应分析不均匀沉降对工程的影响。

表6-22　花岗岩类残积土承载力特征值f_{ak}　　　　单位：kPa

标贯击数N 土名称	4～10	10～15	15～20	20～30
砾质黏性土	（100）～250	250～300	300～350	350～400
砂质黏性土	（80）～200	200～250	250～300	300～350
黏性土	150～200	200～240	240～270	

（5）对岩脉和球状风化体（孤石），应分析评价其对地基（包括桩基）的影响。

4. 提出风化岩与残积土的地基处理措施

根据岩石类别、风化程度、工程性质对不同风化形式的风化岩采取具体的有效措施。如对较宽的全风化、强风化的侵入岩脉、球状风化体（囊状风化）可采用挖除、换土垫层压实、桩基等措施；对残积土可采用强夯、换土压实等措施。

花岗岩球状风化在我国华南、华中地区分布较广，对于花岗岩球状风化地基的处理，工程实践中积累的经验非常重要。在桩基设计时应尽量避免风化球体发育带；如果无法避开，应尽量避免误将弱风化球体视作基岩；在路基工程中，对于埋深较浅而块径较小的风化球体可以人工挖除，并填土压实，对于块径较大的可以考虑爆破清除，或者在其上布置砂垫层以扩大受力面积，减少风化球体的影响；在桥基工程中，也可采用人工挖除、爆破清除和布置砂垫层的方法，不可以将风化球体作为桩端持力层。

第十节　污染土

《岩土工程勘察规范》（GB 50021—2001）（2009版）对污染土的定义为：由于致污物质的侵入，使土的成分、结构和性质发生了显著变异的土。此定义只是基于岩土工程意义给出的，不包括环境评价的意义。对于污染土的定名可在原分类名称前冠以"污染"二字。目前，国内外对于污染土，特别是污染土在岩土工程方面的资料还比较分散。

一、污染土及污染土场地和地基的分类

1. 污染土按污染源的分类

（1）工业污染土。由工业生产的废水、废渣污染。因生产或储存中废水、废渣和油脂的泄漏，造成地下水和土中酸碱度的改变，重金属、油脂及其他有害物质含量增加，导致基础严重腐蚀，地基土的强度急剧降低或产生过大变形，影响建筑物的安全及正常使用，或对人体健康和生态环境造成严重影响。

（2）尾矿污染土。由尾矿堆积污染。主要体现在对地表水、地下水的污染以及周围土体的污染，与选矿方法、工艺及添加剂和堆存方式等密切相关。

（3）垃圾填埋场渗滤液污染土。由垃圾填埋场渗滤液的污染。因许多生活垃圾未能进行卫生填埋或卫生填埋不达标，生活垃圾的渗滤液污染土体和地下水，改变了原状土和地下水的性质，对周围环境也造成不良影响。

（4）核污染土。核污染土主要是核废料污染，因其具有特殊性，故实际工程中如遇核污染问题时，应按国家相关标准进行专题研究。

2. 污染土场地和地基的分类

（1）已受污染的已建场地和地基。对已受污染的已建场地和地基的勘察，主要针对污染土、水造成建筑物损坏的调查，是对污染土处理前的必要勘察，重点调查污染土强度和变形参数的变化、污染土和地下水对基础腐蚀程度等。此种类型的勘

察目前涉及最多。

（2）已受污染的拟建场地和地基。对已受污染的拟建场地和地基的勘察，则在初步查明污染土和地下水空间分布特点的基础上，重点结合拟建建筑物基础形式及可能采用的处理措施，进行针对性勘察和评价。

（3）可能受污染的已建场地和地基。对可能受污染的已建场地和地基的勘察，则重点调查污染源和污染物质的分布、污染途径，判定土、水可能受污染的程度，为已建工程的污染预防和拟建工程的设计措施提供依据。

（4）可能受污染的拟建场地和地基。此种类型目前涉及极少。

二、污染土场地和地基的岩土工程勘察

不同类型的污染土场地和地基的勘察要求、评价内容、勘察重点有所不同。目前国内尚不具有污染土勘察的专用设备和手段，还只能采用一般常用技术手段进行勘察。具体应根据污染土场地和地基的类型、工程特点、设计要求选择适宜的勘察手段，其中现场调查和钻探（或坑探）取样分析是必要手段。根据国外文献资料，多功能静力触探在环境岩土工程中应用已较为广泛。需要时，也可采用地球物理勘探方法（如电阻率法、电磁法等），配合钻探和其他原位测试，查明污染土的分布。

勘察要点如下：

（1）以现场调查为主。因人类活动所致的地基土污染一般在地表下一定深度范围内分布，部分地区地下潜水位高，地基土和地下水同时污染。因此在具体工程勘察时，污染土和地下水的调查应同步进行。

①对工业污染应着重调查污染源、污染史、污染途径、污染物成分、污染场地已有建筑物受影响程度、周边环境等。

②对尾矿污染应重点调查不同的矿物种类和化学成分，了解选矿所采用工艺、添加剂及其化学性质和成分等。

③对垃圾填埋场应着重调查垃圾成分、日处理量、堆积容量、使用年限、防渗结构、变形要求及周边环境等。

（2）采用钻探（或坑探）采取土试样，现场观察污染土颜色、状态、气味和外观结构等，并与正常土比较，查明污染土分布范围和深度。

（3）对直接接触试验样品的取样设备应严格保持清洁，每次取样后均应用清洁水冲洗后再进行下一个样品的采取；对易分解或易挥发等不稳定组分的样品，装样时应尽量减少土样与空气的接触时间，防止挥发性物质流失并防止发生氧化；土样采集后宜采取适宜的保存方法并在规定时间内运送试验室。

（4）对需要确定地基土工程性能的污染土，宜采用以原位测试为主的多种手段；当需要确定污染土地基承载力时，宜进行载荷试验。

（5）对污染土的勘探测试，当污染物对人体健康有害或对机具仪器有腐蚀性时，应采取必要的防护措施。

（6）拟建场地污染土勘察宜分为初步勘察和详细勘察两个阶段。条件简单时，可直接进行详细勘察。

①初步勘察应以现场调查为主，配合少量勘探测试，查明污染源性质、污染途径，并初步查明污染土分布和污染程度；

②详细勘察应在初步勘察的基础上，结合工程特点、可能采用的处理措施，有针对性地布置勘察工作量，查明污染土的分布范围、污染程度、物理力学和化学指标，为污染土处理提供参数。

（7）勘探测试工作量的布置应结合污染源和污染途径的分布进行，近污染源处勘探点间距宜密，远污染源处勘探点间距宜疏。为查明污染土分布的勘探孔深度应穿透污染土。详细勘察时，采取污染土试样的间距应根据其厚度及可能采取的处理措施等综合确定。确定污染土与非污染土界限时，取土间距不宜大于1m。

（8）有地下水的勘探孔应采取不同深度地下水试样，查明污染物在地下水中的空间分布。同一钻孔内采取不同深度的地下水试样时，应采用严格的隔离措施，防止因采取混合水样而影响判别结论。

（9）污染土对环境影响程度的评价需根据相关标准进行大量的室内试验。所以，污染土和水的室内试验，应根据污染情况和任务要求进行下列试验：

污染土和水的化学成分；污染土的物理力学性质；对建筑材料腐蚀性的评价指标；对环境影响的评价指标；力学试验项目和试验方法应充分考虑污染土的特殊性质，进行相应的试验，如膨胀、湿化、湿陷性试验等；必要时进行专门的试验研究。

三、污染土的岩土工程评价

对污染土的评价，应根据污染土的物理、水理和力学性质，综合原位和室内试验结果，进行系统分析，用综合分析方法评价场地稳定性和地基适宜性。重点在污染土对建筑材料的腐蚀性评价、污染对土的工程特性指标的影响程度评价以及污染土对环境的影响程度评价。在基岩地区，岩体裂隙和不良地质作用要重点评价。如有些垃圾填埋场建在山谷中，垃圾渗滤液是否沿岩体裂隙特别是构造裂隙扩散或岩体滑坡导致污染扩散等；在松软土地区，渗透性、土的力学性（强度和变形）评价则相对重要。此外，评价宜针对可能采用的处理方法突出重点，如挖除法处理，则主要查明污染土的分布范围；对需要提供污染土承载力的地基土，则其力学性质（强度和变形参数）评价应作为重点；对污染源未隔离或隔离效果差的场地，污染发展趋势的预测评价则是重点。

岩土工程评价的要点如下：

（1）对污染土场地和建筑物地基的评价应符合下列要求：

污染源的位置、成分、性质、污染史及对周边的影响；污染土分布的平面范围和深度、地下水受污染的空间范围；污染土的物理力学性质，污染对土的工程特性指标的影响程度；工程需要时，提供地基承载力和变形参数，预测地基变形特征；污染土和水对建筑材料的腐蚀性；污染土和水对环境的影响；分析污染发展趋势；对已建项目的危害性或拟建项目适宜性的综合评价。

（2）污染土和水对建筑材料的腐蚀性评价和腐蚀等级的划分。

（3）污染对土的工程特性的影响程度，可按表6-23划分。根据工程具体情况，可采用强度、变形、渗透等工程特性指标进行综合评价。

表6-23　污染对土的工程特性的影响程度

影响程度	轻微	中等	大
工程特性指标变化率（%）	< 10	10 ~ 30	> 30

（4）污染土和水对环境影响的评价应结合工程具体要求进行，无明确要求时可按现行国家标准《土壤环境质量标准》（GB 15618）、《地下水质量标准》（GB/T 1 4848）和《地表水环境质量标准》（GB 3838）进行评价。

（5）污染土的处置与修复应根据污染程度、分布范围、土的性质、修复标准、处理工期和处理成本等综合考虑。

目前工程界处理污染土的方法有：隔离法、挖除换垫法、酸碱中和法、水稀释减低污染程度以及采用抗腐蚀的建筑材料等。

总体要求是快速处理、成本控制、确保安全。需要注意的是污染土在外运处置时要防止二次污染的发生。

国外环境修复工程案例较多，修复方法包括物理方法（换土、过滤、隔离、电处理）、化学方法（酸碱中和、氧化还原、加热分解）和生物方法（微生物、植物），其中部分简单修复方法与目前我国工程界处理方法类同。生物修复历时较长，修复费用较高。仅从环境角度考虑修复方法时，不关注土体结构是否破坏，强度是否降低等岩土工程问题。

第七章 不良地质作用和地质灾害的岩土工程勘察与评价

自然因素产生的不良地质作用和人为因素产生的一些工程地质问题及环境地质问题是影响工程建设场地稳定性的主要原因。因此，对工程建设场地及其周围进行不良地质作用和地质灾害的勘察评价是岩土工程勘察的重要内容。

第一节 岩溶

地下水和地表水对可溶性岩石的破坏和改造作用及其所产生的地貌现象和水文地质现象总称岩溶，国际上称为喀斯特（karst）。

岩溶作用在地表和地下产生各种地貌形态，如石芽、溶沟、溶孔、溶隙、落水洞、漏斗、洼地、溶盆、溶原、峰林、孤峰、溶丘、干谷、溶洞、地下湖、暗河及各种洞穴堆积物。岩溶作用形成特殊的水文地质现象，如冲沟很少，地表水系不发育；岩溶化岩体（是溶隙—溶孔并存或管道—溶隙网—溶孔并存）的高度非均质性，岩体的透水性增大，常构成良好的含水层，其中含有丰富的地下水（岩溶水）；岩溶水空间分布极不均匀，动态变化大，流态复杂多变；岩溶区地下水与地表水转化敏捷；岩溶区地下水的埋深一般较大，山区地下水分水岭与地表分水岭常不一致等。所以在岩溶地区，岩溶与工程建设关系十分密切，岩溶突水、岩溶渗漏、岩溶地面塌陷等工程地质问题以及干旱与洪涝、土壤贫瘠、石漠化等环境地质问题均十分突出，岩溶区的岩土工程勘察与评价意义更为重大。

我国岩溶分布面积占国土总面积的1/5，其中裸露于地表的约占国土总面积的1/7，形成岩溶的可溶盐以碳酸盐岩为主，分布区涉及西南、华南、华东、华北等地区以及西部的西藏、新疆等省区。在四川、贵州、云南、广西、湖南、湖北诸省区呈连续大面积分布。

一、岩溶类型

岩溶形成必须同时具备的3个条件是：①具有可溶性岩层；②具有溶蚀性水（含有CO_2的地表水和地下水）；③具有良好的水循环交替条件。由此可见，岩溶的形成、发育及发展是一个复杂的、漫长的地质作用过程，与岩溶发育关系密切的岩性、气候、地形地貌、地质构造、新构造运动的差异会形成不同形态和类型的岩溶。

通常，按气候条件、形成时代、形态特征、埋藏条件、可溶岩岩性、水文地质条件等可以对岩溶作出分类。由于岩溶形态多样，可直观分为地表岩溶形态类型和地下岩溶形态类型。其中，地表岩溶形态包括：溶沟、石芽、石林、峰丛、孤峰、干谷、盲谷、溶蚀洼地、溶蚀准平原等；地下岩溶形态包括：溶蚀漏斗、落水洞、落井、溶洞、暗河、地下湖、溶隙、溶孔等。表7-1为依据岩溶埋藏条件、形成时代、区域气候条件进行的岩溶基本分类，其中的裸露型和覆盖型岩溶直接关系到各种工程建设的地基稳定性。

表7-1 岩溶基本类型表

划分依据	基本类型	主要特征
埋藏条件	裸露型	碳酸盐岩层大部分裸露地表，仅低洼地带有零星的第四系堆积物覆盖层，地表岩溶景观显露，地表水同地下水连通密切
	覆盖型	碳酸盐岩层被第四系堆积物覆盖，地表岩溶景观极少或无显露，地表水同地下水连通较密切或不密切
	埋藏型	碳酸盐岩层被不可溶岩层（如砂岩、页岩等）覆盖，地表无岩溶景观，地表水同地下水连通不密切
形成时代	古岩溶	岩溶形成于中生代及中生代以前，溶蚀凹槽和溶洞中常填有新生代以前沉积的岩石
	近代岩溶	岩溶形成和发育于新生代以来。溶槽和洞隙呈空洞状或填充第三系、第四系的沉积物
区域气候	寒带型	地表和地下岩溶发育强度均弱，岩溶规模较小
	温带型	地表岩溶发育强度较弱，规模较小，地下岩溶较发育
	亚热带型	地表岩溶发育，规模较大、分布较广，地下溶洞、暗河较常见
	热带型	地表岩溶发育强烈，规模大，分布广，地下溶洞、暗河常见

二、土洞与岩溶地面塌陷

在覆盖型岩溶区，由于水动力条件的变化，常在上覆土层（主要为红黏土）中形成土洞，而土洞的存在是威胁已建和拟建的工程建筑地基稳定的潜在因素。有时在土洞形成过程中，因上覆土层厚度较薄，不可能在土层中形成天然平衡拱，洞顶垮落不断向上发展，以至达到地表，引起突然塌陷，形成不同规模的陷坑和裂缝，即岩溶地面塌陷。岩溶地面塌陷在自然条件下亦可发生，其规模及发展速度较慢，分布也较零星，对人类工程及经济活动的影响不大。但是，当人类工程活动对自然地质环境的改变十分显著和剧烈时，就会在一定的条件下和地点发生突然性的岩溶地面塌陷地质灾害。如城市、工矿部门的供水需要开采大量地下水，各种矿产的开采需要排水，都会大幅度地降低地下水位，形成地下水下降漏斗，在地下水降落漏斗中心，地下水埋深可达数十米至数百米，在漏斗波及范围内及其附近，可导致岩溶地面塌陷，引起铁路、公路、桥梁、水气管道、高压线路的破坏，使工业与民用建筑物等开裂、歪斜、倒塌，破坏农田，甚至造成人身安全事故。有时由于地面开裂，河水、池塘水灌入并淹没矿坑。随着城市建设规模的增加，城市高层和超高层建筑的发展也会引起岩溶地面塌陷。

根据我国大量的岩溶地面塌陷实例分析，岩溶地面塌陷的分布具有以下特征：

（1）地面塌陷在裸露型岩溶区极为少见，主要分布在覆盖型岩溶区。当松散覆盖层的厚度较小时，岩溶地面塌陷严重。一般来说，当第四系覆盖层厚度小于10m时，岩溶地面塌陷严重；当第四系覆盖层厚度大于30m时，塌陷极少。

（2）地面塌陷多发生在岩溶发育强烈的地区，如在断裂带附近、褶皱核部、硫化矿床带、矿体与碳酸盐岩接触部位等。

（3）在抽、排地下水的降落漏斗中心附近，地面塌陷最为密集。

（4）地面塌陷常沿地下水的主要径流方向分布。

（5）在接近地下水的排泄区，因地下水位变化受河水位的变化影响频繁而强烈，故岩溶地面塌陷亦较强烈。

（6）在地形低洼及河谷两岸平缓处易于发生岩溶地面塌陷。

三、岩溶场地勘察要点

岩溶勘察宜采用工程地质测绘和调查、工程物探、钻探等多种手段结合的方法进行。

1. 岩溶勘察的主要内容

《岩土工程勘察规范》（GB 50021）（2009版）规定：拟建工程场地或其附近存在对工程安全有影响的岩溶时，应进行岩溶勘察。岩溶场地的岩土工程勘察应按岩土工程勘察等级分阶段进行勘察评价，各勘察阶段的主要内容如下：

（1）可行性研究勘察。应查明岩溶洞隙、土洞的发育条件，并对其危害程度和发展趋势作出判断，对场地的稳定性和工程建设的适宜性作出初步评价。

（2）初步勘察。应查明岩溶洞隙及其伴生土洞、塌陷的分布、发育程度和发育规律，并按场地的稳定性和拟建工程适宜性进行分区。

（3）详细勘察。应查明拟建工程范围及有影响地段的各种岩溶洞隙和土洞的位置、规模、埋深、岩溶堆填物性状和地下水特征，对地基基础的设计和岩溶的治理提出建议。

（4）施工勘察。应针对某一地段或尚待查明的专门问题进行补充勘察。当采用大直径嵌岩桩时，尚应进行专门的桩基勘察。

2. 在岩溶发育的下列部位宜查明土洞和土洞群的位置

（1）土层较薄、土中裂隙及其下岩体洞隙发育部位；

（2）岩面张开裂隙发育，石芽或外露的岩体与土体交接部位；

（3）两组构造裂隙交汇或宽大裂隙带；

（4）隐伏溶沟、溶槽、漏斗等，其上有软弱土分布的负岩面地段；

（5）地下水强烈活动于岩土交界面的地段和大幅度人工降水地段；

（6）低洼地段和地面水体近旁。

3. 采取有效勘察方法，合理布置勘探工作量

根据勘察阶段、岩溶发育特征、工程等级、荷载大小等综合确定。

（1）在可行性研究和初步勘察阶段以采用工程地质测绘、综合物探方法为主，勘探点间距不应小于一般性规定，岩溶发育地段应予加密。在测绘和物探发现异常的地段，应选择有代表性的部位布置验证性钻孔。控制性钻孔的深度应穿过表层岩溶发育带。

在可行性研究和初步勘察阶段，工程地质测绘和调查应重点调查以下内容：

岩溶洞隙的分布、形态和发育规律；岩面起伏、形态和覆盖层厚度；地下水赋存条件、水位变化和运动规律；岩溶发育与地貌、构造、岩性、地下水的关系；土洞和塌陷的分布、形态和发育规律；土洞和塌陷的成因及其发展趋势；当地治理岩溶、土洞和塌陷的经验。

（2）在详细勘察阶段，以工程物探、钻探、井下电视、波速测试等方法为主，并采用多种方法判定异常地段及其性质。其勘探线应沿建筑物轴线布置，勘探点间距视地基复杂程度等级，对一级、二级、三级分别取 10～15m、15～30m、30～50m。对建筑物基础以下和近旁的物探异常点或基础顶面荷载大于2000kN的独立基础，均应布置验证性勘探孔；当发现有危及工程安全的洞体时，应采取加密钻孔或无线电波透视、井下电视、波速测试等措施。必要时可采取顶板及洞内堆填物的岩

土试样，测定其工程地质性质指标。

此阶段勘探工作应符合下列规定：

当基底土层厚度不足时，应根据荷载情况，将部分或全部勘探孔钻入基岩；当预定深度内有洞体存在，且可能影响地基稳定时，应钻入洞底基岩面不少于2m，必要时应圈定洞体范围；对一柱一桩的基础，宜逐柱布置勘探孔；在土洞和塌陷发育地段，可采用静力触探、轻型动力触探、小口径钻头等手段，详细查明其分布情况；当需查明断层、岩组分界、洞隙和土洞形态、塌陷等情况时，应布置适当的探槽或探井；物探应根据物性条件采用有效方法，对异常点采用钻探验证，当发现或可能存在危害工程的洞体时，应加密勘探点；凡人员可以进入的洞体，均应入洞勘查，人员不能进入的洞体，宜用井下电视等手段探测。

（3）施工勘察工作量应根据岩溶地基设计和施工要求布置。在土洞、塌陷地段，可在已开挖的基槽内布置触探或钎探。对重要或荷载较大的工程，可在槽底采用小口径钻探，进行检测。对大直径嵌岩桩，勘探点应逐桩布置，勘探深度应不小于桩底面以下桩径的3倍并不应小于5m，当相邻桩底的基岩面起伏较大时应适当加深。

4. 岩溶勘察的测试和观测宜符合的要求

（1）当追索隐伏洞隙的联系时，可进行连通试验。

（2）评价洞隙稳定性时，可采取洞体顶板岩样及充填物土样作物理力学性质试验，必要时可进行现场顶板岩体的载荷试验。

（3）当需查明土的性状与土洞形成的关系时，可进行湿化、胀缩、可溶性和剪切试验。

（4）查明地下水动力条件、潜蚀作用，地表水与地下水的联系，预测土洞和塌陷的发生、发展时，可进行流速、流向测定和水位、水质的长期观测。

四、岩溶场地稳定性评价

1. 岩溶场地稳定性判定

（1）当场地存在下列情况之一时，可判定为未经处理不宜作为地基的不利地段。

浅层洞体或溶洞群，洞径大，且不稳定地段；埋藏的漏斗、槽谷等，并覆盖有软弱土体的地段；土洞或塌陷成群发育地段；岩溶水排泄不畅，可能暂时淹没的地段。

（2）当地基属于下列条件之一时，对二级和三级工程可不考虑岩溶稳定性的不利影响。

①基础底面以下土层厚度大于独立基础宽度的3倍或条形基础宽度的6倍，且不

具备形成土洞或其他地面变形的条件；

②基础底面与洞体顶板间岩土厚度虽小于独立基础宽度的3倍或条形基础宽度的6倍，但符合下列条件之一时：

洞隙或岩溶漏斗被密实的堆积物填满且无被水冲蚀的可能；洞体为基本质量等级为Ⅰ级或Ⅱ级岩体，顶板岩层厚度大于或等于洞跨；洞体较小，基础底面大于洞的平面尺寸，并有足够的支承长度；宽度或直径小于1.0m的竖向洞隙、落水洞近旁地段。

（3）当不符合前述（2）条件时，应进行洞体地基稳定性分析，并应符合下列规定：

顶板不稳定，但洞内为密实堆积物充填且无流水活动时，可认为堆积物受力，按不均匀地基进行评价；当能取得计算参数时，可将洞体顶板视为结构自承重体系进行力学分析；有工程经验的地区，可按类比法进行稳定评价；在基础近旁有裂隙和临空面时，应验算向临空面倾覆或沿裂面滑移的可能；当地基为石膏、岩盐等易溶岩时，应考虑溶蚀继续作用的不利影响；对不稳定的岩溶洞隙可建议采用地基处理或桩基础。

2. 岩溶地基稳定性半定量评价

岩溶地基稳定性评价由于受条件限制，主要以半定量评价为主。

（1）裸露型岩溶地基。

对于裸露型岩溶地基，溶洞的顶板稳定性与地层岩性、不连续面的空间分布及其组合特征、顶板厚度、溶洞形态和大小、洞内充填物质情况、地下水运动及建筑物荷载大小、性质等有关。常用的几种半定量评价方法介绍如下：

①荷载传递交汇法。在剖面上从基础边缘沿30°～45°扩散角向下作应力传递，若溶洞位于该传递所确定的扩散范围以外，即认为溶洞不会危及建筑物的安全，此岩溶地基属稳定。

②溶洞顶板坍塌堵塞法。按顶板坍塌后，塌落体较原岩体有一定膨胀的原理，估算塌落体填满原溶洞空间所需顶板塌落的高度。该方法适用条件是：顶板有坍塌的可能（如顶板为裂隙发育，特别是薄层、中厚层、易风化的软弱岩层）；已掌握了溶洞的原最大高度；溶洞内无地下水搬运。

溶洞坍塌的高度按下式计算：

$$z = \frac{H_0}{K-1}$$

式中：Z——塌落体填满原溶洞空间所需顶板塌落的高度（m）；

H_0——溶洞塌落前的最大高度（m）；

K——岩石的松胀系数，对于碳酸盐岩，K=1.2。

若溶洞顶板的实际厚度大于计算的z值，则认为此溶洞地基安全。

③塌落拱理论分析法。假定岩体为一均匀介质，溶洞顶板岩体自然塌落后呈一平衡拱，拱上部的岩体自重及外荷载由该平衡拱承担。当溶洞顶板厚度大于等于平衡拱高度加上上部荷载作用所需的岩体厚度时，溶洞地基才是安全稳定的。此方法适用于高度大于宽度的竖直溶洞。

塌落平衡拱的高度H按下式计算：

$$H = \frac{0.5d + h_0 \tan(90° - \phi)}{f}$$

式中：b、h_0——溶洞跨度（宽度）和高度；

ϕ——岩体的内摩擦角；

f岩石的坚实系数，可查有关表格或计算获得。

除以上方法外，对于裸露型岩溶地基，还可按梁板受力弯矩情况估算、用弹性力学有限单元分析模拟等方法评价其稳定性。

（2）覆盖型岩溶地基。

覆盖型岩溶地基的评价，需同时考虑土洞的规模、形状和土洞地基上部建筑物的荷载情况。一般按下述方法进行半定量评价。

对于特定的建筑物荷载，处于极限状态的上覆土层厚度H_K可用下式表达：

$$H_K = h + Z + D$$

式中：H_K——处于极限状态的上覆土层的厚度；

h ——土洞的高度；

Z ——基础底板以下建筑荷载的有效影响深度；

D ——基础砌置深度。

当土层实际厚度$H > H_K$时，地基稳定；

当土层实际厚度$H < H_K$时，地基不稳定。可分两种情况：

如果土洞已经形成，然后在其上进行建筑，土洞处于建筑物的有效影响深度范围内，这样将使处于平衡状态的土洞发生新的坍塌，从而影响地基稳定；若土洞形成于建筑物兴建之后，已经处于稳定状态的地基，则会在土洞的影响下，导致地基沉降而使建筑物地基失稳。

当土层实际厚度$H < h$时，仅土洞的发展就可导致地面塌陷。

五、岩溶场地的工程防治措施

（1）重要建筑物宜避开岩溶强烈发育区。

（2）当地基含石膏、岩盐等易溶岩时，应考虑溶蚀继续作用的不利影响。

（3）不稳定的岩溶洞隙应以地基处理为主，并根据岩溶洞隙的形态、大小及埋深，采取清爆换填、浅层楔状填塞、洞底支撑、梁板跨越、调整柱距等处理方法。

（4）岩溶水的处理宜以输导为主，但为了防止引发地面塌陷，有时采用堵塞的方法。

（5）在未经有效处理的隐伏土洞或地面塌陷影响范围内，不应选作天然地基；对土洞和塌陷，宜采用地表截流、防渗堵漏、挖填灌堵岩溶通道、通气降压等方法进行处理，同时采用梁板跨越；对重要建筑物应采用桩基或墩基，并应优先采用大直径墩基或嵌岩桩。

第二节　滑坡

滑坡是斜坡失稳的主要形式之一。无论是岩质斜坡，还是土质斜坡，由于受到地层岩性、水的作用、地震及人类工程活动等因素影响，坡体沿贯通的剪切破坏面或带，以一定加速度下滑，对工程建筑及生命财产造成极大危害。滑坡发生的主要特点是必备临空面和滑动面。

一、滑坡分类

为了便于分析和研究滑坡的影响因素、发生原因以及滑坡的发生、发展、演化规律，并有效地进行预防和治理，对滑坡进行分类是非常必要的。

实际工程中，按岩土体类型、滑面与岩层层面关系、滑面形态、滑坡体厚度以及滑坡始滑部位分类最为常见。

二、滑坡勘察要点

拟建工程场地或其附近存在对工程安全有影响的滑坡或有滑坡可能时，应进行专门的滑坡勘察。

滑坡岩土工程勘察的主要目的和任务是查明滑坡的范围、规模、地质背景、性质及其危害程度，分析滑坡的主、次条件和滑坡原因，并判断其稳定程度，预测其发展趋势和提出预防与治理方案建议。所以，在滑坡勘察中，勘察要点主要包括以下内容。

1. 滑坡勘察阶段划分

滑坡勘察阶段划分不一定与具体工程的设计阶段完全一致，而是要看滑坡的规模、性质对拟建工程的可能危害潜势。例如，有的滑坡规模大，对拟建工程影响严重，即使为初步设计阶段，对滑坡也要进行详细勘察，以免出现由于滑坡问题否定场址，造成浪费。

2. 滑坡勘察的工程地质测绘和调查

滑坡勘察应进行工程地质测绘和调查，调查范围应包括滑坡及其邻近地段。比例尺可选用1：200 ～ 1：1000。用于整治设计时，比例尺应选用1：200 ～ 1：500。滑坡区工程地质测绘和调查的主要内容如下：

搜集地质、水文、气象、地震和人类活动等相关资料；调查滑坡的形态要素和演化过程，圈定滑坡周界；调查地表水、地下水、泉和湿地等的分布；调查树木的异态、工程设施的变形等；调查当地整治滑坡的经验。

对滑坡的重点部位应摄影和录像。

3. 滑坡勘察的勘探工作量布置

滑坡勘察中以钻探、触探、坑探（包括井探、槽探、洞探）和物探为主，其工作量布置应根据工程地质条件、地下水情况和滑坡形态确定，并应符合下列要求。

（1）勘探线、勘探孔的布置应根据组成滑坡体的岩土种类、性质和成因，滑动面的分布、位置和层数，滑动带的物质组成和厚度，滑动方向，滑带的起伏及地下水等情况综合确定。除沿主滑方向布置勘探线外，在其两侧及滑坡体外也应布置一定数量的勘探孔。勘探孔的间距不宜大于40m，在滑坡体转折处和预计采取工程措施（如设置地下排水和支挡设施）的地段，也应布置勘探点。

（2）勘探孔的深度应穿过最下一层滑面，进入稳定地层，控制性勘探孔的深度应深入稳定地层一定深度，满足滑坡治理需要。

（3）滑坡勘探工作的重点如下：

查明滑坡面（带）的位置；查明各层地下水的位置、流向和性质；在滑坡体、滑坡面（带）和稳定地层中采取土试样进行试验。

4. 确定滑坡滑动面位置

对工程地质测绘和调查及其他勘探成果进行综合分析，确定可靠的滑坡滑动面位置及其形态。

（1）直接连线法。根据工程地质测绘确定的前后缘位置和勘探获得的软弱结构面及地下水位（一般初见水位在软弱面之上）相连线即是滑坡滑动面位置及其形态。

这种方法在顺层滑坡中被广泛应用。

（2）综合分析法。比较复杂的滑坡，如切层滑坡、风化带中的滑坡，其滑面深度及其形态都较复杂，难以确定，这就需用工程地质测绘和调查、滑坡动态观测、工程物探、钻探等勘察技术方法获取的地质、水文地质、工程地质等方面资料进行综合分析确定。

5. 滑动面（带）岩土抗剪强度的确定

确定滑坡滑动面（带）岩土抗剪强度。主要采用试验方法确定，也可采用反分析方法检验滑动面抗剪强度指标。

当采用试验方法确定滑动面岩土抗剪强度时，其试验应满足如下要求：

（1）采用室内、野外滑面重合剪，滑带宜作重塑土或原状土的多次剪试验，并求出多次剪和残余剪的抗剪强度。

（2）采用与滑动受力条件相似的方法（快剪、饱和快剪或固结快剪）。

（3）采用反分析方法检验滑动面的抗剪强度指标。并应符合以下要求：

①采用滑动后实测的主滑断面进行计算；

②对正在滑动的滑坡，其稳定系数兄可取0.95～1.00；对处于暂时稳定的滑坡，稳定系数F_s可取1.00～1.05。

③宜根据抗剪强度的试验结果及经验数据，给定黏聚力C或内摩擦角ϕ值，反求另一值。反分析时，当滑动面上下土层以黏性土为主时，可以假定ϕ值，反求C值，当滑动面上下土层为砂土或碎石土时，可假定C值，反求ϕ值，这样比较容易判断反求的C或ϕ值的合理性和正确性。

三、滑坡稳定性计算

滑坡稳定性计算是滑坡稳定性评价的基础。滑坡稳定性计算应符合下列要求：

（1）正确选择有代表性的分析断面，正确划分牵引段、主滑段和抗滑段；

（2）正确选择强度指标，宜根据测试成果、反分析和当地经验综合确定；

（3）有地下水时，应计入浮托力和水压力；

（4）根据滑面（带）条件，按平面、圆弧或折线，选用正确的计算模型；

（5）当有局部滑动可能时，除验算整体稳定外，尚应验算局部稳定；

（6）当有地震、冲刷、人类活动等影响因素时，应计入这些因素对稳定的影响。

在滑坡稳定性计算中，极限平衡理论计算方法、有限元数值模拟法、概率法等已经取得了很多有价值的计算成果，并已成功地应用于滑坡的整治工程。

四、滑坡稳定性评价

滑坡稳定性评价采用综合评价法。应根据滑坡的规模、主导因素、滑坡前兆、滑坡区的工程地质和水文地质条件，以及稳定性验算结果进行，并应分析滑坡发展趋势和危害程度，提出治理方案的建议。

（1）滑坡稳定性综合评价的内容：

确认形成滑坡的主导因素和影响斜坡稳定性的环境因素；评定斜坡的稳定性程度；论证因工程修建或环境改变，促使滑坡复活或发展的可能性；论证防治滑坡的工程方案的合理性、经济性和可能性。

（2）滑坡稳定性综合评价的要求：

评定滑坡处于稳定状态，除满足 $F_S \geq F_{St}$ 条件外，还应满足定性分析结论的稳定状态的要求；评定滑坡处于不稳定状态，除满足 $F_S < F_{St}$ 条件外，还应满足定性分析结论为不稳定状态的要求；若滑坡定量解析结果与滑坡定性分析结论矛盾时，应重新分析、计算和评定。

五、滑坡的治理措施

滑坡主要从以下几个方面采取措施进行治理。

（1）防止地面水侵入滑坡体，宜填塞裂缝和消除坡体积水洼地，并采取排水天沟截水或在滑坡体上设置不透水的排水明沟或暗沟，以及种植蒸腾量大的树木等措施。

（2）对地下水丰富的滑坡体可采取在滑坡体外设截水盲沟和泄水隧洞或在滑坡体内设支撑盲沟和排水仰斜孔、排水隧洞等措施。

（3）当仅考虑滑坡对滑动前方工程的危害或只考虑滑坡的继续发展对工程的影响时，可按滑坡整体稳定极限状态进行设计。当需考虑滑坡体上工程的安全时，除考虑整个滑体的稳定性外，尚应考虑坡体变形或局部位移对滑坡整体稳定性和工程的影响。

（4）对于滑坡的主滑地段可采取挖方卸荷、拆除已有建筑物等减重辅助措施；对抗滑地段可采取堆方加重等辅助措施。当滑坡体有继续向其上方发展的可能时，应采取排水、抗滑桩措施，并防止滑体松弛后减重失效。

（5）采取支撑盲沟、挡土墙、抗滑桩、抗滑锚杆、抗滑锚索（桩）等措施时，应对滑坡体越过挡区或对抗滑构筑物基底破坏进行验算。

（6）宜采用焙烧法、灌浆法等措施改善滑动带的土质。

（7）对于规模较大的滑坡应进行动态监测，监测内容包括：

滑动带的孔隙水压力；滑坡及其各部分移动的方向、速度及裂缝的发展；支挡结构承受的作用力及位移；滑坡体内外地下水位、水温、水质、流向以及地下水露头的流量和水温等；工程设施的位移。

（8）对未经处理且危害性大的滑坡，应对滑动的可能性及其危害性做出预报，并宜符合下列规定：

对滑坡地点及规模的预测应在收集区域地质、地形地貌、工程地质等资料的基础上，结合现场调查，根据降雨、地下水、地震、人为活动等因素综合分析确定；对滑坡时间的预报应在地点预测的基础上，根据当地滑坡要素的变化、地面或建筑物的变形或位移观测、地面水体的漏失、地下水位及露头的变化等情况，并采用倾斜仪、地音仪、地电仪、测震仪、伸缩计等进行监测后综合分析确定。

第三节　危岩和崩塌

危岩和崩塌是威胁山区工程建设的主要地质灾害。危岩是指岩体被结构面切割，在外力作用下产生松动和塌落；崩塌是指危岩或土体在重力或有其他外力作用下的塌落过程及其产物。崩塌后，崩落的岩体（土体）顺坡向猛烈地翻滚、跳跃，最后堆积于坡脚。危岩和崩塌一般发生在厚层坚硬的脆性岩体中（一些垂直裂隙发育的土质斜坡中也有发生）。巨型崩塌常常发生在块体状斜坡中，平缓的岩性软硬相间的层状或互层状陡坡中，则多以局部崩塌或危岩坠落为主。

当拟建工程场地或附近存在对工程安全有影响的危岩或崩塌时，应进行危岩和崩塌的勘察。

一、危岩和崩塌的形成条件

1. 地形条件

斜坡高陡是形成崩塌的必要条件。规模较大的崩塌，一般产生在高度大于30m，坡度大于45°的陡峻斜坡上；而斜坡的外部形状，对危岩体和崩塌的形成也有一定的影响。一般在上陡下缓的凸坡和凹凸不平的陡坡上易发生崩塌。

2. 岩性条件

坚硬岩石具有较大的抗剪强度和抗风化能力，能形成陡峻的斜坡，当岩层节理裂隙发育，岩石破碎时易产生崩塌；软硬岩石互层，由于风化差异，形成锯齿状坡面，当岩层上硬下软时，上陡下缓或上凸下凹的坡面亦易产生崩塌。

3. 构造条件

岩层的各种结构面，包括层面、裂隙面、断层面等，如果存在抗剪强度较低或对边坡稳定不利的软弱结构面，当这些结构面倾向临空面时，被切割的不稳定岩块易沿其发生崩塌。

4. 其他条件

如昼夜温差变化、暴雨、地震、不合理的采矿或开挖边坡、地表水冲刷坡脚，可促使危岩和崩塌的发生。

昼夜温差变化大，会促进岩石的风化作用，加剧各种结构面的发育，为崩塌创造有利条件；暴雨使地表雨水大量渗入岩层裂隙，增加岩石的重量并产生静水压力和动水压力。与此同时，深入岩体裂隙中的水冲刷、溶解和软化裂隙充填物，从而降低斜坡稳定性，促使岩土体产生崩塌；地震使斜坡岩土体突然承受巨大的惯性荷载，促使危岩形成和崩塌的发生；盲目开采矿产和不合理的顶板处理方法、开挖边坡过高过陡等，也是造成危岩和崩塌的常见原因。

二、危岩和崩塌的分类

对危岩和崩塌进行分类，便于对潜在的崩塌体进行稳定性评价和预防治理。国内外对危岩和崩塌的分类尚无统一标准，以下介绍的是国内工程勘察单位较为常见的几种分类方法。

（1）按危岩和崩塌体的岩性划分：岩体型、土体型、混合型。

（2）按崩塌发生的原因划分：断层型、节理裂隙型、风化碎石型、硬软岩接触带型。

（3）根据崩塌区落石方量和处理的难易程度划分：

Ⅰ类：崩塌区落石方量大于 $5000m^3$，规模大，破坏力强，破坏后果很严重；

Ⅱ类：崩塌区落石方量 $500 \sim 5000m^3$；

Ⅲ类：崩塌区落石方量小于 $500m^3$。

但实际上，由于对城市和乡村、建筑物和线路工程，崩塌造成的后果很不一致，难以用某一具体标准衡量，故在实际应用时应有所说明。

（4）根据崩塌的发展模式划分：倾倒式、滑移式、鼓胀式、拉裂式、错断式5种基本类型及其过渡类型。

三、危岩和崩塌的勘察评价要点

危岩和崩塌勘察宜在可行性研究或初步勘察阶段进行，应查明产生崩塌的条件及其规模、类型、范围，并对工程建设适宜性进行评价，提出防治方案的建议。勘察过程中以工程地质测绘和调查为主，并对危害工程设施及居民安全的崩塌体进行监测和预报。

（1）危岩和崩塌地区工程地质测绘的比例尺宜采用1：500 ～ 1：1000，崩塌方向主剖面的比例尺宜采用1：200，并应查明下列内容：

危岩和崩塌区的地形地貌及崩塌类型、规模、范围，崩塌体的大小和崩落方向；岩体基本质量等级、岩性特征和风化程度；危岩和崩塌区的地质构造，岩体结构类型，结构面的产状、组合关系、闭合程度、力学属性、延展及贯穿情况；气象（重点是大气降水）、水文、地震和地下水活动情况；崩塌前的迹象和崩塌的原因；当地防治危岩和崩塌的经验。

（2）当遇到下列情况时，应对危岩和崩塌进行监测和预报：

当判定危岩的稳定性时，宜对张裂缝进行监测；对有较大危害的大型危岩和崩塌，应结合监测结果，对可能发生崩塌的时间、规模、滚落方向、途径、危害范围等做出预报。

（3）应确定危岩和崩塌的范围和危险区，对工程场地的适宜性做出评价和提出防治方案。

规模大，破坏后果很严重，难于治理的，不宜作为工程场地，线路应绕避；规模较大，破坏后果严重的，应对可能产生崩塌的危岩进行加固处理，线路应采取防护措施；规模小，破坏后果不严重的，可作为工程场地，但应对不稳定危岩采取治理措施。

四、危岩和崩塌的稳定性分析评价方法

稳定性评价是危岩和崩塌勘察中的重要问题，通常用定性分析、半定量的图解分析和定量的稳定性验算方法对不同发展模式的危岩和崩塌进行稳定性评价。在此主要介绍稳定性验算方法。

1. 基本假设

（1）在崩塌发展过程中，特别是在突然崩塌运动以前，把危岩崩塌体视为整体；

（2）把崩塌体复杂的空间运动问题，简化成平面问题，取单位宽度的崩塌体进行验算；

（3）崩塌体两侧和稳定岩体之间，以及各部分崩塌体之间均无摩擦作用。

2. 倾倒式崩塌的稳定性验算

倾倒式危岩、崩塌体发生倾倒时，将以其底端外侧为转点发生转动。在进行稳

定性验算时，除应考虑危岩崩塌体本身重力作用外，还应考虑其他附加力作用，如静水压力、地震力等，一般以最不利组合考虑。崩塌体的抗倾覆稳定性系数k可按下式计算：

$$k = \frac{抵抗力矩}{倾倒力矩}$$

式中的抵抗力矩由崩塌体受到的重力产生，倾倒力矩由后缘拉裂缝中水压力和水平地震力产生。当抗倾覆稳定性系数$k > 1$时，即可认为是稳定的。

3. 滑移式崩塌的稳定性验算

滑移式崩塌有平面滑动、圆弧面滑动、楔形面滑动3种情况，其关键在于起始的滑移面是否形成。可按滑坡稳定性验算方法进行。

4. 鼓胀式崩塌的稳定性验算

鼓胀式危岩崩塌体下部常有较厚的软弱岩层，如断层破碎带、风化破碎岩体等。在水的作用下，这些软弱岩层就会被先行软化。一旦上部岩体传来的压应力大于软弱岩层的无侧限抗压强度，软弱岩层就会被挤出，即发生鼓胀。与此同时，上部岩体可能产生下沉、滑移或倾倒，直至发生崩塌。因此，鼓胀是这类崩塌的关键。

鼓胀式崩塌的稳定性系数可用危岩崩塌体下部软弱岩层的无侧限抗压强度（雨季用饱水抗压强度）与上部危岩体在软弱岩层顶面产生的压应力的比值来计算，即：

$$k = \frac{R}{W/A} = \frac{A \bullet R}{W}$$

式中：W——上部危岩崩塌体重量；

A——上部危岩崩塌体的底面积；

R——危岩体下部软弱岩层在天然状态下的（雨季为饱水的）无侧限抗压强度。

当$k \geqslant 1.2$时，即认为是稳定的。

5. 拉裂式崩塌的稳定性验算

拉裂式危岩崩塌体表现为以悬臂梁形式突出的岩体，其后缘某一竖向截面承受最大的弯矩和剪力，当该面上的拉应力集中超过岩石的抗拉强度时，即产生拉裂面，突出的危岩体发生崩塌。

拉裂式崩塌的稳定性系数可用岩石的抗拉强度与最大拉裂面上拉应力的比值来计算，即：

$$k=\left[\delta_T\right]/\delta_t$$

式中：$\left[\delta_T\right]$——岩石的抗拉强度；

δ_t——最大拉裂面上的拉应力。

当 $k \geqslant 1.2$ 时，可认为稳定。

6. 错断式崩塌的稳定性验算

若不考虑水压力、地震力等附加力作用时，错断式危岩崩塌体在岩体自重作用下，在过外底角点与铅直方向成45°的截面上产生最大剪应力。故其稳定性系数可用最大剪应力面上的抗剪强度与最大剪应力比值计算，即：

$$k=\left[\tau\right]/\tau$$

当 $k \geqslant 1.2$ 时，可认为稳定。

7. 崩塌的治理措施

对于按崩塌区落石方量划分的不同类别的崩塌区，主要采用以下对策：

Ⅰ类崩塌区难以处理，不宜作为工程场地，线路工程应绕避开；

Ⅱ类崩塌区，当坡角与拟建建筑物之间不能满足安全距离的要求时，应对可能产生崩塌的危岩体进行加固处理，对线路应采取防护措施；

Ⅲ类崩塌区易于处理，可以作为工程场地，但应对不稳定危岩体采取治理措施。

可见，崩塌的治理主要是针对Ⅱ类和Ⅲ类崩塌区而言，目前主要采取的治理措施有以下几点：

（1）对Ⅱ类崩塌区，可修筑明洞、御塌棚等防崩塌构筑物；

（2）对Ⅱ类和Ⅲ类崩塌区，当建筑物或线路工程与坡角间符合安全距离要求时，可在坡脚或半坡脚设置起拦截作用的挡石墙和拦石网。

（3）对于Ⅲ类崩塌区，应在危岩下部修筑支柱等支挡加固设施，也可以采用锚索或锚杆串联加固。

在对崩塌的治理中，尤其在铁路、公路线两侧斜坡崩塌的整治中，一种以钢绳网为主要构成材料的崩塌落石柔性拦石网系统SNS（Safety Netting System）更能适应于抗击集中荷载或高冲击荷载，已经得到广泛应用。

第四节　泥石流

泥石流是发生在山区的一种自然地质灾害，是洪水侵蚀山体，夹带大量泥、砂、石块等固体物质，沿陡峭的山间沟谷下泻的暂时性急水流。它往往突然暴发，来势凶猛，具有强大的破坏力；它常常堵塞江河，使江河泛滥成灾，严重地影响着山区场地设施及居民生命安全。

《岩土工程勘察规范》（GB 50021）（2009版）规定：拟建工程场地或其附近有发生泥石流的条件并对工程安全有影响时，应进行专门的泥石流勘察。

一、泥石流的形成条件

泥石流的形成与其所在地区的自然条件和人类经济活动密切相关，地质、地形和水是泥石流形成的三大条件。

1. 地质条件

地质条件是泥石流固体物质产生和来源的条件。凡是泥石流活跃的地区，地质构造均复杂，岩性软弱，具有丰富的固体碎屑物质。地质条件包括：

（1）地质构造：地质构造复杂，断层褶皱发育，新构造强烈，地震烈度高，地表岩层破碎，滑坡、崩塌等不良地质作用发育，为固体物质来源创造了条件。

（2）地层岩性：岩性软弱、结构松散、易于风化的岩层，或软硬相间成层易遭受破坏的岩层，都是碎屑物质产生的良好母体。泥石流形成区最常见的岩层是泥岩、片岩、千枚岩、板岩、泥灰岩等软弱岩层。

（3）风化作用：风化作用也能为泥石流提供固体物质来源，尤其是在干旱、半干旱气候带的山区，植被稀少，岩石物理风化作用强烈，在山坡和沟谷中堆积起大量的松散碎屑物质，成为泥石流的又一物质来源。

此外，人为造成的水土流失、采矿采石弃渣，往往也可给泥石流提供大量固体物质。

2. 地形条件

地形条件是使水、固体物质混合而流动的场地条件。泥石流区的地形通常是山高沟深，地势陡峻，沟床纵坡降大，为泥石流发生、发展提供了充足的位能，同时流域的形状也便于松散物质与水的汇集。典型泥石流域可划分为上游形成区、中游流通区和下游堆积区3个区段。

（1）形成区：地形多为三面环山、一面出口的宽阔地段，周围山高坡陡，地形坡度多在30°～60°，沟床纵坡降可达30°以上。这种地形有利于大量水流和固体物质迅速聚积，为泥石流提供了动力条件。

（2）流通区：地形多为狭窄陡深的峡谷，谷底纵坡降大，便于泥石流迅猛通过。

（3）堆积区：地形多为开阔的山前平原或河谷阶地，能使泥石流停止流动并堆积固体物质。

3. 气象、水文条件

水是泥石流的组成部分，又是泥石流的搬运介质。松散固体物质大量充水达到饱和或过饱和状态后，结构破坏，摩阻力降低，滑动力增大，从而产生流动。泥石流的形成与短时间内突发性的大量流水密切相关，这种突发性的大量流水主要来源于：

（1）强度较大的暴雨；

（2）冰川、积雪的短期强烈消融；

（3）冰川湖、高山湖、水库等的突然溃决。

在我国，泥石流的主要水源来自于强降雨和持续降雨。

二、泥石流的分类

泥石流的分类由于依据的划分标准不同而有多种，既可以依据单一指标特征划分，也可按泥石流的综合特征划分。以下介绍几种常见的划分类型。

1. 按泥石流规模分类

按泥石流规模分为：特大型、大型、中型、小型。各类型的划分依据见表7-2。

表7-2　泥石流按规模分类

类型指标	特大型	大型	中型	小型
流域单位面积固体物质储量（$\times 10^4 m^3/km^2$）	>100	10～100	5～10	<5
固体物质一次最大冲出量（$\times 10^4 m^3$）	>10	5～10	1～5	<1
破坏范围及威力	最大	大	中等	小

2. 按泥石流流体性质分类

按泥石流流体性质分为黏性和稀性两大类，泥流、泥石流、水石流3个亚类。

3. 泥石流工程分类

泥石流工程分类是要解决泥石流沟谷作为各类建筑场地的适应性问题，它综合反映了泥石流成因、物质组成、泥石流体特征、流域特征、危害程度等，属于综合性的分类，对泥石流的整治更有实际指导意义。

三、泥石流的勘察评价要点

泥石流勘察应在可行性研究或初步勘察阶段进行，应查明泥石流的形成条件和泥石流的类型、规模、发育阶段、活动规模，并对工程场地做出适宜性评价，提出防治方案的建议。所以，泥石流勘察的要点包括以下内容。

（1）泥石流勘察应以工程地质测绘和调查为主要勘察手段，一般情况下不进行勘探和测试。工程地质测绘范围应包括沟口至分水岭的全部地段（包括泥石流的形成区、流通区和堆积区）和可能受泥石流影响的地段。测绘比例尺，对全流域宜采用1:50000；对中下游可采用1:2000 ~ 1:10000，并应调查下列内容：

①冰雪融化和暴雨强度、一次最大降雨量，平均及最大流量，地下水活动等情况。

②地形地貌特征，包括沟谷的发育程度、切割情况、坡度、弯曲、粗糙程度，并划分泥石流的形成区、流通区和堆积区，圈绘整个沟谷的汇水面积。

③形成区的水源类型、水量、汇水条件、山坡坡度，岩层性质及风化程度；查明断裂、滑坡、崩塌、岩堆等不良地质作用的发育情况及可能形成泥石流固体物质的分布范围、储量。

④流通区的沟床纵横坡度、跌水、急湾等特征；查明沟床两侧山坡坡度、稳定程度，沟床的冲淤变化和泥石流的痕迹。

⑤堆积区的堆积扇分布范围、表面形态、纵坡、植被、沟道变迁和冲淤情况；查明堆积物的性质、层次、厚度，一般粒径和最大粒径；判定堆积区的形成历史、堆积速度，估算一次最大堆积量。

⑥泥石流沟谷的历史，历次泥石流的发生时间、频数、规模、形成过程、暴发前的降雨情况和暴发后产生的灾害情况。

⑦开矿弃渣、修路切坡、砍伐森林、陡坡开荒和过度放牧等人类活动情况。

⑧当地防治泥石流的经验。

（2）当需要对泥石流采取防治措施时，应进行勘探测试，进一步查明泥石流堆积物的性质、结构、厚度、固体物质含量、最大粒径、流速、流量、冲出量和淤积量等。具体实施应按照以下几点：

①需要查明泥石流堆积物的组成与厚度时，可采用钻探、坑探方法，条件适合时也可采用物探。查明泥石流堆积物厚度的钻孔应钻入基岩的深度，并宜超过沟内最大块石直径3 ~ 5m。

②泥石流试验的取样工作应在工程地质测绘和调查之后进行，并应选取流域内的代表性泥石流堆积物土样。

③泥石流流体密度外、固体颗粒密度外、颗粒分析试验，应在现场进行；泥石流的颗粒分析侧重做粉砂和黏土粒组含量百分数、小于1mm的颗粒含量百分数、平

均粒径的分析；黏性泥石流要做湿陷性试验及可溶盐含量测试；稀性泥石流还要采取固体物质补给区试样进行颗粒分析试验。

④对严重危害铁路、公路等线路工程的大规模泥石流应建立观测试验站，以获取泥石流各项特征值的定量指标。

（3）对泥石流进行工程分类。

（4）对泥石流地区的工程建设适宜性做出评价。

泥石流地区工程建设适宜性评价，一方面应考虑到泥石流的危害性，确保工程安全，不能轻率地将工程建设在有泥石流影响的地段；另一方面也不能认为凡属泥石流沟谷均不能兴建工程，而应根据泥石流的规模、危害程度等按泥石流工程分类区别对待。

①I_1类和II_1类泥石流沟谷，泥石流危害大，防治工作困难且不经济，不应作为工程场地；各类线路宜避开。

②I_2类和II_2类泥石流沟谷不宜作为工程场地，当必须利用时应采取治理措施；线路应避免直穿堆积扇，可在沟口设桥（墩）通过。

③I_3类和II_3类泥石流沟谷可利用其堆积区作为工程场地，但应避开沟口；线路可在堆积扇通过，可分段设桥和采取排洪、导流措施，不宜改沟、并沟。

④当上游大量弃渣或进行工程建设，改变了原有供排平衡条件时，应重新判定产生新的泥石流的可能性。

（5）对泥石流进行动态监测。

在泥石流的治理过程中，对泥石流的动态监测是采取和调整治理措施的依据。泥石流动态监测可采用下列方法：

①采用遥感技术进行泥石流规模、发育阶段、活动规律的中、长周期监测。

②采用地面多光谱陆摄法、地面立体摄影测量技术，进行泥石流基本参数变化的短周期动态监测。

四、泥石流防治措施

泥石流是一种较大规模的自然地质灾害，其形成和发展与其上游的土、水、地形条件及中游和下游的地形地貌条件关系密切，防治极为困难。因此，泥石流的防治应以"以防为主，防治结合，避强制弱，重点治理"为原则，宜对上游形成区、中游流通区和下游堆积区统一规划和采取生物措施与工程措施相结合的综合治理方案。

（1）形成区宜采取植树造林、种植草被，水土保持，修建引水、储水工程及削弱水动力措施，修建防护工程，稳定土体。流通区宜修建拦沙坝、谷坊，采取拦截固体物质，固定沟床和减缓纵坡的工程措施。堆积区宜修筑排导沟、急流槽、导流堤、停淤场，采取改变流路疏排泥石流的工程措施。

（2）对于稀性泥石流宜修建调洪水库、截水沟、引水渠和种植水源涵养林，采取调节径流，削弱水动力，制止泥石流形成的措施。对黏性泥石流宜修筑拱石坝、谷坊、支挡结构和种植树木，采取稳定土体，制止泥石流形成的措施。

对泥石流的防治（或治理）是以植树造林、种植草被的生物工程措施和修建一系列工程结构的工程措施相结合进行的。工程措施在治理的前期效益明显，而生物措施在治理的后期效益明显，要想有效地治理泥石流，必须使工程措施和生物措施相结合，彼此取长补短，以取得更好的治理效果。

第五节　地面沉降

地面沉降是一种环境地质灾害。它是由于人为开采地下水、石油和天然气而造成地层压密变形，从而导致区域地面高程下降的地质现象。由于长期或过量开采地下承压水而产生的地面沉降在国内外均较普遍，而且多发生在人口稠密、工业发达的大中城市地区。例如，我国的上海、天津、西安、太原等城市地面沉降曾一度严重影响到城市规划和经济发展，使城市地质环境恶化，建筑（构）物不能正常使用，给国民经济造成极大损失。

一、抽水一地面沉降机理及沉降计算

1. 抽水一地面沉降机理分析

抽取地下水，主要是抽取地下承压水作为工业及生活用水。在承压含水层中，持续过量地抽取地下水引起承压水位下降。根据太沙基有效应力原理（$\sigma = u + \sigma'$）及其固结方程：当在含水层中抽水，水位下降时，相对隔水的黏土层中的总应力（σ）近似保持不变，由孔隙水承担的压力部分一孔隙水压力（u）随之减小，由固体颗粒承担的压力部分一有效应力（σ'）则随之增大，从而导致土层压密，地表产生沉降变形。另外，含水砂层中抽水诱发的管涌和潜蚀也是地层压密的一个重要原因。

（1）砂层的变形。

砂层的变形源于两个方面。一方面是潜蚀造成的变形。在地下水的开采中，主要是在地下承压水的过量开采中，在一定的水力坡降条件下，抽水井开采段周围的含水层会发生管涌，一定量的粉细砂被带到地面，含水砂层在上覆土层重力作用下产生压密变形；另一方面是在抽水过程中，孔隙水压力减小，有效应力增加使砂土产生近弹性压密变形。前人研究结果证明，砂在室内一维高压试验中具有一定的压缩性，砂层在0.7 ~ 63MPa压力时产生压碎性压密。但实际在大多数情况下，由于水头降落造成的有效应力增加尚不足以使砂层产生压碎性压密，而只是一种近弹性压缩变形。这种近弹性压缩变形，当随着地下水位的回升，变形会得到回弹，这种情况在上海地面沉降治理及西安地面沉降水准监测中已得到证实。

（2）黏性土层的变形。

在承压含水层中抽取地下水，引起承压水头下降，含水层和相邻黏性土层之间产生水头差，黏性土层中部分孔隙水向含水砂层释出，使黏性土层中孔隙水压力减小，而有效应力增大，使黏性土颗粒产生不可逆的微观位移，不规则接触的黏土矿物颗粒趋于紧密而产生固结变形。

由于黏性土层中孔隙水压力向有效应力的转化不像砂层那样"急剧"，而是缓慢地、逐渐地变化的，所以黏性土中孔隙比的变化也是缓慢的，黏性土的压密（或压缩）变形也需要一定时间完成（几个月、几年，甚至几十年，其主要取决于土层的厚度和渗透性），故一般情况下，地面沉降的发生是滞后于承压水头下降的。但如果黏性土层孔隙比和渗透系数比较大，砂层和黏性土层呈不等厚度层状分布的话，就有利于孔隙水压力的消散（或转化），地面沉降变形滞后于承压水头下降就不很明显。

室内试验和地面沉降区的分层标测量资料表明，在较低的压力下含水砂层（砾石）等粗颗粒沉积物的压缩性是很小的，且主要是弹性、可逆的；而黏土等细分散土层的压缩性则大得多，而且主要是永久变形。因此，在较低的有效应力增长条件下，黏性土层压密在地面沉降中起主要作用；而在水位回升过程中，砂层的膨胀回弹则起决定作用。

2. 地面沉降量计算

国内外关于地面沉降的计算方法较多，归纳起来大致有：理论计算方法、半理论半经验方法、经验方法3种。由于地面沉降区地质条件和各种边界条件的复杂性，采用半理论半经验方法或经验方法，经实践证明是较简单实用的计算方法。此外，运用灰色系统理论、模糊数学等数值分析方法进行地面沉降计算的方法近些年也得到较多的使用。

以下主要介绍半理论半经验的分层总和法和经验的单位变形量法。

（1）分层总和法计算土层的压缩变形量。

①砂层应按下式计算 $S\infty = \dfrac{\triangle P.H_{砂}}{E}$

②黏性土或粉土层按下式计算：

$$S\infty = \frac{a_u}{1+e_o}\triangle P.H_{粘}$$

式中：S_{∞}——最终沉降量（cm）；

$\quad\quad a_u$——黏性土或粉土的压缩系数或回弹系数（MPa^{-1}）；

$\quad\quad e_o$——初始孔隙比；

$\quad\quad \triangle P$——水位变化施加于土层上的有效应力（MPa）；

$\quad H_{砂}$、$H_{黏}$——分别代表砂层、黏性土层的厚度（cm）；

$\quad\quad E$——砂土的弹性模量，压缩时为 E_C，回弹时为 E_S（MPa）。

总沉降量应等于砂层、黏土层各土层压缩变形量的总和，即：

$$S = \sum_{i=1}^{n} S_i$$

（2）单位变形量法。

以已有的地面沉降实测资料为根据，计算在某一特定时段（水位上升或下降）内，含水层水头每变化1m相应的变形量，称为单位变形量，可按下列公式计算：

$$I_S = \frac{\triangle \cdot S_S}{\triangle \cdot h_s}$$

$$I_c = \frac{\triangle \cdot S_C}{\triangle \cdot h_c}$$

式中：I_S、I_C——水位升、降期的单位变形量（mm/m）；

$\quad \triangle h_s$、$\triangle h_c$——同时期水位升、降幅度（m）；

$\quad \triangle S_S$、$\triangle S_C$——相应于该水位变幅下的土层变形量（mm）。

为了反映地质条件和土层厚度与参数的关系，将上述单位变形量除以土层的厚度H（mm），称为该土层的比单位变形量，按下列公式计算：

$$I'_s = \frac{I_S}{H} = \frac{\Delta S_S}{\Delta h_s \cdot H}$$

$$I'_C = \frac{I_C}{H} = \frac{\Delta S_C}{\Delta h_C \cdot H}$$

式中：I'_s、I'_c——水位升、降期的比单位变形量（L/m）。

在已知预期的水位升降幅度和土层厚度的情况下，土层预测回弹量或沉降量按下式计算：

$$S_s = I_s \cdot \triangle h = I'_s \cdot \triangle h \cdot H$$
$$S_c = I_c \cdot \triangle h = I'_c \cdot \triangle h \cdot H$$

式中：S_s、S_c——水位上升或下降$\triangle h$m时，厚度为Hmm的土层预测沉降量（mm）。

（3）黏性土固结过程计算。

为预测地面沉降的发展趋势，在水位下降已经稳定时间后，黏性土层压缩变形量可按固结理论用下列公式计算：

$$S_t = S\infty \cdot U$$

$$U = 1 - \frac{8}{\pi^2}(e^{-n} + \frac{1}{9}e^{-9n} + \frac{1}{25}e^{-25n} + \cdots)1 - 0.8e^{-n}$$

$$N = \frac{\pi^2 c_\upsilon}{4H^2} \bullet T$$

式中：S_t——承压水位下降稳定t月以后的黏性土层变形量（mm）；

$S\infty$——黏性土层最终变形量（mm）；

U——固结度（%）；

T——时间，月；

C_u——固结系数；压缩时为C_u回弹时为C_u（mm²/月）；

H——黏性土层的计算厚度，两面排水时取实际厚度的一半，单面排水时取全部厚度（mm）。

二、地面沉降的勘察要点

地面沉降勘察的主要任务有：

（1）对已发生地面沉降的地区，应查明地面沉降的原因和现状，并预测其发展趋势，提出控制和治理方案；

（2）对可能发生地面沉降的地区，应结合水资源评价预测发生地面沉降的可能性，并对可能的沉降层位做出估计，对沉降量进行估算，提出预防和控制地面沉降的建议。

地面沉降岩土工程勘察要点如下。

1. 调查地面沉降原因

地面沉降研究成果表明：地面沉降区都位于厚度较大的第四纪松散堆积区；地

面沉降机制与产生沉降的土层的地质、成因及其固结历史、固结状态、孔隙水的赋存形式及其释水机理等有密切关系，故调查地面沉降原因应从工程地质条件、地下水埋藏条件和地下水动态三方面进行。

（1）工程地质条件。

场地的地貌和微地貌；第四纪堆积物年代、成因、厚度和埋藏条件和土性特征，硬土层和软弱压缩层的分布；地下水位以下可压缩层的固结状态和变形参数。

（2）地下水埋藏条件。

含水层和隔水层的埋藏条件和承压性质，含水层的渗透系数、单位涌水量等水文地质参数；地下水的补给、径流、排泄条件，含水层间或地下水与地面水的水力联系。

（3）地下水动态。

历年地下水位、水头的变化幅度和速率；历年地下水的开采量和回灌量，开采或回灌的层段；地下水位下降漏斗及回灌时地下水反漏斗的形成和发展过程。

2.　调查地面沉降现状

对地面沉降现状的调查主要包括对地面沉降量观测、对地下水观测、对地面沉降范围内已有建筑物的调查三个方面。

（1）应按精密水准测量要求进行长期观测，并按不同的结构单元设置高程基准标、地面沉降标和分层沉降标；

（2）对地下水的水位升降、开采量和回灌量、化学成分、污染情况和孔隙水压力消散、增长情况进行观测；

（3）调查地面沉降对建筑物的影响，包括建筑物的沉降、倾斜、裂缝及发生时间和发展过程；

（4）绘制不同时间的地面沉降等值线图，并分析地面沉降中心与地下水位下降漏斗的关系及地面回弹与地下水位反漏斗的关系；

（5）绘制以地面沉降为特征的工程地质分区图。

3.　地面沉降勘察的技术方法

地面沉降勘察主要采用以下技术方法。

（1）工程地质测绘和调查。

（2）精密水准监测。

通常设置3种标点：①高程基准标（也称背景标），设置在地面沉降所不能影响的范围内；②地面沉降标，是用于观测地面升降的地面水准点；③分层沉降标，用于观测某一深度范围内土层的沉降幅度的观测标。

（3）勘探。

通过钻探、槽探、井探，观察、鉴别地层情况，采取水样、原状土样。

钻探孔可以有水文地质孔和工程地质孔两种，其中水文地质孔主要是用作抽水试验孔和水位观测孔；工程地质孔主要用于土层鉴别、采取原状土样并兼作孔隙水压力测试等。

（4）土工试验。

土工试验包括室内土工试验和现场原位测试。室内土工试验主要包括颗粒分析试验和含水量、重度、土的比重、液塑限、抗剪强度试验、常规压缩–固结试验以及水质分析、高压固结试验、循环加荷固结试验等特殊性试验。原位测试主要有抽水试验、孔隙水压力测试等。

土工试验的目的就是为地面沉降分析计算提供有关岩土物理力学及水化学性质指标。

三、地面沉降治理与控制的对策和措施

地面沉降一旦产生，很难恢复。因此，对于已发生地面沉降的地区，一方面，应根据所处的地理环境和灾害程度，因地制宜采取治理措施，以减轻或消除危害；另一方面，还应在查明沉降影响因素的基础上，及时主动地采取控制地面沉降继续发展的措施。

（1）对已发生地面沉降的地区，可根据工程地质、水文地质条件采取下列控制和治理方案：

①减小地下水开采量和水位降深，调整开采层次，合理开发。当地面沉降发展剧烈时，应暂时停止开采地下水。例如，西安地面沉降自20世纪60年代初到70年代末沉降速率急剧增大，局部地段达到191mm/a（解放军政治学院，1989年测），造成局部沉降漏斗的沉降量超过2m。西安市已自20世纪80年代起采取强制性措施控制地下水开采。

②对地下水进行人工补给。回灌时应控制回灌水源的水质标准，以防止地下水被污染，并应根据地下水动态和地面沉降规律，制定合理的回灌方案。采用人工补给、回灌的方法在上海地面沉降的治理、控制中已取得较好的成效。

③限制工程建设中的人工降低地下水位。

④采取开源与节流并举的措施。

开源与节流是压缩地下水开采量的保证，也是控制地面沉降的间接措施。

开源就是开辟新的水源地，主要包括：修建引水明渠或输水廊道，引进沉降区

以外的地表水；开发覆盖层下的基岩裂隙水和岩溶水；污水处理（中水）再利用和海水利用。

节流就是要调整城市供水计划，制定行政法规，如《地下水资源管理细则》《城市节约用水规定》等，以促进节水工作。

比如天津的引滦入津工程、西安的黑河引水工程就是实施开源、控制地面沉降的有力措施。

（2）对可能发生地面沉降的地区应预测地面沉降的可能性和估算沉降量，并可采取下列预测和防治措施：

①根据场地工程地质、水文地质条件，预测可压缩层的分布。

②根据抽水试验、渗透试验、先期固结压力试验、流变试验、载荷试验等测试成果和沉降观测资料，计算分析地面沉降量和发展趋势。

③提出合理开发地下水资源、限制人工降低地下水位及在地面沉降区进行工程建设应采取措施的建议。

在提出地下水资源合理开采方案之前，应先根据已有条件确定开采区的临界水位值。因为临界水位值就是不引起地面沉降或不引起明显地面沉降的地下水位，它是决策部门制定合理开发地下水资源方案的重要科学依据。在我国，对于超固结地层，常用先期固结压力确定临界水位值。即：

$$h_{临} = h_o - \frac{P_C - P_O}{\gamma\omega}$$

式中：$h_{临}$——地下水临界水位标高（m）；

h_o——原有效上覆压力（P_O）时的地下水位标高（m）；

P_O——有效上覆压力（kPa）；

P_C——先期固结压力（kPa）；

$\gamma\omega$——水的重度（kN/m³）。

第六节　采空区

采空区按开采的现状分为老采空区、现采空区、未来采空区3类。由于采空区是人为采掘地下固体资源留下的地下空间，会导致地下空间周围的岩土体向采空区移动。当开采空间的位置很深或尺寸不大，则采空区围岩的变形破坏将局限在一个很小的范围内，不会波及地表；当开采空间位置很浅或尺寸很大，采空区围岩变形破坏往往波及地表，使地表产生沉降，形成地表移动盆地，甚至出现崩塌和裂缝，以致危及地面建筑物安全，发生采空区场地特有的岩土工程问题。作为地下采空区场地，不同部位其变形类型和大小各不相同，且随时间发生变化，对建设工程都有重要影响，如铁路、高速公路、引水管线工程、工业与民用建筑等工程的选址及其地基处理都必须考虑采空区场地的变形及发展趋势影响。此外，采空区还诱发冒顶、片帮、突水、矿震、地面塌陷等地质灾害。因此，对作为一种不良地质作用或地质灾害的采空区也应该进行岩土工程勘察评价。

一、采空区的地表变形特征

大量采空区调查资料表明，采空区的地表变形特征主要表现如下。

1. 地表变形分区

当地下固体矿产资源开采影响到地表以后，在地下采空区上方地表将形成一个凹陷盆地，或称为地表移动盆地。一般说，地表移动盆地的范围要比采空区面积大得多，盆地呈现近似椭圆形。在矿层平缓和充分采动的情况下，发育完全的地表移动盆地可分为3个区：①中间区。位于采空区正上方，其地表下沉均匀，地面平坦，一般不出现裂缝，地表下沉值最大。②内边缘区。位于采空区内侧上方，其地表下沉不均匀，地面向盆地中倾斜，呈凹形，一般不出现明显的裂缝。③外边缘区。位于采空区外侧矿层上方，其地表下沉不均匀，地面向盆地中心倾斜，呈凸形，常有张裂缝出现。地表移动盆地和外边界，常以地表下沉10mm的标准圈定。

2. 影响地表变形的因素

研究表明，采空区地表变形的大小及其发展趋势、地表移动盆地的形态与范围等受多种因素的影响，归纳起来主要有以下几种：

（1）矿层因素。表现在矿层埋深越大（开挖深度越大），变形扩展到地表所需的时间越长，地表变形值越小，地表变形比较平缓均匀，且地表移动盆地范围较大。矿层厚度越大，采空区越大，促使地表变形值增大。矿层倾角越大，使水平位移增大，地表出现裂缝的可能性加大，且地表移动盆地与采空区的位置也不对称等。

（2）岩性因素。上覆岩层强度高且单层厚度大时，其变形破坏过程长，不易影响到地表。有些厚度大的坚硬岩层，甚至长期不产生地表变形；而强度低、单层厚度薄的岩层则相反。脆性岩层易出现裂缝，而塑性岩层则往往表现出均匀沉降变形。另外，地表第四系堆积物越厚，则地表变形值越大，但变形平缓均匀。

（3）地质构造因素。岩层节理裂隙发育时，会促使变形加快，变形范围增大，扩大地表裂隙区。而断层则会破坏地表变形的正常规律，改变移动盆地的范围和位置。同时，断层带上的地表变形会更加剧烈。

（4）地下水因素。地下水活动会加快变形速率，扩大变形范围，增大地表变形值。

（5）开采条件因素。矿层开采和顶板处理方法及采空区的大小、形状、工作面推进速度等都影响着地表变形值、变形速度和变形方式。若以柱房式开采和全充填法处理顶板时，对地表变形影响较小。

二、采空区岩土工程勘察要点

不同采空区的勘察内容和评价方法不同。对于按开采现状划分的老采空区，主要应查明采空区的分布范围、埋深、充填情况和密实程度，评价其上覆岩层的稳定性；对现采空区和未来采空区应预测地表移动的规律，计算变形特征值，判定其作为建筑场地的适宜性和对建筑物的危害程度。勘察要点如下。

（1）采空区的勘察宜以搜集资料、调查访问为主，并应查明下列内容：

矿层的分布、层数、厚度、深度、埋藏特征和上覆岩层的岩性、构造等；矿层开采的范围、深度、厚度、时间、方法和顶板管理，采空区的塌落、密实程度、空隙和积水等；地表变形特征和分布，包括地表陷坑、台阶、裂缝的位置、形状、大小、深度、延伸方向及其与地质构造、开采边界、工作面推进方向等的关系；地表移动盆地的特征，划分中间区、内边缘区和外边缘区，确定地表移动和变形的特征值；采空区附近的抽水和排水情况及其对采空区稳定性的影响；搜集建筑物变形和防治措施的经验。

（2）采深小、地表变形剧烈且为非连续变形的小窑采空区，应通过搜集资料、调查、物探和钻探等工作，查明采空区和巷道的位置、大小、埋藏深度、开采时间、开采方式、回填塌落和充水等情况；并查明地表裂缝、陷坑的位置、形状、大小、深度、延伸方向及其与采空区的关系。

（3）对老采空区和现采空区，当工程地质调查不能查明采空区的特征时，应进行物探和钻探。

（4）对现采空区和未来采空区，应通过计算预测地表移动和变形的特征值，计算方法可按现行标准《建筑物、水体、铁路及主要井巷煤柱留设与压煤开采规程》执行。

三、采空区岩土工程评价

采空区宜根据开采情况，地表移动盆地特征和变形大小，划分为不宜建筑的场地和相对稳定的场地，并宜符合下列规定：

（1）下列地段不宜作为建筑场地：

在开采过程中可能出现非连续变形的地段；地表移动活跃的地段；特厚矿层和倾角大于55°的厚矿层露头地段；由于地表移动和变形引起边坡失稳和山崖崩塌的地段；地表倾斜大于10mm/m，地表曲率大于0.6mm/m²，或地表水平变形大于6mm/m的地段。

（2）下列地段作为建筑场地时，应评价其适宜性：

采空区采深采厚比小于30的地段；采深小，上覆岩层极坚硬，并采用非正规开采方法的地段；地表倾斜为3～10mm/m，地表曲率为0.2～0.6mm/m²，或地表水平变形为2～6mm/m的地段。

（3）小窑采空区的建筑物应避开地表裂缝和陷坑地段。对次要建筑且采空区采深采厚比大于30时，地表已经稳定时可不进行稳定性评价；当采深采厚比小于30时，可根据建筑物的基底压力、采空区的埋深、范围和上覆岩层的性质等评价地基的稳定性，并根据矿区经验提出处理措施的建议。

四、采空区防治措施

采空区的防治以预防为主，如采用充填法采矿；治理视具体情况而论，如小窑浅部采空区可用全充填压力注浆法或用钻孔灌注桩嵌入至采空区底板。

在采空区通常采取下列防止地表和建筑物变形的措施。

1. 采取的开采工艺措施

（1）采用充填法处置顶板，及时全部充填或两次充填，以减少地表下沉量。

（2）减少开采厚度，或采用条带法开采，使地表变形不超过建筑物的允许变形值。

（3）增大采空区宽度，使地表移动均匀。

（4）控制开采，使开采推进速度均匀、合理。

2. 采空区场地上建筑物的设计措施

（1）建筑物长轴应垂直工作面的推进方向。

（2）建筑物平面形状应力求简单。

（3）基础底部应位于同一标高和岩性均一的地层上，否则应设置沉降缝分开。当基础埋深不相等时，应采用台阶过渡。建筑物不宜采用柱廊和独立柱。

（4）加强基础刚度和上部结构强度。

（5）建筑物的不同结构单元应相对独立，建筑物长高比不宜大于2.5。

第七节　场地和地基的地震效应

我国是一个多地震的国家，在华北、华东、西南、西北等区域地震频繁，历史上许多大的、灾难性的地震基本都发生在这些地区。所以，《岩土工程勘察规范》（GB 50021—2001）（2009版）规定：抗震设防烈度等于或大于6度的地区，应进行场地和地基地震效应的岩土工程勘察。对场地和地基的地震效应，不同的烈度区有不同的考虑，一般包括下列内容：

（1）相同的基底地震加速度，由于覆盖层厚度和土的剪切模量不同，会产生不同的地面运动。

（2）强烈的地面运动会造成场地和地基的失稳或失效，如地裂、液化、震陷、崩塌、滑坡等。

（3）地表断裂造成的破坏。

（4）局部地形、地质结构的变异引起地面异常波动造成的破坏。

饱和砂土、饱和粉土在地震作用下丧失抗剪强度和承载力，土颗粒处于悬浮状态或流动状态的地震液化作用能使较大区域内出现喷水冒砂、地面下沉、塌陷、流滑，使许多道路、桥梁、工业设施、民用建筑、水利工程堤防等工程遭受破坏。所以，在场地和地基的地震效应岩土工程勘察中，地震液化是一定地震烈度在特定地质环境中造成的一种最为突出的区域稳定性问题。

一、场地和地基地震效应勘察的主要任务

（1）根据国家批准的地震动参数区划和有关的规范，提出勘察场地的抗震设防烈度、设计基本地震加速度和设计地震分组。

（2）在抗震设防烈度等于或大于6度的地区进行勘察时，应划分对抗震有利、不利和危险的地段，应确定场地类别。《建筑抗震设计规范》（GB 50011—2010）根据土层等效剪切波速和覆盖层厚度把建筑场地划分为4类（见表5-28）。当有可靠的剪切波速和覆盖层厚度值而场地类别处于类别的分界线附近时，可按插值方法确定场地反应谱特征周期。

（3）场地内存在发震断裂时，应对断裂的工程影响进行评价。

（4）对需要采用时程分析的工程，应根据设计要求，提供土层剖面、覆盖层厚度和剪切波速度等有关参数。当任务需要时，可进行地震安全性评估或抗震设防

区划。

（5）进行地震液化判别。场地地震液化判别应先进行初步判别，当初步判别认为有液化可能时，应再作进一步判别。液化的判别宜采用多种方法，综合判定液化可能性和液化等级。

当抗震设防烈度为6度时，可不考虑液化的影响，但对沉陷敏感的乙类建筑，可按7度进行液化判别。甲类建筑应进行专门的液化勘察。

凡判别为可液化的场地，应按现行国家标准《建筑抗震设计规范》（GB 50011—2010）的规定确定其液化指数和液化等级。

（6）抗震设防烈度等于或大于7度的厚层软土分布区，宜判别软土震陷的可能性和估算震陷量。

（7）场地或场地附近有滑坡、滑移、崩塌、塌陷、泥石流、采空区等不良地质作用时，应进行专门勘察，分析评价其在地震作用时的稳定性。

（8）提出抗液化措施的建议。

二、勘探工作量布置要求

场地和地基地震效应勘察以钻探、波速测试为主要勘探手段，以工程地质测绘和调查为辅助手段。其工作量布置一般应符合以下要求：

（1）为划分场地类别布置的勘探孔，当缺乏资料时，其深度应大于覆盖层厚度。当覆盖层厚度大于80m时，勘探孔深度应大于80m，并分层测定剪切波速。10层和高度30m以下的丙类和丁类建筑，无实测剪切波速时，可按国家标准《建筑抗震设计规范》（GB 50011）的规定，按土的名称和性状估计土的剪切波速。

（2）在场地的初步勘察阶段，对大面积的同一地质单元，测量土层剪切波速的钻孔数量，应为控制性钻孔数量的1/3 ~ 1/5，山间河谷地区可适量减少，但不宜少于3个；在场地详细勘察阶段，对单幢建筑，测量土层剪切波速的钻孔数量不宜少于2个，数据变化较大时，可适量增加；对小区中处于同一地质单元的密集高层建筑群，测量土层剪切波速的钻孔数量可适当减少，但每幢高层建筑不得少于一个。

（3）地震液化的进一步判别应在地面以下15m的范围内进行；对于桩基和基础埋深大于5m的天然地基，判别深度应加深至20m。对判别液化而布置的勘探点不应少于3个，勘探孔深度应大于液化判别深度。

（4）当采用标准贯入试验判别液化时，应按每个试验孔的实测击数进行。在需要做判定的土层中，试验点的竖向间距为1.0 ~ 1.5m，每层土的试验点数不宜少于6个。

三、地震液化的形成条件

1. 土的类型和性质

土的类型和性质是地震液化的物质基础。根据我国一些地区地震液化统计资料，细砂土和粉砂土最易液化。但当随着地震烈度的增高，粉土、中砂土等也会发生液化。可见砂土、粉土是地震液化的主要土类。究其原因，主要是由于砂土、粉土的粒组成分有利于地震时形成较高的超孔隙水压力，且不利于超孔隙水压力的消散。

砂土、粉土的密实度、粒度及级配等也是影响地震液化的重要因素。

2. 饱和砂土、粉土的埋藏条件

饱和粉土、砂土的埋藏条件包括地下水埋深和液化土层上的非液化黏性土盖层厚度。由地震液化机理分析可知：松散的砂土层、粉土层埋藏越浅，上覆不透水黏性土盖层越薄，地下水埋深越小，就越容易发生地震液化。

3. 地震震动强度及持续时间

引起饱和砂土、粉土液化的动力是地震的加速度，显然地震越强、加速度越大，则越容易引起地震液化。

地震的持续时间长，将使液化土体中产生的超孔隙水压力增长快，总土体中有效应力降低到零的时间就短，地震液化就容易发生。

四、地震液化的判别方法

地震液化是由多种内因（土的颗粒组成、密度、埋藏条件、地下水位、沉积环境和地质历史等）和外因（地震动强度、频谱特征和持续时间等）综合作用的结果，而地震液化判别的方法基本上也都是经验方法，具有一定局限性和模糊性，因此，地震液化的判别宜选用多种方法进行综合判定。

1. H. B. Seed剪应力比判别法

美国学者H.B.Seed提出的剪应力比判别方法，是国内外较早使用的一种方法。其原理是根据某一深度液化土层的实际应力状态，计算出能够引起该土层液化的剪应力τ（实际上此剪应力就相当于该液化土层抵抗液化的抗剪强度），如果τ值小于据地震最大加速度求出的等效平均地震剪应力τ_a，则有可能液化。

根据H.B.Seed的研究，按下式计算τ_a：

$$\tau_a = 0.65\xi \frac{\gamma h}{g} a_{\max}$$

式中：γ——液化土层的天然重度；

h ——液化土层的埋深；

$a_{\max}$ ——地震时最大地面加速度；

g ——重力加速度；

ξ ——折减系数，其值因土的性质而异，并随深度而变化，但在深度 $h < 12m$ 的范围内可采用表7–3中提供的数据。

表7–3 ξ的平均值

深度（m）	0	1.5	3	4.5	6	7.5	9	10.5	12
ξ	1.00	0.985	0.975	0.965	0.955	0.935	0.915	0.895	0.856

按下式计算 τ ：

$$\frac{\tau}{\sigma_0} = \frac{\sigma_d / 2}{\sigma_a} \cdot c_r$$

式中：σ_0——某一深度处的有效覆盖压力；

$\dfrac{\sigma_d / 2}{\sigma_a}$ ——动三轴压缩试验所求得的应力比，即最大动循环剪应力 $\tau_{\max}$ 与初始围压 σ_a 之比（其中 $\tau_{\max} = (\sigma 1 - \sigma 3)/2 = \sigma_d/2$，$\sigma_d/2$ 为施加的循环荷载）；

C_r ——小于1的校正系数，用它来考虑室内动三轴压缩试验与地震现场应力状态之间的差别，它随土的相对密度而改变。

有效覆盖压力 σ_0 的计算有三种情况：

①若计算点以上部分土层在地下水位以上，则 $\sigma_0 = \gamma Z$ ；

②若计算点以上部分土层在地下水位以下，则 $\sigma_0 = \gamma h + \gamma'(Z-h)$ ；

③若地下水位出露于地面，则 $\sigma_0 = \gamma Z$ 。

式中：γ、γ' ——分别为土的天然重度和浮重度；

　　　　h ——地下水位埋深；

　　　　Z ——计算点深度。

H.B.Seed的这种简化判别方法是从地震液化的机理出发，综合影响液化的一些主要因素，从力学计算角度来判别地震液化的可能性，有一定的理论和试验依据。但近年来国内外很多试验结果表明动应力比 $\dfrac{\sigma_d / 2}{\sigma_a}$ 远不是一个稳定的参量，所以国外有学者发现，若以动剪变幅 γ 代替动应力比判别地震液化会更合理。

2. 按《建筑抗震设计规范》（GB 50011—2010）规定判别

（1）初判条件。

当饱和砂土或饱和粉土（不含黄土）符合下列条件之一时，可初步判别为不液化或不考虑液化影响。

①地质年代为第四纪晚更新世（Q_3）及其以前，抗震设防烈度为7度、8度时可判为不液化土；

②粉土的黏粒含量（系采用六偏磷酸钠作分散剂测定）百分率外 P_C（%），在抗震设防烈为7度、8度和9度分别不小于10、13和16时，可判为不液化土；

③浅埋天然地基的建筑，当上覆非液化土层厚度和地下水位深度符合下列条件之一时，可不考虑液化影响：

$$d_u > d_o + d_b—2$$
$$d_w > d_o + d_b—3$$
$$d_u + dw > 1.5d_o + 2d_b—4.5$$

式中：d_w——地下水位深度（宜按设计基准期内年平均最高水位采用，也可按近期内年最高水位采用）（m）；

d_m——上覆非液化土层厚度（计算时宜将淤泥和淤泥质土层扣除）（m）；

d_b——基础埋置深度（不超过2m时应采用2m）（m）；

d_o——液化土特征深度（可按表7-4查取）（m）。

表7-4　液化土特征深度　　　　　　　　　　　　　单位：m

设防烈度 饱和土类别	7度	8度	9度
粉土	6	7	8
砂土	7	8	9

表7-5　液化判别标准贯入锤击数基准值N_0

设计基本地震加速度（g）	0.10	0.15	0.20	0.30	0.30
液化判别标准贯入锤击数基准值	7	10	12	16	19

（2）进一步判别。

当饱和砂土、粉土的初步判别认为需进一步进行液化判别时，应采取标准贯入试验判别法判别地面下20m范围内土的液化；对可不进行天然地基及基础的抗震承载力验算的各类建筑，可只判别地面下15m范围内土的液化。当饱和土标准贯入锤击数N（未经杆长修正）小于或等于液化判别标准贯入锤击数临界值Nσ（N≤Nσ）时，应判为液化土。

液化判别标准贯入锤击数临界值Nσ按下式计算：

$$N_{\sigma} = N_O\beta\left[1_N(0.6d_s + 1.5) - 0.1d_w\right]\sqrt{\frac{3}{p_c}}$$

式中：N ——饱和土标准贯入锤击数（未经杆长修正）；

$\quad N_\sigma$ ——液化判别标准贯入锤击数临界值；

$\quad N_O$ ——液化判别标准贯入锤击数基准值，应按表7-5采用；

$\quad d_s$ ——饱和土标准贯入点深度（m）；

$\quad d_w$ ——地下水位埋深（m）；

$\quad p_c$ ——黏粒含量百分率，当小于3或为砂土时，应采用3。

$\quad \beta$ ——调整系数。设计地震第一组取0.80，第二组取0.95，第三组取1.05。

五、评价液化等级

《建筑抗震设计规范》（GB 50011—2010）评价液化等级的基本方法是：按每个标准贯入试验点逐点判别液化可能性，按每个试验孔计算液化指数，按照每个孔的计算结果，结合场地的地质地貌条件，综合确定场地液化等级。

1. 计算液化指数

凡已经判定为可液化的土层，应按下式计算地基土的液化指数：

$$I_{lE} = \sum_{i=1}^{N}(1 - \frac{N_i}{N_{\sigma i}})d_i w_i$$

式中：L_{ie} ——地基土液化指数；

$\quad N_i$、N_{cri} ——分别为i点标准贯入锤击数的实测值和临界值，当实测值大于临界值时取临界值；当只需要判别15m范围以内的液化时，15m以下的实测值可按临界值采用。

$\quad n$ ——在判别深度范围内每一个钻孔标准贯入试验点的总数；

$\quad d_i$ ——i点所代表的土层厚度（可采用与该标准贯入试验点相邻的上、下两标准贯入试验点深度差的一半，但上界不高于地下水位深度，下界不深于液化深度）（m）；

$\quad w_i$ ——i土层单位土层厚度的层位影响权函数值（当该层中点深度不大于5m

时，应采用10；等于20m应采用零值；5 ~ 20m时应按线性内插法取值）（m^{-1}）。

由于液化指数I_{LE}主要决定于实测值与临界值的比值，是无量纲参数，所以当不用标准贯入方法而是用其他方法判别液化时，仍可用此式计算液化指数，只是当用静力触探试验方法时，用$p_{si}/p_{cri} \cdot (q_{si}/q_{scri})$代替$N_i/N_{\sigma i}$当用波速试验方法时，用$u_{si}/u_{sri}$替代$N_i/N_{\sigma i}$。

2. 划分液化等级

场地和地基的液化等级根据液化指数按表7-6评定。

表7-6　液化等级与液化指数的对应关系

液化等级	轻微	中等	严重
液化指数I_{LE}	$0 < I_{LE} \leqslant 6$	$6 < I_{LE} \leqslant 18$	$I_{LE} > 18$

六、抗液化措施

（1）凡判别为可液化地基土层，应根据建筑类别和地基液化等级按下列规定提出抗液化措施的建议：

甲类建筑宜避开地基液化等级为严重或中等的场地；乙类建筑在地基液化等级为严重的场地，应避开或全部消除液化，在进行技术经济对比后确定其抗震措施；丙、丁类建筑可不考虑避开措施。各类建筑均应避开可能产生液化滑移的地段。当无法避开时，应采取保证场地地震时整体稳定的措施；各类建筑和构筑物的液化措施，应根据现行国家标准《建筑抗震设计规范》（GB 50011—2010）规定提出建议。

（2）通常采用的抗液化措施有：

①换土填层。将液化土层全部挖除，并回填以压实的非液化土，是彻底消除液化的措施。

②加密。采取振冲、振动加密、砂桩挤密、强夯等方法改善液化土层的密实程度，以提高地基抗液化能力。加密法可以全部或部分消除液化的影响。

③增加盖层。是在地面上堆填一定厚度的填土，以增大有效覆盖压力。

④围封法。是在建筑物地基范围内用板桩、混凝土截水墙、沉箱等，将液化土层截断封闭，以切断液化土层对地基的影响，增加地基内土层的侧向压力。

⑤采用深基础。基础穿过液化土层，且基础底面埋入可液化深度以下稳定土层中的深度不应少于50mm。

第八章　岩土工程分析评价及成果报告

岩土工程勘察报告是岩土工程勘察的最终成果，是工程设计、工程施工及工程治理的基本依据。因此，对搜集的已有资料、前期野外工作（包括工程地质测绘、工程勘探、原位测试、现场检验和监测）和室内试验获取的地质资料、发现的地质问题，结合具体工程特点进行岩土工程分析评价，得出总结性的结论，其既是岩土工程勘察的重要工作程序，也是编制岩土工程勘察报告的质量保证。

第一节　岩土工程分析评价的内容与方法

一、岩土工程分析评价的主要内容和要求

1. 岩土工程分析评价的作用

岩土工程分析评价是岩土工程勘察资料整理的重要部分，与传统的工程地质评价相比，其作用更加强大，主要表现为：

（1）分析评价的任务和要求，无论在广度还是深度上，都大大增加了。

（2）分析评价时，要求与具体工程密切结合，解决工程问题，而不仅仅是离开实际工程去分析地质规律。

（3）要求预测和监控施工运营的全过程，而不仅仅是"为设计服务"。

（4）要求不仅提供各种资料，而且要针对可能产生的问题，提出相应的处理对策和建议。

2. 岩土工程分析评价的主要内容

岩土工程分析评价应在工程地质测绘、勘探、测试和搜集已有资料的基础上，结合工程特点和要求进行，其主要包括下列内容：

（1）场地的稳定性与适宜性。

（2）为岩土工程设计提供场地地层结构和地下水空间分布的几何参数、岩土体工程性状的设计参数。

（3）预测拟建工程对现有工程的影响，工程建设产生的环境变化，以及环境变化对工程的影响。

（4）提出地基与基础方案设计的建议。

（5）预测施工过程可能出现的岩土工程问题，并提出相应的防治措施和合理的施工方法。由于岩土性质的复杂性以及多种难以预测的因素，对岩土工程稳定和变形问题的预测，不可能十分精确。故对于重大工程和复杂岩土工程问题，必要时应在施工过程中进行监测，根据监测适当调整设计和施工方案。例如，高边坡露采工程及深开挖工程；大型地下洞室工程；已有工程邻近地段挖方、填方、蓄水、排水、接建工程；预压排水固结等岩土处理工程等，均可根据位移观测、变形观测、应力观测、孔隙水压力观测的成果，适当调整原先制定的设计和施工方案。

3. 岩土工程分析评价的要求

为了保证岩土工程分析评价的质量，对岩土工程分析评价提出以下要求：

（1）充分了解工程结构的类型、特点、荷载情况和变形控制要求。

（2）掌握场地的地质背景，考虑岩土材料的非均质性、各向异性和随时间的变化，评估岩土参数的不确定性，确定其最佳估值。

（3）充分考虑当地经验和类似工程的经验。

（4）对于理论依据不足、实践经验不多的岩土工程问题，可通过现场模型试验或足尺试验取得实测数据进行分析评价。

（5）必要时可建议通过施工监测，调整设计和施工方案。

二、岩土工程分析评价的方法

岩土工程分析评价应在定性分析的基础上进行定量分析，反分析作为数据分析的一种手段，在勘察等级为甲级、乙级的岩土工程勘察中也经常用到。

1. 定性分析

定性分析是岩土工程分析评价的首要步骤和基础，一般不经定性分析不能直接进行定量分析，仅在某些特殊情况下只需进行定性分析。如下列问题，可仅做定性分析：

（1）工程选址及场地对拟建工程的适宜性。

（2）场地地质条件的稳定性。

（3）岩土性状的描述。

2. 定量分析

需做岩土工程定量分析评价的问题主要有：

（1）岩土体的变形性状及其极限值。

（2）岩土体的强度、稳定性及其极限值，包括斜坡及地基的稳定性。

（3）地下水的作用评价。

（4）水和土的腐蚀性评价。

（5）其他各种临界状态的判定问题。

目前我国岩土工程定量分析普遍采用定值法。对特殊工程，需要时可辅以概率法进行综合评价。

按《岩土工程勘察规范》（GB50021）的规定，岩土工程计算应符合以下要求：

（1）按承载能力极限状态计算，可用于评价岩土地基承载力和边坡、挡墙、地基稳定性等问题，可根据有关设计规范规定，用分项系数或总安全系数方法计算，有经验时也可用隐含安全系数的抗力容许值进行计算。

（2）按正常使用极限状态要求进行验算控制，可用于评价岩土体的变形、动力反应、透水性和涌水量等。

其中，承载力极限状态（或称破坏极限状态）可以分为两种情况：

①岩土体中形成破坏；

②岩土体过量变形或位移导致工程的结构破坏。

属于①情况的有地基的整体滑动、边坡失稳、挡土墙结构倾覆、隧洞冒顶或塌方、渗透变形破坏等。属于②情况的有：由于土体的湿陷、震陷、融陷或其他大变形，造成工程的结构性破坏；由于岩土体过量的水平位移，导致桩的倾斜、管道破裂、邻近工程的结构性破坏；由于地下水的浮托力、静水压力或动水压力造成的工程结构性破坏等。

正常使用极限状态（或称功能极限状态），对应于工程达到正常使用或耐久性能的某种规定限值。属于正常使用极限状态的情况有：影响正常使用的外观变形、局部破坏、振动以及其他待定状态。例如，由于岩土体变形而使工程发生超限的倾斜、沉降、表面裂隙或装修损坏；由于岩土刚度不足以影响工程正常使用的振动；因地下水渗漏而影响工程（地下室）的正常使用。

3. 反分析

反分析仅作为分析数据的一种手段，适用于根据工程中岩土体实际表现的性状或足尺试验岩土体性状的量测结果反求岩土体的特性参数，或验证设计计算，查验工程效果及事故原因。在对场地地基稳定性和地质灾害评价中使用较多。

反分析应以岩土工程原型或足尺试验为分析对象。根据系统的原型观测，查验岩土体在工程施工和使用期间的表现，检验与预期效果相符的程度。反分析在实际应用中分为非破坏性（无损的）反分析和破坏性（已损的）反分析两种情况，它们分别适用于表8-1和表8-2中所列情况。

表8-1　非破坏性反分析的应用

工程类型	实测参数	反测参数
建筑物工程	地基沉降变形量或地面沉降量、基坑回弹量	岩土变形参数，地下水开采量等
动力机器基础	稳态或非稳态动力反应数据，包括位移、速度、加速度	岩土动刚度、动阻尼
支挡工程	水平及垂直位移、岩土压力、结构应力	岩土抗剪强度、岩土压力、锚固力
公路工程	路基与路面变形	变形模量、承载比

表8-2　破坏性反分析的应用

工程类型	实测参数	反测参数
滑坡	滑坡体的几何参数，滑动前后的观测数据	滑动面岩土强度
饱和粉土、砂土液化	地震前后的密度、强度、水位、上覆压力、标高等	液化临界值

　　总之，岩土工程的分析评价，应根据岩土工程勘察等级区别进行。对丙级岩土工程勘察，可根据邻近工程经验，结合触探和钻探取样试验资料进行分析评价；对乙级岩土工程勘察，应在详细勘探、测试的基础上，结合邻近工程经验进行，并提供岩土的强度和变形指标；对甲级岩土工程勘察，除按乙级要求进行外，尚宜提供载荷试验资料，必要时应对其中的复杂问题进行专门研究，并结合监测对评价结论进行检验。

第二节　（岩）土参数的分析与选取

　　（岩）土体本身存在不均匀性和各向异性，在取样和运输过程中又受到不同程度的扰动，试验仪器、操作方法差异等也会使同类土层所测得的指标值具有离散性。对勘察中获取的大量数据指标可按地质单元及层位分别进行统计整理，以求得具有代表性的指标。统计整理时，应在合理分层基础上，根据测试次数、地层均匀性、工程等级，选择合理的数理统计方法对每层土物理力学指标进行统计分析和选取。

一、（岩）土参数的可靠性和适用性分析

（岩）土参数主要指岩土的物理力学性质指标。在工程上一般可分为两类：一类是评价指标，主要用于评价岩土的性状，作为划分地层和鉴定岩土类别的主要依据；另一类是计算指标，主要用于岩土工程设计，预测岩土体在荷载和自然因素及其人为因素影响下的力学行为和变化趋势，并指导施工和监测。因此，岩土参数应根据其工程特点和地质条件选用，并分析评价所取岩土参数的可靠性和适用性。

岩土参数的可靠性是指参数能正确地反映岩土体在规定条件下的性状，能比较有把握地估计参数真值所在的区间；岩土参数的适用性是指参数能满足岩土工程设计计算的假定条件和计算精度要求。

岩土参数的可靠性和适用性主要受岩土体扰动程度和试验方法的影响，所以主要按以下内容评价其可靠性和适用性：

（1）勘探方法（以钻探为主）；

（2）取样方法和其他因素对试验结果的影响；

（3）采用的试验方法和取值标准；

（4）不同测试方法所得结果的分析比较；

（5）测试结果的离散程度；

（6）测试方法与计算模型的配套性。

二、（岩）土参数的选取

岩土工程勘察报告中，应提供工程场地内各（岩）土层物理力学指标的平均值、标准差、变异系数、数据分布范围和数据的个数。因此，岩土参数的选取，应按工程地质单元、区段及层位分别统计数值和数据个数。按下列公式计算指标的平均值 φ_m、标准差 σ_f 和变异系数 δ。

$$\varphi_m = \frac{1}{n}\sum_{i=1}^{n}\varphi_i$$

$$\sigma_f = \sqrt{\frac{1}{n-1}\left[\sum_{i=1}^{n}\varphi_i^2 - \frac{1}{n}\left(\sum_{i=1}^{n}\varphi_i\right)^2\right]} = \sqrt{\frac{\sum_{i=1}^{n}\varphi_i^2 - n\varphi_m^3}{n-1}}$$

$$\delta = \frac{\sigma_f}{\varphi_m}$$

式中：φ_i——岩土的物理力学指标数据；

　　n——区段及层位范围内数据的个数；

　　φ_m——岩土参数平均值；

　　φ_f——岩土参数的标准差；

　　δ——岩土参数的变异系数。

　　求得平均值和标准差之后，可用来检验统计数据中应当舍弃的带有粗差的数据。剔除粗差有不同的标准，常用的有 $\pm 3\varphi_f$ 方法，此外还有 Chauvenet 方法和 grudds 方法。

　　当离差 d 满足下式时，该数据应舍弃：

$$|d| > g\sigma_f$$

式中：d——离差，$d=\varphi_i-\varphi_m$ 由不同标准给出的系数，当采用 3 倍标准差方法时，g=3。

　　标准差可以作为参数离散性的尺度，但由于它是有量纲的指标，不同（岩）土参数的离散性不能用标准差来比较。为了评价（岩）土参数的变异特征，就引入了变异系数 δ 的概念。δ 是无量纲系数，使用比较方便，在国际上是一个通用的概念。

　　根据上面式求得变异系数后，可按变异系数划分变异类型（当 3 < 0.3 时，为均一型；当 $\delta \geq 0.3$ 时，为剧变型），从而定量地判别和评价岩土参数的变异特征。为了不对有些变异系数本身较大的指标造成误判，对于主要参数宜绘制其沿深度变化的图件，并按变化特点划分为相关型和非相关型（r=0）。需要时应分析参数在水平方向上的变异规律。

　　相关型参数宜结合岩土参数与深度的经验关系，按下式计算剩余标准差，并按剩余标准差计算变异系数。

$$\sigma_r = \sigma_f \sqrt{1 - r^2}$$

$$\delta = \frac{\sigma_r}{\varphi_m}$$

式中：σ_r——剩余标准差；

　　r——相关系数，对非相关型，r=0。

三、（岩）土参数标准值

　　（岩）土参数的标准值是岩土工程设计的基本代表值，是（岩）土参数的可靠性估值。其计算方法是采用统计学区间估计理论基础上得到的关于参数母体平均值置信区间的单侧置信界限值方法。

（岩）土参数的标准值 φ_k 按下式计算：

$$\phi k = ys\varphi_m$$

$$\gamma_s = 1 \pm \left(\frac{1.704}{\sqrt{n}} + \frac{4.678}{n^2} \right) \delta$$

（注：式中正负号按不利组合考虑，如计算C、ϕ 值修正系数时，应取"—"号。）

式中：γ_s——统计修正系数。亦可按岩土工程的类型和重要性、参数的变异性和统计时数据的个数，根据经验选用。

对于（岩）土的抗剪强度指标C、ϕ 标准值，可以参考地方规范按上公式分别计算出 ϕ_m、c_m、$\sigma\phi$、σc、δ_ϕ、δ_c，再按下式计算内摩擦角和黏聚力的统计修正系数 Ψ_ϕ、Ψc 必和标准值Ck、ϕ k。

$$\psi_\phi = 1 - \left(\frac{1.704}{\sqrt{n}} + \frac{4.678}{n^2} \right) \delta_\phi$$

$$\psi_c = 1 - \left(\frac{1.704}{\sqrt{n}} + \frac{4.678}{n^2} \right) \delta_c$$

$$\phi_k = \Psi_\phi \phi_m$$

$$C_k = \Psi c c_m$$

式中：Ψ_ϕ——内摩擦角的统计修正系数；

Ψ_C——黏聚力的统计修正系数；

δ_ϕ——内摩擦角的变异系数；

δ_c——黏聚力变异系数；

ϕ_m——内摩擦角的试验平均值；

c_m——黏聚力的试验平均值。

第三节 地下水作用的评价

在岩土工程的勘察、设计、施工过程中，地下水的影响始终是一个极为重要的问题，因此，在岩土工程勘察中应当对其作用进行预测和评估，提出评价的结论与建议。地下水对岩土体和建筑物的作用，按其机制可以划分为两类：一类是力学作用；另一类是物理、化学作用。力学作用原则上应当是可以定量计算的，通过力学模型的建立和参数的测定，可以用解析法或数值法得到合理的评价结果。很多情况下，还可以通过简化计算，得到满足工程要求的结果。由于岩土特性的复杂性，物理、化学作用有时难以定量计算，但可以通过分析，得出合理的评价。

一、地下水力学作用的评价

地下水力学作用的评价，应包括下列内容：

（1）对基础、地下结构物和挡土墙，应考虑在最不利组合情况下，地下水对结构物的上浮作用；对节理不发育的岩石和黏土且有地方经验或实测数据时，可根据经验确定；有渗流时，地下水的水头和作用宜通过渗流计算进行分析评价。

（2）验算边坡稳定性时，应考虑地下水对边坡稳定性的不利影响。

（3）在地下水位下降的影响范围内，应考虑地面沉降及其对工程的影响；当地下水位回升时，应考虑可能引起的回弹和附加的浮托力。

（4）当墙背填土为粉砂、粉土或黏性土，验算支挡结构物的稳定性时，应根据不同排水条件评价地下水压力对支挡结构物的作用。

（5）因水头压差而产生自下向上的渗流时，应评价产生潜蚀（工程上称管涌）、流土的可能性。

（6）在地下水位下开挖基坑或地下工程时，应根据岩土的渗透性、地下水补给条件，分析评价降水或隔水措施的可行性及其对基坑稳定和邻近工程的影响。

二、地下水的物理、化学作用的评价

地下水的物理、化学作用的评价应包括下列内容：

（1）对软质岩石、强风化岩石、残积土、湿陷性土、膨胀（岩）土和盐渍（岩）土，应评价地下水的聚集和散失所产生的软化、崩解、湿陷、胀缩和潜蚀等有害作用。

（2）在冻土地区，应评价地下水对土的冻胀和融陷的影响。

三、采取工程降水措施时应评价的问题

对地下水采取降低水位措施时，应符合下列规定：

（1）施工中地下水位应保持在基坑底面以下0.5～1.5m。

（2）降水过程中应采取有效措施，防止土颗粒的流失。

（3）防止深层承压水引起的突涌，必要时应采取措施降低基坑下的承压水头。

如对于地下水位以下开挖基坑需采取降低地下水位的措施时，需要考虑和评价

的问题主要有：

能否疏干基坑内的地下水，得到便利安全的作业面；在造成水头差条件下，基坑侧壁和底部土体是否稳定；由于地下水位的降低，是否会对邻近建筑、道路和地下设施造成不利影响。

四、工程降水方法的选取

选取合理有效的工程降水方法，使施工中地下水位下降至开挖面以下一定距离（砂土应在0.5m以下，黏性土和粉土应在1m以下），以避免处于饱和状态的基坑槽底土质受施工活动影响而扰动，降低地基的承载力，增加地基的压缩性。在降水过程中如果不能满足有关规范要求，将会带出土颗粒，有可能使基底土体受到扰动，严重时可能影响拟建工程建筑的安全和正常使用，所以要综合考虑工程和地质因素，选取合理的降低地下水位的方法。常见工程降水方法及其适用范围如表8-3所示。

表8-3　降低地下水位方法的适用范围

技术方法	适用地层	渗透系数（m/d）	降水深度
明排井	黏性土、粉土、砂土	<0.5	<2m
真空井点	黏性土、粉土、砂土	0.1 ~ 20	单级<6m，多级<20m
电渗井点	黏性土、粉土	<0.1	按井的类型确定
引渗井	黏性土、粉土、砂土	0.1 ~ 20	根据含水层条件选用
管井	砂土、碎石土	1.0 ~ 200	>5m
大口井	砂土、碎石土	1.0 ~ 200	<20m

第四节　水和土的腐蚀性评价

一、测试要求

岩土工程勘察时，当有足够经验或充分资料，认定工程建设场地及其附近的土或水（地下水或地表水）对建筑材料为微腐蚀时，可不取样试验进行腐蚀性评价。否则，应取水试样或土试样进行试验，评定水和土对建筑材料的腐蚀性。

采取水试样和土试样应符合以下规定：

（1）混凝土结构处于地下水位以上时，应取土试样做土的腐蚀性测试；

（2）混凝土结构处于地下水或地表水中时，应取水试样做水的腐蚀性测试；

（3）混凝土结构部分处于地下水位以上、部分处于地下水位以下时，应分别取土试样和水试样做腐蚀性测试；

（4）水试样和土试样应在混凝土结构所在的深度采取，每个场地不应少于2件。当土中盐类成分和含量分布不均匀时，应分区、分层取样，每区、每层不应少于2件。

水和土腐蚀性的测试项目和试验方法应符合以下规定：

（1）水对混凝土结构腐蚀性的测试项目包括：pH、Ca^{2+}、Mg^{2+}、Cl^-、SOr、HCO^{3-}、CO^-、侵蚀性CO_2、游离CO_2、NH^{4+}、OH^-、总矿化度；

（2）土对混凝土结构腐蚀性的测试项目包括：pH、Ca^{2+}、Mg^{2+}、Cl^-、SOr、HCO^3、CO_3^{2-}易溶盐（土水比1：5）分析；

（3）土对钢结构的腐蚀性的测试项目包括：pH、氧化还原电位、极化电流密度、电阻率、质量损失。

二、腐蚀性评价

1．水和土对混凝土结构的腐蚀性评价

场地环境类型对土、水的腐蚀性影响很大，不同的环境类型主要表现为气候所形成的干湿交替、冻融交替、日气温变化、大气湿度等。工程建设场地的环境类型，按表8-4规定划分。

表8-4　场地环境类型分类

环境类型	场地环境地质条件
I	高寒区、干旱区直接临水；高寒区、干旱区强渗水层中的地下水
II	高寒区、干旱区弱透水层中的地下水；各气候区湿、很湿的弱透水层湿润区直接临水；湿润区强透水层中的地下水
III	各气候区稍湿的弱透水层；各气候区地下水位以上的强透水层

第五节　地理信息系统（GIS）在岩土工程勘察中的应用

地理信息系统（GIS）是一种特定的空间信息系统，是在计算机硬、软件系统支持下，对整个或部分地球表层空间中的有关地理分布数据进行采集、存储、管理、运算、分析、显示和描述的技术系统，其处理、管理的对象是多种地理空间实体数据及其关系，包括空间定位数据、图形数据、遥感影像数据、属性数据等。近年来，随着图形处理技术、数据库技术、计算机技术、网络技术的飞速发展及其应用的不断深入，地理信息系统在岩土工程勘察中的应用日益得到重视，并发挥其重要作用。

一、地理信息系统（GIS）在岩土工程勘察中的作用

在岩土工程勘察领域，应用GIS技术就可以从更深层次、更大范围内对各种勘察技术方法获取的数据信息进行综合开发利用，如把分散在各勘察单位的已有数据资料整合在一起，对整个区域的工程地质条件进行分析与评价，这对于提高岩土工程勘察与评价的准确性，提高宏观决策能力，增强勘察市场竞争能力，真正实现资源共享，低耗高效完成勘察任务均有重要意义。GIS在岩土工程勘察中的作用主要有：

（1）GIS拥有强大的数据处理能力与数据采集能力，能快速为岩土工程勘察提供更加广泛、更加优质的数据。

（2）GIS通过高度集成属性数据与图形图像数据，方便地表达和描述岩土工程勘察中复杂的空间实体，支持管理勘察数据的全面信息，便于建立科学的设计模型与分析模型，也便于构建辅助评价与决策系统。

（3）GIS具备全面的空间分析能力，如数字地形分析、缓冲区分析、拓扑叠加等，从而为建立完善的评价分析、辅助决策模型提供良好的支持。

（4）GIS支持可视化操作，使岩土工程勘察拥有可视化操作界面，以人机交互方式来选择显示的对象和形式。

二、基于GIS的岩土工程勘察地理信息系统的构建过程

通过计算机软件的处理，使岩土工程勘察的信息形成数据共享，为岩土工程勘察的各个阶段和环节提供数据接口文件，达到数据的协调处理和共享操作，实现岩土工程勘察的区域性信息管理，从而缩短建设工程的勘察和设计周期，规范文件资料储存，提升岩土工程勘察的效率和经济效益。

基于GIS的岩土工程勘察地理信息系统的构建过程主要分为如下几个阶段：

（1）数据的录入。明确勘察系统的目标和需求，收集大量岩土工程勘察信息，经过核实初步处理后，输入Excel或者数据表中。

（2）软件的运用。运用相关软件，在获得的本地地图（地形图）上进行分析，如运用Arc-view、MapX、MapInfo等软件。

（3）系统二次开发。根据用户的实际需求，对于软件中的插件或者软件本身进

行二次开发，形成方便使用的程序。

（4）软件的运行。经过测试和调试之后，软件成型，可使岩土工程勘察的信息得到最大化的利用，充分发挥信息资源的价值和潜力，并协调进行相关的决策。

三、岩土工程勘察软件及其主要功能

基于GIS技术的岩土工程勘察软件已经普遍用于岩土工程勘察领域，如理正、华宁、华岩、吉奥等岩土工程勘察软件以其强大、齐全的功能和人性化计算机使用界面使岩土工程勘察资料整理和成果报告编写效率得到大幅度的提高。

我国岩土工程勘察软件主要是在MapGIS地理信息共享服务平台上开发研制的，其功能主要包括：图形数据库的建立与管理、属性数据库的建立与管理、图形显示与制图输出、图形（地理空间）分析、查询、定制、实用性等功能。具体的应用功能有以下几方面。

1. 自动生成和编辑图形功能自动生成和编辑的图形主要包括：

（1）勘探点平面布置图。建立新建工程，输入工程名称、工程编号、勘探孔地理坐标、勘探孔编号与类型（钻孔、探井、探槽）、孔口高程等信息，按一定比例尺自动生成勘探点平面布置图。

（2）钻孔柱状图。输入钻孔信息和地层描述，如钻孔号、钻孔坐标、土层名称、土层埋深、土层编号、土层年代、土层成因、水位埋深、孔深等信息，按一定垂直比例尺生成钻孔柱状图。

（3）工程地质剖面图。在输入各钻孔资料，完成钻孔柱状图后，可按勘探点平面布置图，选取工程地质剖面线、点击选中的钻孔编号，确定纵横比例尺，就可自动生成工程地质剖面图。

由于勘察点平面布置图和工程地质剖面图相对于钻孔柱状图，计算机的数据处理、自动生成和编辑过程要复杂得多，面临的实际问题也比较多，故在这种图形的制作过程中，除CAD系统自动生成和编辑外，还可进行人工干预。

2. 土工试验数据处理功能

土工试验数据处理包括室内的固结试验、三轴压缩试验等力学试验和现场的原位测试两大部分。

主要是通过计算机辅助完成试验数据整理与成果应用，具有实时性。

例如，对于平板载荷试验，首先进入土工试验模块系统，选择平板载荷试验，再输入试验点现场测试的资料（测试点编号、试验位置或深度、荷载压力与对应的沉降变形量、记录时间等），就可按一定操作步骤计算和自动生成平板载荷试验的

P-S曲线，并确定出曲线上特征点，得到P_0值和尺值，求出地基土承载力特征值h和变形模量$£_0$，最后以图表形式输出。

3.（岩）土参数统计分析功能

在合理划分土层的基础上，按每一土层、每一种（岩）土物理力学性质参数（如：G、y、w、f）进行统计计算得出每一土层每一种（岩）土参数的统计样本数、平均值、变异系数、标准值。最后输出各（岩）土层物理力学性质指标统计表。

4. 分析评价功能

该功能相对比较独立，可以含于岩土工程勘察CAD系统内，也有进行二次开发后独立成一部分的，按一定理论计算后，输出计算结果。其主要包括：

（1）地基下卧层沉降验算；

（2）边坡稳定性验算；

（3）基坑支护分析验算；

（4）地震液化评判；

（5）桩基设计计算。

5. 文字处理及编辑报告功能

对于一般的岩土工程勘察和简单的岩土工程勘察项目，其岩土工程勘察报告可以通过计算机进行文字编撰、处理，最终编辑成正式报告。

第六节　编制岩土工程勘察报告

一、岩土工程勘察报告的主要内容

岩土工程勘察报告是指在原始资料的基础上进行整理、统计、归纳、分析、评价，提出工程建议，形成系统的为工程建设服务的勘察技术文件。

岩土工程勘察报告一般由文字和图表两部分组成。表示地层分布和岩土数据，可用图表；分析论证，提出建议，可用文字。文字与图表互相配合，相辅相成。鉴于岩土工程的规模大小各不相同，目的要求、工程特点、自然条件等差别很大，每个建设工程的岩土工程勘察报告内容和章节名称不可能完全一致。所以，岩土工程勘察报告一般应遵循勘察纲要，根据任务要求、勘察阶段、工程特点和地质条件等具体情况编写，并应包括下列基本内容：

（1）勘察目的、任务要求和依据的技术标准。

（2）拟建工程概况。主要包括建筑物的功能、体型、平面尺寸、层数、结构类型、荷载（有条件时列出荷载组合）、拟采用基础类型及其概略尺寸及有关特殊要求的叙述。

（3）勘察方法和勘察工作布置。

（4）场地地形、地貌、地层、地质构造、岩土性质及其均匀性。

（5）各项岩土性质指标，岩土的强度参数、变形参数、地基承载力的建议值。

（6）地下水埋藏情况、类型、水位及其变化。

（7）土和水对建筑材料的腐蚀性。

（8）可能影响工程稳定性的不良地质作用的描述和对工程危害程度的评价。

（9）场地稳定性和适宜性的评价。

（10）对岩土利用、整治和改造的方案进行分析论证，提出建议；对工程施工和使用期间可能发生的岩土工程问题进行预测，提出监控和预防措施的建议。

（11）岩土工程勘察报告中应附的图件：

勘探点平面布置图；工程地质柱状图；工程地质剖面图；原位测试成果图表；室内试验成果图表。

当大型岩土工程勘察项目或重要勘察项目需要时，尚可附综合工程地质图、综合地质柱状图、地下水等水位线图、素描、照片、综合分析图表以及岩土利用、整治和改造方案的有关图表、岩土工程计算简图及计算成果图表等。

（12）当大型岩土工程勘察项目或重要勘察任务需要时，除综合性的岩土工程勘察报告外，尚可根据任务要求，提交下列专题报告或单项报告。

主要的专题报告有：

岩土工程测试报告；岩土工程检验或监测报告；岩土工程事故调查与分析报告；岩土利用、整治或改造方案报告；专门岩土工程问题的技术咨询报告。

主要的单项报告有：

某工程旁压试验报告（单项测试报告）；某工程验槽报告（单项检验报告）；

某工程沉降观测报告（单项监测报告）；某工程倾斜原因及纠倾措施报告（单项事故调查分析报告）；某工程深基坑开挖的降水与支挡设计（单项岩土工程设计）；某工程场地地震反应分析（单项岩土工程问题咨询）；某工程场地土液化势分析评价（单项岩土工程问题咨询）。

编制岩土工程勘察报告时，对丙级岩土工程勘察项目，其成果报告内容可适当简化，采用以图表为主，辅以必要的文字说明；对甲级岩土工程勘察项目，其成果报告除应符合《岩土工程勘察规范》（GB 50021）（2009版）的有关规定，尚可对专门性的岩土工程问题提交专门的试验报告、研究报告或监测报告。

以下为黄土地区某住宅小区岩土工程勘察报告目录内容。

一、前言

（一）工程概况

（二）勘察目的与任务

（三）勘察技术依据

（四）勘察工作布置及完成情况

二、场地工程地质条件

（一）地形地貌

（二）地层岩性

（三）地下水

（四）不良地质作用

三、地基土的工程性能分析

（一）地基土的物理力学性质指标

（二）地基土承载力特征值和压缩模量

（三）场地土湿陷性

（四）场地水、土的腐蚀性

四、场地和地基地震效应

（一）场地抗震地段划分

（二）抗震设防烈度和场地类别

（三）地震动参数

（四）地基土地震液化判评

五、地基基础方案

（一）地基均匀性评价

（二）地基土主要工程性能评价

（三）地基基础方案建议

六、基础施工及有关问题

（一）基坑开挖

（二）边坡问题

（三）施工注意事项

七、结论与建议报告中附录的图表：

（1）岩土工程勘察任务委托书

（2）勘探点主要数据一览表

（3）勘探点平面布置图

（4）工程地质剖面图

（5）土工试验结果报告

（6）剪切波波速测试结果

（7）土样易溶盐检验报告

（8）自重湿陷量计算一览表

（9）湿陷量计算一览表

（10）颗粒分析试验报告

（11）单桩承载力计算过程表

（12）地基沉降变形计算过程一览表

二、岩土工程勘察报告中主要图表的编制工法

岩土工程勘察报告中的图表大多数都是通过岩土工程勘察软件进行编制的，在此对其编制的工法作简单介绍。

1. 勘探点平面布置图

在建筑场地地形底图上，按一定比例尺，把拟建建筑物的位置、层数、各类勘探孔及测试点的编号和位置用不同的图例标示出来，注明各勘探孔、原位测试点的孔口高程、勘探或测试深度，并标注出勘探点剖面线及其编号等。

2. 工程地质柱状图

工程地质柱状图是根据钻孔的现场记录整理出来的，也称钻孔柱状图。现场记录中除了记录钻进的工具、方法和具体事项外，其主要内容是关于地层的分布（层面的深度、层厚）和地层的名称和特征的描述。绘制柱状图之前，应根据现场地层岩性的鉴别记录和土工试验成果进行分层和并层工作。当测试成果与现场鉴别不一致时，一般应以测试成果为主，只有当试样太少且缺乏代表性时才以现场岩性鉴别为准。绘制柱状图时，应自上而下对地层进行编号和描述，并用一定的比例尺（1:50～1:200）、图例和符号表示。在柱状图中还应标出取原状土样的深度、地下水位、标准贯入试验点位及标贯击数等。

有时，根据工程情况，可将该区地层按新老次序自上而下以一定比例尺绘成柱状图，简明扼要地表示所勘察的地层的层序及其主要特征和性质，即综合地层柱状图。图上注明层厚、地质年代，并对岩石或土的特征和性质进行概括性的描述。

3. 工程地质剖面图

工程地质柱状图只反映场地某一勘探点处地层的竖向分布情况，工程地质剖面图则反映某一勘探线上地层沿竖向和水平向的分布变化情况。通过不同方向（如互相垂直的勘探线剖面）的工程地质剖面图，可以获取建筑场地内地层岩性、结构构造的三维分布变化情况。由于勘探线的布置常与主要地貌单元或地质构造轴线相垂直，或与建筑物的轴线相一致，故工程地质剖面图是岩土工程勘察报告的最基本的图件。

剖面图的垂直距离和水平距离可用不同比例尺。绘图时，首先将勘探线的地形剖面线绘出，标出勘探线上各钻孔中的地层层面，然后在钻孔的两侧分别标出层面的高程和深度，再将相邻钻孔中相同的土层分界点以直线相连。当某地层在邻近钻孔中缺失时，该层可假定于相邻两孔中间尖灭。剖面图中应标出原状土样的取样位置和地下水位线。各土层应用一定的图例表示，可以只绘出某一区段的图例，未绘出图例部分可由地层编号识别，这样可使图面更为清晰。此外，工程地质剖面图中可以绘制相应勘探孔的标准贯入试验曲线或静力触探试验曲线。

4. 原位测试成果图表

将各种原位测试成果整理成表，并附测试成果曲线。

三、岩土工程勘察报告审查

对岩土工程勘察报告的审核、审定工作统称为审查。岩土工程勘察报告审查是提高岩土工程勘察成果质量的重要环节，未经审查的岩土工程勘察报告不得提供给建设单位和设计单位使用。

岩土工程勘察报告一般实行二检二审制。勘察报告在审核（审定）之前，项目负责人应对成果资料进行自检，并由指定人员进行互检（核对）后，将其送交技术质量办，由勘察报告审核员进行审核，审核员审核后送总工程师办公室审定。审核（审定）人应对勘察报告的自检和互检（校对）情况进行审查，对未经充分自检和互检的报告，应责令项目负责人和校对人员进行重新检查。审核（审定）人对工程勘察全过程的质量有否决权。

（1）审核（审定）人应首先检查勘察全过程资料的完整性。

审查内容包括：勘察合同、技术委托书、勘察纲要、野外地质编录、原位测试、土（岩）试验报告、水质分析报告等全过程的原始资料的审查。

审查原始资料是否齐全，实际完成的工作量是否满足合同、技术委托书和勘察纲要的要求，如果工作量有较大增减，是否有变更依据；审查钻探工作、地质编录、取样、岩土试验、水质分析资料等的质量情况。

（2）审核（审定）人应对室内分析、整理、绘制的各类图表和文字报告进行审查。

审查各类试验数据与地层岩土性质特征是否吻合，工程地质层的划分是否合理，提供的设计参数是否可靠，文字报告内容是否齐全并突出重点，结论与建议是否切合实际、能否满足设计和技术委托要求，各类图、表是否充分；审查各类图表和文字报告的格式内容是否符合有关规定要求。

（3）报告审查后，应详细填写"报告审查纪要"，对岩土工程勘察全过程各环节的工作质量进行评述，同时对项目负责人的岩土工程勘察质量初评意见进行复评，填写岩土工程勘察项目质量综合评定表（复评），质量复评达到合格后，由总工程师（或授权副总工程师）批准签名，方可提供给委托单位。

岩土工程勘察报告审查人应对岩土工程勘察报告的质量负审查责任。

第九章　土工试验

第一节　样品制备

一、试样制备

野外取回的土样是有土样皮密封的原状态样品或是非原状态的大样品，样品可能是原状样，也可能是扰动样。野外送到实验室的土样不能直接用在试验，必须根据试验项目要求，制作成试验项目所需的样品，所以试验前进行样品制备是土工试验的第一步。

试验制备适用于原状、扰动的土样和尾矿样。

根据力学性质试验项目要求，原状土样同一组试样间的密度差值不宜大于 $0.03g/cm^3$；扰动土样同一组试样的密度与要求的密度差值不宜大于 $0.02g/cm^3$，一组试样的含水率与要求的含水率差值不宜大于 1%。试样制备称量精度应为试样质量的 1/1000。对不需要饱和，且不立即进行试验的试样，应存放在保湿器内备用。

1. 仪器设备

试验制备所需的主要仪器有：切土工具、环刀、土样筛、天平、粉碎土工具、击样器、压样器。还有辅助仪器、包括电热干燥箱、保湿器、塑料袋、过滤设备、喷水器、启盖器等。

2. 原状土样的试样制备步骤

（1）将土样筒按标明的上下方向放置，剥去蜡皮和胶带，用启盖器取掉上下盖，将土样从筒中取出放正。

（2）检查土样结构，当确定已受扰动或取土质量不符合规定时，不应制备力学性质试验的试样。

（3）用修土刀清除与土样筒接触部位的土，整平土样两端。无特殊要求时，切土方向应与天然层次垂直。

（4）用修土刀或钢丝锯将土样削成略大于环刀直径的土柱。对较软的土，应先用钢丝锯将土样分段。对松散的土样，可用布条将周围扎护。

（5）将环刀内壁涂一薄层凡士林，刃口向下放在土样上，再将压环套在环刀上，将环刀垂直插入土中，边压边将环刀外壁余土削去，直至土样露出环刀为止，取下压环，削去环刀两端余土，并用平口刀修平，修平时不应在试样表面反复涂抹。擦净环刀外壁后称量。

（6）紧贴环刀选取代表性试样测定含水率、密度、颗粒分析、界限含水率等试验项目的取样，应按扰动土试验的试验制备规定进行。

（7）在切削试验时，应对土的初步分类、土样的结构、颜色、气味、包含物、均匀程度和稠度状态进行描述。对于有夹层的土样，取样时应具有代表性和均一性。

3. 扰动土试样的试样制备步骤

（1）从土样筒或包装袋中取出土样，并描述土的初步分类、土样的颜色、气味包含物和均匀程度。

（2）对保持天然含水率的扰动土，应将土样切成碎块，拌合均匀后，选取代表性土样测定含水率。

（3）对均质和含有机质的土样，宜采取天然含水率状态下代表性土样，进行颗粒分析、界限含水率试验进行试样制备。对非均质土应根据试验项目取足够数量的土样，置于通风处晾干至可碾散为止。对砂土和进行密度试验的土样宜在温度105～110℃下烘干，对有机质含量超过5%的土，应在温度65～70℃下烘干。

（4）将风干或烘干土样放在橡皮板上用木槌碾散，对不含砂砾的土样宜用粉土器碾散，再用四分法选取代表性试样，供各项试验备用。

（5）当土样含有粗、细颗粒，且粗颗粒较软、较脆，碾散时易引起颗粒破碎时，应按下列湿土制备步骤进行：将土样拌合均匀，测定含水率，取代表性土样，称土样质量，将其放入水盆内，用清水浸没，并用搅拌棒搅动，使土样充分浸润和分散。将分散后的土液通过孔径0.5mm的筛，边冲洗边过筛，直至筛上无粒径小于0.5mm的颗粒为止。将粒径小于0.5mm的颗粒，经澄清或用过滤设备将大部分水分去掉，晾干后供颗粒分析、界限含水率试验备用；将粒径大于0.5mm的土样，在温度105～110℃下烘干，供筛分法备用。

4. 扰动土击实法试验制备步骤

（1）试样的数量视试验项目而定，应有备用试样1～2个。

（2）将碾散的风干土样通过孔径2mm或5mm的筛，取筛下足够试验用的土样，充分拌合均匀，测定含水率。并将土样放入保湿器或塑料袋中保存备用。

（3）称取制备试样所需质量的风干土，根据要求的含水率，制备试样所需的加水量应按下式计算，结果应精确至1g：

$$m_w = \frac{m_0}{1 + w_0 \times 0.01}(w_1 - w_2) \times 0.01$$

式中：m_w——制备试样所需的加水量（g）；

m_0——湿土质量（g）；

w_0——试样的含水率（%）；

w_1——试样要求的含水率（%）。

（4）将土样平铺于橡皮板上或瓷盘内，用喷水器均匀地喷洒所需的加水量，充分拌合均匀并放入保湿器或塑料袋中浸润，浸润时间宜为24h。

（5）将浸润后的试样拌合均匀，测定含水率，当与要求的含水率相差超过1%时，应增减土中水分。

（6）根据击实筒面积，选略大于环刀高度的数值，计算体积。根据要求的干密度，制备试样所需的湿土质量应按下式计算，结果应精确至1g：

$$m_0 = （1 + 0.01w_0）V \times p_d$$

式中：p_d——试样的干密度（g/cm^3）；

V——试样体积（cm^3）。

（7）称取所需质量的湿土，全部倒入击实筒，击实至预定高度，用推土器将试样推出。将试验用的环刀放在试样上切取试样。

5. 扰动土压样法试样制备步骤

（1）根据环刀的容积和要求的干密度，环刀内所需的湿土质量应按式（2-2）计算；

（2）称取略多于计算质量的湿土，放入预先装好环刀的压样器中，整平土样表面，以静压力通过活塞将土样压入环刀内；

（3）取出带试样的环刀，两端用平口刀修平后称量。

二、试样饱和

将制备好的试样根据野外条件或试验要求需进行饱和，试样饱和根据土样的透水性能，分为浸水饱和法、毛细管饱和法和抽气饱和法。浸水饱和法适用于粗粒土；毛细管饱和法适用于较易透水和结构较弱的黏性土、黏性尾矿、粉土和尾粉土；抽气饱和法适用于不易透水的黏性土和黏性尾矿。浸水饱和法可直接在仪器内浸水饱和。

1. 仪器设备

试样饱和所需的主要仪器设备有：平列式饱和器、重叠式饱和器、真空饱和装置、天平、橡皮管、管夹、水槽等。

2. 毛细管饱和法步骤

（1）在平列式饱和器下夹板各圆孔上，依次放置稍大于环刀直径的透水板、滤纸、带试样的环刀、滤纸和稍大于环刀直径的透水板。将饱和器上夹板盖好后，拧紧拉杆上端的螺母，将各个环刀在上、下夹板间夹紧。

（2）将装好试样的饱和器放入水槽并注水，水面不宜超过试样高度。静置24～72h，使试样充分饱和。

（3）取出饱和器，松开螺母，取出带试样的环刀，擦干外壁，取掉滤纸，称环刀和试样的质量，并计算试样的饱和度。

（4）试样的饱和度应按下式计算，结果应精确至1%：

$$s_r = \frac{(p_{sr} - p_d)G_s}{p_d \bullet e} \times 100$$

式中：s_r——试样的饱和度（%）；

　　　p_{sr}——试样饱和后的密度（g/cm³）；

　　　G_s——土粒密度；

　　　e——试验的孔隙比。

试验的孔隙比e应按下式计算，结果应精确至0.01：

$$e = \frac{p_w G_S (1 + 0.01w)}{p} - 1$$

式中：p_w——水的密度（g/cm³）；

　　　p——试验密度（g/cm³）；

　　　w——试验初始含水率（%）。

（5）当试样的饱和度小于95%时，应延长浸泡时间。

3. 抽气饱和法步骤

（1）在重叠式饱和器下夹板的正中，依次放置稍大于环刀直径的透水板、滤纸、带试样的环刀、滤纸及稍大于环刀直径的透水板，如此顺序重复，由下向上重叠至拉杆高度，将饱和器上夹板盖好后，拧紧拉杆上端的螺母，将各个环刀在上、下夹板间夹紧。

（2）将装好试样的饱和器放入真空缸内，盖好缸盖。启动真空泵，抽去缸内及试样中气体，当真空压力表读数接近一个当地大气压力值且时间不低于1h时，微开进水管夹，使清水由引水管呈滴状注入真空缸内。在注水过程中，应调节管夹，使真空压力表的数值保持不变。

（3）待饱和器完全被水淹没后，关闭真空泵，打开排气阀，使空气进入真空缸内。静置10h使试样充分饱和。

（4）打开真空缸盖，从饱和器内取出带试样的环刀，擦干外壁，去掉滤纸，称环刀和试样的质量。

第二节　密度试验

土的密度是指土的单位体积质量，是土体直接测量的最基本物理性质指标之一，其单位是g/cm³。土的密度反映了土体结构的松散程度，是计算土的干密度、孔隙比和饱和度的重要依据，也是自重应力计算、挡土墙压力计算、土坡稳定性验算、地基承载力和沉降量估算以及路基路面施工填土压实控制的重要指标之一。

土的密度试验是采用测定试样体积和试样质量而求取的。试验时将土充满给定容积的容器，然后称出该体积土的质量，或者测定一定质量的土所占的体积。其试验方法有环刀法、蜡封法、灌水法、灌砂法等。

环刀法适用于能用环刀切取的层状样、重塑土和细粒土，是试验的基本方法。蜡封法适用于环刀难于切取并易碎裂的土和形状不规则的坚硬土，不适用于具有大孔隙的土。灌水法适用于现场测试的碎石土和砂土。灌砂法适用于现场测试的碎石土和砂土。

一、环刀法

环刀法是采用一定体积的环刀切取土样并称土质量的方法，环刀内的土质量与环刀体积之比即为土密度。

1. 仪器设备

主要仪器设备有：环刀、天平、切土刀、钢丝锯、润滑油等。

2. 试验步骤

（1）按工程需要取原状土或制备所需状态的扰动土样，整平其两端，将环刀内壁涂一薄层润滑油，刃口向下放在土样上。

（2）用切土刀（或钢丝锯）将土样削成略大于环刀直径的土柱。然后将环刀垂直下压，边压边削，至土样伸出环刀为止，将两端余土削去修平，取剩余的代表性土样测定含水率。

（3）擦净环刀外壁称量。准确至0.1g。

（4）密度和干密度应按下面式子计算，结构应精确至0.01g/cm³。

$$p = \frac{m_1 - m_2}{v}$$

$$p_d = \frac{p}{1 + 0.01w}$$

式中：p——湿密度（g/cm³）；

　　　p_d——干密度（g/cm³）；

　　　m_1——湿土与环刀总质量（g）；

　　　m_2——环刀质量（g）；

　　　V——环刀容积（cm³）；

　　　w——含水率（%）。

（5）环刀法应进行二次平行测定，原状样平行差值不得大于0.03g/cm³，扰动样（重塑土）平行差值不得大于0.01g/cm³。

二、蜡封法

蜡封法也称为浮称法，其试验原理是依据阿基米德原理，即物体在水中失去的质量等于排开同体积水的质量，来测出土的体积；为了避免土体浸水后崩解、吸水等问题，在土体外涂一层蜡。

1. 仪器设备

主要仪器设备有：蜡封设备、天平切土刀、石蜡、烧杯、细线、针等。

2. 试验步骤

（1）切取不小于30cm³的试样。削去松浮表土及尖锐棱角后，系于细线上称量，准确至0.1g，取代表性试样测定含水率。

（2）持线将试样缓缓浸入刚过溶点的蜡液中，待全部沉浸后，立即将试样提出。检查涂在试样四周的蜡中有无气泡存在。若有，则应用热针刺破，并涂平孔口。冷却后，称土加蜡质量，准确至0.01g。

（3）用线将试样吊在天平一端，并使试样浸没于纯水中称量，准确至0.1g，测记纯水的温度。

（4）取出试样，擦干石蜡表面的水分后再称量1次，检查试样中是否有水浸入，如有水浸入，应重做。

（5）按下式计算湿密度及干密度，结果应精确至0.01g/cm³：

$$p = \frac{m}{\dfrac{m_1 - m_1}{p_{wt}} - \dfrac{m_1 - m}{p_n}}$$

$$p_d = \frac{p}{1 + 0.01w}$$

式中：p ——湿密度（g/cm³）；

$\quad p_d$ ——干密度（g/cm³）；

$\quad m$ ——湿土质量（g）；

$\quad m_1$ ——土加蜡质量（g）；

$\quad m_2$ ——土加蜡在水中质量（g）；

$\quad p_{wt}$ ——纯水在 t℃时的密度（g/cm³）；

$\quad p_n$ ——石蜡的密度（g/cm³）；

$\quad w$ ——含水率（%）。

（6）本次试验进行二次平行测定，其平行差值不得大于0.03g/cm³。取其算数平均值。

三、灌水法

灌水法是在现场挖坑后灌水，由水的体积来测量试坑容积，从而测定土的密度的方法。

1. 仪器设备

主要仪器设备有：储水筒、台秤、聚乙烯塑料薄膜、铁镐、水准尺等。

2. 试验步骤

（1）根据试样最大粒径，确定试坑尺寸见表9-1。

表9-1　试坑尺寸

试样最大粒径（mm）	试坑尺寸	
	直径（mm）	深度（mm）
5～20	150	200
40	200	250
60	250	300
200	800	1000

（2）将选定试验处的试坑地面整平，除去表面松散的土层。

（3）按确定的试坑直径画出坑口轮廓线，在轮廓线内下挖至要求深度，边挖边将坑内的试样装入盛土容器内，称试样质量，准确到5g，并应测定试样的含水率。

（4）试坑挖好后，放上相应尺寸的套环，用水准尺找平，将大于试坑容积的聚乙烯塑料薄膜袋平铺于坑内，翻过套环压住薄膜四周。

（5）记录储水筒内初始水位高度，拧开储水筒出水管开关，将水缓慢注入聚乙烯塑料薄膜袋中。当袋内水面接近套环边缘时，将水流调小，直至袋内水面与套环边缘齐平时，关闭出水管，持续3 ~ 5min，记录储水筒内水位高度。当袋内出现水面下降时，应另取聚乙烯塑料薄膜袋重做试验。

试坑的体积，应按下式计算：

$$V_p = (H_1 - H_2) A_w - V_o$$

式中：V_p——试坑体积（cm^3）；

　　　H_1——储水筒内初始水位高度（cm）；

　　　H_2——储水筒内注水终了时水位高度（cm）；

　　　A_w——储水筒断面积（cm^2）；

　　　V_o——套环体积（cm^3）。

试样的密度，应按下式计算，结果应精确至0.01g/cm^3：

$$p = \frac{m_p}{V_p}$$

式中：p　——试样的湿密度（g/cm^3）；

　　　m_p——取自试坑内的试验质量（g）。

四、灌砂法

灌砂法是在现场挖坑后灌标准砂，由标准砂的质量和密度来测量试坑容积，从而测定土的密度的方法。

1. 仪器设备

主要仪器设备有：密度测定器、天平等。

2. 试验步骤

（1）按灌水法密度试验的步骤挖好规定尺寸的试坑，并称试样质量。

（2）向容砂瓶内注满标准砂，关阀门，称容砂瓶、漏斗和标准砂的总质量，准确至10g。

（3）将密度测定器倒置（容砂瓶向上）于挖好的坑口上，打开阀门，使砂注入试坑。在注砂过程中不应振动。当砂注满试坑时关闭阀门，称容砂瓶、漏斗和余砂的总质量，准确至10g，并计算注满试坑所用的标准砂质量。

试样的密度，应按下式计算，结果应精确至0.01g/cm³：

$$p = \frac{m_p}{m_s} p_s$$

式中：m_p——取自试坑内的试验质量（g）；

m_s——注满试坑所用标准砂的质量（g）；

p_s——标准砂密度，精确至0.01g/cm³。

试样的干密度，应按下式计算，结构应精确至0.01g/cm³：

$$p_d = \frac{\dfrac{m_p}{1+0.01w}}{\dfrac{m_s}{p_s}}$$

第三节　含水率试验

土的含水率是指在温度105 ~ 110℃下烘到恒重时所失去的水质量与达到恒重后土质量的比值，以百分数表示。

含水率是土的基本物理性质指标之一，它反映了土的状态。含水率的变化将使土的一系列物理力学性质随之发生变化。这种影响表现在各个方面，如反映在土的稠度方面，使土成为坚硬的、可塑的或流动的；反映在土内水分的饱和程度方面，使土成为稍湿、很湿或饱和的状态；反映在土的力学性质方面，使土的结构强度增加或减少、紧密或疏松，构成压缩性及稳定性的变化。因此，土的含水率是研究土的物理力学性质必不可少的一项基本指标。同时，土的含水率也是土工建筑物施工质量控制的依据。

土的含水率试验原理为：土中的自由水在105 ~ 110℃的温度加热下，逐渐变成水蒸气蒸发，经过一段时间后，土中的自由水全部蒸发掉，然后土的质量不再变化，这时土的质量即为干土质量。而减少的质量为失去的水质量。

测定含水率的试验方法很多，如烘干法、酒精燃烧法、密度法、炒干法、实容积法、微波法和核子射线法等。上述测定含水率试验方法适用于有机质（泥炭、腐殖质及其他）含量不超过5%的土。当土中有机质含量在5% ～ 10%，亦可采用本试验，但须注明有机质含量。

试验以电热干燥箱烘干法为室内试验的标准方法，适用于粗粒土、细粒土、有机质土和冻土。在野外如无烘箱设备或要求快速测定含水率时，可依土的性质和工程情况分别采用酒精燃烧法、红外线烘干法、微波炉法、炒干法。酒精燃烧法：当试样制备需要快速测定土样的含水率时，适用于不含有机质的土。红外线烘干法：当现场施工检测需要快速测定土样含水率时，适用于不含有机质的土。微波炉法：可有选择地应用于土方工程施工中，适用于不含有机质的土。炒干法：适用于碎石土和砂土。

试样的含水率，应按下式计算，结果应精确至0.01g/cm³：

$$w = (\frac{m}{m_d} - 1) \times 100$$

式中：w ——含水率（%）；

　　　m ——湿土质量（g）；

　　　m_d ——干土质量（g）。

试验需进行二次平行测定，取其算数平均值，允许平行差值应符合表9–2规定。

表9–2　含水率测定的允许平行差值

含水率（%）	允许平行差值（%）
＜40	1.0
≥40	2.0
对层状和网状构造的冻土	3.0

一、电热干燥箱烘干法

烘干法是将试样放在温度能保持105 ～ 110℃的烘箱中烘至恒重的方法，是室内测定含水率的标准方法。

1. 仪器设备

主要仪器设备有：烘箱、电子天平、干燥器、称量盒等。

2. 试验步骤

（1）取有代表性试样，细粒土15 ～ 30g，砂类土50 ～ 100g，碎石土1000 ～ 5000g，将选取的试样放入称量盒内，立即盖好盒盖，称量。称量结果减去称量盒质量即为湿土质量。

（2）揭开盒盖，将装有试样的称量盒放入烘箱，在温度105 ~ 110℃下烘到恒量。烘干时间：对黏质土不少于8h；砂类土不少于6h；对含有机质超过5%的土，应将温度控制在65 ~ 70℃，在烘箱中烘干时间不少于18h。

（3）将烘干后的试样和盒取出，盖好盒盖放入干燥器内冷却至室温，称量结果即为干土质量。烘干法称量应准确至0.01g。

二、酒精燃烧法

酒精燃烧法是将试样和酒精拌合，点燃酒精，随着酒精的燃烧使水分蒸发的方法。

1. 仪器设备

主要仪器设备有：称量盒、电子天平、酒精、滴管、火柴、调土刀等。

2. 试验步骤

（1）取代表性试样（黏质土5 ~ 10g，砂质土20 ~ 30g），将土粉碎，放入称量盒内，称湿土质量。

（2）用滴管将酒精注入放有试样的称量盒中，直至盒中出现自由液面为止。为使酒精在试样中充分混合均匀，可将盒底在桌面上轻轻敲击。

（3）点燃盒中酒精，烧至火焰熄灭。

（4）将试样冷却数分钟，按（2）~（3）步骤再重复燃烧2次。当第3次火焰熄灭后，立即盖好盒盖，称干土质量。

（5）酒精燃烧法称量应准确至0.01g。

三、微波炉法

微波炉法是将试样放在微波炉内烘烤至恒重的试验方法。

1. 仪器设备

主要仪器设备有：微波炉、电子天平、瓷坩埚等。

2. 试验步骤

（1）取代表性试样20 ~ 30g，放入瓷坩埚内，称湿土质量。

（2）将盛有土样的瓷坩埚放入微波炉内，关好微波炉门，插上电源，采用中波先烘20min，然后应进行2次微波加热后的称量，直至1min内盛有土样的瓷坩埚质量变化不超过0.1%。

（3）待微波炉运转完毕，立即拔下电源插头，打开门，用镊子将瓷坩埚取出冷却至室温，立即称干土质量。

（4）微波炉法称量精度应准确至0.01g。

四、炒干法

炒干法是将试样置于器皿中，放在电炉或火炉上，用铲不断翻拌试样，使试样水分蒸发的试验方法。

1. 仪器设备

主要仪器设备有：电子天平、电炉、火炉、铝盘、刀、铲等。

2. 试验步骤

（1）按试样的最大粒径选取代表性试样。试样质量应符合表9-3规定。

表9-3　试样质量选取

最大粒径（mm）	5	10	20	40	60
试样质量（g）	500	1000	1500	3000	4000

（2）将试样放入铝盘内称量。称量结果减去铝盘质量即为湿土质量。

（3）将铝盘放在电炉或火炉上，用铲不断翻拌试样，首先炒干至试样表面完全干燥，然后应进行两次炒干后的称量，直至炒干5min内试样的质量变化不超过0.1%。

（4）取下铝盘，冷却至室温，称得干土质量。

（5）炒干法称量精度应准确至试样质量的0.001g。

五、红外线法

红外线法是将试样放在红外线干燥箱内烘烤至恒重的试验方法。

1. 仪器设备

主要仪器设备有：红外线干燥箱、电子天平、等质量的称量盒、钢丝锯、干燥器等。

2. 试验步骤

（1）取代表性试样15～30g，放入称量盒内，称湿土质量。

（2）打开盒盖，将盒放入红外线干燥箱内，盒的位置不应超出光照范围，先烘干30～40min，然后应进行2次烘干后的称量，直至3min内盛有土样的称量盒质量变化不超过0.1%。从箱内取出称量盒并盖好盒盖，置于干燥器内，冷却至室温，称得干土质量。

（3）红外线法称量精度应准确至0.01g。

第四节　土粒密度试验

土的密度是指土粒在温度105 ～ 110℃下烘至恒重与土粒同体积4℃时纯水质量的比值。在数值上，土粒密度与土粒密度相同，只是前者无量纲。

土的密度是土的基本物理性质之一，是计算孔隙比、孔隙率、饱和度的重要依据，也是评价土类的主要指标。土的密度主要取决于土的矿物成分，不同土类的密度变化不大，在有经验的地区可按经验值选取，一般砂土为2.65 ～ 2.69、砂质粉土约为2.70、粉质粉土约为2.71、粉质黏土为2.72 ～ 2.73、黏土为2.74 ～ 2.76。

其试验原理是：根据密度的定义，只要测出土粒的干质量和土粒的实体积，就可以算出密度值。与密度试验一样，土粒干质量可用一定准确度的天平称量，而土粒的实体积可根据土类选择不同的方法。土粒密度测量常用的方法有密度瓶法、浮称法和虹吸筒法。

密度试验应根据土粒粒径的不同分别采用不同试验方法。粒径小于5mm的土，用密度瓶法进行。粒径等于或大于5mm的土，其中含粒径大于20mm颗粒小于10%时，用浮称法进行；含粒径大于20mm颗粒大于10%时，用虹吸筒法进行；粒径小于5mm部分用密度瓶法进行，取其加权平均值作为土粒密度。

一般土粒的密度采用纯水测定。对含有易溶盐、亲水性胶体或有机质的土，需用中性液体（如煤油）测定。

一、密度瓶法

密度瓶法，其基本原理是通过将称好质量的干土放入盛满水的密度瓶中，称其前后质量差异，来计算出土粒的体积，从而进一步计算出土粒密度。对密度瓶要进行体积、温度校正。

1. 仪器设备

主要仪器设备有：密度瓶、恒温水槽、砂浴、天平、温度计、真空抽气设备、烘箱、纯水、中性液体（如煤油等）、孔径2mm及5mm筛、漏斗、滴管等。

2. 试验步骤

（1）将密度瓶烘干，称烘干土不少于15g装入100mL密度瓶内（若用50mL密度瓶，装烘干土不少于10g）称量。

（2）为排除土中的空气，将已装有干土的密度瓶，注纯水至瓶的一半处，摇动密度瓶，并将瓶放在砂浴上煮沸，煮沸时间自悬液沸腾时算起，砂土不应少于30min；黏性土和粉土不得少于1h。沸腾时应注意不使土液溢出瓶外。

（3）煮沸完毕，取下量瓶，冷却至接近室温，将事先煮沸并冷却的纯水注入密度瓶至近满（有恒温水槽时，可将密度瓶放于恒温水槽内）。

（4）待瓶内悬液温度稳定及瓶上部悬液澄清时，塞好瓶塞，使多余水分自瓶塞毛细管中溢出，将瓶外水分擦干后，称瓶、水、土总质量。称量后立即测出瓶内水的温度。

（5）根据测得的温度，从已绘制的温度与瓶、水总质量关系中查得瓶、水总质量。

（6）测定含有易溶盐、亲水性胶体或有机质的土密度时，用中性液体（如煤油等）代替纯水，用真空抽气法代替煮沸法，排除土中空气。抽气时真空度须接近1个大气压，从达到1个大气压时算起，抽气时间一般为1～2h，直至悬液内无气泡逸出时为止。

（7）本试验称量应准确至0.001g，温度应准确至0.5℃。

3. 土粒密度计算

（1）用纯水测定时：

$$G_S = \frac{m_d}{m_1 + m_d - m_2} \bullet \frac{p_{wt}}{p_{w4}}$$

式中：G_s——土粒密度；

m_d——干土质量（g）；

m_1——瓶、水总质量（g）；

m_2——瓶、水、土总质量（g）；

ρ_{wt}——t℃时纯水的密度（g/cm³）；

ρ_{w4}——4℃时纯水的密度，其值为1.000g/cm³。

（2）用中性液（煤油）测定时，结果应精确至0.001：

$$G_S = \frac{m_d}{m_1 + m_d - m_2} \bullet \frac{p_{wt}}{p_{w4}}$$

式中：m_1——瓶、水总质量（g）；

m_2——瓶、水、土总质量（g）；

p_{wt}——t℃时纯水的密度（g/cm³）。

密度瓶法试验须进行2次平行测定，其平行差值不得大于0.02，取其算术平均值。

二、浮称法

浮称法试验原理是依据阿基米德原理，即物体在水中失去的质量等于排开同体积水的质量，来测出土粒的体积，从而进一步计算出土粒密度。

1. 仪器设备

主要仪器设备有：铁丝筐、盛水容器、天平、烘箱、温度计、孔径5mm及20mm筛等。

2. 试验步骤

（1）取粒径大于5mm的代表性试样500～1000g（若用秤称则称1000～2000g）。

（2）冲洗试样，直至颗粒表面无尘土和其他污物。

（3）将试样浸在水中24h后取出，将试样放在湿毛巾上擦干表面，即为饱和面干试样，称取饱和面干试样质量后，立即放入铁丝筐，缓缓浸没于水中，并在水中摇晃，至无气泡逸出时为止。

（4）称铁丝筐和试样在水中的总质量。

（5）取出试样烘干、称量。

（6）称铁丝筐在水中质量，并立即测量容器内水的温度，准确至0.5℃。

（7）浮称法称量应准确至0.2g。

三、虹吸筒法

虹吸筒法的基本原理是通过测量土粒排开水的体积来测出土粒的体积，计算出土粒密度。

1. 仪器设备

主要仪器设备有：虹吸筒装置、台秤、量筒、烘箱、温度计、孔径5mm及20mm的筛。

2. 试验步骤

（1）取粒径大于5mm的代表性试样1000～7000g。

（2）将试样冲洗，直至颗粒表面无尘土和其他污物。

（3）再将试样浸在水中24h后取出，晾干或用布擦干其表面水分，称量。

（4）注清水入虹吸筒，至管口有水溢出时停止注水。待管口不再有水流出后，关闭管夹，将试样缓缓放入筒中，边放边搅，至无气泡逸出时为止，搅动时勿使水溅出筒外。

（5）待虹吸筒中水面平静后，开管夹，让试样排开的水通过虹吸管流入量筒中。

（6）称量筒与水的总质量。测量筒内水的温度，准确至0.5℃。

（7）取出虹吸筒内试样，烘干、称量。

（8）本试验称量应准确至1g。

按下式计算密度，结果应精确至0.01：

$$G_S = \frac{m_d}{(m_1 - m_0) - (m - m_d)} G_{wt}$$

式中：m ——晾干试验质量（g）；

m_1 ——量筒加水总质量（g）；

m_0 ——量筒质量（g）。

第五节　颗粒分析试验

天然土都是由大小不同的颗粒所组成，土粒的粒径从粗到细逐渐变化时，土的性质也随之相应地发生变化。在工程上，把粒径大小相近的土粒按适当的粒径范围归并为一组，称为粒组，各个粒组随着粒径分界尺寸的不同而呈现出一定质的变化。土粒的大小及其组成情况，通常以土中各个粒组的相对含量（各粒组占土粒总量的百分数）来表示，称为土的颗粒级配。

颗粒分析试验就是测定土中各种粒组占总质量的百分数的试验方法。根据土的类别不同采用不同的试验方法。筛分法适用于颗粒小于、等于200mm，大于、等于0.075mm的砂土和砂性尾矿。对易碎土可用湿制备试样的筛分法。密度计法适用于粒径小于0.075mm的土和尾矿。移液管法适用于粒径小于0.075mm的土和尾矿。土中粗细兼有应联合使用筛分法及密度计法或移液管法。

土的颗粒组成在一定程度上反映了土的某些性质，因此，工程上常依据颗粒组成对土进行分类，粗粒土主要是依据颗粒组成进行分类的，而细粒土由于矿物成分、颗粒形状及胶粒含量等因素，则不能单以颗粒组成进行分类，而要借助于塑性指数进行分类。根据土的颗粒组成还可判断土的工程性质以及供建材选料之用。

一、筛分法

筛分法就是将土样通过各种不同孔径的筛子，并按筛子孔径的大小将颗粒加以分组，然后再称量并计算出各个粒组占总量的百分数。

1. 仪器设备

主要仪器设备有：土样筛孔径60mm、20mm、10mm、5mm、2mm、1mm、0.5mm、0.25mm、0.075mm，底盘及筛盖，天平，电热干燥箱，振筛机，瓷盘，带橡皮头的研杵等。

2. 试验步骤

筛分法取样数量应满足表9-4的规定。

表9-4　试样质量选取

试样粒径（mm）	＜2	＜10	＜20	＜60	＜200
试样质量（g）	100～300	300～1000	1000～2000	2000～8000	＞8000

（1）无黏性土的筛分法：

1）根据土样颗粒大小，用四分对角线法按表9-4的规定称取烘干试样质量，应准确至0.1g，当试样数量超过500g时，应准确至1g。

2）最大颗粒小于10mm，宜用φ=200mm筛；最大颗粒大于10mm宜用φ=300mm筛。将试样过2mm筛，称筛上和筛下的试样质量，当筛下的试样质量小于试样总质量的10%时，不作细筛分析，筛上的试样质量小于试样总质量的10%时，不作粗筛分析。

3）取筛上的试样倒入依次叠好的粗筛中，筛下的试样倒入依次叠好的细筛中，进行筛分，细筛宜置于振筛机上振筛，振筛时间宜为10～15min。再按由上而下的顺序将各筛取下，在白纸上用手轻叩摇晃，如仍有土粒漏下，应继续轻叩摇晃至无土粒漏下为止。漏下的土粒应全部放入下级筛内。称各级筛上及底盘内试样的质量，应准确至0.1g。

4）筛后各级筛上和筛底试样质量的总和与筛前试样总质量的差值，不得超试样总质量的±1%。

（2）含有细粒土颗粒的砂、砾、卵石土的筛分法：

1）按表9-4的规定称取代表性试样，置于盛清水容器中充分搅拌，使试样的粗细颗粒完全分离。

2）将容器中的试样悬液通过2mm筛，取筛上的试样烘至恒量，称烘干试样质量，应准确到0.1g，并按上述步骤进行粗筛分析。取筛下的试样悬液用带橡皮头的研杵研磨，再过0.075mm筛，并将筛上试样烘至恒量，称烘干试样质量，应准确至0.1g，然后按本标准进行细筛分析。

3）当粒径小于0.075mm的试样质量大于试样总质量的10%时，应按密度计法或移液管法测定小于0.075mm的颗粒组成。

（3）湿制备试样的筛分法步骤：

1）试验制备按相应规定要求进行。

2）称粒径大于2mm的烘干土的总质量，倒入孔径20mm、10mm、5mm、2mm及底盘顺序叠好的最上层筛内，加上盖后，按无黏性土的筛分步骤进行筛分。

二、密度计法

密度计法是依据司笃克斯（stoker）定律进行测定的。当土粒在液体中靠自重下沉时，较大的颗粒下沉较快，而较小的颗粒下沉则较慢。一般认为，对于粒径为0.2 ~ 0.002mm的颗粒，在液体中靠自重下沉时，做等速运动，这符合司笃克斯定律。

密度计法，是将一定量的土样（粒径小于0.075mm）放在量筒中，然后加纯水，经过搅拌，使土的大小颗粒在水中均匀分布，制成一定量的均匀浓度的土悬液（1000mL）。静止悬液，让土粒沉降，在土粒下沉过程中，用密度计测出在悬液中对应于不同时间的不同悬液密度，根据密度计读数和土粒的下沉时间，就可计算出粒径小于某一粒径d（mm）的颗粒占总量的百分数。

1. 仪器设备

主要仪器设备有：土壤密度计、量筒、土样筛、洗筛、洗筛漏斗、天平、温度计、搅拌器、瓷杯、电热干燥箱、秒表、500mL锥形瓶、加热设备、带橡皮头的研杵、小烧杯等。

2. 试剂

（1）分散剂：

浓度6%过氧化氢，4%六偏磷酸钠溶液。

（2）检验试剂：

10%盐酸，5%氯化钡，10%硝酸，5%硝酸银。

3. 试验步骤

（1）本试验宜采用风干试样。当易溶盐含量大于0.5%的试样和含选矿药剂等能使悬液产生聚凝现象时，应根据试样的性质进行洗盐；当试样中含有机物时，应做有机质预处理；当试样为酸、碱处理过的土和尾矿时，需要进行碱处理和酸处理。

（2）易溶盐含量检验可用电导法或目测法。

（3）称取具有代表性风干试样200 ~ 300g，过2mm筛，求出筛上试样占总质量的百分数，取筛下试样测定风干含水率。

（4）按下式计算试样干质量为30g时所需的风干土质量：

$$m=m_d（1+0.01w）$$

式中：m ——风干（天然）土质量（g）；

m_d ——试样干土质量（g）；

w ——风干（天然）含水率%。

（5）将称取的试样放入锥形瓶中。加入约300mL纯水浸泡，天然湿土浸泡时间宜为2 ~ 4h；风干状态试样和尾矿浸泡时间不得少于12h。

（6）将锥形瓶置于加热设备上，加热煮沸，煮沸时间自悬液沸腾起，砂和砂质粉土不得少于30min，黏土、粉质黏土不得少于1h。

（7）将冷却后的悬液倒入瓷杯中，静置约1min，将上部悬液通过洗筛倒入量筒。杯底沉淀物用带橡皮头研杵细心研散，加纯水，经搅拌后，静置约1min，再将上部悬液通过洗筛倒入量筒。如此反复操作，直至杯内悬液澄清为止。将杯中土粒全部倒入洗筛内，以纯水冲洗筛内，直至筛内仅存大于0.075mm的土粒为止。

（8）将留在洗筛上的颗粒洗入蒸发皿内，倾去上部清水，烘干称其质量，计算小于某粒径的颗粒质量百分数。

（9）向量筒中加入浓度为4%的六偏磷酸钠溶液10mL，加纯水至量筒1000mL（对加入六偏磷酸钠后产生凝聚的土，应选用其他分散剂）。

（10）用搅拌器沿悬液深度上下搅拌30次（当悬液表面出现泡沫时，应加6%双氧水数滴消除）。时间约1min。在取出搅拌器的同时立即开动秒表，测经1min、5min、30min、120min、180min、1440min密度计读数，根据试样情况或实际需要，可增加密度计读数或缩短最后一次读数的时间。

（11）每次读数前10 ~ 15s，将密度计放入悬液内，放入深度应较前一次稍深，并须注意密度计浮泡应保持在量筒中部位置，且不得贴近量筒内壁。每次测记读数后，应立即取出密度计，放入盛有纯水的量筒中洗净，并测记相应的悬液温度，准确至0.5℃。密度计读数以弯液面上缘为准，甲种密度计读数应准确至0.1g，估读至0.1g；乙种密度计读数应准确至0.001g，估读至0.0001g。

三、移液管法

移液管法也是根据司笃克斯定律的原理计算出某颗粒自液面下沉到一定深度所需要的时间，并在此时间间隔用移液管自该深度处取出固定体积的悬液，将取出的悬液蒸发后称量，通过计算此悬液占总悬液的比例来求得此悬液中干土质量占全部试样的百分数。

1. 仪器设备

主要仪器设备有：移液管装置、烧杯、天平等。

2. 试验步骤

（1）试样制备应按相关规定进行，所取试样质量应相当于干土质量，黏性土为15g，粉土为20g，准确至0.001g。

（2）悬液制备土中粒径大于0.075mm各粒组的筛分及计算应按相关规定进行。

（3）将盛试样悬液的量筒放入恒温水槽中，测记量筒悬液温度，准确至0.5℃。试验中悬液温度允许变化范围应为 ±0.5℃。

（4）计算粒径小于0.05mm、0.01mm、0.005mm、0.002mm和其他所需粒径下沉10cm所需的静置时间。

（5）准备好移液管。将二通阀置于关闭位置，三通阀置于移液管和吸球相通的位置。

（6）用搅拌器沿悬液上、下搅拌各30次，时间1min，取出搅拌器。

（7）开动秒表，根据计算（或查表）的各粒径的静置时间，提前约10s将移液管放入悬液中，浸入深度为10cm。用吸球吸取悬液，吸取悬液量应不少于25mL。

（8）旋转三通阀，使与放流口相通，将多余的悬液从放流口放出，收集后倒入原量筒内的悬液中。

（9）将移液管下口放入已称量过的小烧杯中，由上口倒入少量纯水，开三通阀使水流入移液管，连同移液管内的试样悬液流入小烧杯内。

（10）每吸取一组粒径的悬液后必须重新搅拌，再吸取另一组粒径的悬液。

（11）将烧杯内的悬液蒸发浓缩半干，在105～110℃温度下烘至恒量，称小烧杯连同干土的质量，准确至0.001g。

第六节　界限含水率试验

黏性土的状态随着含水率的变化而变化，当含水率不同时，黏性土可分别处于固态、半固态、可塑状态和流动状态。黏性土从一种状态转到另一种状态的分界含水率称为界限含水率。土的流动状态转到可塑状态的界限含水率称为液限土，从可塑状态转到半固态的界限含水率称为塑限 W_P；土由半固态不断蒸发水分，则体积逐渐缩小，直到体积不再缩小时的界限含水率称为缩限 W_s。

土的塑性指数心，是指液限与塑限的差值，由于塑性指数在一定程度上综合反映了影响黏性土特征的各种重要因素，因此，黏性土常按塑性指数进行分类。土的液性指数 I_L 是指黏性土的天然含水率和塑限的差值与塑性指数比值，液性指数可被用来表示黏性土所处的稠度或软硬状态，所以，土的界限含水率是计算土的塑性指数和液性指数不可缺少的指标，土的界限含水率还可以作为经验估算地基土承载力的一个重要数据。

界限含水率试验要求颗粒粒径小于0.5mm，有机质含量不超过5%，且宜用天然含水率的试样，但也可用风干试样，当试样中含有粒径大于0.5mm的土或杂物时，应通过0.5mm的筛。

界限含水率试验有下列方法：

（1）液、塑限联合测定仪法：测定土的10mm和17mm液限与土的塑限。

（2）碟式仪法：测定土的液限。

（3）圆锥仪法：测定土的10mm和17mm液限。

（4）搓条法：测定土的塑限。

（5）收缩皿法：测定土的缩限。

一、液、塑限联合测定仪法

液、塑限联合测定仪法是根据圆锥仪的圆锥入土深度与其相应的含水率在双对数坐标上具有线性关系的特性来进行的。利用圆锥质量76g的液塑限联合测定仪测得土在不同含水率时的圆锥入土深度，并绘制其关系曲线，在图查得圆锥入土深度为10mm（或17mm）所对应的含水率为液限，入土深度为2mm所对应的含水率为塑限。

1. 仪器设备

主要仪器设备有：液、塑限联合测定仪，调土皿，调土刀等。

2. 试验步骤

（1）用调土刀将制备好的试样彻底调拌均匀，填入试样杯中，填样时不应使土内留有空隙。对于较干的试样应充分搓揉，密实地填入杯中，填满后刮去多余的土，使土面与杯口齐平。

（2）先在锥体上抹一薄层润滑油，开启电源开关，使电磁铁吸住圆锥仪，用零线调节旋钮，将屏幕上的标尺调零。把填满土的试样杯置于升降台上，调整升降台调节螺母，使圆锥尖接触试样表面，指示灯亮时圆锥仪在自重下沉入土中。

（3）当圆锥仪沉入土中经5s时间指示灯亮时，测记屏幕标尺上得读数，该读数即为锥体入土深度。按动复位开关，取出圆锥仪，挖去粘有润滑油的土，取锥体附近的试样不应少于10g，放入称量盒内，测定含水率。

（4）取出试样杯中的全部试样，放回调土皿中，用滤纸或亚麻布排除水分或加入少量蒸馏水，调整土的含水率，继续调拌均匀，重复（1）至（3）试验步骤，测定锥体入土深度及相应的含水率，锥体入土深度宜控制在3～17mm，试验点数不应少于3个，且均匀分布。

二、碟式仪法

碟式仪法液限试验就是将土碟中的土膏，用开槽器将土膏分成两半，以每秒两次的速率将土碟由10mm高度下落，当土碟下落击数为25次时，两半土膏在碟底的合拢长度恰好达到13mm，此时的试样含水率即为液限。

1. 仪器设备

主要仪器设备有：碟式液限仪、开槽器、调土皿、调土刀等。

2. 试验步骤

（1）松开调整板的定位螺钉，将开槽器的量规垫在铜碟与底座之间，用调整螺钉将铜碟的提升高度调整到10mm。

（2）保持开槽器上的量规位置不变，迅速转动摇柄以检验调整是否正确。当蜗形轮打击从动器时，铜碟不动，并能听到轻微的响声，表明调整正确。

（3）拧紧定位螺钉，固定调整板。

3. 碟式仪法界限含水率试验步骤

（1）用调土刀将制备好的试样彻底调拌均匀，铺于铜碟前半部，用调土刀将铜碟前沿试样刮成水平，使试样中心厚度达到10mm。用开槽器经蜗形轮的中心沿铜碟直径将试样划成V形槽。

（2）将计数器调零，以每秒两转的速度转动摇柄，使铜碟反复起落，坠击于底座上，直至槽底两边试样的合拢长度为13mm。记录计数器击数，并在槽的两边取试样，其数量不应少于10g，测定含水率。

（3）取出铜碟中的全部试样，放回调土皿中，用滤纸或亚麻布排除水分或加入少量蒸馏水，调整土的含水率。继续调拌均匀，重复（1）至（2）试验步骤，测定槽底试样合拢13mm所需要的击数及相应的含水率。槽底试样合拢13mm所需要的击数宜控制在15次至35次，试验点数不得少于4～5个。

三、圆锥仪法

圆锥仪液限试验就是将质量为76g的圆锥仪轻放在试样的表面，使其在自重作用下沉入土中，若圆锥体经过5s恰好沉入土中10mm（或17mm）深，此时的含水率即为液限。

1. 仪器设备

主要仪器设备有：圆锥仪测定装置、调土刀、调土皿等。

2. 试验步骤

（1）用调土刀将制备好的试样彻底调拌均匀，使其含水率近于液限。将试样填入试样杯中，填土时不应使土内留有空隙，填满后刮去多余的土，使土面与杯口平齐，将试样杯放在底座上。

（2）在锥体上抹一薄层润滑油，提住上端手柄，放在试样表面中部。当锥尖与试样表面接触时，放开手指，使圆锥仪在其自重下沉入土中。

（3）当锥体经约5s沉入土中深度不等于17mm或10mm，表示试样的含水率高于或低于液限，取出圆锥仪，挖去粘有润滑油的土，取出全部试样放回调土皿中，用滤纸或亚麻布排除水分或加入少量蒸馏水，调整土的含水率，继续调拌均匀后，重复（1）至（2）试验步骤。

（4）当锥体经约5s沉入土中深度等于17mm或10mm，土面恰与锥体环形刻线在一个水平面上时，表示土的含水率等于17mm或10mm液限，取出圆锥仪，挖去粘有润滑油的土，取锥体附近的试样不应少于10g，放入称量盒内，测定含水率。

（5）用本方法必须进行平行测定，取其算术平均值，以百分数表示，准确至0.1%，其平行差值应符合表9-5的规定。

表9-5　液限测定允许平行差值

液限（%）	允许平行差值（%）
≤50	2
>50	3

四、搓条法

搓条塑限试验法就是将试样放在毛玻璃板上用手掌搓滚，直至土条直径达3mm，当产生裂缝并开始断裂时，此时含水率即为塑限。

1．仪器设备

主要仪器设备有：毛玻璃板、3mm卡规、调土皿等。

2．试验步骤

（1）从制备好的试样中取出约50g，用滤纸或亚麻布排除多余水分，放在手掌中揉捏至其含水率略大于塑限。

（2）取略大于塑限含水率的试样8～10g，用手搓成椭圆形，放在毛玻璃板上用手掌搓滚。搓滚时手掌的压力要均匀地施加在土条上，不得使土条在毛玻璃板上进行无压力的滚动。土条长度不宜超过手掌宽度，并不得产生中空现象。

（3）继续搓滚土条，直至土条直径达3mm，当产生裂缝并开始断裂时，表示含水率达到塑限。当土条搓至3mm仍未产生裂缝和断裂时，表示含水率高于塑限；当土条直径大于3mm时即断裂，表示含水率低于塑限，应重新取样进行搓滚。当土条在任何含水率下始终搓不到3mm直径即开始断裂时，则认为该土无塑性。

（4）取含水率达到塑限时的断裂土条，放入称量盒内，每次放入土条后立即盖好盒盖，当盒内土条的质量为3～5g时，测定含水率，此含水率即为塑限，以整数（％）表示。

本方法必须进行平行测定，取其算术平均值，其平行差值，高液限土不得大于2％，低液限土不得大于1％。

五、收缩皿法

收缩皿法就是将试样填满收缩皿，放在通风处晾干，当试样四周完全脱离收缩皿时，将试样置于表皿上继续晾干，当试样颜色变淡时，此时的含水率即为缩限。

1．仪器设备

主要仪器设备有：收缩皿、天平、调土刀、调土皿、表皿等。

2．试验步骤

（1）用调土刀将制备好的试样彻底调拌均匀，使其含水率略大于10mm液限。

（2）在收缩皿内涂一薄层润滑油，将试样分三次装入收缩皿中，每次装入后，用皿底拍击试验台，收缩皿内装满试样后用调土刀刮平表面。

（3）擦净收缩皿外部，称收缩皿加试样的质量，准确至0.01g。

（4）将填满试样的收缩皿放在通风处晾干，当试样四周完全脱离收缩皿时，将试样置于表皿上继续晾干。当试样颜色变淡时，放入烘箱内，烘干温度应符合相关规定。

（5）从烘箱内取出试样，置于干燥器内，冷却至室温，称干试样质量，准确至

0.01g。并按相关规程的规定侧定干试样的体积。

（6）试验须进行2次平行测定，取其算术平均值，准确至0.1%。平行差值，高液限土不得大于2%，低液限土不得大于1%。

第七节　渗透试验

水在土中存在渗流现象，渗流速度与渗流的水头梯度成正比，有线性关系，其斜率称为渗透系数k_0渗透系数是综合反映土体渗透能力的一个重要指标，其数值的正确确定对于渗透计算有着非常重要意义。渗透试验的目的就是测定渗透系数，试验方法在大类上分为常水头法和变水头两种。在仪器构成上又分如下四种，可根据土的类别与工程要求，分别采用。

（1）ST-55型渗透仪法：适用于黏性土、尾黏性土、粉土和尾粉土。

（2）玻璃管法：适用于不含粒径大于2mm颗粒的砂土和砂性尾矿。

（3）70型渗透仪法：适用于含少量粒径大于2mm颗粒的砂土和砂性尾矿。

（4）渗压仪法：适用于黏性土、尾黏性土、粉土和尾粉土。

试验应采用脱气蒸馏水，采用水温20℃为标准温度。各种试验方法必须进行三次以上测定，取两次以上测定结果差值小于2×10^{-n}的算术平均值，作为试样的渗透系数，以两位有效数字表示。

一、ST-55型渗透仪法

ST-55型渗透仪法是变水头试验的一种，是指通过土样的渗流在变化的水头压力下进行的渗透试验，适用于黏性土渗透系数的测定。

1. 仪器设备

主要仪器设备有：ST-55型渗透仪、变水头装置、秒表、温度计、烧杯等。

2. 试验步骤

（1）制备原状土样或扰动土样的试样。当要求测定原状土样的水平向渗透系数时，应将环刀平行于天然层次切取。

（2）对不易透水的试样，将带试样的环刀装入饱和器中，对于较易透水的试样，可将试样装入渗透仪中，用变水头装置的水头压力进行试样饱和。

（3）从饱和器中取出试样，推入渗透仪的套筒中，在渗透仪下盖上，依次放置湿透水石、湿滤纸、套筒、湿滤纸和湿透水石，装好上盖，拧紧固定螺杆。

（4）将脱气蒸馏水注入供水瓶内，开供水管夹向测压管供水，当测压管中水头上升适当高度时，关供水管管夹。

（5）将渗透仪的供水管与测压管连通，开排气管和进水管管夹，使水流入渗透仪下盖，当排气管流出的水不含气泡时，关排气管管夹。

（6）根据土的结构疏密程度，调整测压管中的水头高度，一般不应大于2m，当出水管有水流出时，关进水管管夹。

（7）开供水管管夹，调整测压管中水位至预定高度后，关闭供水管管夹。开启进水管管夹，当出水管有水流出时，开动秒表，同时测记测压管中开始水头高度和时间，经过一定时间后，测记测压管终了水头和时间。并测记出水管流出水的水温，准确至0.5℃。对经过时间较长的试样，应加测水温，取其算术平均值。

（8）变更不同开始水头，重复（6）至（7）试验步骤，当不同开始水头下测定的渗透系数在允许差值以内时，结束试验。

渗透系数应按下式计算：

$$k_T = 2.3 \frac{a_1 h_o}{A_o t} \log \frac{h_1}{h_2}$$

式中：a_1——测压管的断面积（cm²）；

$\quad\quad h_o$——渗径，即试样高度（cm）；

$\quad\quad h_1$——测压管中的开始水头（cm）；

$\quad\quad h_2$——侧压管中的终了水头（cm）。

二、玻璃管法

玻璃管法是常水头法试验的一种，是指通过土样的渗流在恒水头差作用下进行的渗透试验，适用于不含粒径大于2mm颗粒的砂土和砂性尾矿。

1. 仪器设备

主要仪器设备有：玻璃管、瓷杯、水槽、水盆、天平、木槌、支架、温度计、金属栅格等。

2. 试验步骤

（1）制备试样，从制备好的试样中称取代表性试样300～400g。

（2）在玻璃管底筛网上，装入厚约2cm的纯净砾砂过滤层。将玻璃管直立于瓷杯中，再将试样分层装入管内，每层厚2～3cm。根据要求的干密度，用木槌轻轻击实，使其达到预定的厚度。

（3）第一层试样装好后，缓慢向杯中注水，使试样饱和，杯内水面不应超出管内试样顶面。

（4）如此继续分层装入试样并进行饱和，直至试样总高度达10cm为止。称剩余试样质量，计算装入的试样总质量。在试样上部铺1～2cm蘇砂缓冲层。

（5）向杯内注水，水面应高出管内试样顶面1～2cm，待管内与杯中水面齐平时为止。

（6）自上端注水入管中，至水面高出玻璃管基准零点水位2cm，立即将玻璃管从瓷杯中提出，固定在支架上。当试样为渗透系数较大的粗砂时，将玻璃管从瓷杯中提出，迅速放在盛满水的水槽的金属栅格上，水槽置于平底水盆中。

（7）当管中水位下降至基准零点时，开动秒表，测记管中水位由下降至3～5cm刻度处所经过的时间，并测记水温，准确至0.5℃。在试验过程中，管中不应断水。

（8）向管内注水，重复上述（6）至（7）条的规定步骤，当测定的渗透系数在允许差值以内时，结束试验。

渗透系数应按下式计算：

$$k_T = \frac{h_o}{t} f\left(\frac{s}{h_1}\right)$$

式中：s ——玻璃管中水位下降距离（cm）；

h_1 ——开始水头（cm）；

$f\left(\frac{s}{h_1}\right) \sim \frac{s}{h_1}$的函数值，其值按表9-6选取。

表9-6　$f\left(\frac{s}{h_1}\right) \sim \frac{s}{h_1}$关系

$\frac{s}{h_1}$	$f\left(\frac{s}{h_1}\right)$	$\frac{s}{h_1}$	$f\left(\frac{s}{h_1}\right)$	$\frac{s}{h_1}$	$f\left(\frac{s}{h_1}\right)$
0.01	0.010	0.35	0.431	0.69	1.172
0.02	0.020	0.36	0.446	0.70	1.204
0.03	0.030	0.37	0.462	0.71	1.238
0.04	0.040	0.38	0.478	0.72	1.273
0.05	0.051	0.39	0.494	0.73	1.309

续表

$\dfrac{s}{h_1}$	$f\left(\dfrac{s}{h_1}\right)$	$\dfrac{s}{h_1}$	$f\left(\dfrac{s}{h_1}\right)$	$\dfrac{s}{h_1}$	$f\left(\dfrac{s}{h_1}\right)$
0.06	0.062	0.40	0.510	0.74	1.347
0.07	0.073	0.41	0.527	0.75	1.386
0.08	0.083	0.42	0.545	0.76	1.427
0.09	0.094	0.43	0.562	0.77	1.470
0.10	0.105	0.44	0.580	0.78	1.514
0.11	0.117	0.45	0.598	0.79	1.561
0.12	0.128	0.46	0.616	0.80	1.609
0.13	0.139	0.47	0.635	0.81	1.661
0.14	0.151	0.48	0.654	0.82	1.715
0.15	0.010	0.49	0.673	0.83	1.771
0.16	0.174	0.50	0.693	0.84	1.838
0.17	0.186	0.51	0.713	0.85	1.897
0.18	0.196	0.52	0.734	0.86	1.996
0.19	0.210	0.53	0.755	0.87	2.040
0.20	0.223	0.54	0.777	0.88	2.120
0.21	0.236	0.55	0.799	0.89	2.207
0.22	0.248	0.56	0.821	0.90	2.303
0.23	0.261	0.57	0.844	0.91	2.408
0.24	0.274	0.58	0.868	0.92	2.526
0.25	0.288	0.59	0.892	0.93	2.659
0.26	0.301	0.60	0.916	0.94	2.813
0.27	0.315	0.61	0.941	0.95	2.996
0.28	0.329	0.62	0.957	0.96	3.219
0.29	0.346	0.63	0.994	0.97	3.507
0.30	0.357	0.64	1.022	0.98	3.912
0.31	0.371	0.65	1.050	0.99	4.605
0.32	0.385	0.66	1.079	1.00	
0.33	0.400	0.67	1.109		
0.34	0.416	0.68	1.140		

三、70型渗透仪法

70型渗透仪法是常水头法试验的一种，是指通过土样的渗流在恒水头差作用下进行的渗透试验，适用于含少量粒径大于2mm颗粒的砂土和砂性尾矿。

1. 仪器设备

主要仪器设备：70型渗透仪、量筒、击锤、天平、秒表、管夹、支架、温度计、供水瓶等。

2. 实验步骤

（1）装好仪器，并检查各管路接头处是否漏水。将调节管与供水管连通，开启止水夹，使脱气蒸馏水流入金属圆筒底部，直至水面达金属网格顶面时，关闭管夹。

（2）从制备好的试样中，称取代表性试样3000～4000g，分层装入圆筒内的网格上，每层厚2～3cm。根据要求的干密度，用击锤轻轻击实，使其达到预定厚度。装样前应在网格上铺厚约2cm的纯净砾砂过滤层。

（3）第一层试样装好后，微开启管夹，水由筒底向上渗入，使试样逐渐饱和，当水面与试样顶面齐平时，关闭管夹。

（4）如此继续分层装入试样并进行饱和，直至试样高出测定孔3～4cm为止。测量试样顶面至筒顶高度，计算试样体积，称剩余试样质量，计算装入试样总质量。在试样上部铺1～2cm厚的砾砂缓冲层。微开启管夹，使试样饱和，当水面高出砾砂层2cm时，关闭管夹。

（5）将调节管在支架上移动，使其管口高于溢水孔，分开供水管与调节管，并将供水管置于圆筒内。开启管夹，使水由圆筒上部流入，至水面与溢水孔齐平为止。

（6）静置数分钟，检查各测压管水位是否与溢水孔齐平。不齐平时，表明仪器有漏水或集气现象，应挤压测压管上的橡皮管，或用吸球在测压管开口处将集气吸出，调至水位齐平为止。

（7）降低调节管的管口位置，使其位于试样上部1/3高度处，形成水位差，水即渗过试样，经调节管流出。在渗流过程中，应调节供水管夹，使由供水管进入圆筒中的水量略多于渗出的水量，溢水孔始终有余水流出。

（8）测压管水位稳定后，测记水位，计算水位差。开动秒表，同时用量筒接取经一定时间的流出水量，并重复一次。接取水量时，调节管口不得浸入水中。测记进入和出水处水温，准确至0.5℃，取其平均值。

（9）降低调节管口至试样中部和下部1/3高度处，改变水力坡降，重复上述（7）至（8）试验步骤，当不同水力坡降下测定的渗透系数在允许差值以内时，结束试验。

渗透系数应按下式计算：

$$k_T = \frac{QL}{A_O Ht}$$

式中：Q——时间 t 内流出的水量（cm^3）；

$\quad\quad L$ ——压孔中心间的土样高度，为 10cm；

$\quad\quad A_O$ ——试样面积（cm^2）；

$\quad\quad H$ ——平均水位差 $H = \frac{1}{2}$（$H_1 + H_2$）（cm）；

$\quad\quad H_1$——上、中测压管水位差（cm）；

$\quad\quad H_2$——中、下测压管水位差（cm）。

四、渗压仪法

渗压仪法是变水头试验的一种，是指土样先在固结压力下进行固结，待土样固结稳定后再施加渗透压力的渗透试验方法，固结压力可按土体的自重应力或附加应力施加。渗压仪法可在不同的固结压力下测定土的渗透系数，也可在不同的孔隙比下测定土的渗透系数。渗透压力则根据土的渗透性能，即通过土样渗流的快慢来确定，如高塑性土的渗透系数很小，在水头差不大的情况下，其渗流十分缓慢或历时很长，但只要提高渗透压力，即提高水头差后，渗流就会加快。

1. 仪器设备

主要仪器设备：渗压容器、变水头装置、加压设备、百分表、秒表、温度计等。

2. 试验步骤

（1）制备试样。

（2）在渗压容器内放置湿透水石及滤纸，打开进水管阀，使脱气蒸馏水由容器底部进入，当透水石溢出的水不含气泡时，关闭进水管阀。将带试样的环刀刃口向上装入容器，环刀外侧套密封圈及定向环，拧紧压紧圈，在环刀刃口套上导环。在试样上依次放置湿滤纸、湿透水石及传压板。罩上储水环，并注入蒸馏水至出水管有水流出。

（3）将渗压容器置于加压框架正中，施加 1 ~ 2kPa 接触压力，安装百分表，将其指针调至最大量程的零点，测记百分表起始读数。

（4）根据工程要求，施压所需固结压力。当所需压力小于 50kPa 时，可一次施加；当压力大于 50kPa 时，应分级施加。

（5）加压后，每隔1h测记百分表读数一次，估读至0.001mm，直至试样变形稳定为止，变形稳定标准应为百分表读数每小时的变化不超过0.01mm。

（6）试样变形稳定后，开进水管阀门，使脱气蒸馏水从试样底部向上渗入，直至出水管有水流出为止，关阀门。

（7）根据土的性质和固结压力的大小，调整测压管中的水头高度。开启进水管阀门，当出水管有水流出或测压管中水位下降平稳时，测记测压管中开始水头和时间，经过一定时间后，测记终了水头和时间，并测记出水管流出水的水温，准确至0.5℃。对经过时间较长的试样，应加测水温，取其算术平均值。

（8）变更不同开始水头，重复（8）的试验步骤，当不同开始水头下测定的渗透系数在允许差值以内时，结束试验或施加下一级压力。

（9）当测定不同压力下渗透系数时，继续施加下一级压力，测定步骤按（8）至（9）进行。

（10）试验结束后，关进水管阀门，拆卸百分表，卸除压力，取出容器，将渗压容器与测压管分开，排出容器内的积水。取出传压板、导环、透水石、压紧圈、定向环、密封圈及试样等，擦净渗压容器。

某一压力下渗透系数应按下式计算：

$$k_T = 2.3 \frac{a_1 h_o}{A_O t} \log \frac{h_1}{h_2}$$

式中：h_o——某一压力下试样固结稳定后的高度（cm）；

h_1——开始水头差；

h_2——终了水头差；

a——玻璃管断面积。

第八节　固结试验

土在压力作用下体积缩小的特性称为土的压缩性。土的压缩随时间而增长的过程，称为土的固结。

在荷载作用下，透水性大的饱和无黏性土，其压缩过程在短时间内就可以结束。相反，黏性土的透水性低，饱和黏性土中的水分只能慢慢排出，因此其压缩稳定所需的时间要比砂土长得多。对于饱和黏性土来说，土的固结问题是十分重要的。

试验研究表明，在一般压力（100 ~ 600kPa）作用下，土粒和水的压缩与土的总压缩量之比是很微小的，因此完全可以忽略不计，所以把土的压缩看作土中孔隙体积的减小，孔隙水被排出。此时，土粒调整位置，重行排列，互相挤紧。

固结试验用于测定试样在侧限与轴向排水条件下的变形和压力，或孔隙比与压力的关系、变形和时间的关系，以便计算土的压缩系数 a_v、压缩模量 E_S、压缩指数 C_C、回弹指数 C_S、固结系数 C_v、先期固结压力 P_C、回弹系数 a_{ci}、回弹模量 E_{ci}、再压缩系数 a_{si} 和再压缩模量 E_{Sl} 等。

标准固结试验适用于饱和的黏性土和黏性尾矿，当只进行压缩试验时，允许用于非饱和土和尾矿；快速固结试验适用于渗透性较大的黏性土、粉土和砂土；应变控制加荷固结试验适用于饱和的黏性土和黏性尾矿。

一、标准固结试验

标准固结试验是将天然状态下的原状土或人工制备的扰动土制备成一定规格的土样，然后在侧限—轴向排水条件下测定土在不同压力下的压缩变形。

1. 仪器设备

主要仪器设备：固结容器、加压设备、变形测量设备、秒表、滤纸等。

2. 试验步骤

（1）在固结容器内、依次放置护环、透水石和滤纸，护环内放入带试样的环刀（刃口向下），套上导环，试样上依次放置滤纸、透水石及传压板。滤纸和透水石的湿度应接近试样的湿度。

（2）将容器置于加压框架正中，使传压板与加压框架中心对准，施加 1 ~ 2kPa 的接触压力，安装百分表或位移传感器，将其指针调至最大量程的零点。

（3）根据土的自重压力和软硬程度施加第一级荷载 25kPa 或 50kPa，对于饱和试样或工程要求浸水的试样，立即向容器内注入纯水，水面应高出试样顶面，并保持该水面至试验结束。对于非饱和试样，宜用湿棉纱围住传压板四周。

（4）加压后，每隔 1h 测记百分表或位移传感器读数一次，直至试样变形稳定为止。变形稳定标准应为百分表或位移传感器读数每小时的变化不大于 0.01mm。

（5）试样在第一级荷载下变形稳定后，施加下一级荷载，并以此类推。荷载等级顺序宜为 25kPa、50kPa、100kPa、200kPa、300kPa、400kPa，最后一级荷载应大于土的自重压力与附加压力之和。

（6）测记最后一级荷载下的试样变形稳定读数后，拆卸百分表或位移传感器，退荷，取出容器，排出容器内的积水。取出传压板、导环、透水石、滤纸、带试样的环刀及护环等，并推出试样，擦净固结容器。需要时测定试样的含水率。

3.资料整理

（1）试样的初始孔隙比e_0应按下式计算，计算结果应精确至0.001：

$$e_0 = \frac{p_w G_S(1+0.01w_o)}{p_o} - 1$$

式中：G_S——土粒密度；

p_w——水的密度（g/cm^3）；

p_o——试样初始密度（g/cm^3）；

w_o——试样初始含水率（%）。

（2）某级压力下试样变形稳定后的孔隙比应按下式计算，计算结果应精确至0.001：

$$e_i = e_0 \frac{\Delta h_i}{h_0}(1+e_0)$$

式中：e_i——某级压力下试样变形稳定后的孔隙比；

Δh_i——某级压力下试样变形稳定后的变形量（mm）。

（3）采用直角坐标系，以孔隙比为纵坐标，压力为横坐标，绘制孔隙比与压力关系曲线。

（4）某一荷载范围内的压缩系数a_v应按下式计算，计算结果应精确至0.01MPa^{-1}：

$$a_v = \frac{e_i - e_{i+1}}{p_{i+1} - p_i} \times 10^3$$

式中：a_v——荷载间的压缩系数（MPa^{-1}）

e_{i+1}——在荷载p_{i+1}下试样变形稳定后的孔隙比；

p_i——土的自重压力或p=100kPa；

p_{i+1}——土的自重压力与附加压力之和或p=200kPa。

（5）某一荷载范围内的压缩模量应按下式计算，计算结果应精确至0.1MPa：

$$E_S = \frac{1+e_0}{a_v}$$

式中：E_S——压缩模量（MPa）。

（6）某一荷载范围内的体积压缩系数m_v应按下式计算，计算结果应精确至0.1MPa^{-1}：

$$m_v = \frac{1}{E_S} = \frac{a_v}{1+e_0}$$

二、先期固结压力确定方法

1. 试验步骤

（1）根据土的自重压力和软硬程度施加第一级荷载12.5kPa或25kPa，对于饱和试样，立即向容器内注入纯水，水面应高出试样顶面，并保持该水面至试验结束，对于非饱和试样，宜用湿棉纱围住传压板四周。

（2）加荷后，每隔1h测记百分表或位移传感器读数一次，直至试样变形稳定为止。变形稳定标准应为变形量每小时的变化不大于0.005mm或每级荷载下固结24h。

（3）试样在第一级荷载下变形稳定后，施加下一级荷载，并以此类推。加荷时，荷重率宜小于1，荷载等级顺序宜为12.5kPa、25kPa、50kPa、100kPa、200kPa、400kPa、800kPa、1200kPa、1600kPa、2400kPa、3200kPa、4000kPa。试验过程中，荷载等级可根据土的状态增减，最后一级荷载应使r-$\lg P$曲线下段出现不少于三个荷载点的直线段。

（4）对超固结土应进行回弹试验。退荷应从大于先期固结压力的荷载等级开始，按加荷等级相反的顺序逐级退荷至第一级荷载，再按加荷等级顺序加荷至最后一级荷载。每次退荷后，每隔1h测记百分表或位移传感器读数一次，直至试样回弹变形稳定为止。回弹变形稳定标准与加荷变形稳定标准相同。当退荷等级次数超过5次时，可每二级退荷一次。

（5）测记最后一级荷载下的试样变形稳定读数后，拆卸仪器及试样。

2. 资料整理

（1）各级荷载下的孔隙比应按上式计算。采用单对数坐标系，以孔隙比为纵坐标，压力为横坐标，绘制孔隙比与压力关系曲线。绘图时，纵坐标轴上取Δe=0.1时的长度与横坐标轴上取一个对数周期长度的比值宜为0.4至0.8。

（2）先期固结压力的确定方法：在e-$\lg P$曲线上找出最小曲率半径$R_{\min}$点0，过0点作水平线0A、切线0B及∠A0B的平分线0D，0D与曲线的直线段CE的延长线交于点E，则对应于E点的压力值即为先期固结压力。

（3）压缩指数c_c及回弹指数cs应按下式计算，计算结果应精确至0.001：

$$c_c(c_s) = \frac{e_i - e_{i+1}}{\lg p_{i+1} - \lg p_i}$$

式中：C_c——压缩指数（e–$\lg P$曲线直线段的斜率）；

$\quad\quad C_s$——回弹指数G–$\lg P$曲线滞回圈两端点间直线的斜率）。

三、固结系数确定方法

1. 试验步骤

（1）根据土的自重压力和软硬程度施加第一级荷载12.5kPa或25kPa立即向容器内注入纯水，水面应高出试样顶面，并保持该水面至试验结束。

（2）加压后，每隔1h测记百分表或位移传感器读数一次，直至试样变形稳定为止。变形稳定标准应为百分表或位移传感器读数每小时的变化不大于0.005mm或荷载压力下固结24h。

（3）试验在第一级荷载下变形稳定后，施加下一级荷载，并以此类推。加荷时，荷重率宜小于1，荷载等级顺次宜为25kPa、50kPa、100kPa、200kPa、400kPa。

（4）固结系数测定应在第一级荷载下试样变形稳定后，施加下一级荷载时进行。施加荷载后按下列时间顺序测记百分表或位移传感器读数：6s、10s、15s、30s、1min、2min15s、4min、6min15s、9min、12min15s、16min、20min15s、25min、30min15s、36min、49min、64min、100min、600min、1000min和1440min。

（5）测记最后一级荷载下的试样变形稳定读数后，拆卸仪器及试样。

2. 资料整理

平方根法计算固结系数c_v

对某一级荷载，采用直角坐标系，以试样变形d（mm）为纵坐标，时间平方根$\sqrt{t}$（min）为横坐标，绘制试样变形与时间平方根（d–$\sqrt{t}$）关系曲线。延长曲线开始段的直线，交纵坐标轴于理论零点ds。过ds作另一直线，令其横坐标为前一直线横坐标的1.15倍，则后一直线与曲线交点所对应的时间的平方即为试样固结度达90%所需的时间t_{90}。

该级荷载下的固结系数c_v应按下式计算，计算结果应精确至0.01cm²/s：

$$c_v = \frac{0.848\,\bar{h}^2}{t_{90}}$$

某一荷载范围内的固结系数c_v应按下式计算，计算结果应精确至0.01cm²/s：

$$c_v = \frac{0.197\,\bar{h}^2}{t_{50}}$$

式中：t_{50}——试样固结度达50%的时间（s）。

四、回弹模量和再压缩模量确定方法

1. 试验步骤

（1）根据土的自重压力和软硬程度施加第一级荷载，对于饱和试样，立即向容器内注入纯水，水面应高出试样顶面，并保持该水面至试验结束。对于非饱和试样，宜用湿棉纱围住传压板四周。

（2）加荷后，每隔1h测记百分表或位移传感器读数一次，直至试样变形稳定为止。变形稳定标准应为变形量每小时的变化不大于0.005mm或每级压力下固结24h。

（3）试样在第一级荷载下变形稳定后，施加下一级荷载，并以此类推，加荷时，荷重率宜小于1。荷载等级顺次宜为25kPa、50kPa、100kPa、200kPa、400kPa、800kPa和1200kPa。试验过程中，荷载等级可根据土的状态增减。

（4）在某级荷载下固结稳定后卸载进行回弹试验，回弹试验的压力区间段为深基坑开挖卸荷前取土深度处土样的自重应力，至深基坑开挖卸荷后取土深度处土样的自重应力。

（5）每次退荷后，每隔1h测记百分表或位移传感器读数一次，直至试样回弹变形稳定为止。回弹变形稳定标准与加荷变形稳定标准相同。当退荷等级次数超过5次时，可每二级退荷一次。

（6）测记最后一级荷载下的试样变形稳定读数后，拆卸仪器及试样。

2. 资料整理

（1）试样的初始孔隙比e_0应按上式计算，各级荷载下的孔隙比应按上式计算。

（2）采用直角坐标系统，以孔隙比为纵坐标，压力为横坐标，绘制孔隙比与压力关系曲线。

（3）回弹系数a_{ci}应按下式计算，计算结果应精确至0.01MPa^{-1}；

$$a_{ci} = \frac{e_{i-1} - e_i}{p_i - p_{i-1}} \times 10^3$$

式中：p_i——深基坑开挖卸荷前取土深度处土样的自重应力（kPa）；

p_{i-1}——深基坑开挖卸荷后取土深度处土样的自重应力（kPa）；

e_i——压缩试验时，p_i荷载下的孔隙比；

e_{i-1}——回弹试验时，p_{i-1}荷载下的孔隙比。

（4）回弹模量应按下式计算，计算结果应精确至0.1MPa：

$$E_{ci} = \frac{1+e_0}{a_{ci}}$$

（5）再压缩系数 a_{si} 应按下式计算，计算结果应精确至 0.01MPa^{-1}；

$$a_{si} = \frac{e_{i-1} - e_{i+1}}{p_i - p_{i-1}} \times 10^3$$

式中：e_{i-1}——p_{i-1} 荷载下的孔隙比；

e_{i+1}——再压缩试验时，p_i 荷载下的孔隙比。

（6）再压缩模量 E_{si} 应按下式计算，计算结果应精确至 0.1MPa：

$$E_{si} = \frac{1+e_0}{a_{si}}$$

五、快速固结试验

对于沉降计算精度要求不高而渗透性又较大的土，且不需要求固结系数时，可采用快速固结试验方法。快速固结试验法规定在各级压力下固结时间为1h，仅最后一级压力的稳定标准为每小时变形量不大于0.01mm。并以等比例综合固结度进行修正。其所用仪器和标准固结试验相同。

试验步骤：

（1）试样的制备及安装同标准固结试验。

（2）加荷后测记1h时的试样高度变化，并立即施加下一级荷载，逐级加荷至所需荷载，加最后一级荷载力时除测记1h时的试样变形外，还需测记达到压缩稳定时的百分表或传感器的读数。稳定标准为每小时变形量不大于0.01mm。

（3）试验结束后拆除仪器。

六、应变控制加荷固结试验

应变控制加荷固结试验是试样在侧限和轴向排水条件下，采用应变速率控制方法在试样上连续加荷，并测定试样的固结量和固结速率以及底部孔隙压力。

应变控制加荷固结试验是连续加荷固结试验方法中的一种，按加荷控制条件，连续加荷固结试验除等应变加荷外，还有等加荷率连续加荷试验和等孔隙水压力梯度连续加荷固结试验等。

连续加荷固结试验依据的是太沙基固结理论，要求试样完全饱和，因此，应变控制连续加荷固结试验方法适用于饱和的细粒土。

1. 试验仪器

主要试验仪器：固结容器、加压设备、孔隙水压力测量设备、变形测量设备、采集系统和控制系统、秒表、滤纸等。

2. 试验步骤

（1）试样制备应符合相关规程的规定，从切下的余土中取代表性试样测定土粒密度和含水率，试验需要饱和时，应按相关规程的步骤进行。

（2）将固结容器底部孔隙水压力阀门打开充无气水，排除底部及管路中滞留的气泡，将装有试样的环刀装入护环，依次将透水石、薄型滤纸、护环置于容器底座上，关孔隙水压力阀，在试样顶部放薄型滤纸、上透水石、盖上上盖，用螺丝拧紧，使上盖、护环和底座密封，然后放上加压上盖，将整个容器移入轴向加荷设备正中，调平，装上位移传感器。对试样施加1kPa的预荷载，使仪器上、下各部件接触，调整孔隙水压力传感器和位移传感至零位或初始读数。

（3）选择适宜的应变速率，其标准是使试验时的任何时间内试样底部产生的孔隙水压力为同时施加轴向荷载的3% ~ 25%，应变速率可按表9-7选择估算值。

表9-7　应变速率估算值

液限 wL（%）	应变速率（%/min）	液限 wL（%）	应变速率（%/min）
0 ~ 40	0.04	80 ~ 100	0.001
40 ~ 60	0.01	100 ~ 120	0.0004
60 ~ 80	0.004	120 ~ 140	0.0001

（4）接通控制、采集系统和加荷设备的电源，预热30min。待装样完毕，采集初始读数，在所选的应变速率下，对试样施加轴向压力，仪器按试验要求自动加荷，定时采集数据或打印，数据采集时间间隔，在历时前10min每隔1min，随后1h内每隔5min，1h后每隔15min采集一次轴向荷载、孔隙水压力和变形值。

（5）连续加荷至预期荷载为止。当轴向压力施加完毕后，在轴向压力不变的条件下，使孔隙水压力消散。

（6）要求测定回弹或退荷特征时，试样在同样的应变速率下退荷，退荷时关闭孔隙水压力阀，按本条（4）款的规定时间间隔记录轴向压力和变形值。

（7）试验结束，关电源，拆除仪器，取出试样，称试样质量，测定试验后的含水率。

第九节　直接剪切试验

直接剪切试验就是对试样直接施加剪切力将其剪坏的试验，简称直剪试验，是测定土的抗剪强度的一种常用方法，试验通常采用四个均匀的环刀试样，分别在不同的垂直压力下施加水平剪应力，测得试样破坏时的剪应力 τ，然后根据库仑定律确定土的抗剪强度参数内摩擦角 φ 和凝聚力 c。

垂直压力宜根据工程实际和土的软硬程度确定，一般为100kPa、200kPa、300kPa、400kPa，软弱土样施加垂直压力时应根据土样实际情况逐级递减，分级施加，以防土样挤出。

1. 试验方法

直接剪切试验一般可分为快剪试验、固结快剪试验和慢剪试验三种试验方法。

（1）快剪试验

使土样在某一级垂直压力作用下，紧接着以每分钟0.8mm剪切速率施加剪应力，直至破坏，一般在3 ~ 5min内完成。快剪适用于黏性土和黏性尾矿，但摩擦角会偏大。

（2）固结快剪试验

先使土样在某一级垂直压力作用下固结至排水变形稳定，再以每分钟0.8mm剪切速率施加剪应力，直至破坏，一般在3 ~ 6min内完成。固结快剪适用于黏性土和黏性尾矿。

（3）慢剪试验

先使土样在某一级垂直压力作用下固结至排水变形稳定，再以每分钟0.02mm剪切速率缓慢施加剪应力，直至破坏，在施加剪应力过程中，使土样内始终不产生孔隙水压力，剪切试验历时较长。慢剪试验适用于黏性土、粉土、黏性尾矿和粉性尾矿。

2. 仪器设备

主要仪器设备：应变控制式直剪仪，位移测量设备，环刀等。

3. 试验步骤

（1）对准上下剪切盒，插入固定销，在下盒内放不透水板及塑料薄膜。将装有试样的环刀平口向下，刃口向上，对准剪切盒口，在试样顶面放塑料薄膜和不透水板，然后将试样徐徐推入剪切盒内，移去环刀。

（2）转动手轮使上盒前端钢珠刚好与测力计接触，顺次加上加压盖板、钢珠、垂直加荷框架，调整测力计读数为零，测记起始读数。

（3）施加各级垂直压力，饱和试样或工程要求浸水的试样，在施加垂直压力后，应向盒内注水，水面与盒面上缘齐平。

（4）施加垂直压力后，每隔1h测记百分表读数一次，直至试样固结变形稳定为止，试样变形稳定标准应为百分表读数每小时的变化不大于0.01mm。试样的固结可在其他加荷设备上进行，当试样变形稳定后，移入剪切盒内，施加相同的垂直压力，再固结10 ～ 15min。

（5）快剪，施加垂直压力后，拔去固定上下剪切盒的销钉，以0.8 ～ 1.2mm/min的剪切速率进行剪切，使试样在3 ～ 5min内剪损。固快，试样固结稳定后，拔去固定上下剪切盒的销钉，以0.8 ～ 1.2mm/min的剪切速率进行剪切，使试样在3 ～ 5min内剪损。慢剪，试样固结稳定后，拔去固定上下剪切盒的销钉，以黏性土不大于0.02mm/min、粉土不大于0.06mm/min的剪切速率进行剪切。如测力计的读数达到稳定，或有显著后退，表示试样已剪损。宜剪切至剪切位移达4mm。当剪切过程中测力计的百分表读数无峰值时，应剪切至剪切位移达6mm时停机。

（6）试样剪切结束后，反转手轮，卸除垂直压力及加荷框架，取下传压板，吸去盒内积水，取出试样，描述剪切面情况。需要时测定试样含水率。

第十节　三轴压缩试验

三轴压缩试验也称三轴剪切试验，是试样在某一固定周围压力下，逐渐增大轴向压力，直至试样破坏的一种抗剪强度试验，是以摩尔—库仑理论为依据而设计的三轴向加压的剪力试验。

三轴压缩试验是测定土体抗剪强度的一种比较完善的室内试验方法，通常制备三个以上性质相同的试样，在不同的周围压力下进行试验，测得土的抗剪强度，再利用摩尔—库仑破坏准则确定土的抗剪强度参数。

三轴压缩试验可以严格控制排水条件，可以测量土体内孔隙水压力，另外，试样中的应力状态也比较明确，试样破坏时的破裂面是在受力条件最薄弱处，而不像直剪试验那样限定在上、下土盒之间，同时，三轴压缩试验还可以模拟建筑物和建筑物基础的特点以及根据设计施工的不同要求确定试验方法，因此，对于特殊建筑物、高层建筑、重型厂房、深层地基、海洋工程、道路桥梁和交通航务等工程有着特别重要的意义。

三轴压缩试验适用于测定细粒土和砂类土（包括黏性尾矿、粉性尾矿、砂性尾矿）的总抗剪强度参数和有效抗剪强度参数。

1. 试验方法

三轴压缩试验分为不固结不排水剪（UU）、固结不排水剪（CU或eo）和固结排水剪（CD）三种试验方法。试验周围压力宜根据工程实际确定，一般为100kPa、200kPa、300kPa、400kPa，软弱土样为50kPa、100kPa、150kPa、200kPa。对无法切取多个试样的灵敏度较低的原状土，可采用一个试样多级加荷试验。

（1）不固结不排水试验（UU）

试样在施加周围压力和随后施加轴应力直至剪坏的整个试验过程中都不允许排水，这样，从开始加压直至剪切破坏，土中的含水量始终保持不变，孔隙水压力也不可能消散，可以测得总应力抗剪强度指标。

（2）固结不排水剪（CU或cu）

试样在施加周围压力时，允许试样充分排水，待固结稳定后，在不排水的条件下施加轴向应力，直至试样剪切破坏，同时在受剪过程中测定土体的孔隙水压力，可测得总应力抗剪强度参数和有效应力抗剪强度参数。

（3）固结排水剪（CD）

试样先在周围压力下排水固结，然后允许试样在充分排水的条件下增加轴向压力直到破坏，同时在试验过程中测读排水量以计算试样体积变化，可测得排水条件下的有效应力抗剪强度参数指标。

2. 仪器设备

主要仪器设备：全自动三轴仪、应变控制式三轴仪、击实筒、饱和器、切土盘、切土器和切土架、分样器、成膜桶、制备砂样圆模、天平、负荷传感器、位移传感器（或量表）、孔隙压力传感器、体变排水传感器、橡皮膜等。

3. 仪器检查

（1）周围压力控制系统和反压力控制系统的仪表的误差应小于全量程的 ±1%，采用传感器时，其误差应小于全量程的 ±0.5%，根据试样的强度大小，选择不同量程的测力计，最大轴向压力的准确度不小于1%。

（2）孔隙压力测量系统的气泡应排除，其方法是：孔隙压力测量系统中充以无气水（煮沸冷却后的蒸馏水）并施加压力，小心打开孔隙压力阀，让管路中的气泡从压力室底座排出。应反复几次直到气泡完全冲出为止。孔隙压力测量系统的体积因数，应小于 $1.5 \times 10 \text{cm}^3/\text{kPa}$。

（3）排水管路应通畅，活塞在轴套内应能自由滑动，各连接处应无漏水漏气现象。仪器检查完毕，关周围压力阀、孔隙压力阀和排水阀以备使用。

（4）橡皮膜在使用前应仔细检查。其方法是扎紧两端，在膜内充气，然后沉入水下检查应无气泡溢出。

4. 试样制备

（1）试样高度 H 与直径 D 之比（H/D）应为 2.0 ～ 2.5，对于有裂隙、软弱面或构造面的试样，直径 D 宜采 101mm。土样粒径与试样直径的关系应符合表9–8的要求。

表9–8　土样粒径与试样直径的关系

试样直径 D（mm）	允许粒径 d（mm）
39.1	$d < \frac{1}{10}D$
61.8	$d < \frac{1}{10}D$
101.0	$d < \frac{1}{5}D$

（2）原状土样的制备

1）对于较软的土样，先用钢丝锯或削土刀切取一稍大于规定尺寸的土柱，放在切土盘的上、下圆盘之间。再用钢丝锯或削土刀紧靠侧板，由上往下细心切削，边切削边转动圆盘，直至土样的直径被切成规定的直径为止。然后按试样高度的要求，削平上下两端。对于直径为10cm的软黏土土样，可先用分样器分成3个土柱，然后再按上述的方法，切削成直径为39.1mm的试样。

2）对于较硬的土样，先用削土刀或钢丝锯切取一稍大于规定尺寸的土柱，上、下两端削平，按试样要求的层次方向，放在切土架上，用切土器切削。先在切土器刀口内壁涂上一薄层油，将切土器的刀口对准土样顶面，边削土边压切土器，直至切削到比要求的试样高度约高2cm为止，然后拆开切土器，将试样取出，按要求的高度将两端削平。试样的两端面应平整，互相平行，侧面垂直，上下均匀。在切样过程中，若试样表面因遇砾石而成孔洞，允许用切削下的余土填补。

3）将切削好的试样称量，直径101mm的试样准确至1g；直径61.8mm和39.1mm的试样准确至0.1g。试样高度和直径用卡尺测量，试样的平均直径按下式计算：

$$D_O = \frac{D_1 + 2D_2 + D_3}{4}$$

式中：D_O ——试样平均直径（mm）；

D_1、D_2、D_3 ——分别为试样上、中、下部位的直径（mm）。

4）取切下的余土，平行测定含水率，取其平均值作为试样的含水率。

5）对于特别坚硬的和很不均匀的土样，如不易切成平整、均匀的圆柱体时，允许切成与规定直径接近的柱体，按所需试样高度将上下两端削平，称取质量，然后包上橡皮膜，用浮称法称取试样的质量，并换算出试样的体积和平均直径。

（3）扰动土试样制备（击实法）

1）选取一定数量的代表性土样（对直径39.1mm试样约取2kg；61.8mm和101mm试样分别取10kg和20kg），经风干、碾碎、过筛，测定风干含水率，按要求的含水率算出所需加水量。

2）将需加的水量喷洒到土料上拌匀，稍静置后装入塑料袋，然后置于密闭容器内至少20h，使含水率均匀。取出土料复测其含水率。测定的含水率与要求的含水率的差值应小于±1%。否则需调整含水率至符合要求为止。

3）击样筒的内径应与试样直径相同。击锤的直径宜小于试样直径，也允许采用与试样直径相等的击锤。击样筒壁在使用前应洗擦干净，涂一薄层凡士林。

4）根据要求的干密度，称取所需土质量。按试样高度分层击实，粉土分3～5层，粉质黏土、黏土分5～8层击实。各层土料质量相等，每层击实至要求高度后，将表面刨毛，然后再加第二层土料。如此继续进行，直至击实最后一层。将击样筒中的试样两端整平，取出称其质量，一组试样的密度差值应小于0.02g/cm³。

（4）冲填土试样制备（土膏法）

1）取代表性土样风干、过筛，调成略大于液限的土膏，然后置于密闭容器内，储存20h左右，测定土膏含水率，同一组试样含水率的差值不应大于1%。

2）在压力室底座上装对开圆模和橡皮膜（在底座上的透水板上放一湿滤纸，连接底座的透水板均应饱和），橡皮膜与底座扎紧。称制备好的土膏，用调土刀将土膏装入橡皮膜内，装土膏时避免试样内夹有气泡。试样装好后整平上端，称剩余土膏，计算装入土膏的质量。在试样上部依次放湿滤纸、透水板和试样帽并扎紧橡皮膜。然后打开孔隙压力阀和排水阀，降低量水管水位，使其水位低于试样中心约50cm，测记量水管读数，算出排水后试样的含水率。拆去对开模，测定试样上、中、下部位的直径及高度，按上式计算试样的平均直径及体积。

（5）砂类土试样制备

1）根据试验要求的试样干密度和试样体积称取所需风干砂样质量，分三等分，在水中煮沸，冷却后待用。

2）开孔隙压力阀及量管阀，使压力室底座充水。将煮沸过的透水板滑入压力室底座上，并用橡皮带把透水板包扎在底座上，以防砂土漏入底座中。关孔隙压力阀及量管阀，将橡皮膜的一端套在压力室底座上并扎紧，将对开模套在底座上，将橡皮膜的上端翻出，然后抽气，使橡皮膜贴紧对开模内壁。

3）在橡皮膜内注脱气水约达试样高的1/3。用长柄小勺将煮沸冷却的一份砂样装入膜中，填至该层要求高度（对含有细粒土和要求高密度的试样，可采用干砂制备，用水头饱和或反压力饱和）。

4）第一层砂样填完后，继续注水至试样高度的2/3，再装第二层砂样。如此继续装样，直至模内装满为止。如果要求干密度较大，则可在填砂过程中轻轻敲打对开模，使所称出的砂样填满规定的体积。然后放上透水板、试样帽，翻起橡皮膜，并扎紧在试样帽上。

5）打开排水阀降低排水管位置，使管内水面低于试样中心高程以下约0.2m（对于直径101mm的试样约0.5m），在试样内产生一定负压，使试样能站立。拆除对开模，量试样高度与直径，复核试样干密度。各试样之间的干密度差值应小于0.03g/cm^3。

5. 试样饱和

（1）抽气饱和应将装有试样的饱和器置于无水的抽气缸内，进行抽气，当真空度接近当地1个大气压后，继续抽气，继续抽气时间为：粉质土大于0.5h，黏质土大于1h，密实的黏质土大于2h。

（2）当抽气时间达到上述要求后，缓慢注入清水，并保持真空度稳定。待饱和器完全被水淹没即停止抽气，并释放抽气缸的真空。试样在水下静置时间应大于10h，然后取出试样并称其质量。

（3）水头饱和是将试样装入压力室内，施加20kPa的周围压力，并同时提高试样底部量管的水面和降低连接试样顶部固结排水管的水面，使两管水面差在1m左右。打开排水阀、孔隙压力阀，让水自下而上通过试样，直至同一时间间隔内量管流出的水量与固结排水管内的水量相等为止。

（4）二氧化碳饱和适用于无黏性的松砂、紧砂及密度低的粉质黏土，其步骤如下：

1）试样安装完成后，装上压力室罩，将各阀门关闭，开周围压力阀对试样施加

40 ~ 50kPa的周围压力。

2）将减压阀调至20kPa，开供气阀使二氧化碳气体由试样底部输入试样内。

3）开体变管阀，当体变管内的水面无气泡时关闭供气阀。

4）开孔隙压力阀及量管阀、升高量管内水面，使保持高于体变管内水面约20cm。

5）当量管内流出的水量约等于体变管内上升的水量为止，再继续水头饱和后，关闭体变管阀及孔隙压力阀。

（5）反压力饱和的步骤如下：

1）试样装好以后装上压力室罩，关孔隙压力阀和反压力阀，测记试样体变读数。先对试样施加20kPa的周围压力预压。并开孔隙压力阀待孔隙压力稳定后记下读数，然后关孔隙压力阀。

2）反压力应分级施加，并同时分级施加周围压力，以尽量减少对试样的扰动。在施加反压力过程中，始终保持周围压力比反压力大20kPa，反压力和周围压力的每级增量对软黏土取30kPa，对坚实的土或初始饱和度较低的土，取50 ~ 70kPa。

3）操作时，先调周围压力至50kPa，并将反压力系统调至30kPa，同时打开周围压力阀和反压力阀，再缓缓打开孔隙压力阀，待孔隙压力稳定后，测记孔隙压力计和体变管读数，再施加下一级的周围压力和反压力。

4）算出本级周围压力下的孔隙压力增量 Δu，并与周围压力增量 $\Delta \sigma$ 比较，如 $\dfrac{\Delta u}{\Delta \sigma_s} < 1$，则表示试样尚未饱和，这时关孔隙压力阀、反压力阀和周围压力阀，继续按上述规定施加下一级周围压力和反压力。

5）当试样在某级压力下达到 $\dfrac{\Delta u}{\Delta \sigma_s} = 1$ 时，应保持反压力不变，增大周围压力，假若试样内增加的孔隙压力等于周围压力的增量，表明试样已完全饱和；否则应重复上述步骤，直至试样饱和为止。

6. 试样安装

（1）对压力室底座充水，在底座上放置不透水板，并依次放置试样、不透水板及试样帽。对于冲填土或砂性土的试样安装，分别可按冲填土和砂土试样制备规定进行。

（2）将橡皮膜套在承膜筒内，两端翻出筒外，从吸气孔吸气，使膜贴紧承膜筒内壁，然后套在试样外，放气，翻起橡皮膜的两端，取出承膜筒。用橡皮圈将橡皮膜分别扎紧在压力室底座和试样帽上。

（3）装上压力室罩，向压力室充水，当压力室内水淹过整个试样时，关闭进水阀。

一、不固结不排水试验

试验步骤

（1）应变控制式三轴仪先关体变传感器或体变管阀及孔隙压力阀，开周围压力阀。全自动三轴仪按要求设置试验参数，包括周围压力、剪切速率。施加所需的周围压力。周围压力大小应与工程的实际荷载相适应，并使最大周围压力与土体的最大实际荷载相一致，也可按100kPa、200kPa、300kPa、400kPa施加。剪切速率应符合表9-9的规定。

表9-9　剪切应变速率

试样方法	剪切应变速率（%/min）	备注
UU试样	0.5 ~ 1.0	
CU试样（测孔隙压力）	0.1 ~ 0.5	黏质土
	0.05 ~ 0.1	黏质土
	0.5 ~ 1.0	高密度黏质土
CU试验	0.5 ~ 1.0	
CD试验	0.003 ~ 0.012	

（2）首先启动三轴压力机使试样座上升，待试样帽与主应力差传感器传力杆基本接触后施加围压。施加围压后主应力差传感器受力，其传力杆上升与试样帽脱离，再次启动三轴压力机使试样座上升，直至再次使试样帽与主应力差传感器传力杆接触。全自动三轴仪按照设定的试验参数自动完成试验过程。

（3）应变拉制式三轴仪在试验机的电动机启动之前，应将各阀门关闭。开动试验机，进行剪切。开始阶段，试样每产生轴向应变0.3% ~ 0.4%测记轴向力和轴向位移读数各1次。当轴向应变达3%以后，读数间隔可延长为0.7% ~ 0.8%各测记1次。当接近峰值时应加密读数。如果试样为特别硬脆或软弱土的可酌情加密或减少测读的次数。当出现峰值后，再继续剪3% ~ 5%轴向应变：若轴向力读数无明显减少，则剪切至轴向应变15% ~ 20%。全自动三轴仪依据设定的采集数据应变和剪停应变自动完成试验。

（4）试验结束后，应变控制式三轴仪先关闭电动机，关周围压力阀，下降升降台。全自动三轴仪自动完成底座下降。开排气孔，排去压力室内的水，拆除压力室罩，揩干试样周围的余水，脱去试样外的橡皮膜，描述破坏后形状，称试样质量，测定试验后含水率。对于39.1mm直径的试样，宜取整个试样烘干61.8mm和101mm直径的试样允许切取剪切面附近有代表性的部分试样烘干。

（5）按照（1）~（4）的方法进行其余试样的试验。

二、固结不排水试验

试验步骤

（1）应变控制式三轴仪操作步骤

1）装上压力室罩并注满水，关排气阀，然后提高排水管使其水面与试样中心高度齐平，并测记其水面读数，关排水管阀。

2）使量管水面位于试样中心高度处，开量管阀，测读传感器，记下孔隙压力起始读数，然后关量管阀。

3）关闭排水阀，开周围压力阀，施加周围压力，并调整负荷传感器（或测力计）和轴向位移传感器（或位移计）读数。

4）打开孔隙压力阀，测记稳定后的孔隙压力读数，减去孔隙压力计起始读数，即为周围压力与试样的初始孔隙压力u（注：如不测孔隙压力，可以不做本款要求的试验）。

5）打开排水管阀的同时开动秒表，按0min、0.25min、1min、4min、9min、……时间测记排水管水面及孔隙压力计读数。在整个试验过程中（零位指示器的水银面始终保持在原来位置），排水管水面应置于试样中心高度处。固结度至少应达到95%。

6）开体变管阀，让试样通过体变管排水，固结稳定标准是1h内固结排水量的变化不大于试样总体积的1/1000或孔隙水压力消散度达到95%以上。孔隙水压力消散度应按下式计算：

$$u = \left(1 - \frac{u_t}{u_i}\right) \times 100\%$$

式中：u ——排水开始后某一时刻的孔隙水压力消散度（%）；

u_t ——排水开始后某一时刻的孔隙水压力（kPa）；

u_i ——本级周围压力下的初始孔隙水压力（kPa）。

7）固结完成后，关排水管阀或体变管阀，记下体变管或排水管和孔隙压力的读数。开动试验机，到轴向力读数开始微动时，表示活塞已与试样接触，记下轴向位移读数，即为固结下沉量 Δh，依此算出固结后试样高度心，然后将轴向力和轴向位移读数都调至零。

（2）全自动三轴仪步骤操作

1）设置试验参数，包括周围压力，固结控制参数和剪切速率。周围压力大小应与工程的实际荷载相适应，并使最大周围压力与土体的最大实际荷载相一致，也可按100kPa、200kPa、300kPa、400kPa施加。剪切速率应符合表9-9（剪切应变速率表）的规定。

2）试样固结控制参数（排水、孔压、孔压与排水、人工）同上规定设置，固结稳定标准可选择同时满足排水和孔隙压力消散，并依据所设定的试验参数自动完成固结过程中的数据采集。

3）按设定的剪切参数进行试样剪切试验，并自动采集数据。

三、固结排水试验

固结排水试验的剪切操作步骤同固结不排水剪的规定。

四、一个试样多级加荷三轴压缩试验

（1）不固结不排水剪试验（UU试验）步骤

1）装完试样后，施加第一级周围压力（周围压力分2～3级施加）。

2）剪切应变速度取每分钟为0.5%～1.0%，然后开始剪切。开始阶段，以试样应变每隔0.3%～0.4%测记轴向力和轴向位移读数；当应变达3%以后，每隔0.7%～0.8%测记一次。

3）当轴向力稳定或接近稳定时，记录轴向位移和轴向力读数，停止剪切，将轴向压力退至零。

4）施加第二级周围压力。此时轴向力因施加周围压力而增加，应重新调至原来读数值，然后升高升降台。当轴向力读数微动时，表示试样帽与轴向测力系统重新接触，再按原剪切速率剪切，直至轴向力读数稳定或接近稳定为止。

5）全自动三轴仪按照要求设置试验参数，自动完成试验。

6）重复上述要求进行其余各级周围压力的试验。最后一级周围压力下的剪切累积应变应不超过20%。

7）试验结束后，关闭周围压力阀，尽快拆除压力室罩，取下试样称量，并测定剪切后的含水率。

（2）固结不排水剪试验（CU试验）步骤

1）安装试样后施加第一级周围压力，按规定进行试样固结，待固结稳定后，关体变管阀或排水管阀。

2）按规定进行第一级试样剪切。

3）第一级剪切完成后，轴向力退至为零。待孔隙压力稳定后再施加第二级周围压力，并规定进行再排水固结。

4）试样固结稳定后，关体变管阀或排水管阀，使活塞与试样帽接触，记录轴向位移读数 Δh_2（此时试样高度 $h_2 = h_0 - \Delta h_2$）。

5）按规定再进行剪切。

6）按规定进行下一级周围压力下的试验，最后一级周围压力下的剪切累积应变量应不超过20%。

7）全自动三轴仪按上述要求设置试验参数，自动完成试验过程。

8）试验完毕拆除试样。

第十章　土工合成材料主要试验

第一节　物理性能试验

一、单位面积质量测定

从样品的整个宽度和长度方向上裁取已知尺寸的方形或圆形试样，并对其称量，然后计算其单位面积质量。

1. 仪器设备

电子天平、台秤等。

2. 试验步骤

（1）裁取面积为100cm²的试样至少10块。

（2）试样应具有代表性。测量精度为0.5%。如果100cm²的试样不能代表该产品全部结构时，可以使用较大面积的试样以确保测量的精度。

（3）对于具有相对较大网孔的土工布有关产品，如土工格栅或土工网，应从构成网孔单元两个节点连线中心处剪切试样。试样在纵向和横向都应包含至少5个组成单元，应分别测定每个试样的面积。

（4）将试样在标准大气压下调湿24h，如果能表明调湿步骤对试验结果没有影响，则可省略此步。

（5）分别对每个试样称量，精度为10mg。

（6）计算每块试样的单位面积质量。

（7）计算10块试样单位面积质量的平均值，同时计算出标准差和变异系数。

二、土工织物厚度测定

厚度是指对试样施加规定压力的两基准板间的垂直距离。对于厚度均匀的聚合物、沥青防渗土工膜，名义厚度是指在（20±0.1）kPa压力下测得的试样厚度。对于其他所有土工合成材料，名义厚度是指在 2 ± 0.01 kPa 压力下测得的试样厚度。对于厚度不均匀的聚合物、沥青防渗土工膜，名义厚度是指在施加 0.6 ± 0.1 N 的力下所测得的试样厚度。

土工织物厚度测定是将试样放置在基准板，用与基准板平行的圆形压脚（压脚面积要小于试样面积）对试样施加规定压力一定时间后，测量两块板之间的垂直距离。在每个指定压力下，试验结果以所获数值的平均值表示。

1. 仪器设备

厚度试验仪、基准板、测量装置、计时器。

2. 试验步骤

当测定厚度不均匀的材料时，如土工格栅，这类材料需经有关方协商后才能测试，并应在试验报告中说明。

根据程序 A 或程序 C 来测定试样厚度时，所选压力为 2kPa、20kPa、200kPa，允差为 $\pm 0.5\%$；或施加（0.6 ± 0.1）N 的力。

经有关方协商后，可用程序 B 代替程序 A。

经有关方协商后，可选用其他压力值。如所选压力大于 200kPa，则每次试验时应采用新的调湿好的试样。

（1）程序 A（在每个指定压力下测定新试样的厚度）

1）将试样放置在规定的基准板和压脚之间，使压脚轻轻压放在试样上，并对试样施加恒定压力 30s（或更长时间）后，读取厚度指示值。除去压力，并取出试样。

2）重复程序 A 的步骤 1），测定最少 10 块试样在（2 ± 0.01）kPa 压力下的厚度。

3）重复程序 A 的步骤 1），测定与程序 A 的步骤 2）相同数量的新试样在（20 ± 0.1）kPa 压力下的厚度。

4）重复程序 A 的步骤 1），测定与程序 A 的步骤 2）相同数量的新试样在（200 ± 0.1）kPa 压力下的厚度。

（2）程序 B（逐渐增加载荷，测定同一试样在各指定压力下的厚度）

1）将试样放置在规定的基准板和压脚之间，使压脚轻轻压放在试样上，并对试样施加（2 ± 0.01）kPa 恒定压力 30s（或更长时间）后，读取厚度指示值。

2）不取出试样，增加压力至（20 ± 0.01）kPa，对试样继续加压 30s（或更长时间）后读取厚度指示值。

3）不取出试样，增加压力至（200 ± 0.1）kPa，对试样继续加压 30s（或更长时间）后读取厚度指示值。除去压力，并取出试样。

4）重复程序 B 中的步骤 1）~ 步骤 3），直至测完至少 10 块试样。

（3）程序C（厚度不均匀的聚合物、沥青防渗土工膜）

1）将试样放置在规定的两压头之间。两压头应为相同的形状和大小。使压头轻轻压放在试样上，并对试样施加（0.6±0.1）N的力5s（或更长时间）后，读取厚度指示值。除去压力，并取出试样。

2）重复程序C中的步骤1），直至测完至少10块试样。

3. 结果整理

计算试样在程序A、程序B、程序C中各指定压力下的平均厚度和变异系数，精确到0.01mm。

如有需要，给出每块试样的测定结果。

如有需要，给出试样厚度的平均值与所施加压力的关系图，建议X轴用所施加的压力的对数表示，Y轴直接用厚度的平均值表示。

三、织物长度和幅宽的测定

织物长度是指沿织物纵向从起始端至终端的距离，织物全幅宽是指与长度方向垂直的织物最靠外两边间的距离，织物有效幅宽是指除去布边、标志、针孔或其他非同类区域后的织物宽度。

为了测试以上物理参数，将松弛状态下的织物试样在标准大气条件下置于光滑平面上，使用钢尺测定织物长度和幅宽。对于织物长度的测定，必要时织物长度可分段测定，各段长度之和即为试样总长度。

1. 仪器设备

（1）钢尺：分度值为1mm，长度大于织物宽度或大于1m。

（2）测定桌，具有光滑的表面，其长度与宽度应大于放置好的织物被测部分。测定桌长度应至少达到3m，以满足2m以上长度试样的测定。沿着测定桌两长边，每隔1m±1mm长度连续标记刻度线。第一条刻度线应距离测定桌边缘0.5m，为试样提供恰当的铺放位置。对于较长的织物，可分段测定长度。在测定每段长度时，整段织物均应放置在测定桌上。

2. 试验步骤

织物应在无张力状态下调湿和测定。为确保织物松弛，无论是全幅织物、对折织物还是管状织物，试样均应处于无张力条件下放置。

为确保织物达到松弛状态，可预先沿着织物长度方向标记两点，连续地每隔24h测量一次长度，如测得的长度差异小于最后一次长度的0.25%，则认为织物已充分松弛。

（1）试样长度的测定

1）短于1m的试样

短于1m的试样应使用钢尺平行其纵向边缘测定，精确至0.001m。在织物幅宽方向的不同位置重复测定试样全长，共3次。

2）长于1m的试样

在织物边缘处作标记，用测定桌上的刻度，每隔1m距离处作标记，连续标记整段试样。试样总长度是各段织物长度的和，如有必要，可在试样上作新标记重复测定，共3次。

（2）试样幅宽的测定

试样全幅宽为织物最靠外两边间的垂直距离。对折织物幅宽为对折线至双层外段垂直距离的2倍。

如果织物的双层外端不齐，应从折叠线测量到与其距离最短的一端，并在报告中注明。当管状织物是规则的且边缘平齐，其幅宽是两端间的垂直距离。在试样的全长上均匀分布测定以下次数：

试样长度＜5m为5次；

试样长度＜20m为10次；

试样长度＞20m至少10次，间距2m。

如果织物幅宽不是测定从一边到另一边的全幅宽，有关双方应协商定义有效幅宽，并在报告中注明。测定试样有效幅宽时，应按测定全幅宽的方法测定，但需排除布边等。有效幅宽可能因织造机构变化或服装及其他制品的特殊加工要求而定义不同。

四、有效孔径试验（干筛法）

孔径是以通过其标准颗粒材料的直径表征的土工织物的孔眼尺寸。有效孔径（Oc）是指能有效通过土工织物的近似最大颗粒直径，例如O_{90}表示土工织物中90%的孔径低于该值。

有效孔径试验（干筛法）是用土工布试样作为筛布，将已知直径的标准颗粒材料放在土工布上面振筛，称量通过土工布的标准颗粒材料重量，计算出过筛率，调换不同直径标准颗粒材料进行试验，由此绘出土工布孔径分布曲线，并求出O_{90}值。

1. 仪器设备

支撑网筛、标准筛振筛机、标准颗粒材料、天平、秒表、细软刷子、剪刀、画笔等。

2．制作试样

（1）剪取 $5 \times n$ 块试样，n 为选取粒径的组数，试样直径应大于筛子直径。

（2）试样调湿：当试样在间隔至少2h的连续称重中质量变化不超过试样质量的0.25%时，可认为试样已经调湿平衡。

3．试验步骤

（1）试验前应将标准颗粒材料与试样同时放在标准大气条件下进行调湿平衡。

（2）将同组5块试样平整、无褶皱地放入能支撑试样而不致下凹的支撑筛网上。从较细粒径规格的标准颗粒中称50g，均匀地撒在土工织物表面上。

（3）将筛框、试样和接收盘夹紧在振筛机上，开动振筛机，摇筛试样10min。

（4）关机后，称量通过试样进入接收盘的标准颗粒材料质量并记录，精确至0.01g。

（5）更换新的一组试样，用下一较粗规格粒径的标准颗粒材料重复（2）～（4）步骤，直至取得不少于三组连续分级标准颗粒材料的过筛率，并有一组的过筛率达到或低于5%。

第二节　力学性能试验

一、宽条拉伸试验

1．试验参数

（1）名义夹持长度

用伸长计测量时，名义夹持长度是在试样的受力方向上，标记的两个参考点间的初始距离，一般为60mm（两边距试样对称中心为30mm），记为 L_0；用夹具的位移测量时，名义夹持长度是初始夹具间距，一般为100mm，记为 L_0。

（2）隔距长度：试验机上下两夹持器之间的距离，当用夹具的位移测量时，隔距长度即为名义夹持长度。

（3）预负荷伸长：在相当于最大负荷1%的外加负荷下，所测的夹持长度的增加值，以mm表示。

（4）实际夹持长度：名义夹持长度加上预负荷伸长（预加张力夹持时）。

（5）最大负荷：试验中所得到的最大拉伸力，以kN表示。

（6）伸长率：试验中试样实际夹持长度的增加与实际夹持长度的比值，以%表示。

（7）最大负荷下伸长率：在最大负荷下试样所显示的伸长率，以％表示。

（8）特定伸长率下的拉伸力：试样被拉伸至某一特定伸长率时每单位宽度的拉伸力，以kN/m表示。

（9）拉伸强度：试验中试样拉伸直至断裂时每单位宽度的最大拉力，以kN/m表示。

2. 仪器设备

拉伸试验机：具有等速拉伸功能，拉伸速率可以设定，并能测读拉伸过程中试样的拉力和伸长量，记录拉力—伸长曲线。

夹具：钳口表面应有足够宽度，至少应与试样200mm同宽，以保证能够夹持试样的全宽，并采用适当措施避免试样滑移和损伤（对大多数材料宜使用压缩式夹具，但对那些使用压缩式夹具出现过多钳口断裂或滑移的材料，可采用绞盘式夹具）。

伸长计：能够测量试样上两个标记点之间的距离，对试样无任何损伤和滑移，能反映标记点的真实动程。伸长计包括力学、光学或电子形式的。伸长计的精度应不超过±1mm。

蒸馏水、非离子润湿剂（仅用于浸湿试样）。

3. 制作试样

（1）试样数量：纵向和横向各剪取至少5块试样。

（2）试样尺寸

无纺类土工织物试样宽为（200±1）mm（不包括边缘），并有足够的长度以保证夹具间距100mm。为了控制滑移，可沿试样的整个宽度与试样长度方向垂直地画两条间隔100mm的标记线（不包含绞盘夹具）。

对于机织类土工织物，将试样剪切约220mm宽，然后从试样的两边拆去数目大致相等的边线以得到（200±1）mm的名义试样宽度，这有助于保持试验中试样的完整性。

对于土工格栅，每个试样至少为200mm宽，并具有足够长度。试样的夹持线在节点处，除被夹钳夹持住的节点或交叉组织外，还应包含至少1排节点或交叉组织；对于横向节距大于或等于75mm的产品，其宽度方向上应包含至少两个完整的抗拉单元。

如使用伸长计，标记点应标在试样的中排抗拉肋条的中心线上，两个标记点之间应至少间隔60mm，并至少含有1个节点或1个交叉组织。

对于针织、复合土工织物或其他织物，用刀或剪子切取试样可能会影响织物结构，此时允许采用热切，但应在试验报告中说明。

当需要测定湿态最大负荷和干态最大负荷时，剪取试样长度至少为通常要求的两倍。将每个试样编号后对折剪切成两块，一块用于测定干态最大负荷，另一块用于测定湿态最大负荷，这样使每一对拉伸试验是在含有同样纱线的试样上进行的。

（3）试样调湿和状态调节

湿态试验所用试样应浸入温度为（20±2）℃〔或（23±2）℃，或（27±2）℃〕的蒸馏水中，浸润时间应足以使试样完全润湿或者至少24h。为使试样完全湿润，也可以在水中加入不超过0.05%的非离子型润湿剂。如确认试样不受环境影响，则可不进行调湿和状态调节，但应在报告中注明试验时的温度和湿度。

4. 试验步骤

（1）拉伸试验机的设定

土工织物，试验前将两夹具间的隔距调至（100±3）mm。选择试验机的负荷量程，使断裂强力在满量程负荷的10%～90%。设定试验机的拉伸速度，使试样的拉伸速率为名义夹持长度的（20%±5%）/min。如使用绞盘夹具，在试验前应使绞盘中心间距保持最小，并且在试验报告中注明使用了绞盘夹具。

（2）夹持试样

将试样在夹具中对中夹持，注意纵向和横向的试样长度应与拉伸力的方向平行。合适的方法是将预先画好的横贯试件宽度的两条标记线尽可能地与上下钳口的边缘重合。对湿态试样，从水中取出后3min内进行试验。

（3）试样预张

对已夹持好的试件进行预张，预张力相当于最大负荷的1%，记录因预张试样产生的夹持长度的增加值。

（4）使用伸长计时

在试样上相距60mm处分别设定标记点（分别距试样中心30mm），并安装伸长计，注意不能对试样有任何损伤，并确保试验中标记点无滑移。

（5）测定拉伸性能

开动试验机连续加荷直至试样断裂，停机并恢复至初始标距位置。记录最大负荷，精确至满量程的0.2%，记录最大负荷下的伸长量，精确到小数点后一位。

如试样在距钳口5mm范围内断裂，而其试验结果低于其他所有结果平均值的50%时，该结果应予剔除。纵横向每个方向至少试验5块有效试样。如试样在夹具中滑移，或者多于1/4的试样在钳口附近5mm范围内断裂，可采取下列措施：

1）夹具内加衬垫；

2）对夹在钳口内的试样加以涂层；

3）改进夹具钳口表面。

无论采用了何种措施，都应在试验报告中注明。

（6）测定特定伸长率下的拉伸力

使用合适的记录测量装置测定在任一特定伸长率下的拉伸力，精确至满量程的0.2%。

二、接头/接缝宽条拉伸试验

接头/接缝宽条拉伸试验是用宽条样测定土工合成材料（包括土工织物、土工复合材料，也适用于土工格栅，但试样尺寸要作适当改变）接头和接缝拉伸性能的试验方法，方法包括测定调湿和浸湿两种试样拉伸性能的程序。

1. 仪器设备

拉伸试验机：具有等速拉伸功能，拉伸速率可以设定，并能测读拉伸过程中试样的拉力和伸长量，记录拉力—伸长曲线。

夹具：钳口应有足够宽度，至少应与试样同宽（200mm），以保证能够夹持试样的全宽，并采用适当措施避免试样滑移和损伤。

蒸馏水、非离子润湿剂。

2. 制作试样

（1）试样数量：剪取含接头/接缝试样至少5块，每块试样应含有一个接缝或接头，如需要湿态试验，另增加5块试样。

（2）制样：如样品无接缝或接头，需要制备接缝或接头时，应根据施工实际中接头/接缝的形式和有关方面的协议制备试样。剪取试样单元至少10个（每两个为一组），每个单元尺寸应满足制备后的试样尺寸符合测定的要求。

（3）试样尺寸

从接合或缝合的样品中剪取试样，每块试样的长度不少于200mm，接头/接缝应在试样的中间部位，并垂直于受力方向，每块试样最终宽度为200mm，按图10-1所示剪取试样，A角为90°。

对于机织土工织物，在距试样中心线25mm+B/2的距离处剪25mm长的切口，以便拆去边纱得到200mm的名义宽度。

对于土工格栅和土工网，试样宽度至少为200mm，包含不少于5个拉伸单元，长度应大于100mm加接头宽度，接头两侧应含有至少一排节点或交叉组织，这些节点或交叉组织不应包括被夹钳夹持住的及形成接头的节点或交叉组织剪去离开该排节点10mm处的肋条或交叉组织。试样的交叉组织至少应比被测试的拉伸单元宽1个节距，以便形成接头。

对于针织土工织物、复合土工织物或其他土工织物，用刀剪切试样可能会影响其结构，此时可采用热切，但应避免损伤图3-2中的A部位。

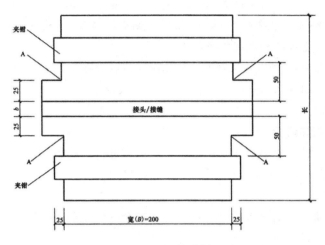

图10-1　土工织物试样尺寸

试样制备时，两个接合/缝合在一起的单元应是同一方向（经向或纬向、纵向或横向），且接头/接缝垂直于受力方向。

（4）试样调湿

调湿和试验用标准大气按三级标准大气条件：温度（20±2）℃，相对湿度65%±5%。对试样进行调湿，直至达到恒定质量。如果能表明试验结果不受相对湿度的影响，则可不在规定相对湿度条件下进行调湿和试验。

湿态试验时的试样应浸入温度为（20±2）℃的蒸馏水中。浸润时间应足以使试样完全润湿或者至少24h。为使试样完全湿润，也可在水中加入不超过0.05%的非离子型润湿剂。

3. 试验步骤

（1）拉伸试验机的设定

调整两夹具间的隔距为（100±3）mm再加上接缝或接头宽度，土工格栅、土工网除外。选择试验机的负荷量程，使断裂强力在满量程负荷的30%～90%。设定试验机的拉伸速率为20mm/min。

（2）夹持试样

将试样放入夹钳中心位置，长度方向与受力方向平行，保证标记线与钳口吻合，以便观察试验过程中试样是否出现打滑。

对于湿态试样，从水中取出后3min内进行试验。

（3）测定接头/接缝拉伸强度

开启拉伸试验机，直至接头/接缝或材料本身断裂，记录最大负荷，精确至小数点后一位。观察和记录断裂原因，包括试样断裂、缝线断裂、试样与接头/接缝滑脱、接缝开裂、上述两种或多种组合等。

如果试样是从图10-1中A点处开始断裂，或试样在夹具中打滑，则应剔除该试验结果并另取一试样进行测试。

三、条带拉伸试验

条带拉伸试验是对各类土工格栅、土工加筋带进行单筋、单条试样测定工合成材料拉伸性能的试验方法。

1. 仪器设备

拉伸试验机：具有等速拉伸功能，拉伸速率可以设定，并能测读拉伸过程中试样的拉力和伸长量，记录拉力—伸长曲线。

夹具：钳口应有足够的约束力，允许采用适当措施避免试样滑移和损伤。

对大多数材料宜使用压缩式夹具，但对那些使用压缩式夹具出现过多钳口断裂或滑移的材料，可采用绞盘式夹具。

伸长计：能够测量试样上两个标记点之间的距离，对试样无任何损伤和滑移，能反映标记点的真实动程。伸长计包括力学、光学或电子形式的，精度应不超过±1mm。

2. 制作试样

（1）试样数量：土工格栅纵向和横向各裁取至少5根单筋试样；土工加筋带裁取至少5条试样。

（2）试样尺寸

对于土工格栅，单筋试样应有足够的长度，试样的夹持线在节点处，除被夹钳夹持住的节点或交叉组织外，还应包含至少1个节点或交叉组织。

如使用伸长计，标记点应标在筋条试样的中心上，两个标记点之间应至少间隔60mm，并至少含1个节点或1个交叉组织，夹持长度应为数个完整节距。

对于土工加筋带，试样应有足够的长度以保证夹具间距100mm。为控制滑移，可沿试样的整个宽度与试样长度方向垂直地画两条间隔100mm的标记线（不包含绞盘夹具）。

3．试验步骤

（1）拉伸试验机的设定

选择试验机的负荷量程，使断裂强力在满量程负荷的30%～90%。设定试验机的拉伸速度，使试样的拉伸速率为名义夹持长度的（20%±1%）/min。如使用绞盘夹具，在试验前应使绞盘中心间距保持最小，并且在试验报告中注明使用了绞盘夹具。

（2）试样的夹持和预张

将试样在夹具中对中夹持，对已夹持好的试件进行预张，预张力相当于最大负荷的1%，记录因预张试样产生的夹持长度的增加值。

（3）使用伸长计时

在分别距试样中心30mm的两个标记点处安装伸长计，不能对试样有任何损伤，并确保试验中标记点无滑移。

（4）测定拉伸性能

开动试验机连续加荷直至试样断裂，停机并恢复至初始标距位置，记录最大负荷，精确至满量程的0.2%；记录最大负荷下的伸长量，精确到小数点后1位。

如试样在距钳口5mm范围内断裂，结果应予剔除。如试样在夹具中滑移，或者多于1/4的试样在钳口附近5mm范围内断裂，可采取夹具内加衬垫、对夹在钳口内的试样加以涂层、改进夹具钳口表面等措施。

测定特定伸长率下的拉伸力，使用合适的记录测量装置测定在任一特定伸长率下的拉伸力，精确至满量程的0.2%。

四、梯形撕破强力试验

梯形撕破强力试验是在矩形试样上画一个梯形，并在梯形的短边中心剪一个切口，用强力试验仪的夹钳夹住梯形上两条不平行的边，以恒定速率拉伸试样，使试样在宽度方向沿切口逐渐撕裂，直至全部断裂，然后测定最大撕破力。

1．仪器设备

等速伸长拉伸试验仪（CRE）：附有自动记录力的装置。

夹具：钳口表面应有足够宽度，以保证能够夹持试样的全宽，并采用适当措施避免试样滑移和损伤。

2．制作试样

（1）制样：纵向和横向各取10块试样，试件尺寸为（75±1）mm×（200±2）mm。试样上不得有影响试验结果的可见疵点。在每块试样的梯形短边正中处剪一条垂直于短边的15mm长的切口，并画上夹持线。

（2）对试样进行调湿和状态调节。

3. 试验步骤

（1）设定两夹钳间距离为（25±1）mm，拉伸速度为50mm/min。

（2）安装试样，沿梯形的不平行两边夹住试样，使切口位于两夹钳中间，长边处于褶皱状态。

（3）启动仪器，拉伸并记录最大的撕破强力值，单位以N表示。

（4）如试样从夹钳中滑出或不在切口延长线处撕破断裂，则应剔除此次试验值，并在原样品上再裁取试样，补足试验次数。

五、顶破强力试验

顶破强力试验是采用平端顶压杆测定土工合成材料顶破强力的方法。试样固定在两个夹持环之间，顶压杆以恒定的速率垂直顶压试样。记录顶压力—位移关系曲线、顶破强力和顶破位移。

1. 仪器设备

（1）夹持系统：夹持系统应保证试样不滑移或破损。夹持环内径为（150±0.5）mm。

（2）顶压杆：直径为顶端边缘倒成（50±0.5）mm的钢质顶压杆、高度为100mm的圆柱体，顶端边缘倒成（2.5±0.2）mm半径的圆弧。

2. 制作试样

从样品上随机剪取5块试样（试样大小应与夹具相匹配，如已知待测样品的两面具有不同的特性，则应分别对两面进行测试）。

对试样进行调湿和状态调节，连续间隔称重至少2h，质量变化不超过0.1%时，可认为达到平衡状态。

3. 试验步骤

（1）试样夹持：将试样固定在夹持系统的夹持环之间，将试样和夹持系统放于试验机上。

（2）以（50±5）mm/min的速率移动顶压杆直至穿透试样，预加张力为20N时，开始记录位移。

（3）对剩余的其他试样重复此程序进行试验。

六、刺破强力试验

刺破强力试验是将试样固定在规定的环形夹具内，用与试样面垂直的顶杆以一定的速率顶向试样中心直至刺破，并记录试验过程中的最大刺破强力，适用于土工布、土工膜以及有关产品。

1. 仪器设备

（1）等速伸长型试验机（CRE），应符合下列要求：自动记录刺破过程的力—位移曲线；测力误差≤1%；行程不小于100mm，试验速度300mm/min。

（2）环形夹具：内径（45±0.025）mm，底座高度大于顶杆长度，有较高的支撑力和稳定性。

（3）平头顶杆：钢质实心杆，直径（8±0.01）mm，顶端边缘倒角0.8mm×45°。

2. 制作试样

（1）裁取圆形试样10块（如试验结果不匀率较大可以增加试样数量），直径100mm。试样上不得有影响试验结果的可见疵点，根据夹具的具体结构在对应螺栓的位置处开孔。

（2）对试样进行调湿和状态调节。

3. 试验步骤

（1）将试样放入环形夹具内，使试样在自然状态下拧紧夹具。

（2）将装好试样的环形夹具对中放于试验机上，夹具中心应在顶杆的轴心线上。

（3）设定试验机的满量程范围，使试样最大刺破力在满量程负荷的10%～90%范围内，设定加载速率为（300±10）mm/min。

（4）对于湿态试样，从水中取出后3min内进行试验。

（5）开机，记录顶杆顶压试样时的最大压力值即为刺破强力。如土工织物在夹具中有明显滑移则应剔除此次试验数据。

（6）按照上述步骤，测定其余试样，直至得到10个测定值。

七、落锥穿透试验

落锥穿透试验是将土工布试样水平夹持在夹持环中。规定质量的不锈钢锥从500mm高度跌落在试样上，由于落锥刺入试样而使试样上形成破洞。将标有刻度的小角量锥插入破洞测得穿透的程度。

该试验方法规定了测定土工布及其有关产品抵抗从固定高度落下钢锥穿透能力的方法，落锥的贯入度表征了掉下的尖石落在土工布表面造成该产品的损坏程度。一般用于土工布及其有关产品。该方法对某些类型产品（如土工格栅）的适用性应当认真考虑。

1. 仪器设备

（1）夹持系统：夹持系统应不对试样施加预张力，并能防止试验过程中的试样滑移。夹持环的内径为（150±0.5）mm。

（2）落锥架：支撑夹持系统的框架和从（500±2）mm的高度处（锥尖至试样的距离）释放落锥至试样中心的装置。试验时可采用不限制落锥下落速率的导杆或借助于机械释放系统，以保证落锥锥尖朝下自由下落。

（3）不锈钢落锥：锥角45°，最大直径为50mm，表面抛光，总质量为（1000±5）g。

（4）量锥：顶角比落锥小，最大直径为50mm，质量为（60±5）g，标有刻度。

2. 制作试样

裁取圆形试样10块，大小应与所用试验装置相适应，试样上不得有影响试验结果的可见疵点。如果已知被测试样品两面的特性不同，应对两面分别试验10块试样，并在试验报告中说明，给出每面的试验结果。

3. 试验步骤

（1）将试样无褶皱地在环形夹具中夹紧，避免对试样施加预张力，并防止试验过程中试样的滑移。

（2）将装有试样的环形夹具放置在框架上，采用适当的方法，保证夹具在框架中对中水平放置。

（3）释放落锥，从锥尖离试样（500±2）mm的高度自由跌落在试样上，记录任何不正常的现象。如落锥在试样上跳动，第二次落下形成又一个破洞，在这种情况下，测量较大的破洞。

（4）立即从破洞中取出落锥，将量锥在自重的作用下放入破洞，测读该洞的直径，读数精确至毫米。测量值应当是在量锥处于垂直位置时的最大可见直径。如果材料的各向异性明显，即纵向和横向的性能不同，除测量较大的破洞外，有必要对其他破洞孔径进行说明。如完全穿透试样，则不需测量，记录为完全穿透。

八、直剪摩擦特性试验

直剪摩擦特性试验是使用直剪仪对砂土/土工布接触面进行直接剪切试验，测定砂土/土工布界面的摩擦特性。本方法适用于所有土工合成材料，当使用刚性基座试验土工格栅时，摩擦结果应进行校正。

1．仪器设备

（1）直剪仪

有接触面积不变和接触面积递减（标准土样直剪仪）两种直剪仪。

（2）剪切盒

接触面积不变的剪切盒：剪切盒具有足够的刚性，在承受负荷时不发生变形，盒内部尺寸不小于300mm×300mm，盒厚至少应为盒长的50%，以便能容纳砂土层和加压系统。试验土工格栅时，剪切盒的最小尺寸还应该增加。

接触面积递减的剪切盒：上下剪切盒大小相等，尺寸至少为300mm×300mm。

（3）刚性滑板

剪切盒应装在刚性滑板上，刚性滑板由低摩擦滚排或轴承支撑在机座上，滑板可在剪切方向上自由滑动。

（4）水平力加载装置

用于推动下剪切盒在水平方向上恒速位移，位移速率为（1±0.2）mm/min。

（5）施加法向力的装置

能均匀地对剪切面施加法向力，在下剪切盒恒速位移过程中法向力始终保持垂直，精度为2%。

（6）测定剪切力和相对位移的装置

剪切力测量装置的测量精度为0.5%，相对位移测量装置的测量精度为0.02mm。

（7）试样基座

用于放置试样，可为土质基座、硬木质基座、表面粒度为P80的氧化铝标准摩擦基座或其他刚性基座。

（8）标准砂土

与试样接触的砂土应为标准细颗粒砂土。如果观察到细砂在试验中有流失，砂土级配必须重新校正。

可以对砂土加水以避免砂粒分离，但含水率不得超过2%。应使用标准土样直剪仪测量砂土在不同法向压力下的最大剪应力及内摩擦角。

（9）仪器设备注意事项

仪器的设计应考虑砂土膨胀，确保剪切盘上下部分之间的间隙等于试样厚度加0.5mm。

填土及压密时上剪切盒与试样之间应装配密封条，以避免土粒堵塞上剪切盘和土工织物或土工格栅之间产生间隙。

2．制作试样

（1）每种样品，每个被测试方向取4块试样。试样的大小应适合于试验仪器的尺寸，宽度略大于剪切面宽度。如果样品两面不同，两面都应试验，每面试验4块试样。

（2）对试样进行调湿和状态调节。

3．试验步骤

（1）将试样平铺在位于剪切盒下边部分内的刚性水平基座上，前端夹持在剪切区的前面。试样与基座之间用胶粘合（如使用P80氧化铝标准摩擦基座可不粘合）。粘合后试样应平整、没有折叠和褶皱。试验中试样和基座之间不允许产生相对滑移。

（2）安装上剪切盒：用预先称准质量的标准砂土填充上剪切盒，装填厚度50mm。砂土厚度应均匀，压密后的干密度为1750kg/m^3。

（3）安装水平力加载仪、位移测量仪（传感器或刻度表），并对试样施加50kPa的法向压力。

（4）连续或间隔测量剪切力T，同时记录对应的相对位移ΔL，间隔时间为12s，开始时也可视情况加密，对于300mm长度的剪切面，相对位移达到50mm时结束试验。其他情况下，达到剪切面长度的16.5%时结束试验。

（5）卸下试样，仔细地除去被测试样上的标准砂土，检查和记录试样是否发生伸长、褶皱或损坏。

（6）重复（1）~（5）步骤，在100kPa、150kPa和200kPa法向应力下再各试验一块试样。

（7）如需要，在试验样品的另一方向或另一面应测定所用直剪仪的固有内阻。当固有内阻与剪切力相比不可忽略时，在进行数据处理时，应先从剪切力测量值中减去固有内阻并对测量结果进行修正，再用修正后的结果进行计算。

固有内阻测定方法：组装直剪仪，不放标准砂土，不加法向力，测定剪切盒以1.0±0.02mm/min速率移动50mm过程中的最大剪切力，即为直剪仪固有内阻。

第三节　水力性能试验

垂直渗透性能试验（恒水头法）是在系列恒定水头下，测定水流垂直通过单层、无法向负荷的土工布及其相关产品的流速指数及其他渗透特性。本方法适用于任何类型的土工布，但不适用于含有膜类材料的复合土工布。

1．仪器设备

（1）恒水头渗透仪

渗透仪夹持器的最小直径50mm，能使试样与夹持器周壁密封良好，没有渗漏。

仪器能设定的最大水头差应不小于70mm，有溢流和水位调节装置，能够在试验期间保持试件两侧水头恒定，有达到250mm恒定水头的能力。

测量系统的管路应避免直径的变化，以减少水头损失。

有测量水头高度的装置，精确到0.2mm。

（2）供水系统

试验用水应采用蒸馏水或经过过滤的清水，试验前必须用抽气法或煮沸法脱气，水中的溶解氧含量不得超过10mg/kg。

溶解氧含量的测定在水入口处进行

水温控制在18 ~ 22℃。由于温度校正只同层流相关，流动状态应为层流；工作水温宜尽量接近20℃，以减小因温度校正带来的不准确性。

（3）其他用具

秒表：精确到0.1s。

量筒：精确到10mL，如果直接测量流速，测量表要校正准确到其读数的5%。

温度计。

2．制作试样

（1）试样数量和尺寸：试样数量不小于5块，其尺寸应与试验仪器相适应。

（2）试样应清洁，表面无污物，无可见损坏或折痕，不得折叠，并尽量减少取放次数，以避免影响其结构。样品置于平坦处，上面不得施加任何荷载。

3．试验步骤

（1）将试样置于含湿润剂的水中，至少浸泡12h直至饱和并赶走气泡。湿润剂采用体积分数为0.1%的烷基苯磺酸钠。

（2）将饱和试样装入渗透仪的夹持器内，安装过程应防止空气进入试样，有条件时宜在水下装样，并使所有的接触点不漏水。

（3）向渗透仪注水，直到试样两侧达到50mm的水头差。关掉供水，如果试样两侧的水头在5min内不能平衡，查找是否有未排除干净的空气，重新排气，并在试验报告中注明。

（4）调整水流，使水头差达到（70±5）mm，记录此值，精确到1mm。待水头稳定至少30s后，在规定的时间周期内，用量杯收集通过仪器的渗透水量，体积精确到10mL，时间精确到s。收集渗透水量至少1000ml，时间至少30s。如果使用流量计，流量计至少应有能测出水头差70mm时的流速的能力，实际流速由最小时间间隔15s的3个连续读数的平均值得出。

（5）分别对最大水头差0.8、0.6、0.4和0.2倍的水头差，从最高流速开始，到最低流速结束，并记录下相应的渗透水量和时间。如果使用流量计，适用同样的原则。

（6）记录水温，精确到0.2℃。对剩下的试样重复（2）~（6）的步骤。

第四节　耐久性能试验

一、抗氧化性能试验

抗氧化性能试验是将试样悬挂于常规的试验室用非强制通风烘箱中，在规定温度下放置一定的时间，聚丙烯在110℃下进行加热老化，聚乙烯在100℃下进行加热老化。将对照样和加热后的老化样进行拉伸试验，比较它们的断裂强力和断裂伸长。

本方法适用于以聚丙烯和聚乙烯为原料的土工合成材料，但不适用于土工膜。

1. 仪器设备

（1）拉伸试验机：应具有等速拉伸功能，拉伸速率可以设定，并能测读拉伸过程中的应力、应变量。

（2）恒温非强制通风烘箱：烘箱有可调节的通风口，箱内有足够的空间供悬挂试样，试样的总体积不超过烘箱内空间体积的10%。并能保持设定的温度，温度精度为±1℃。

（3）耐热的试样夹持夹具：悬挂于烘箱内，能保持试样间至少10mm的间隔，离烘箱壁的距离至少100mm。

2. 制作试样

（1）试样数量和尺寸：从样品上剪取两组试样，一组用作加热老化的老化样；一组用作对照样。每组纵、横向各取5块试样，每块试样的尺寸至少300mm×50mm。机织物每块试样的尺寸至少300mm×60mm。土工格栅试样在宽度方向上应保持完整的抗拉单元，在长度方向至少有三个连结点，试样的中间有一个连结点。

（2）对试样进行调湿和状态调节。试样在烘箱内老化前不需进行调湿和状态调节。

3. 试验步骤

（1）试样为机织物时，需数经、纬向50mm间的纱线根数，并分别记录为n_1

和 n_2。

（2）设定烘箱温度：聚丙烯材料试样烘箱温度设定为110℃；聚乙烯材料试样烘箱温度设定为100℃。

（3）当烘箱温度稳定后，将试样夹持在夹具上，悬挂在烘箱内，试样间彼此不接触，试样的总体积不超过烘箱内空间体积的10%，试样距烘箱壁的距离至少100mm。

（4）对于起加强作用的土工合成材料试样，或使用时需要长时间拉伸的试样，聚丙烯材料试样需在烘箱内老化28d；聚乙烯材料试样老化56d。对于用作其他方面的土工合成材料试样，聚丙烯材料试样需老化14d；聚乙烯材料试样老化28d。

（5）由于耐热试验过程中试样可能产生收缩，所以拉伸试验前应将对照样在烘箱相同温度下放置6h后，再调湿进行拉伸试验。

（6）拉伸性能测定：当试样在烘箱中达到规定的时间后，把试样取出，按取样与试样准备的规定进行调湿和状态调节，进行拉伸试验，拉伸速率为100mm/min。分别计算纵、横向断裂强力的平均值，分别计算纵、横向断裂伸长的平均值，如果其中一块试样的拉伸试验无效，则在相同方向上再取一块试样（经过相同处理）进行试验。

二、抗酸、碱液性能试验

抗酸、碱液性能试验是将试样完全浸渍于试液中，在规定的温度下持续放置一定的时间。分别测定浸渍前和浸渍后试样的拉伸性能、尺寸变化率以及单位面积质量。比较浸渍样和对照样的结果。

1. 仪器设备

（1）拉伸试验机：应具有等速拉伸功能，拉伸速率可以设定，并能测读拉伸过程中的应力、应变量。

（2）试验容器应具有下列装置：

1）密封盖：限制挥发性成分的蒸发，如果有必要的话，可使用回流冷凝器。

2）搅拌器（或等效装置）：保持液体以及液体和试样间物质交换均匀。

3）试样架：确保试样位置适当，使试样间的距离至少为10mm。

4）在密封盖上至少有一个可关闭的小孔，以便注入液体，控制液体的浓度；试验容器应有足够大的容积，并且能保持试液恒定的温度为（60±1）℃。容器和装置所用的材料应能抗试验用化学品的腐蚀，通常可用玻璃或不锈钢。

（3）试液使用两种类型的液体

1）无机酸：0.025mol/L的硫酸。

2）无机碱：氢氧化钙饱和悬浮液。

3）应使用化学纯的试剂，试验用水为3级水。

2. 制作试样的数量和尺寸

从样品上剪取三组试样，一组用作耐酸液的浸渍样，一组用作耐碱液的浸渍样，一组用作对照样。单位面积质量的测定：每组5块试样，每块试样的尺寸至少100mm×100mm；尺寸变化和拉伸性能的测定：纵横向应分别测定，试样的尺寸至少300mm×50mm。土工格栅试样在宽度上应保持完整的抗拉单元，在长度方向应至少有三个连结点，试样的中间有一个连结点（建议多备出几块试样，作为拉伸试验失败时的备用样；如果产品上有涂层，并且该涂层在使用过程中能够被溶液渗透，那么应分别对涂层试样和去掉涂层后试样进行试验；复合产品应分别评定各层的耐酸、碱液性能。但应注意，复合材料的性能可能由于分成单层而受到影响）。

3. 试验步骤

（1）浸渍前的测定

浸渍前的测定，试样应进行调湿和状态调节。

1）质量的测定：按单位面积质量规定的方法测定5块试样的单位面积质量，并计算其平均值。

2）尺寸的测定：分别在5块试样的中部沿长度方向画一条中心线，在垂直于长度方向上作两条标记线，标记线间的距离至少250mm，沿中心线测量两个标记线之间的距离，并计算其平均值。

（2）浸渍试验

1）试验用液体的量应是试样重量的30倍以上，并能使试样完全浸没。酸碱两种液体的温度均为（60±1）℃。

2）将耐酸液的浸渍样和耐碱液的浸渍样，在不受任何机械应力的情况下，分别放在盛硫酸溶液和氢氧化钙溶液的容器中，试样之间、试样与容器壁之间以及试样与液体表面之间的距离至少为10mm，不同材料的试样不应在同一个容器内试验。试样分别在两种液体中浸渍3d。

氢氧化钙溶液应连续搅拌，硫酸溶液每天至少搅拌一次，测定并记录液体的初始pH。如液体连续使用，至少每7d要添加或者更换一次，以保持初始时的pH。液体和试样应避光放置。

3）浸渍样从酸、碱溶液中取出后，先在水中清洗，然后在0.01mol/L的碳酸钠溶液中清洗，最后再在水中清洗，要保证清洗充分。

如是涤纶土工织物，从氢氧化钙浸渍液中取出后，需去除附着的对苯二酸钙晶体，可采用以下方法：在一个不断搅拌的装置中，在10%（按重量）的氮川三乙酸钠中清洗5min，然后在3%（按重量）的乙酸溶液中清洗，最后用水清洗。

4）将对照样在温度为（60±1）℃的清水中浸渍1h，试验用水为3级水。

5）浸渍样和对照样试样应在室温下干燥或在60℃温度下干燥，在干燥过程中不要对试样施加过大的应力。

（3）浸渍后的测定

1）表观检查：用肉眼检查酸、碱浸渍样与对照样的差异，例如变色等，并记录下来。

2）质量的测定：按单位面积质量的测定方法，分别测定浸渍样和对照样的单位面积质量，并计算各自的平均值。

3）尺寸的测定：将浸渍样和水浸渍后的对照样，调湿后，沿中心线测量两个平行线之间的距离，并计算其平均值。

4）拉伸性能：分别进行浸渍样和对照样的拉伸性能试验，拉伸速率为100mm/min。分别计算纵、横向断裂强力的平均值，计算断裂伸长的平均值。

5）显微镜观察：用放大250倍的显微镜观察浸渍样和对照样之间的差异，并给出定性的结论。

第十一章　地基基础现场检测

第一节　基础内容

一、地基承载力的确定方法

地基承载力特征值是指在建筑物荷载作用下，能保证地基不发生失稳破坏，同时也不产生建筑物所不容许的沉降时的最大地基压力。因此，地基承载力既要考虑土的强度性质，同时还要考虑不同建筑物对沉降的要求。确定地基承载力特征值的方法有以下几种：

1. 根据载荷试验成果确定

确定场地地基承载力最有效最直接的方法是对场地地基持力层进行不少于3处的载荷试验，根据承载力特征值确定原则直接确定场地持力层地基承载力特征值。地基土浅基础采用浅层平板载荷试验，地基土深基础或地基土桩端持力层则采用深层平板载荷试验，岩石浅基础或岩石桩端持力层则采用岩基载荷试验。在工程勘察阶段还可采用螺旋板载荷试验。

2. 根据其他原位测试成果确定

除载荷试验外，还可根据场地地基土性状选用相应的原位测试手段进行试验，对测试成果进行统计，用经验公式计算出各试验地层的承载力，或用统计结果引用规范的承载力表查出各试验地层的承载力。这种方法优点是较为经济，但给出的承载力结果是间接结果。常用的测试方法有动力触探、标准贯入、旁压试验等，若是软土还选用静力触探、十字板剪切试验等。

3. 根据土的室内试验成果确定

可以根据室内试验的物理力学性能指标统计结果，以及基础的宽度和埋深深度，按规范中的表格和公式得到各地层的承载力。

4. 根据地基承载力理论公式确定

可根据地基承载力理论公式计算承载力。地基承载力理论公式是根据地基极限平衡条件得到的，公式计算结果只表明是地基强度及稳定性得到满足时的地基承载力，对于沉降方面，理论公式并未予以考虑。因此按地基承载力理论公式确定地基承载力特征值时，还必须结合建筑物对沉降的要求才能得到恰当的结果。

二、地基原位测试

土体原位测试是指在地基土体的原始位置上，对地基土体特定的物理力学指标进行试验测定的方法和技术。地基原位测试是岩土工程勘察与地基评价的重要手段之一。

原位测试技术是岩土工程中的一个重要分支，它不仅是岩土工程勘察的重要组成部分和获得岩土体设计参数的重要手段，而且是岩土工程施工质量检验的主要手段，并可用于施工过程中岩土体物理力学性质及状态变化的监测。在进行原位试验时，应配合钻探取样进行室内试验，二者相互检验，相互验证，据此建立统计经验公式，从而有利于缩短工程勘察与地基评价周期，提高质量。

原位测试的目的在于获得有代表性的、能够反映地基土体实际状态的物理力学参数，认识地基土体的空间分布特征和物理力学特征，为岩土设计和施工质量控制提供依据，也为施工质量验收提供评判依据。

原位测试的优点不只是表现在对难以取得不扰动土样或根本无法采样的土层，仍能通过现场原位测试评定岩土的工程性能，更表现在它不需要采样，从而最大限度地减少了对土层的扰动，而且所测定的土体体积大，代表性好。

各种原位测试方法都有其自身的使用性，表现为一些原位测试手段只能适应于一定的基础条件，而且在评价岩土体的某一工程性能参数时，有些能够直接测定，而有些参数只能通过经验积累间接估算。

1. 原位测试内容

原位测试包括载荷试验、静力触探试验、圆锥动力触探试验、标准贯入试验、十字板剪切试验、旁压试验、扁铲侧胀试验、现场直接剪切试验、波速测试、岩体原位应力测试、激振法测试、压（注）水试验等试验。

2. 原位测试的一般要求

（1）原位测试方法应根据岩土条件、设计对参数的要求、地区经验和测试方法的适用性等因素选用。

（2）根据原位测试成果，利用地区性经验估算岩土工程特性参数和对岩土工程问题作出评价时，应与室内试验和工程反算参数作对比，检验其可靠性。

（3）分析原位测试成果资料时，应注意仪器设备、试验条件、试验方法等对试验的影响，结合地层条件，剔除异常数据。

第二节　静力载荷试验

静力载荷试验是在一定面积的承压板上向地基土逐级施加荷载，观测地基土的承受压力和变形的原位试验。其成果一般用于评价地基土的承载力，也可用于计算地基土的变形模量、现场测定湿陷性黄土地基的湿陷起始压力。

1. 适用范围

岩土载荷试验可用于测定承压板下应力主要影响范围内岩土的承载力和变形特性。浅层平板载荷试验适用于浅层地基土；

深层平板载荷试验适用于埋深等于或大于5m地基土；螺旋板载荷试验适用于深层地基土或地下水位以下的地基土；复合地基载荷试验用于测定承压板下应力主要影响范围内复合土层的承载力和变形参数；岩基载荷试验用于确定完整、较完整、较破碎岩基作为天然地基或桩基础持力层时的承载力。

2. 仪器设备

（1）千斤顶

选定适合量程的千斤顶进行载荷试验，仪器设备要定期检验和标定。其加荷系统可采用对重平台或反力平台。

（2）试坑

浅层板、复合地基载荷试验的试坑宽度或直径不应小于承压板宽度或直径的三倍；深层平板载荷试验的试井直径应等于承压板的直径；当试井直径大于承压板直径时，紧靠承压板周围土的高度不应小于承压板直径（0.8m）。

（3）承压板

载荷试验宜采用圆形刚性承压板，根据土的软硬或岩体裂隙密度采用合适的尺寸。

土的浅层平板载荷试验承压板面积不应小于$0.25m^2$，对软土和粒径较大的填土不应小于$0.5m^2$；土的深层平板载荷试验承压板面积宜选用$0.5m^2$；岩石载荷试验承压板面积不宜小于$0.07m^2$。

复合地基载荷试验承压板应具有足够刚度。单桩复合地基载荷试验的承压板可用圆形或方形，面积为一根桩承担的处理面积；多桩复合地基载荷试验的承压板可用方形或矩形，其尺寸按实际桩数所承担的处理面积确定。桩的中心（或形心）应与承压板保持一致，并与荷载作用点相重合。

桩周土平板载荷试验承压板面积宜选用0.5m²；处理后地基土平板载荷试验承压板面积按土层深度确定，且不应小于1m²，强夯地基，不宜小于2m²。

螺旋板载荷试验承压板是旋入地下的螺旋板，要求螺旋板应有足够的刚度，板头面积可根据地基土的性质选择100cm²、200cm²和500cm²（板头直径分别为113mm、116mm和252mm）。

3.　技术要求

（1）载荷点

浅层板、深层板试坑或试井底的岩土应避免扰动，保持其原状结构和天然湿度，并在承压板下铺设厚度不超过20mm的砂垫层找平，尽快安装试验设备；复合地基试验承压板下铺设厚度100～150mm的粗砂或中砂；垫层螺旋板头入土时，应按每转一圈下入一个螺距进行操作，减少对土的扰动。

载荷试验应布置在有代表性的地点，每个场地不宜少于3个，当场地内岩土体不均时，应适当增加。载荷试验应布置在基础地面标高处。

（2）加荷方式

应采用分级维持荷载沉降相对稳定法（常规慢速法）。

浅层平板载荷试验加荷分级应不少于8级；深层平板载荷试验加荷分10～15级施加；岩基载荷不少于10级；复合地基载荷分10～12级。岩基载荷试验加载量不少于预估设计承载力的3倍，其他不少于2倍。荷载的测量精度不应低于最大荷载的±1%。

（3）精度要求

承压板的沉降可采用百分表或电测位移计测量，其精度不应低于±0.01mm。

（4）观测时间

1）当试验对象为土体时，每级荷载施加后，间隔10min、10min、10min、15min、15min测读一次沉降，以后间隔30min测读一次沉降，当连续两小时每小时沉降量小于等于0.1mm时，可认为沉降已达相对稳定标准，施加下一级荷载。

2）当试验对象是岩体时，加载后立即测读一次沉降，以后每隔10min测读一次，当连续三次读数差小于等于0.01mm时，可认为沉降已达相对稳定标准，施加下一次荷载。

4.　试验终止条件

（1）浅层、深层平板载荷试验（含螺旋板）终止条件

1）承压板周边的土呈现明显侧向挤出，周边岩土出现明显隆起或径向裂缝持续发展。

2）本级荷载的沉降量大于前级荷载沉降量的5倍，荷载与沉降曲线出现明显陡降。

3）在某级荷载下24h沉降速率不能达到相对稳定标准。

4）总沉降量与承压板直径（或宽度）之比超过0.06。（深层平板为0.04）

当满足前三种情况其中之一时，其对应的前一级荷载为极限荷载。

（2）岩基载荷试验终止条件

1）沉降量读数不断变化，在24h内，沉降速率有增大的趋势。

2）压力加不上或勉强加上而不能保持稳定。

（3）复合地基载荷终止试验

1）沉降急剧变大，土被挤出或承压板周围出现明显的隆起。

2）承压板的累计沉降量已大于其宽度或直径的6%。

3）当达不到极限荷载，而最大加载压力已大于设计要求压力值的2倍。

5. 卸载观测

只有岩基载荷和复合地基载荷试验要进行卸载观测。

（1）岩基载荷卸载观测：每级卸载为加载时的两倍，如为奇数，第一级可为三倍。每级卸载后，每隔10min测读一次，测读三次后可卸下一级荷载。全部卸载后，当测读到半小时回弹量小于0.01mm时，即认为稳定。

（2）复合地基载荷卸载级数可为加载级数的一半，等量进行，每卸一级，间隔半小时，读记回弹量，待卸完全部荷载后间隔三小时读记总回弹量。

6. 承载力特征值的确定

（1）平板载荷试验承载力特征值的确定

1）当P—S曲线上有比例界限时，取该比例界限所对应的载荷值。

2）当极限荷载小于对应比例界限的荷载值的两倍时，取极限荷载值的一半。

3）当不能按上述二款要求确定时，当压板面积为0.25～0.50m²，可取S/b=0.01～0.015所对应的荷载，但其值不应大于最大加载量的一半。

同一土层参加统计的试验点不应少于三点，当试验实测值的极差不超过其平均值的30%时，取此平均值作为该土层的地基承载力特征值。

（2）岩石地基承载力的确定

1）对于P—S曲线上起始直线段的终点为比例界限。符合终止加载条件的前一级荷载为极限荷载。将极限荷载除以3的安全系数，所得值与对应于比例界限的荷载相比较，取小值。

2）每个场地载荷试验的数量不应小于3个，取最小值作为岩石地基承载力特征值。

3）岩石地基承载力不进行深宽修正。

（3）复合地基承载力确定

1）当压力—沉降曲线上极限荷载能确定，而其值不小于对应比例界限的2倍时，可取比例界限；当其值小于对应比例界限的2倍时，可取极限荷载的一半。

2）当压力—沉降曲线是平缓的光滑曲线时，可按相对变形值确定。

①对沉管砂石桩、振冲碎石桩和柱锤冲扩桩复合地基可取 S/b 或 S/d 等于0.01所对应的压力。

②对灰土挤密桩、土挤密桩复合地基，可取 S/b 或 S/d 等于0.008所对应的压力。

③对水泥粉煤灰碎石桩或夯实水泥土桩复合地基，当以卵石、圆砾、密实粗中砂为主的地基，可取以 S/b 或 S/d 等于0.008所对应的压力；当以黏性土、粉土为主的地基，可取 S/b 或 S/d 等于0.01所对应的压力。

④对水泥土搅拌桩或旋喷桩复合地基，可取或等于0.006～0.008所对应的压力，桩身强度大于1MPa且桩身质量均匀时可取高值。

⑤对有经验的地区，也可按当地经验确定相对变形值，但原地基土为高压缩性土层时，相对变形值的最大值不应大于0.015。

⑥复合地基载荷试验，S 为载荷试验承压板的沉降量，b 和 d 分别为承压板的宽度和直径，当其值大于2m时，按2m计算。

⑦按相对变形确定的承载力特征值不应大于最大加载压力的一半。

试验点的数量不应少于3点，当满足其极差不超过平均值的30%时，可取其平均值为复合地基承载力特征值。当极差超过平均值的30%时，应分析离差过大的原因，需要时应增加试验数量，并结合工程具体情况确定复合地基承载力特征值。工程验收时应视建筑物结构、基础形式综合评价，对于桩数少于5根的独立基础或桩数少于3排的条形基础，复合地基承载力特征值应取最低值。

7. 成果分析

根据载荷试验成果分析要求，应绘制荷载（P）与沉降（s）曲线，必要时绘制各级荷载下沉降（s）与时间（t）或时间对数（$\lg t$）曲线。确定比例界限点和地基承载力，计算变形模量。

第三节　十字板剪切试验

十字板剪切试验是一种通过对插入地基土中的规定形状和尺寸的十字板头施加扭矩，使十字板头在土体中等速扭转形成圆柱状破坏面，经过换算评定地基土不排水抗剪强度的现场试验。

1. 适用范围

十字板剪切试验可用于测定饱和软黏性土的不排水抗剪强度和灵敏度，计算地基的承载力，判断软黏土的固结历史。

十字板剪切试验在我国沿海软土地区被广泛使用。它可在现场基本保持原位应力条件下进行扭剪。适用于灵敏度小于10的均质饱和软黏土。对于不均匀土层，试验会有较大误差，须慎用。

十字板剪切试验点的布置，对均质土竖向间距可为1m，对非均质或夹薄层粉细砂的软黏性土，宜先作静力触探，结合土层变化，选择软黏土进行试验。

2. 仪器设备

（1）十字板板头形状宜为矩形，径高比1:2，板厚宜为2～3mm，对于不同的土类，应选用不同尺寸的十字板头，一般在软黏土中选择75mm×150mm的十字板较为合适，在稍硬的土中可用50mm×100mm的板头。

（2）轴杆的直径为20mm，它与板头连接，连接方式国内广泛采用离合式。

（3）测力装置一般用开口钢环测力装置，是通过钢环的拉伸变形来反映施加扭力大小。而电测十字板则采用电阻应变式测力装置，并配备相应的读数仪器。

（4）测力钢环或电测式十字板剪切仪的扭力传感器应定期检定。

3. 试验步骤

（1）先钻探开孔，下直径为127mm的套管至预定试验深度以上75cm，将十字板插入试验地层，十字板头插入钻孔底的深度不应小于钻孔或套管直径的3～5倍；

（2）十字板插入至试验深度后，至少应静止2～3min，方可开始试验；

（3）按顺时针缓慢转动扭力装置的旋转手柄，扭转剪切速率宜采用（1～2°）/10s，每转1°测读钢环变形一次，直到读数不再增大或开始减小，并应在测得峰值强度后继续测记1min；

（4）在峰值强度或稳定值测试完后，顺扭转方向连续转动6圈后，测定重塑土的不排水抗剪强度；

（5）对开口钢环十字板剪切仪，应修正轴杆与土间的摩阻力的影响。

4. 成果分析

（1）计算各试验点土的不排水抗剪峰值强度、重塑土强度和灵敏度；

（2）绘制单孔十字板剪切试验土的不排水抗剪峰值强度、残余强度、重塑土强度和灵敏度随深度的变化曲线，需要时绘制抗剪强度与扭转角度的关系曲线；

（3）根据土层条件和地区经验，对实测的十字板不排水抗剪强度进行修正。

第四节　原位土体剪切试验

现场剪切试验通常是对几个土体试样施加不同方向（垂直、法向）的荷载，待固结稳定后施加水平剪切力，使试样在确定的剪切面上破坏，记录每个试样的破坏剪切力，绘制破坏剪切力与垂直（法向）荷载的关系曲线，从而得到凝聚力和摩擦角。其试验原理同室内直接剪切试验基本相同。

1. 适用范围

（1）现场直剪试验可用于岩土体本身、岩土体沿软弱结构面和岩体与其他材料接触面的剪切试验，可分为岩土体试体在法向应力作用下沿剪切面剪切破坏的抗剪断试验，岩土体剪断后沿剪切面继续剪切的抗剪试验（摩擦试验），法向应力为零时岩体剪切的抗切试验。

（2）现场直剪试验可在试洞、试坑、探槽或大口径钻孔内进行。当剪切面水平或近于水体平时，可采用平推法或斜推法；当剪切面较陡时，可采用楔形体法。同一组试验体的岩性应基本相同，受力状态应与岩土体在工程中的实际受力状态相近。

2. 选取试样

现场直剪试验每组岩体不宜少于5个，剪切面积不得小于 $0.25m^2$。试体最小边长不宜小于50cm，高度不宜小于最小边长的0.5倍。试体之间的距离应大于最小边长的1.5倍。每组土体试验不宜少于3个，剪切面积不宜小于 $0.3m^2$，高度不宜小于20cm或为最大粒径的 $4 \sim 8$ 倍，剪切面开缝应为最小粒径的 $1/3 \sim 1/4$。

3. 试验步骤

（1）开挖试坑时应避免对试体的扰动和含水量的显著变化；在地下水位以下试验时，应避免水压力和渗流对试验的影响；

（2）施加的法向荷载、剪切荷载应位于剪切面、剪切缝的中心；或使法向荷载与剪切荷载的合力通过剪切面的中心，并保持法向荷载不变；

（3）最大法向荷载应大于设计荷载，并按等量分级；荷载精度应为试验最大荷载的±2%；

（4）每一试体的法向荷载可分4～5级施加；当法向变形达到相对稳定时，即可施加剪切荷载；

（5）每级剪切荷载按预估最大荷载的8%～10%分级等量施加，或按法向荷载的5%～10%分级等量施加；岩体按每5～10min，土体按每30s施加一级剪切荷载；

（6）当剪切变形急剧增长或剪切变形达到试体尺寸的1/10时，可终止试验；

（7）根据剪切位移大于10mm时的试验成果确定残余抗剪强度，需要时可沿剪切面继续进行摩擦试验。

4.成果分析

（1）绘制剪切应力与剪切位移曲线、剪应力与垂直位移曲线，确定比例强度、屈服强度、峰值强度、剪胀点和剪胀强度；

（2）绘制法向应力与比例强度、屈服强度、峰值强度、残余强度的曲线，确定相应的强度参数。

第五节　静力触探试验

静力触探试验是利用准静力以恒定的贯入速率将一定规格和形状的圆锥探头通过一系列探杆压入土中，同时测记贯入过程中探头所受到的阻力，根据测得的贯入阻力大小来间接判定土的物理力学性质的现场试验方法。

静力触探包括了孔压静力触探试验结果，结合地区经验，可用于土类定名，并划分土层的界面，评定地基土的物理、力学、渗透性质的相关参数，确定地基承载力、单桩承载力、沉桩阻力、进行液化判别等。根据孔压消散曲线可估算土的固结系数和渗透系数。

1.适用范围

静力触探试验适用于软土、一般黏性土、粉土、砂土和含少量碎石的土。静力触探可根据工程需要采用单桥探头、双桥探头或带孔隙水压力测量的单、双桥探头，可测定比贯入阻力、锥尖阻力、侧壁摩阻力和贯入时的孔隙水压力。

2.仪器设备

（1）静力触探仪由触探主机、反力装置、探杆、测量仪器等组成。

（2）探头圆锥锥底截面积应采用10cm²或15cm²，单桥探头侧壁高度应分别采用

57mm或70mm，双桥探头侧壁面积应采用150～300cm²，锥尖锥角应为60°。

（3）探头测力传感器应连同仪器、电缆进行定期标定，室内探头标定测力传感器的非线性误差、重复性误差、滞后误差、温度漂移、归零误差均应小于1%F·S，现场试验归零误差应小于3%，绝缘电阻不小于500MΩ。

3. 试验步骤

（1）平整场地，固定好触探仪，主机对准孔位，探头应匀速垂直压入土中，贯入速率为1.2m/min。

（2）贯入过程中，当采用自动记录时，应根据贯入阻力大小合理选用供桥电压，并随时校对，校正深度记录误差，深度记录的误差不应大于触探深度的±1%；使用电阻应变仪或数字测力计时，一般每隔0.1～0.2m记录读数一次。

（3）当贯入深度超过30m，或穿过厚层软土后再贯入硬土层时，应采取措施防止孔斜或断杆，也可配置斜测探头，测量触探孔的偏斜角，校正土层界限的深度。

（4）孔压探头在贯入前，应在室内保证探头应变为已排除气泡的液体所饱和，并在现场采取措施保持探头的饱和状态，直至探头进入地下水位以下的土层为止；在孔压静探试验过程中不得上提探头。

（5）当在预定深度进行孔压消散试验时，应测量停止贯入后不同时间的孔压值，其计时间隔由密而疏合理控制；试验过程不得松动探杆。

4. 成果分析

（1）绘制各种贯入曲线：单桥和双桥探头应绘制曲线。

（2）根据贯入曲线的线型特征，结合相邻钻孔资料和地区经验，划分土层和判定土类；计算各土层静力触探有关试验数据的平均值，或对数据进行统计分析，提供静力触探数据的空间变化规律。

第六节　圆锥动力触探试验

圆锥动力触探试验是利用一定有锤击能量，将一定规格的圆锥探头打入土中，根据打入土中的难易程度（贯入阻力或贯入一定深度的锤击数）来判别土的一种现场测试方法。圆锥动力触探试验按锤击能量的不同，划分为轻型、重型和超重型三种。在工程实践中，应根据土层的类型和试验土层的坚硬与密实程度来选择不同类型的试验设备。

根据圆锥动力触探试验指标和地区经验，可进行力学分层，评定土的均匀性和物理性质（状态、密实度）、土的强度、变形参数、地基承载力、单桩承载力、查明土洞、滑动面、软硬土层界面，检测地基处理效果等。应用试验成果时是否修正或如何修正，应根据建立统计关系时的具体情况而定。

1. 仪器设备

圆锥动力触探试验的类型可分为轻型、重型和超重型三种。

2. 试验步骤

（1）采用自动落锤装置；

（2）触探杆最大偏斜度不应超过2%，锤击贯入应连续进行；同时防止锤击偏心、探杆倾斜和侧向晃动，保持探杆垂直度；锤击速率每分钟宜为15～30击；

（3）每贯入1m，宜将探杆转动一圈半；当贯入深度超过10m，每贯入20cm宜转动探杆一次；

（4）对轻型动力触探当 $N_{10} > 100$ 或贯入15cm锤击数超过50时，可停止试验；对重型动力触探，当连续三次 $N_{63.5} > 50$ 时，可停止试验或改用超重型动力触探。

3. 成果分析

（1）单孔连续圆锥动力触探试验应绘制锤击数与贯入深度关系曲线；

（2）计算单孔分层贯入指标平均值时，应剔除临界深度以内的数值、超前和滞后影响范围内的异常值；

（3）根据各孔分层的贯入指标平均值，用厚度加权平均法计算场地分层贯入指标平均值和变异系数。

第七节　标准贯入试验

标准贯入试验是一种在现场用63.5kg的穿心锤，以76cm的落距自由落下，将一定规格的带有小型取土筒的标准贯入器打入土中，记录打入30cm的锤击数（标准贯入击数 N），并以评价土的工程性质的原位试验。

标准贯入试验实际上仍属于重型动力触探范畴，所不同的是贯入器不是圆锥探头，而是标准规格的圆筒形探头（由两个半圆筒合成的取土器）。通过标准贯入试验，从贯入器中还可取得试验深度的土样，可以对土层直接观察，利用扰动力土样可以进行与鉴别土类有关的试验。与圆锥动力触探试验相似，标准贯入试验并不能直接测定地基土的物理力学性质，而是通过与其他原位测试手段或室内试验成果进行比对，建立关系式，积累地区经验，才能用于评定地基土的物理力学性质。

1. 适用范围

标准贯入试验可对砂土、粉土、黏性土的物理状态，土的强度、变形参数、地基承载力、单桩承载力，砂土和粉土的液化，成桩的可能性等作出评价。标准贯入试验适用于砂土、粉土和一般黏性土。

2. 仪器设备及试验步骤

（1）标准贯入试验孔采用回转钻进，并保持孔内水位略高于地下水位。

（2）当孔壁不稳定时，可用泥浆护壁，钻至试验标高以上15cm处，清除孔底残土后再进行试验。

（3）采用自动脱钩的自由落锤法进行锤击，并减小导向杆与锤间的摩阻力，避免锤击时的偏心和侧向晃动，保持贯入器、探杆、导向杆连接后的垂直度，锤击速率应小于30击/min。

（4）贯入器打入土中15cm后，开始记录每打入10cm的锤击数，累计打入30cm的锤击数为标准贯入试验锤击数N。

（5）当锤击数已达50击，而贯入深度未达30cm时，可记录50击的实际贯入深度，换算成相当于30cm的标准贯入试验锤击数N，并终止试验。

3. 成果分析

标准贯入试验成果N可直接标在工程地质剖面图上，也可绘制单孔标准贯入击数N与深度关系曲线或直方图。统计分层标准贯入击数平均值时，应剔除异常值。

第八节　旁压试验

旁压试验是工程地质勘察中常用的一种现场测试方法，于1930年由德国工程师Kogler发明。其原理是通过向圆柱形旁压器内分级充气加压，在竖向的孔内使旁压膜侧向膨胀，并由该膜（或护套）将压力传递给周围土体，使土体产生变形直至破坏，从而得到压力与扩张体积（或径向位移）之间的关系。根据这种关系对地基土的承载力（强度）、变形性质等进行评价。

旁压试验按放置在土层中的方式分为预钻式旁压试验、自钻式旁压试验和压入式旁压试验。

预钻式旁压试验是事先在土层中预钻一竖孔，再将旁压器放到孔内试验深度（标高）进行试验。预钻式旁压试验的结果很大程度上取决于成孔质量，常用于成孔性能较好的地层。自钻式旁压试验是在旁压器的下端装上切削钻头和环形刃具，在以静力压入土中的同时，用钻头将进入刃具的土切碎，并用循环泥浆将碎土带到地面。钻到预定试验深度后，停止钻进，进行旁压试验的各项操作。

压入式旁压试验又分圆锥压入式和圆筒压入式两种，都是用静力将旁压器压入指定的试验深度进行试验。压入式旁压试验在压入过程中对周围的挤土效应，对试验结果有一定的影响。

目前，国际上出现一种旁压腔与触探探头组合在一起的仪器，在静力触探试验过程中可随时停止贯入进行旁压试验，从旁压试验贯入方式的角度看，这属于压入式。

1. 适用范围

根据旁压试验成果即初始压力、临塑压力、极限压力和旁压模量，结合地区经验可评定地基承载力和变形参数。根据自钻式旁压试验的旁压曲线，还可测求土的原位水平应力、静止侧压力系数、不排水抗剪强度等。

旁压试验适用于黏性土、粉土、砂土、碎石土、残积土、极软岩和软岩等。

2. 仪器设备

旁压试验所需的仪器设备主要由旁压器、变形测量系统和加压稳压装置等部分组成。目前，国内普遍采用的预钻式旁压仪有两种型号即PY型和PM型，但这两种型号的设备高压系统稳定性能较差。许多单位多采用国外公司生产的梅纳旁压仪，该仪器加压系统稳定性较好，最高可加压至10MPa。

3. 试验步骤

（1）旁压试验应在有代表性的位置和深度进行，旁压器的测量腔应在同一土层内。

试验点的垂直间距应根据地层条件和工程要求确定，但不宜小于1m，试验孔与已有钻孔的水平距离不宜小于1m。

预钻式旁压试验应保证成孔质量，钻孔直径与旁压器直径应良好配合，防止孔壁坍塌。自钻式旁压试验的自钻钻头、钻头转速、钻进速率、刃口距离、泥浆压力和流量等应符合有关规定。

（2）加荷等级可采用预期临塑压力的1/5 ~ 1/7，初始阶段加荷等级可取小值，必要时，可作卸荷再加荷试验，测定再加荷旁压模量。

（3）每级压力应维持1min或2min后再施加下一级压力，维持1min时，加荷后15s、30s、60s测读变形量，维持2min时，加荷后15s、30s、60s、120s测度变形量。

（4）当测量腔的扩张体积相当于测量腔的固有体积时，或压力达到仪器的容许最大压力时，应终止试验。

4．成果分析

（1）对各级压力和相应的扩张体积（或换算为半径增量）分别进行约束力和体积的修正后，绘制压力与体积曲线，需要时可作蠕变曲线；

（2）根据压力与体积曲线，结合蠕变曲线确定初始压力、临塑压力和极限压力；

（3）根据压力与体积曲线的直线段斜率计算旁压模量。

第九节　波速测试

波速测试是依据弹性波在岩土体内的传播理论，测定剪切波（S波）和压缩波（P波）在地层中的传播时间，根据已知的相应的传播距离，计算出地层中波的传播速度，间接推导出岩土体的小应变条件下的动力参数。

波速测试适用于测定各类岩土体的压缩波、剪切波或瑞利波的波速，可根据任务要求，采用单孔法、跨孔法或面波法。

单孔法是在同一孔中，在孔口设置振源，孔内不同深度处固定检波器，测出孔口振源所产生的波传到孔内不同深度处所需的时间，计算传播速度。常用于地层软硬变化大和层次较少或岩基上为覆盖层的地层中。

跨孔法以1孔为激振孔，另布置2孔或3孔作检波孔，测定直达的压缩波初至和第一个直达剪切波的到达时间，计算传播速度，常用于多层体系地层中。

面波法采用稳态振动法。测定不同激振频率下瑞利波（R波）速度弥散曲线（R波波速与波长关系曲线），可以计算一个波长范围内的平均波速。当激振频率在 20 ~ 30Hz 以上时，测试深度在 3 ~ 5m。一般用于地质条件简单、波速快的土层下伏层波速慢的土层场地。

1．设备仪器

（1）单孔法、跨孔法所用仪器设备分为波速测试仪、三分量检波器和激振系统。

单孔法振源可采用人工激发、超声波两种。人工激发是一种最简单的方法。跨孔法的激振装置则是可固定于钻孔内的双头锤，有时也可利用钻杆作为激发装置。

（2）面波法所用仪器设备分为面波仪（或地震仪）、宽频拾振器和激振系统。拾振器应是低频的，震源采用机械式激振器或电磁式激振器。

2．单孔法波速测试的技术要求

（1）测试孔应垂直；

（2）将三分量检波器固定在孔内预定深度处并紧贴孔壁；

（3）可采用地面激振或孔内激振；

（4）应结合土层布置测点，测点的垂直间距宜取 1 ～ 3m，层位变化处加密，并宜自下而上逐点测试。

3. 跨孔法波速测试的技术要求

（1）振源孔和测试孔应布置在一条直线上；

（2）测试孔的孔距在土层中宜取 2 ～ 5m，在岩层中宜取 8 ～ 15m，测点垂直间距宜取 1 ～ 2m；近地表测点宜布置在0.4倍孔距的深度处，震源和检波器应置于同一地层的相同标高处；

（3）当测试深度大于15m时，应进行激振孔和测试孔倾斜度和倾斜方位的测量，测点间距宜取1m。

4. 面波法波速测试的技术要求面波法波速测试可采用瞬态法或稳态法，宜采用低频检波器，道间距可根据场地条件通过试验确定。

（1）在选定的测点布置好激振器。由垫板边作为起点，向外延伸。测试时由皮尺读出拾振器与垫板间距离。

（2）将拾振器紧贴垫板，开动激振器。

（3）确认由拾振器测到的波动信号与频率计输入的波形在相位上是一致的。

（4）移动拾振器一定距离，此时两个波形相差一定相位。继续移动拾振器，如相位反向，即180°，此时拾振器与垫板之间距离即为半个波长 $L/2$，量出 $L/2$ 的实际长度，并记录。

（5）再次移动拾振器，使两个波形相位重新一致。此时，拾振器与垫板的距离为一个波长 L，依此类推，$2L$、$3L$ 均可测得。

第十二章　桩基检测技术

第一节　低应变法检测基桩完整性

一、仪器设备

1. 低应变激振设备

低应变激振设备分为瞬态和稳态两种。

（1）瞬态激振设备

瞬态激振设备应包括能激发宽脉冲和窄脉冲的力锤和锤垫。为获得锤击力信号，可在手锤或力棒的锤头上安装压电式力传感器；或在自由下落式锤体上安装加速度传感器，利用原理测量锤击力。为降低手锤敲击时的水平力分量，锤把不宜过长。

工程桩检测中最常用的瞬态激振设备是手锤和力棒，锤体质量一般为几百克至几十千克不等；偶有用质量几十甚至近百千克的穿心锤、铁球作为激振源。

由于激振锤（棒）的质量与桩相比很小，按两弹性杆碰撞理论，在对桩锤击时更接近刚性碰撞条件，施加于桩顶的力脉冲持续时间主要受锤重、锤头材料软硬程度或锤垫材料软硬程度及其厚度的影响，锤越重，锤头或锤垫材料越软，力脉冲作用时间越长，反之越短。锤头材料依软硬不同依次为：钢、铝、尼龙、硬塑料、聚四氟乙烯、硬橡胶等；锤垫一般用 1～2mm 厚薄层加筋或不加筋橡胶带，试验时根据脉冲宽度增减，比较灵活。

（2）稳态激振设备

稳态激振设备主要由电磁式激振器、信号发生器、功率放大器和悬挂装置等组成。要求激振器出力在 5～1500Hz 频率范围内恒定，常用的电磁激振器出力为 100N 或 200N，有条件时可选用出力 400～600N 的激振器。与瞬态激振相比：稳态激振的突出优点是测试精度高，因每条谱线上的力值是不变的；而在瞬态激振力的离散谱上，每条谱线上的力值一般随频率增加而减小。恒力幅稳态激振的缺点是频率范围较窄，设备笨重，现场测试效率低。

2. 基桩动测仪

根据产品标准《基桩动测仪》JG/T 3055，基桩动测仪按其主要技术性能和环境性能划分为三级（最高的级别为3级）。我国目前的仪器生产制造水平，基本都能达到2级的要求。

3. 传感器

低应变反射波法中常用的传感器有加速度传感器、速度传感器。速度传感器的动态范围一般小于60dB；而加速度传感器的动态范围可达到140 ~ 160dB的动态范围。加速度传感器可满足反射波法测桩对频率范围的要求，速度传感器则应选择宽屏带的高阻尼速度传感器。由于反射波法测试的依据是速度时域曲线，使用加速度传感器还需要对测得的加速度信号积分一次从而得得到速度信号。

传感器的安装谐振频率是真正控制测试系统频率特性的关键。传感器与被测物体的连接刚度和传感器的质量本身又构成了一个弹簧—质量二阶单自由度系统。

加速度计六种不同安装条件下，安装谐振频率由高到低对应的安装条件依次为：

（1）传感器与被测物体用螺栓直接连接（一般称为刚性连接）；

（2）传感器与被测物体用薄层胶、石蜡等直接粘贴；

（3）传感器用螺栓安装在垫座上；

（4）传感器吸附在磁性垫座上；

（5）传感器吸附在厚磁性垫座上，且垫座用钉子与被测物体悬浮固定；

（6）传感器通过触针与被测物体接触。

可见，瞬态低应变测试时，采用具有一定粘结强度的薄层粘贴方式安装加速度计基本能获得较好的幅频曲线；高应变测试时加速度计的安装条件属于（3），而高应变加速度计的固有频率比低应变加速度计高，测量的有效高频成分又比低应变加速度计低。

采用触针式安装速度计是绝对禁止的。通常，现场测试时的速度计安装普遍采用第（2）种方式，但因其质量和与被测体接触面过大，往往不可能获得较高的安装谐振频率。低应变测试采用薄层粘结的方法安装传感器时，粘结层越薄越好。

二、适用范围

1. 与波长相关的桩几何尺寸限制

低应变法的理论基础是一维线弹性杆波动理论。一维理论要求应力波在桩身中传播时平截面假设成立，因此受检桩的长细比、瞬态激励脉冲有效高频分量的波长与桩的横向尺寸之比均宜大于5；对薄壁钢管桩和类似于H型钢桩的异型桩，桩顶激励所引起的桩顶附近各部位的响应极其复杂，低应变方法不适用。这里顺便指出，对于薄壁钢管桩，桩身完整性可以通过在桩顶施加扭矩产生扭转波的办法进行测试。扭转波的基本方程和一维杆纵波的波动方程具有相同的形式，只需将该方程中的纵向位移换成桩截面的水平转角位移，将一维纵波波速换成扭转波波速（剪切波波速）。所以，采用扭转波方法有以下两个显著特点：凡对一维纵波传播特性的讨论完全适用于扭转波传播现象的分析；扭转波不存在一维纵波由于尺寸效应所产生的频散问题。但是，在桩顶施加水平向纯力偶比施加瞬态竖向荷载的操作要麻烦。

对于设计桩身截面多变的灌注桩，需要考虑多截面变化时的应力波多次反射的交互影响，所以应慎重使用。

2. 缺陷的定量与类型区分

基于一维理论，检测结论给出桩身纵向裂缝、较深部缺陷方位的依据是不充分的。如前述，低应变法对桩身缺陷程度只作定性判定，尽管利用实测曲线拟合法分析能给出定量的结果，但由于桩的尺寸效应、测试系统的幅频相频响应、高频波的弥散、滤波等造成的实测波形畸变，以及桩侧土阻尼、土阻力和桩身阻尼的耦合影响，曲线拟合法还不能达到精确定量的程度，但它对复杂桩顶响应波形判断、增强对应力波在桩身中传播的复杂现象了解是有帮助的。

对于桩身不同类型的缺陷，只有少数情况可能判断缺陷的具体类型：如预制桩桩身的裂隙，使用挖土机械大面积开槽将中小直径灌注桩浅部碰断，带护壁灌注桩有地下水影响时措施不利造成局部混凝土松散，施工中已发现并被确认的异常情况。多数情况下，在有缺陷的灌注桩低应变测试信号中主要反映出桩身阻抗减小的信息，缺陷性质往往较难区分。例如，混凝土灌注桩出现的缩颈与局部松散或低强度区、夹泥、空洞等，只凭测试信号区分缺陷类型尚无理论依据。规范中对检测结果的判定没有要求区分缺陷类型，如果需要，应结合地质、施工情况综合分析，或采取钻芯、声波透射等其他方法。

3. 最大有效检测深度

由于受桩周土约束、激振能量、桩身材料阻尼和桩身截面阻抗变化等因素的影响，应力波从桩顶传至桩底再从桩底反射回桩顶的传播为一能量和幅值逐渐衰减过程。若桩过长（或长径比较大，桩土刚度比过小）或桩身截面阻抗多变或变幅较大，往往应力波尚未反射回桩顶甚至尚未传到桩底，其能量已完全耗散或提前反射；另外还有一种特殊情况——桩的阻抗与桩端持力层阻抗匹配。上述情况均可能使仪器测不到桩底反射信号，而无法判定整根桩的完整性。在我国，若排除其他条件差异而只考虑各地区地质条件的差异时，桩的有效检测长度主要受桩土刚度比大小的制约。因各地提出的有效检测范围变化很大，如长径比30～50m、桩长30～50m不等，故规范中也未规定有效检测长度的控制范围。具体工程的有效检测桩长，应通过现场试验，依据能否识别桩底反射信号，确定该方法是否适用。

对于最大有效检测深度小于实际桩长的超长桩检测，尽管测不到桩底反射信号，但若有效检测长度范围内存在缺陷，则实测信号中必有缺陷反射信号。此时，低应变方法只可用于查明有效检测长度范围内是否存在缺陷。

4. 复合地基中的竖向增强体的检测问题

复合地基竖向增强体分为柔性桩（砂桩、碎石桩）、半刚性桩即水泥土桩（搅拌桩、旋喷桩、夯实水泥土桩）、刚性桩（水泥粉煤灰碎石桩即CFG桩）。因为CFG桩实际为素混凝土桩，常见的设计桩体混凝土抗压强度为20～25MPa（过去也有用15MPa的）。采用低应变动测法对CFG桩桩身完整性检验是《建筑地基处理技术规范》JGJ 79和《建筑地基基础工程施工质量验收规范》GB 50202明确规定的项目。而对于水泥土桩，桩身施工质量离散性较大，水泥土强度从零点几兆帕到几兆帕变化范围大，虽有用低应变法检测桩身完整性的报道，但可靠性和成熟性还有待进一步探究，考虑到国内使用的普遍适用性，《建筑基桩检测技术规范》JGJ 106尚未规定对水泥土桩的桩身完整性检测。此外，《建筑地基基础设计规范》GB 50007规定的桩身混凝土强度等级最低不小于C20，《建筑基桩检测技术规范》JGJ 106对低应变受检桩的桩身混凝土强度的最低要求是15MPa，这主要是考虑到工期紧和便于信息化施工的原因，而放宽了对混凝土龄期的限制。因此从基桩检测的角度上讲，一般要求设计的桩身混凝土强度等级不低于C20。

三、现场操作

1. 测试仪器和激振设备

（1）测量响应系统

建议低应变动力检测采用的测量响应传感器为压电式加速度传感器。根据压电式加速度计的结构特点和动态性能，当传感器的可用上限频率在其安装谐振频率的1/5以下时，可保证较高的冲击测量精度，且在此范围内，相位误差完全可以忽略。所以应尽量选用自振频率较高的加速度传感器。

对于桩顶瞬态响应测量，习惯上是将加速度计的实测信号积分成速度曲线，并据此进行判读。实践表明：除采用小锤硬碰硬敲击外，速度信号中的有效高频成分一般在2000Hz以内。但这并不等于说，加速度计的频响线性段达到2000Hz就足够了。这是因为，加速度原始信号比积分后的速度波形中要包含更多和更尖的毛刺，高频尖峰毛刺的宽窄和多寡决定了它们在频谱上占据的频带宽窄和能量大小。事实上，对加速度信号的积分相当于低通滤波，这种滤波作用对尖峰毛刺特别明显。当加速度计的频响线性段较窄时，就会造成信号失真。所以，在±10%幅频误差内，加速度计幅频线性段的高限不宜小于5000Hz，同时也应避免在桩顶敲击处表面凹凸不平时用硬质材料锤（或不加锤垫）直接敲击。

（2）激振设备

瞬态激振操作应通过现场试验选择不同材质的锤头或锤垫，以获得低频宽脉冲或高频窄脉冲。除大直径桩外，冲击脉冲中的有效高频分量可选择不超过2000Hz（钟形力脉冲宽度为1ms，对应的高频截止分量约为2000Hz）。桩直径小时脉冲可稍窄一些。选择激振设备没有过多的限制，如力锤、力棒等。锤头的软硬或锤垫的厚薄和锤的质量都能起到控制脉冲宽窄的作用，通常前者起主要作用；而后者（包括手锤轻敲或加力锤击）主要是控制力脉冲幅值。因为不同的测量系统灵敏度和增益设置不同，灵敏度和增益都较低时，加速度或速度响应弱，相对而言降低了测量系统的信噪比或动态范围；两者均较高时又容易产生过载和削波。通常手锤即使在一定锤重和加力条件下，由于桩顶敲击点处凹凸不平、软硬不一，冲击加速度幅值变化范围很大（脉冲宽窄也发生较明显变化），有些仪器可能没有加速度超载报警功能，而削波的加速度波形积分成速度波形后可能不容易被察觉。所以，锤头及锤体质量选择并不需要拘泥某一种固定形式，可选用工程塑料、尼龙、铝、铜、铁、硬橡胶等材料制成的锤头，或用橡皮垫作为缓冲垫层，锤的质量也可几百克至几十千克不等，主要目的是以下两点：

1）控制激励脉冲的宽窄以获得清晰的桩身阻抗变化反射或桩底反射，同时又不明显产生波形失真或高频干扰；

2）获得较大的信号动态范围而不超载。稳态激振设备可包括扫频信号发生器、功率放大器及电磁式激振器。自扫频信号发生器输出等幅值、频率可调的正弦信号，通过功率放大器放大至电磁激振器输出同频率正弦激振力作用于桩顶。

2. 检测数量

当采用低应变法检测时，受检桩混凝土强度至少达到设计强度的70%，且不应小于15MPa。桩头的材质、强度、截面尺寸应与桩身基本等同。桩顶面应平整、密实，并与桩轴线基本垂直。

对于混凝土桩的桩身完整性检测，现行国家规范有相应规定。柱下三桩或三桩以下的承台抽检桩数不得少于1根。设计等级为甲级，或地质条件复杂、成桩质量可靠性较低的灌注桩，抽检数量不应少于总桩数的30%，且不得少于20根；其他桩基工程的抽检数量不应少于总桩数的20%，且不得少于10根。当采用低应变法抽检桩身完整性所发现的三四类桩之和大于抽检桩数的20%时，宜在未检桩中继续扩大抽检。

3. 桩头处理

桩顶条件和桩头处理好坏直接影响测试信号的质量。对低应变动测而言，判断桩身阻抗相对变化的基准是桩头部位的阻抗。因此，要求受检桩桩顶的混凝土质量、截面尺寸应与桩身设计条件基本等同。

灌注桩应凿去桩顶浮浆或松散、破损部分，并露出坚硬的混凝土表面，桩顶表面应平整干净且无积水；应将敲击点和响应测量传感器安装点部位磨平，多次锤击信号重复性较差时，多与敲击或安装部位不平整有关；妨碍正常测试的桩顶外露主筋应割掉。

对于预应力管桩，当法兰盘与桩身混凝土之间结合紧密时，可不进行处理，否则，应采用电锯将桩头锯平。

当桩头与承台或垫层相连时，相当于桩头处存在很大的截面阻抗变化，对测试信号会产生影响。因此，测试时桩头应与混凝土承台断开；当桩头侧面与垫层相连时，除非对测试信号没有影响，否则应断开。

4. 测试参数设定

测试参数设定应符合下列规定：

（1）时域信号分析的时间段长度应在$2L/c$时刻后延续不少于5ms；幅频信号分析的频率范围上限不应小于2000Hz。

（2）设定桩长应为桩顶测点至桩底的施工桩长，设定桩身截面面积应为施工截面面积。

（3）桩身波速可根据本地区同类型桩的测试值初步设定。

（4）采用时间间隔或采样频率应根据桩长、桩身波速和频域分辨率合理选择；时域信号采样点数不宜少于1024点。

（5）传感器的设定应按计量检定结果设定。

从时域波形中找到桩底反射位置，仅仅是确定了桩底反射的时间，根据$\Delta T=2L/c$，只有已知桩长L才能计算波速c，或已知波速c计算桩长L。因此，桩长参数应以实际记录的施工桩长为依据，按测点至桩底的距离设定。测试前桩身波速可根据本地区同类桩型的测试值初步设定。根据前面测试的若干根桩的真实波速的平均值，对初步设定的波速调整。

对于时域信号，采样频率越高，则采集的数字信号越接近模拟信号，越有利于缺陷位置的准确判断。一般应在保证测得完整信号的前提下，选用较高的采样频率或较小的采样时间间隔。但是，若要兼顾频域分辨率，则应按采样定理适当降低采样频率或增加采样点数。如采样时间间隔为50/is，采样点数1024，FFT频域分辨率仅为19.5Hz。

稳态激振是按一定频率间隔逐个频率激振，要求在每一频率下激振持续一段时间，以达到稳态振动状态。频率间隔的选择决定了速度幅频曲线和导纳曲线的频率分辨率，它影响桩身缺陷位置的判定精度；间隔越小，精度越高，但检测时间很长，降低工作效率。一般频率间隔设置为3Hz、5Hz或10Hz。每一频率下激振持续时间的选择，理论上越长越好，这样有利于消除信号中的随机噪声和传感器阻尼自振项的影响。实际测试过程中，为提高工作效率，只要保证获得稳定的激振力和响应信号即可。

5. 传感器安装和激振操作

（1）传感器用耦合剂粘结时，粘结层应尽可能薄；必要时可采用冲击钻打孔安装方式，但传感器底安装面应与桩顶面紧密接触。激振以及传感器安装均应沿桩的轴线方向。

（2）激振点与传感器安装点应远离钢筋笼的主筋，其目的是减少外露主筋振动对测试产生干扰信号。若外露主筋过长而影响正常测试时，应将其割短。

（3）测桩的目的是激励桩的纵向振动振型，但相对桩顶横截面尺寸而言，激振点处为集中力作用，在桩顶部位难免出现与桩的径向振型相对应的高频干扰。当锤击脉冲变窄或桩径增加时，这种由三维尺寸效应引起的干扰加剧。传感器安装点与激振点距离和位置不同，所受干扰的程度各异。研究成果表明：实心桩安装点在距桩中心约2/3半径R时，所受干扰相对较小；空心桩安装点与激振点平面夹角等于或略大于90°时也有类似效果，该处相当于径向耦合低阶振型的驻点。另外应注意，加大安装与激振两点间距离或平面夹角，将增大锤击点与安装点响应信号的时间差，造成波速或缺陷定位误差。

桩径较大时，若桩身存在局部缺陷，则在不同测点（传感器安装的位置）获得的速度波形有差异。因此，应视桩径大小，选择2~4个测点，测点按圆周均匀分布。建议桩径大于0.8m时，不少于2个测点；桩径大于1.2m时，不少于3个测点；桩径大于2m时不少于4个测点。

（4）当预制桩、预应力管桩等桩顶高于地面很多，或灌注桩桩顶部分桩身截面很不规则，或桩顶与承台等其他结构相连而不具备传感器安装条件时，可将两只测量响应传感器对称安装在桩顶以下的桩侧表面，且宜远离桩顶。

（5）瞬态激振通过改变锤的重量及锤头材料，可改变冲击入射波的脉冲宽度及频率成分。锤头质量较大或刚度较小时，冲击入射波脉冲较宽，低频成分为主；当冲击力大小相同时，其能量较大，应力波衰减较慢适合于获得长桩桩底信号或下部缺陷的识别。锤头较轻或刚度较大时，冲击入射波脉冲较窄，含高频成分较多；冲击力大小相同时，虽其能量较小并加剧大直径桩的尺寸效应影响，但较适宜于桩身浅部缺陷的识别及定位。

（6）现场测试时，最好多准备几种锤头、垫层，根据实际情况进行选用。对于比较长的桩，应选择较软、较重、直径较大的锤；对于比较短的桩，应选择较硬、较轻、直径较小的锤。对于同一根桩，为了测出桩底反射，应选用质地较软、质量较大的锤；为了测出浅部缺陷，应选用质地较硬、质量较小的锤。开始的头几根桩，应换不同的锤和锤头反复试敲，确定合适的激振源，等到对该场地的桩有大致的了解后，再进行大量的桩基检测，往往可以事半功倍。

（7）稳态激振在每个设定的频率下激振时，为避免频率变换过程产生失真信号，应具有足够的稳定激振时间，以获得稳定的激振力和响应信号，并根据桩径、桩长及桩周土约束情况调整激振力。稳态激振器的安装方式及好坏对测试结果起着很大的作用。为保证激振系统本身在测试频率范围内不至于出现谐振，激振器的安装宜采用柔性悬挂装置，同时在测试过程中应避免激振器出现横向振动。

（8）为了能对室内信号分析发现的异常提供必要的比较或解释依据，检测过程中，同一工程的同一批试桩的试验操作宜保持同条件，不仅要对激振操作、传感器和激振点布置等某一条件改变进行记录，也要记录桩头外观尺寸和混凝土质量的异常情况。每个检测点有效信号数不宜少于3个，而且应具有良好的重复性，通过叠加平均提高信噪比。

6. 信号筛选和采集

根据桩径大小，桩心对称布置2～4个检测点，每个检测点记录的有效信号数不少于3个。检查判断实测信号是否反映桩身完整性特征。不同检测点及多次实测时域信号一致性较差时应分析原因，增加检测点数量。信号不应失真和产生零飘。

7. 桩身完整性判断

桩身完整性类别应该结合缺陷出现的深度、测试信号衰减特性以及设计桩型、成桩工艺、地质条件、施工情况，按照表12-1所列实测时域或幅频信号特征进行综合分析判定。

表 12-1　低应变法判定桩身完整性

类别	时域信号特征	幅频信号特征
I	$2L/c$ 时刻前无缺陷反射波；有桩底反射波	桩底谐振峰排列基本等间距，相邻频差约等于 $c/2L$
II	$2L/c$ 时刻前出现轻微缺陷反射波；有桩底反射波	桩底谐振峰排列基本等间距，相邻频差约等于 $c/2L$，轻微缺陷产生的谐振峰与桩底谐振峰之间的频差大于 $c/2L$
III	有明显缺陷反射波，其他特征介于 II 类和 IV 类之间	
IV	$2L/c$ 时刻前出现严重缺陷反射波或周期性反射波，无桩底反射波；或因桩身浅部严重缺陷使波形呈现低频大振幅衰减振动，无桩底反射波	缺陷谐振峰排列基本等间距，相邻频差大于以 $c/2L$，无桩底谐振峰；或因桩身浅部严重缺陷只出现单一谐振峰，无桩底谐振峰

表 12-1 没有列出桩身无缺陷或有轻微缺陷但无桩底反射这种信号特征的类别划分。事实上，低应变法测不到桩底反射信号这类情形受多种因素和条件影响，例如：

——软土地区的超长桩，长径比很大；

——桩周土约束很大，应力波衰减很快；

——桩身阻抗与持力层阻抗匹配良好；

——桩身界面阻抗显著突变或沿桩长渐变；

——预制桩接头缝隙影响。

其实，当桩侧和桩端阻力很强时，高应变法同样也测不出桩底反射。所以，上述原因造成无桩底反射也属正常。此时的桩身完整性判定，只能结合经验、参照本场地和本地区的同类型桩综合分析或采用其他方法进一步检测。

所以，绝对要求同一工程所有的 I、II 类桩都有清晰的桩底反射也不现实。对同一场地、地质条件相近、桩型和成桩工艺相同的基桩，因桩端部分桩身阻抗与持力层阻抗相匹配而导致实测信号无桩底反射波时，只能按本场地同条件下有桩底反射波的其他桩实测信号判定桩身完整性类别。但是，不能忽视动测法的这种局限性。例如，某人工挖孔桩，桩长 38.4m，从波形上很难判断桩身存在缺陷，但钻芯和声波透射法检测均反映在 28 ~ 31m 范围存在缺陷。因为缺陷出现部位较深，桩侧土阻力较强，此时，低应变法无能为力。

桩身完整性分析判定，从时域信号或频域曲线特征表现的信息判定相对来说较简单直观，而分析缺陷桩信号则复杂些。有的信号的确是因施工质量缺陷产生的，但也有的是因设计构造或成桩工艺本身局限性导致的不连续（断面）而产生的。例如，预制打入桩的接缝、灌注桩的逐渐扩径再缩回原桩径的变界面、地层硬夹层影响等。因此，在分析测试信号时，应仔细分清哪些是缺陷波或缺陷谐振峰，哪些是因桩身构造、成桩工艺、土层影响造成的类似缺陷信号特征。另外，根据测试信号幅值大小判定缺陷程度，除受缺陷程度影响外，还受桩周土阻尼大小及缺陷所处的深度影响。相同程度的缺陷因桩周土性不同或缺陷埋深不同，在测试信号中其幅值大小各异。因此，如何正确判定缺陷程度，特别是缺陷十分明显时，如何区分是Ⅲ类桩还是Ⅳ类桩，应仔细对照桩型、地质条件、施工情况结合当地经验综合分析判断。不仅如此，还应结合基础和上部结构形式对桩的承载安全性要求，考虑桩身承载力不足引发桩身结构破坏的可能性，进行缺陷类别划分，不宜单凭测试信号定论。

四、检测数据分析与判定

1. 桩身阻抗多变或渐变

（1）桩身阻抗多变

如果能测到明显的桩底或桩深部缺陷反射，则桩身上部的缺陷一般不可能属于很明显或严重的缺陷。

当桩身存在不止一个阻抗变化截面（包括在桩身某一范围内阻抗渐变的情况）时，由于各阻抗变化截面的一次和多次反射波相互叠加，除距桩顶第一阻抗变化截面的一次反射能辨认外，其后的反射信号可能变得十分复杂，难于分析判断。此时，首先要查找测试各环节是否有疏漏，然后再根据施工和地质情况分析原因，并与同一场地、同一测试条件下的其他桩测试波形进行比较，有条件时可采用实测曲线拟合法试算。确实无把握且疑问桩对基础与上部结构的安全或正常使用可能有较大影响时，应提出验证检测的建议。

（2）桩身阻抗渐变

对于混凝土灌注桩，采用时域信号分析时应区分桩身截面渐变后恢复至原桩径并在该阻抗突变处的一次反射，或扩径突变处的二次反射。因此，可结合成桩工艺和地质条件综合分析，加以区分；无法区分时，应结合其他检测方法综合判定。必要时，可采用实测曲线拟合法辅助判定桩身完整性或借助实测导纳值、动刚度的相对高低辅助判定桩身完整性。采用实测曲线拟合法进行辅助分析时，宜符合下列规定：

1）信号不得因尺寸效应、测试系统频响等影响产生畸变。

2）桩顶横截面尺寸应按现场实际测量结果确定。

3）通过同条件下、截面基本均匀的相邻桩曲线拟合，确定引起应力波衰减的桩土参数取值。

4）宜采用实测力波形作为边界条件输入。

2. 嵌岩桩

对于嵌岩桩，桩底沉渣和桩端持力层是否为软弱层、溶洞等是直接关系到该桩能否安全使用的关键因素。虽然低应变动测法不能确定桩底情况，但理论上可以将嵌岩桩桩端视为杆件的固定端，并根据桩底反射波的方向判断桩端端承效果。当桩底时域反射信号为单一反射波且与锤击脉冲信号同向时，或频域辅助分析时的导纳值相对偏高，动刚度相对偏低时，理论上表明桩底有沉渣存在或桩端嵌固效果较差。注意，虽然沉渣较薄时对桩的承载能力影响不大，但低应变法很难回答桩底沉渣厚度到底能否影响桩的承载力和沉降性状，并且确实出现过有些嵌入坚硬基岩的灌注桩的桩底同向反射较明显，而钻芯却未发现桩端与基岩存在明显胶结不良的情况。所以，出于安全和控制基础沉降考虑，若怀疑桩端嵌固效果差时，应采用静载试验或钻芯法等其他检测方法核验桩端嵌岩情况，确保基桩使用安全。

3. 检测报告的要求

人员水平低、测试过程和测量系统各环节出现异常、人为信号再处理影响信号真实性等，均直接影响结论判断的正确性，只有根据原始信号曲线才能鉴别。现行行业标准《建筑基桩检测技术规范》（JGJ 106）以强制性条文的形式规定——低应变检测报告应给出桩身完整性检测的实测信号曲线。检测报告还应包括足够的信息：

（1）工程概述；

（2）岩土工程条件；

（3）检测方法、原理、仪器设备和过程叙述；

（4）受检桩的桩号、桩位平面图和相关的施工记录；

（5）桩身波速取值；

（6）桩身完整性描述、缺陷的位置及桩身完整性类别；

（7）时域信号时段所对应的桩身长度标尺、指数或线性放大的范围及倍数，或幅频信号曲线分析的频率范围、桩底或桩身缺陷对应的相邻谐振峰间的频差；

（8）必要的说明和建议，比如对扩大或验证检测的建议；

（9）为了清晰地显示出波形中的有用信息，波形纵横尺寸的比例应合适，且不应压缩过小，比如波形幅值的最大高度仅 1cm 左右，$2L/c$ 的长度仅 2～3cm。因此每页纸所附波形图不宜太多。

第二节 声波透射法检测基桩的完整性

声波检测一般是以人为激励的方式向介质（被测对象）发射声波，在一定距离上接收经介质物理特性调制的声波（反射波、透射波或散射波），通过观测和分析声波在介质中传播时声学参数和波形的变化，对被测对象的宏观缺陷、几何特征、组织结构、力学性质进行推断和表征。而声波透射法则是以穿透介质的透射声波为测试和研究对象的。

目前，对混凝土灌注桩的完整性检测主要有：钻芯法、高应变动测法、低应变动测法和声波透射法四种方法，与其他几种方法比较，声波透射法有其鲜明的特点：检测全面、细致，声波检测的范围可覆盖全桩长的各个横截面，信息量相当丰富，结果准确可靠，且现场操作简便、迅速，不受桩长、长径比的限制，一般也不受场地限制。声波透射法以其鲜明的技术特点成为目前混凝土灌注桩（尤其是大直径灌注桩）完整性检测的重要手段，在工业与民用建筑、水利电力、铁路、公路和港口等工程建设的多个领域得到了广泛应用。

声波透射法是利用声波的透射原理对桩身混凝土介质状况进行检测，适用于桩在灌注成型时已经预埋了两根或两根以上声测管的情况。当桩径小于 0.6m 时，声测管的声耦合误差使声时测试的相对误差增大，因此桩径小于 0.6m 时应慎用本方法；基桩经钻芯法检测后（有两个及两个以上的钻孔）需进一步了解钻芯孔之间的混凝土质量时也可采用本方法检测。

由于桩内跨孔测试的测试误差高于上部结构混凝土的检测，且桩身混凝土纵向各部位硬化环境不同，粗细骨料分布不均匀，因此该方法不宜用于推定桩身混凝土强度。

一、仪器设备

1. 混凝土数字式声波仪

（1）基本组成与特点

混凝土声波仪的功能是向待测的结构混凝土发射声波脉冲，使其穿过混凝土，然后接收穿过混凝土的脉冲信号。仪器显示声脉冲穿过混凝土所需时间、接收信号的波形、波幅等。根据声波脉冲穿越混凝土的时间（声时）和距离（声程），可计算声波在混凝土中的传播速度；波幅可反映声脉冲在混凝土中的能量衰减状况，根据所显示的波形，经过适当处理后可对被测信号进行频谱分析。

随着工程检测实践需求的不断提高和深入，大量的数据、信息需要在检测现场作及时处理、分析，以便充分运用波形所带来的被测构件内部的各种信息，对被测混凝土结构的质量作出更全面、更可靠的判断，使现场检测工作做到既全面、细致，又能突出重点。在电子技术和计算机技术高速发展的背景下，智能型声波仪应运而生。智能型声波仪实现了数据的高速采集和传输，大容量存储和处理，高速运算，配置了多种应用软件，大大提高了检测工作效率，在一定程度上实现了检测过程的信息化。

1）基本组成

数字式声波仪一般由计算机、高压发射与控制、程控放大与衰减、A/D转换与采集四大部分组成。高压发射电路受主机同步信号控制，产生受控高压脉冲激励发射换能器，电声转换为超声脉冲传入被测介质，接收换能器接收到穿过被测介质的超声信号后转换为电信号，经程控放大与衰减对信号作自动调整，将接收信号调节到最佳电平，输送给高速A/D采集板，经A/D转换后的数字信号以DMA方式送入计算机，进行各种信息处理。

2）特点

数字式声波仪是通过信号采集器采集信号，再将收集到的一系列离散信号经A/D转换变为数字信号加以存储、显示时，再经D/A转换变为模拟量在屏幕上显示。数字化信号便于存储、传输和重现。数字化信号便于进行各种数字处理，如频域分析、平滑、滤波、积分、微分。

可用计算机软件自动进行声时和波幅的判读，这种方法的准确度和可操作性均明显优于模拟式声波仪的自动整形关门测读。后者易出现滞后、丢波、提前关门等现象引起测试误差，且波幅测试精度也较低。

计算机可完成大量的数据、信息处理工作。可依据各种规程的要求，编制好相应的数据处理软件，根据检测目的，选用相应数据处理软件对测试数据进行分析，得出检测结果（或结论），明显提高了检测工作效率。

（2）数字式声波仪的技术要求

1）具有手动游标测读和自动测读方式。当自动测读时，在同一测读条件下，1h内每隔5min测读一次声时的差异应不大于±2个采样点；数字式仪器以自动判读为主，在大测距或信噪比较低时，需要手动游标读数。手动或自动判读声时，在同一测试条件下，测读数据的重复性是衡量测试系统稳定性的指标，故应建立一定的检查声时测量重复性的方法，在重复测试中，判定首波起始点的样本偏差点数乘以采样间隔就是声时测读差异。

2）波形显示幅度分辨率应不低于1/256，并且具有可显示、存储和输出打印数字化波形的功能，波形最大存储长度不宜小于4kbytes。

数字化声波仪波幅读数精度取决于数字信号采样的精度（A/D转换位数）以及屏幕波形幅度，在采样精度一定的条件下，加大屏幕幅度可提高波幅读数的精度，直接读取波幅电压值其读数精度应达mV级，并取小数点后有效位数两位。

实测波形的形态有助于对混凝土缺陷的判断，数字式声波仪应具有显示存储和打印数字化波形的功能。波形的最大存储长度由最大探测距离决定。

3）自动测读条件下，在显示的波形上应有光标指示声时、波幅的位置。这样做的目的是及时检查自动读数是否存在错误，如果存在偏差，则应重新测读或者改用手动游标测读。

4）宜具有幅度谱分析功能（FFT功能）

声波信号的主频源移程度是反映声波在混凝土中衰减程度的一个指标，也是判断混凝土质量优劣的一个指标。模拟式声波仪只能根据时域波形进行估算，精度较低，频域分析能较准确地反映声波信号的主频漂移程度，是数字式声波仪的一大优势，一般的数字式声波仪都具有幅度谱分析功能。

（3）声时检测系统的校验

仪器的各项技术指标应在出厂前用专门仪器进行性能检测，购买仪器后，在使用期内应定期（一般为一年）送计量检定部门进行计量检定（或校准）。即使仪器在检定周期内，在日常检测中也应对仪器性能进行校验。

用声波仪测定的空气声速与空气标准声速进行比较的方法来对声波仪的声时检测系统进行校验，其具体步骤如下：

1）取常用的厚度振动式换能器一对，接于声波仪器上，将两个换能器的辐射面相互对准，以间距为50mm、100mm、150mm、200mm……依次放置在空气中，在保持首波幅度一致的条件下，读取该间距所对应的声时值 t_1、t_2、t_3、$\cdots$、t_n。同时测量空气的温度 T_k（读至0.5℃）。

测量时应注意，两换能器间距的测量误差应不大于 ±0.5%；换能器宜悬空相对放置，若置于地板或桌面时，应在换能器下面垫以海绵或泡沫塑料并保持两个换能器的轴线重合及辐射面相互平行；测点数应不少于10个。

2）空气声速测量值计算：以测距 l 为纵坐标，以声时读数 t 为横坐标，绘制"时—距"坐标图，或用回归分析方法求出 l 与 t 之间的回归直线方程：

$$l=a+bt$$

式中：a、b——待求的回归系数。

坐标图中直线 AB 的斜率"$\Delta l / \Delta t$"或回归直线方程的回归系数 b 即为空气声速的实测值 v_s（精确至 0.1m/s）。

3）空气声速的标准值应按下式计算：

$$v_c = 331.4 \times \sqrt{1 + 0.00367 \times T_k}$$

式中：v_c——空气声速的标准值（m/s）；

T_k——空气的温度（℃）。

4）空气声速实测值 v_s 与空气声速标准值 v_c 之间的相对误差 er，应按下式计算：

$$e_r = \frac{v_c - v_s}{v_c} \times 100\%$$

通过上式计算的相对误差 er 应不大于 ±0.5%，否则仪器计时系统不正常。

（4）波幅测试系统校验

仪器波幅检测准确性的校验方法较简单。将屏幕显示的首波幅度调至一定高度，然后把仪器衰减系统的衰减量增加或减小 6dB，此时屏幕波幅高度应降低一半或升高一倍。如果波幅高度变化不符，表示仪器衰减系统不正确或者波幅计量系统有误差，但要注意，在测试时，波幅变化过程中不能超屏。

（5）声波仪的维护与保养

1）使用前务必了解仪器设备的使用特性，仔细阅读仪器使用说明书，需对整个仪器的使用规定有全面的了解后再开机使用。

2）注意使用环境，在潮湿、烈日、尘埃较多等不利环境中使用时应采取相应的保护措施。

3）仪器使用的电源要稳定，并尽可能避开干扰源（电焊机、电锯、电台及其他强电磁场）。

4）仪器发射端口有脉冲高压，接、拔发射换能器时应将发射电压调至零伏或关机后进行。

5）仪器的环境温度不能太高，以免元件变质、老化、损坏，一般半导体元件及集成电路组装的仪器，使用环境温度为 -10 ~ 40℃。

6）连续使用时间不宜过长。

7）保持仪器清洁，以免短路，清理时可用压缩空气或干净的毛刷。

8）仪器应存放在干燥、通风、阴凉的环境中保存，若长期不用，应定期开机驱潮。

9）仪器发生故障时，应由专业技术人员维修或与生产厂家联系维修。

2. 声波换能器

运用声波检测混凝土，首先要解决的问题是如何产生声波以及接收经混凝土传播后的声波，然后进行测量。解决这类问题通常采用能量转换方法：首先将电能转化为声波能量，向被测介质（混凝土）发射声波，当声波经混凝土传播后，为了度量声波的各声学参数，又将声能量转化为最容易测量的量——电量，这种实现电能与声能相互转换的装置称为换能器。

换能器依据其能量转换方向的不同，又分为发射换能器和接收换能器。发射换能器可以实现电能向声能的转换，接收换能器可以实现声能向电能的转换。发射换能器和接收换能器的基本构成是相同的，一般情况下可以互换使用，但有的接收换能器为了增加测试系统的接收灵敏度而增设了前置放大器，这时收、发换能器就不能互换使用。

（1）技术要求

用于混凝土灌注桩声波透射法检测的换能器应符合下列要求：

1）圆柱状径向振动：沿径向（水平方向）无指向性。

2）径向换能器的谐振频率宜采用20k ~ 60kHz、有效工作面轴向长度不大于150mm。当接收信号较弱时，宜选用带前置放大器的接收换能器。

3）换能器的实测主频与标称频率相差应不大于 ± 10%，对用于水中的换能器，其水密性应在1MPa水压下不渗漏。

4）应根据测距大小和被测介质（混凝土）质量的好坏来选择合适频率的换能器。低频声波衰减慢，在介质中传播距离远，但对缺陷的敏感性和分辨力低；高频声波衰减快，在介质中传播距离短，但对缺陷的敏感性和分辨力高。一般在保证具有一定接收信号幅度的前提下，尽量使用较高频率的换能器，以提高声波对小缺陷的敏感性。使用带前置放大器的接收换能器可提高测试系统的信噪比和接收灵敏度，此时可选用较高频率的换能器。

5）声波换能器有效工作面长度是指起到换能作用的部分的实际轴向尺寸，该尺寸过大将扩大缺陷实际尺寸并影响测试结果。

6）换能器的实测主频与标称频率应尽可能一致。实际频率差异过大易使信号鉴别和数据对比造成混乱。

7）混凝土灌注桩的检测一般用水作为换能器与介质的耦合剂。一般桩长不大于90m，在1MPa压力下不渗漏，就是保证换能器在90m深的水下能正常工作。

（2）换能器的耦合

耦合的目的是一方面使尽可能多的声波能量进入被测介质中，另一方面又能使经介质传播的声波信号尽可能多地被测试系统接收。从而提高测试系统的工作效率和精度。

混凝土灌注桩的声波检测一般采用水作为换能器与混凝土的耦合剂，应保证声测管中不含悬浮物（如泥浆、砂等），悬浮液中的固体颗粒对声波有较强的散射衰减，影响声幅的测试结果。

（3）换能器的选配

在混凝土检测中，应根据结构的尺寸及检测目的来选择换能器。由于目前主要使用纵波检测，所以只介绍纵波换能器的选配。

1）换能器种类选择

纵波换能器有平面换能器、径向换能器。平面换能器用于一般结构、试件的表面对测和平测，同时也是声波仪声时测试系统校验的工具，是必备的换能器。径向换能器（增压式、圆环式、一发双收换能器）则用在需钻孔检测或灌注桩声测管中检测。

2）换能器频率选择

由于声波在混凝土中衰减较大，为了使声波有一定的传播距离，混凝土声波检测都使用低频率声波，通常在200kHz以下。在此频率范围内，到底采用何种频率取决于以下两个因素：

①结构（或试件）尺寸

结构尺寸不同，应选择不同的超声频率。这里所谓的尺寸包括穿透距离和横截面尺寸。被测体测距越大，超声波衰减也越大，接收波振幅越小。为保证正常测读，必须使接收波有一定的幅度，因此，对于大的测距只能使用更低频率的声波甚至可闻声波。目前，探测十多米以上的大型结构通常使用20kHz或以下频率的换能器。当测距较短时，为使接收信号前沿陡峭、起点分辨精确以及对内部缺陷与裂缝有较高分辨率，则尽量使用较高的频率。

被测体的横截面尺寸主要是考虑声波传播的边界条件。通常所说的声波声速均指声波在无限大的介质中的速度。若横截面小到某种程度，声波声速将有明显的频散（几何频散），所测得的声速（表观声速）将降低。通常认为，横截面最小尺寸应大于声波波长的2倍以上。因此，在测试小截面尺寸的结构或试件时，应用较高频率。在试件测试中，频率也不宜太高。因为虽然较高频率波长短，满足半无限大的边界条件，但由于被测体由各种颗粒组成，若波长与颗粒尺寸相比较太小，则被测体呈明显的非均质性。不利于用声学参数来反映被测体总体的性能，因此也不宜用过高的频率。根据实际使用情况，对于一般的正常混凝土，换能器频率选择可参见表12-2。

表12-2　换能器频率选择

测距（cm）	选用换能器频率（kHz）	最小横截面积（cm^2）
10 ~ 20	100 ~ 200	10
20 ~ 100	50 ~ 100	20
100 ~ 300	50	20
300 ~ 500	30 ~ 50	30
＞500	20	50

②被测混凝土对超声波衰减情况

上述根据被测物体尺寸来选择声波频率指的是对一般混凝土而言。对于某些特殊场合，例如，被测混凝土质量差、强度低，当用所选用频率测试时接收信号很微弱，则须降低使用频率，以期获得足够幅度。被测混凝土是早龄期，甚至尚未完全硬化，声波衰减很大，则只能使用更低的频率甚至使用可闻声波的频率。

（4）换能器的维护与保养

1）目前使用的换能器大多以压电陶瓷作为压电体，因此换能器在使用时必须保证温度低于相应压电陶瓷的上居里点，见表12-3。

表12-3　部分压电陶瓷换能器的使用温度

压电体名称	使用温度（℃）
钛酸钡	＜70
锆钛酸铅	＜250
酒石酸钾钠	＜40
石英	＜550

2）换能器内压电陶瓷易碎，粘结处易脱落，切忌敲击，现场使用时应避免摔打或践踏，不用时可用套筒防护保存。

3）普通换能器不防水，不能在水中使用，水下径向换能器虽有防水层，但联结处常因扰动而损坏，使用中应注意联结处的水密性。

二、检测技术

1. 灌注桩声波透射法检测的适用范围

（1）声波透射法检测混凝土灌注桩的几种方式

按照声波换能器通道在桩体中不同的布置方式，声波透射法检测混凝土灌注桩可分为三种方式：（A）桩内跨孔透射法；（B）桩内单孔透射法；（C）桩外孔透射法。

混凝土声波检测设备主要包含了声波仪和换能器两大部分。用于混凝土检测的声波频率一般在20k ~ 250kHz范围内，属超声频段，因此，通常也可称为混凝土的超声波检测，相应的仪器也叫超声仪。

声波发射与接收换能器应符合下列规定：

1）圆柱状径向振动，沿径向无指向性；

2）外径小于声测管内径，有效工作段长度不大于150mm；

3）谐振频率为30k ~ 60kHz；

4）水密性满足1MPa水压不渗水。

声波检测仪应符合下列要求：

1）具有实时显示和记录接收信号时程曲线以及频率测量或频谱分析的功能；

2）最小采样时间间隔小于或等于$0.5\mu s$，系统频带宽度为1k ~ 200kHz，声波幅值测量相对误差小于5%，系统最大动态范围不小于100dB；

3）声波发射脉冲为阶跃或矩形脉冲，电压幅值为200 ~ 1000V；

4）具有首波实时显示功能；

5）具有自动记录声波发射与接收换能器位置功能。

（2）桩内跨孔透射法

在桩内预埋两根或两根以上的声测管，把发射、接收换能器分别置于两管道中。检测时声波由发射换能器发出穿透两管间混凝土后被接收换能器接收，实际有效检测范围为声波脉冲从发射换能器到接收换能器所扫过的面积。根据两换能器高程的变化又可分为平测、斜测、扇形扫测等方式。

当采用钻芯法检测大直径灌注桩桩身完整性时，可能有两个以上的钻芯孔。如果我们需要进一步了解两钻孔之间的桩身混凝土质量，也可以将钻芯孔作为发、收换能器通道进行跨孔透射法检测。

（3）桩内单孔透射法

在某些特殊情况下只有一个孔道可供检测使用，例如钻孔取芯后，我们需进一步了解芯样周围混凝土质量，作为钻芯检测的补充手段，这时可采用单孔检测法。

　　此时，将换能器放置于一个孔中，换能器间用隔声材料隔离（或采用专用的一发双收换能器）。声波从发射换能器出发经耦合水进入孔壁混凝土表层，并沿混凝土表层滑行一段距离后，再经耦合水分别到达两个接收换能器上，从而测出声波沿孔壁混凝土传播时的各项声学参数。

　　单孔透射法检测时，由于声传播路径较跨孔法桩复杂得多，须采用信号分析技术，当孔道中有钢质套管时，由于钢管影响声波在孔壁混凝土中的绕行，故不能采用此方法。单孔检测时，有效检测范围一般认为是一个波长左右（8～10cm）。

　　（4）桩外孔透射法

　　当桩的上部结构已施工或桩内没有换能器通道时，可在桩外紧贴桩边的土层中钻一孔作为检测通道，由于声波在土中衰减很快，因此桩外孔应尽量靠近桩身。检测时在桩顶面放置一发射功率较大的平面换能器，接收换能器从桩外孔中自上而下慢慢放下，声波沿桩身混凝土向下传播，并穿过桩与孔之间的土层，通过孔中耦合水进入接收换能器，逐点测出透射声波的声学参数。当遇到断桩或夹层时，该处以下各点声时明显增大，波幅急剧下降，以此为判断依据。这种方法受仪器发射功率的限制，可测桩长十分有限，且只能判断夹层、断桩、缩颈等缺陷，另外灌注桩桩身剖面几何形状往往不规则，给测试和分析带来困难。

　　上述三种方法中，桩内跨孔透射法是一种较成熟可靠的方法，是声波透射法检测灌注桩混凝土质量最主要的形式，另外两种方式在检测过程的实施、数据的分析和判断上均存在不少困难，检测方法的实用性、检测结果的可靠性均较低。

　　基于上述原因，《建筑基桩检测技术规范》JGJ 106中关于声波透射法的适用范围规定了适用于已预埋声测管的混凝土灌注桩桩身完整性检测，即适用于桩内声波跨孔透射法检测桩身完整性。

　　2. 关于用声波透射法测试声速来推定桩身混凝土强度的问题

　　由于混凝土声速与其强度有一定的相关性，通过建立专用"强度—声速"关系曲线来推定混凝土强度的方法广泛地应用于结构混凝土的声波检测中，但作为隐蔽工程的桩与上部结构有较大差别。

　　"强度—声速"关系曲线受混凝土配合比、骨料品种、硬化环境等多种因素的影响，上部结构混凝土的配合比和硬化环境我们可以较准确地模拟。而在桩中的混凝土由于重力、地下水等多种因素的影响而产生离析现象，导致桩身各个区段混凝土的实际配比产生变化，且这种变化情况无法预估，因而无法对"强度—声速"关系曲线作合理的修正。

　　另外，声测管的平行度也会对强度的推定产生很大影响，声测管在安装埋设过程中难以保证管间距离恒定不变，检测时，我们只能测量桩顶的两管间距，并用于计算各测点的声速，这就必然造成声速检测值的偏差。

而"强度—声速"关系一般是幂函数或指数函数关系，声速的较小偏差所对应的强度偏差被指数放大了。所以即使在检测前已按桩内混凝土的设计配合比制定了专用"强度—声速"曲线，以实际检测声速来推定桩身混凝土强度仍有很大误差。

因此，《建筑基桩检测技术规范》JGJ 106在声波透射法的适用范围中，回避了桩身强度推定问题，只检测灌注桩桩身完整性，确定桩身缺陷位置、程度和范围。

当桩径太小时，换能器与声测管的耦合会引起较大的相对误差，一般采用声透法时，桩径大于0.6m。

三、混凝土声学参数与检测

结构混凝土在施工过程中常因各种原因产生缺陷，尤其是混凝土灌注桩，由于施工难度大、工艺复杂、隐蔽性强、硬化环境及混凝土成型条件复杂，更易产生空洞、裂缝、夹杂局部疏松、缩颈等各种桩身缺陷，对建筑物的安全和耐久性构成严重威胁。

声波透射法是检测混凝土灌注桩桩身缺陷、评价其完整性的一种有效方法，当声波经混凝土传播后，它将携带有关混凝土材料性质、内部结构与组成的信息，准确测定声波经混凝土传播后各种声学参数的量值及变化，就可以推断混凝土的性能、内部结构与组成情况。

目前，在混凝土质量检测中常用的声学参数为声速、波幅、频率以及波形。

1.　声学参数与混凝土质量的关系

前面讨论了声波在混凝土中的传播特点。在本节，我们将讨论混凝土质量及内部缺陷对声学参数产生怎样的影响，这是用声波透射法检测灌注桩混凝土质量、判定其完整性等级的理论基础。

（1）声波波速与混凝土质量的关系

声波在混凝土中的传播速度是混凝土声学检测中的一个主要参数。混凝土的声速与混凝土的弹性性质有关，也与混凝土内部结构（是否存在缺陷及缺陷程度）有关。这是用声速进行混凝土测强和测缺的理论依据。

1）声波波速与混凝土强度的关系

声波在混凝土中的传播波速反映了混凝土的弹性性质，而混凝土的弹性性质与混凝土的强度具有相关性，因此混凝土声速与强度之间存在相关性。另外，对组成材料相同的构件（混凝土），其内部越致密，孔隙率越低，则声波波速越高，强度也越高。因此构件（混凝土）强度与声速之间亦应该有相关性。但是，混凝土材料是一种多相复合体，其强度与声速的关系不是完全稳定的，受到多种因素的影响，归纳起来有四大类：

①混凝土原材料性质及配合比的影响；

②龄期影响；

③温度、湿度等混凝土硬化环境的影响；

④施工工艺。

对同一工程的同类型构件（如混凝土灌注桩），上述四类影响因素是相近的，因此，在这种情况下，构件的声速高低基本上可以反映其强度的高低。

2）混凝土内部缺陷对声波波速的影响

当声波在传播路径上遇到缺陷时，若该缺陷是空洞，则其中必填充空气或水。由于混凝土与空气的特性阻抗相差悬殊，界面的声能反射系数近于1，因此，超声波难于通过混凝土/空气界面。但由于低频超声波漫射的特点，声波又将沿缺陷边缘而传播。这样，因为绕射传播的路径比直线传播的路径长，所测得的声时也就比正常混凝土要长。在计算测点声速时，我们总是以换能器间的直线距离1作为传播距离，结果有缺陷处的计算声速（视声速）就减小。

有时混凝土内部缺陷是由较为松散的材料构成（如漏振等情况形成的蜂窝状结构或配料错误形成的低密实性区）。由于这些部位的材料的声速比正常混凝土小，也会使这些部位测点的声时增大。在这种情况下，超声波分两条路径传播：一是绕过缺陷分界面传播；二是直接穿过低声速材料。不论哪种情况，在该处测得的声时都将比正常部位长。因为我们是以首先到达的波（首波）为准来读取声时值，所以哪条路径所需声时相对短一些，则测读到的便是哪条路径传来的声信号时间。总之，在有缺陷部位测得的声速要比正常部位小。

（2）接收声波波幅与混凝土质量的关系

接收声波波幅是表征声波穿过混凝土后能量衰减程度的指标之一。一般认为，接收波波幅强弱与混凝土的黏塑性有关。接收波幅值越低，混凝土对声波的衰减就越大。根据混凝土中声波衰减的原因可知，当混凝土中存在低强度区、离析区以及存在夹泥、蜂窝等缺陷时，吸收衰减和散射衰减增大，使接收波波幅明显下降。幅值可直接在接收波上观察测量，也可用仪器中的衰减器测量，测量时通常以首波（接收信号的前面半个周期）的波幅为准。后续的波往往受其他叠加波的干扰，影响测量结果。幅值的测量受换能器与试体耦合条件的影响较大，在灌注桩检测中，换能器在声测管中通过水进行耦合，一般比较稳定，但要注意使探头在管中处于居中位置，为此应在探头上安装定位器。接收声波幅值与混凝土质量紧密相关，它对缺陷区的反应比声时值更为敏感，所以它也是缺陷判断的重要参数之一。

（3）接收波频率变化与混凝土质量的关系

声波脉冲是复频波，具有多种频率成分。当它们穿过混凝土后，各频率成分的衰减程度不同，高频部分比低频部分衰减严重，因而导致接收信号的主频率向低频端漂移。其漂移的多少取决于衰减因素的严重程度。所以，接收波主频率实质上是介质衰减作用的一个表征量，当遇到缺陷时，由于衰减严重，使接收波主频率明显降低。

接收波频率的测量一般以首波第一个周期为准，可直接在接收波的示波图形上作简易测量。近年来，为了更准确地测量频率的变化规律，已采用频谱分析的方法，它获得的频谱所包含的信息比采用简易方法时接收波首波频率所带的信息更为丰富，更为准确。

（4）接收波波形的变化与混凝土质量的关系

接收波波形：由于声波脉冲在缺陷界面的反射和折射，形成波线不同的波束，这些波束由于传播路径不同，或由于界面上产生波形转换而形成横波等原因，使到达接收换能器的时间不同，因而使接收波成为许多同相位或不同相位波束的叠加波，导致波形畸变。实践证明，凡超声脉冲在传播过程中遇到缺陷，其接收波形往往产生畸变，所以波形畸变程度可作为判断缺陷程度的参考依据。

声波透过正常混凝土和有缺陷的混凝土后，接收波波形特征如下：

1）声波透过正常混凝土后的波形特征：

①首波陡峭，振幅大；

②第一周波的后半周即达到较高振幅，接收波的包络线呈半圆形；

③第一个周期的波形无畸变。

2）声波透过有缺陷混凝土后，接收波波形特征：

①首波平缓，振幅小；

②第一周期波的后半周甚至第二个周期，幅度增加得仍不够，接收波的包络线呈喇叭形；

③第一、第二周期的波形有畸变；

④当缺陷严重且范围大时，无法接收声波。

导致波形畸变的因素很多，某些非缺陷因素：如换能器本身振动模式复杂，换能器性能的变化（比如老化），耦合状态的不同，都会导致波形的畸变。此外，后续波是各种不同类型波的叠加，同样会导致波形畸变。因此，观察波形畸变程度应以初至波（接收波的第一、第二周期的波形）为主。

由于声波在混凝土中传播过程是一个相当复杂的过程，目前对波形畸变的分析尚处于经验性的阶段，有待于进一步的研究。

（5）判定混凝土质量的几种声学参数的比较

1）声速的测试值较为稳定，结果的重复性较好，受非缺陷因素的影响小，在同一桩的不同剖面以及同一工程的不同桩之间可以比较，是判定混凝土质量的主要参数，但声速对缺陷的敏感性不及波幅。

2）接收波波幅（首波幅值）对混凝土缺陷很敏感，它是判定混凝土质量的另一个重要参数。但波幅的测试值受仪器系统性能、换能器耦合状况、测距等诸多非缺陷因素的影响，它的测试值没有声速稳定，目前只能用于相对比较，在同一桩的不同剖面或不同桩之间往往无可比性。

3）接收波主频的变化虽然能反映声波在混凝土中的衰减状况，从而间接反映混凝土质量的好坏，但声波主频的变化也受测距、仪器设备状态等非缺陷因素的影响，因此在不同剖面以及不同桩之间的可比性不强，只用于同一剖面内各测点的相对比较，其测试值也没有声速稳定。因此，目前主频漂移指标仅作为声速、波幅的辅助判据。

4）接收波波形，接收波也是反映混凝土质量的一个重要方面，它对混凝土内部的缺陷也较敏感，在现场检测时，除逐点读取首波的声时、波幅外，还应注意观察整个接收波形态的变化，作为声波透射法对混凝土质量进行综合判定时的一个重要参考，因为接收波形是通过两声测管间混凝土的声波能量的一个总体反映，它反映了发、收换能器之间声波在混凝土各种声传播路径上的总体能量，其影响区域大于直达波（首波）。

2. 几种声学参数的特性

（1）声速检测

1）测试精度要求

目前混凝土的声波检测在工程上主要用于两个方面：根据实测声参数（主要是声速）来推定混凝土强度；探测混凝土构件的内部缺陷，评价其完整性。

当声速用于推定混凝土强度时，则对声速的测试精度要求较高。

混凝土的强度 f 与混凝土声速 v 有一定相关性。用声波测量混凝土强度就是通过预先建立的 $f—v$ 相关关系，用实测的混凝土声速 v 来推算其强度值。

大量试验证实，f 与 v 的相关曲线属于指数型，也就是说，混凝土强度较大的变化只相对于声速较小的变化，且混凝土强度越高，这种趋向越突出。这种情况使我们必须对声速测量的精度提出较高要求。

除了要求声波仪在测时方面有足够的精度（0.1μs）外，还必须注意在测量过程中那些影响测量结果准确性的各种因素并加以修正和消除。这些影响因素包括测读声时的方法与标准、仪器零读数问题、测距的影响、声波频率的影响等。

在用声波透射法检测混凝土灌注桩完整性时，没有涉及混凝土强度的推定问题，且声参数多用于相对比较，因此对声速的测试精度要求低于"测强"要求，在《建筑基桩检测技术规范》中对声时的测试精度要求是优于0.5μs。

在实测时，声速不是直接测试量，而是根据测距和声时来计算的，因此声速的测试精度取决于测距和声时的测试精度。

在混凝土灌注桩的完整性检测中，测距就是声测管外壁间的净距，一般用钢卷尺在桩顶面度量。这个测试值代表了整个测试剖面内各测点的测距。因此，声测管的平行度对声速测试精度的影响是相当大的。

2）声时的测读方法

声波在被测介质中传播一定声程所需的时间称为声时。

声波仪以100Hz（或50Hz）的重复频率产生高压电脉冲去激励换能器，发射换能器不断重复发射出声脉冲波。声波经混凝土中传播后被接收换能器接收，接收换能器将接收到的声信号转化为电信号，再送回声波仪，经放大后加在屏幕上。因为声波仪在发射超声波时不断同步重复扫描（或采样并显示），使接收到的波形稳定显示在屏幕上。由于所显示的波形只能是从发射到接收这一时间段中的某一部分，当显示出波形时，往往看不到发射的起点（发射脉冲）。测量声时，就是测量从发射开始到出现接收波所经过的时间。为了测量这段时间，仪器在一开启就产生发射脉冲发射声波，与此同时，还将计时器的门打开，计时器开始不断计时。现在的问题是，如何在出现接收波时刻将计时器关闭，测量声时的方法就是如何关闭计时器的方法。方法分两种：手动测读（关门）与自动测读（关门）。

①手动测读

在声波仪上设置了专门的关闭计时器的电路，在关闭计时器的同时，在屏幕上显示一游标脉冲（模拟式声波仪）或游标竖线（数字式声波仪）。游标或竖线所在的位置（时刻）也就是计时器被关闭的时刻。游标可以在屏幕上左右移动。当发、收换能器对准了测点后，调节仪器，使接收波显示在屏幕上，这时调节仪器有关旋钮或键，使游标脉冲的前（左）沿或游标线与接收波的起点对准，这时仪器上就显示出时间值，这就是发射开始时刻到接收波出现时刻所经过的时间t。

②自动测读

目前所用的模拟式和数字式声波仪都具有自动测读的功能，但二者原理和性能都不相同。现分述如下：

a. 模拟式自动测读

这类仪器的自动测读是在仪器中设置一自动关门电路。如前所述，声波仪开启后，仪器计时器开始计时，当某一时刻出现接收波时，仪器即将接收信号作为关门信号加到计时电路，使其产生一关门脉冲，去关闭计时门，停止计时，仪器立刻显示出所测声时值。

这种自动测读方法快速、方便，但测定结果具有其特定的误差。

鉴于这种情况，这种类型的自动测读只能在接收信号较强的情况，如测距较短、混凝土质量较好的情况下使用；且为了减小测量误差，应在扫描基线不畸变的情况下，尽量增大接收波振幅。

b. 数字式声波仪的自动测读

目前广泛使用的多种数字式声波仪均有自动测读功能。数字式声波仪是采用采样方法将接收波采集下来，转变为数字量并加以存储。然后，再把存储的数字波形转化为模拟波形，显示在屏幕上。同时，计算机软件启动，比较前后各采集数据，找到波形（电压）刚刚变大并且以后一段时间一直较大的那个采样点，即接收波起点，并立即在此点关闭计时器，即获得声时结果。

数字式自动测读比模拟关门测读先进，一般不会丢波，可以在现场长测距测试中使用。但有时因各种干扰或信号太弱，仪器也会出现将某个后续波误当作首波起点来测读，或来回不断寻找，不能确定首波的情况，因此仪器中设置了一条游标线，表明仪器当时的测读点，使用者在使用自动测读时也应监视屏幕，只有看到游标线正好在首波起点处时才能按下确定键，确认测定结果，此时也可将仪器的测读状态由自动测读切换到手动调节方式，将游标线移至首波起点处测读声时。

另外，若仪器抗干扰能力不强，外界一些干扰会使自动确定测读起点的游标线左右跳动，影响仪器测读的重复性。因此，建议对于需要精确测量结果的测试，如标定试件的测试，还是采用手动测读为好。

3）测试系统的延时

①系统延时的来源

在测试时，仪器所显示的发射脉冲与接收信号之间的时间间隔，实际上是发射电路施加于压电晶片上的电信号的前缘与接收到的声波被压电晶体交换成的电信号的起点之间的时间间隔，由于从发射电脉冲变成到达试体表面的声脉冲，以及从声脉冲变成输入接收放大器的电信号，中间还有种种延迟，所以仪器所反映的声时并非声波通过试件的真正时间，这一差异来自下列几个方面：

a．电延迟时间：由声波仪电路原理可知，发出触发电脉冲并开始计时的瞬间到电脉冲开始作用到压电体的时刻，电路中有些触发、转换过程。这些电路转换过程有短暂延迟的响应。另外，触发电信号在线路及电缆上也需短暂的传递时间，接收换能器也类似。这些延迟统称电延迟。

b．电声转换时间：在电脉冲加到压电体瞬间到产生振动发出声波瞬间有电声转换的延迟。接收换能器也类似。

c．声延迟：换能器中压电体辐射出的声波并不是直接进入被测体，而是先通过换能器壳体或夹心式换能器的辐射体，再通过耦合介质层，然后才进入被测体。接收过程也类似。超声波在通过这些介质时需要花费一定的时间，这些时间统称为声延迟。

这三部分延迟构成了仪器测读时间t_1，与声波在被测体中传播时间t的差异。这三部分中，声延迟所占的比例最大，这种时间上的差异统称仪器零读数，常用符号t_0来表示。仪器零读数的定义为：当发收换能器间仅有耦合介质（发、收各一层，共两层）时仪器的测读时间，而声波在被测物体中的传播时间$t=t_1-t_0$。

要准确求得t应首先标定出仪器零读数显然t_0，不同的声波仪，不同的换能器，t_0值均各不相同，应分别标定。

②测试系统延时的标定方法

使用径向换能器时，系统延时t_0的标定方法——时距法。

径向换能器辐射面是圆柱面，应采用如下方法标定：将发、收换能器平行悬于清水中，逐次改变两换能器的间距，并测定相应声时和两换能器间距，做若干点的声时—间距线性回归曲线，就可求得

$$t=t_0+bl$$

式中：b ——回归直线斜率；

　　　l ——发、收换能器辐射面边缘间距；

　　　t ——仪器各次测读的声时；

　　　t_0——时间轴上的截距（μs），即测试系统的延时。

值得注意的是，径向换能器用上述方法标定出的零读数只是测试系统（声波仪和换能器）的延迟，没有包括声波在耦合介质（水）及声测管壁中的传播延迟时间（水层和声测管壁的延迟都产生两次）。

$$t_w = \frac{d_1 - d_2}{v_w}$$

式中：d_1——声测孔直径（钻孔中测量）或声测管内径（声测管中测出）；

d_2——径向换能器外径；

v_w——耦合介质的声速，通常以水作耦合介质 v_w=1480m/s。

声测管壁延时：

$$t_p = \frac{d_3 - d_1}{v_p}$$

式中：d_3——声测管外径；

d_1——声测管内径；

v_p——耦合介质的声速，通常以钢管作声测管 v_p=5940m/s；对于PVC管，

v_p=2350m/s。

在使用径向换能器进行测量时，还应加上这些时间才是总的零读数值。使用径向换能器在孔（管）中进行测量时，总的零读数 t_0 为：

在钻孔中：$t_{0a}=t_0+t_w$

在声测管中：$t_{0a}=t_0+t_w+t_p$

t_{0a} 测得后，从仪器测读声时中扣除 t_0 就是声波在被测介质（混凝土）中的传播时间。测试系统的延时与声波仪、换能器、信号线均有关系。

在更换上述设备和配件时，都应对系统延时重新标定。

（2）波幅检测

波幅是标志接收换能器接收到的声波信号能量大小的参量。

波幅的测量是用某种指标来度量接收波首波波峰的高度，并将它们作为比较多个测点声波信号强弱的一种相对指标。目前在波幅测量中一般都采用分贝（dB）表示法，即将测点首波信号峰值 a 与某一固定信号量值 a_0 的比值取对数后的量值定为该测点波幅的分贝（dB）值，表示为 Ap=20lg $\frac{a}{a_0}$。

1）模拟式仪器的波幅测量

在模拟式仪器中由于示波器显示的模拟波形信号幅值无法量化，因此只能用衰减器的衰减量值表示信号的幅度。有两种方法读取波幅：

①刻度法，固定仪器发射电压、增益和衰减器在某一预定刻度，读取首波波谷（或波峰）的高度（mm数或格数）。以此高度作为度量各测点振幅值大小的相对指

标。但当各测点振幅值相差较大时，振幅大的可能会超出示波屏，无法读出其振幅，所以增益与衰减器的预定刻度应选择适当：使强信号的测点不至超出示波屏，信号弱的测点又有一定幅度。

②衰减器法，将仪器发射电压、增益固定于预定刻度，用仪器的衰减器将首波的高度衰减至某预定高度，再从衰减器上读得（dB）数，以此作为首波幅度的指标。预定的增益与预定的首波高度应估计得当，使各测点中最弱的信号在0dB情况下波幅能比预定高度略高一些。

2）数字式仪器的波幅测量

在数字式仪器中，由于数字化信号屏幕波幅可以量化，因此通过调整放大衰减系统，只要满足首波幅度不超出满屏的条件，即可用软件自动判定出首波波峰样品幅值并计算出接收到的原始信号的幅值。波幅的量值是放大器的增益（dB）值，衰减器的衰减（dB）值和屏幕显示波形的波幅（dB）值的综合值，这样大大提高了波幅测量的动态范围。

数字式声波仪的波幅测量有自动判读和手动判读两种方式，在绝大多数情况下均可使用自动判读的方法，在声时自动判读的同时即完成了首波波幅的自动判读，同时观察屏幕，如果波幅自动测读光标所对应的位置与首波波峰（或波谷）有差异时，应重新采样或改为手动游标读数。

3）保证波幅的相互可比性

由于接收波幅大小不仅取决于混凝土本身的性能、质量，还与换能器性能（灵敏度、频率及频率特性）、仪器等一系列非缺陷因素以及换能器与混凝土的声耦合状态有关。为使波幅值能相对地反映混凝土性质、质量，在波幅测量中必须保证测量系统因素的一致性，以保证波幅的相互可比性。

①要保持测试系统状态的一致性，即仪器、换能器及信号电缆线在同一批测试中保持不变。

②要保持测试参数不变，如发射电压、采样频率等。

③还要特别注意接收换能器与混凝土之间的耦合状况，尽量使其良好一致。如果被测体表面平整光滑或在钻孔中的水耦合条件下测试，耦合容易做到一致，波幅值具有较好的可比性；若难于保证耦合状况的良好一致，波幅值将受到耦合状态的干扰，在这种情况下，波幅测值只能作为评定混凝土质量的参考。

④在运用波幅作相对比较时，还应尽可能保持测试在相同测距和相同测试角度情况下进行。

（3）频率检测

对接收波形的主频测量有下列两种方法：

1）对模拟式声波仪通常采用周期法

所谓周期法就是利用频率和周期的倒数关系，用声波仪测量出接收波的周期，进而计算出接收波的主频值，移动游标，分别对准接收波的 a、b、c、d 各波峰、波谷点，读取相应的声时读数 t_1、t_2、t_3、t_4 其中，t_1 即首波起点声时，在声时测量中已测得），则接收波主频率可按下式计算：

$$f = \frac{1}{4(t_2 - t_1)} \text{或} \frac{1}{2(t_3 - t_2)} \text{或} \frac{1}{(t_4 - t_2)}$$

由于所接收到的一串波中，各个波的频率并不完全相同，越往后面，波的频率越低，同时也只有前面一两个波才是真正的直达纵波，所以，测定频率时应取其中最前面一两个波进行测量。另外，从试验中发现，按 $f = \frac{1}{4(t_2 - t_1)}$ 计算出的频率明显偏小，因此若要测得较真实的主频率值，还是以 $f = \frac{1}{2(t_3 - t_2)}$ 或 $\frac{1}{4(t_4 - t_2)}$ 计算为好。在大量现场测试中，为了减小测力次数，也可在测读 t_1 后再补测 b' 点（接收波和水平扫描延长线交点）的声时 t_2' 按 $f = \frac{1}{2(t_2' - t_1)}$ 计算频率。

由于频率值系按两次声时读数之差计算的，仪器零读数已抵消，故不用扣零读数。

2）数字式声波仪都配有频域分析软件，可用频谱分析的方法更精确地测试接收声波信号的主频。

和波幅类似，频率测值也与换能器种类、性能、声耦合状况、探测距离等因素有关。只有上述因素固定，频率值才能作为相对比较的参数而用于混凝土质量判断。

（4）波形的记录

声波在传播过程中遇到混凝土内部缺陷、裂缝或异物时会使波形畸变，因此，对接收波形的分析与研究有助于混凝土内部质量及缺陷的判断，模拟式仪器的波形记录只能用屏幕拍照的方法。数字式仪器的高速数字信号采集系统既可实时观察接收波形的动态变化，又可将波形以数字信号方式记录并存储在波形文件中，波形可以文件的方式存储、显示、调用，并打印出波形图。将多次采样后的一组波列文件显示在同一屏中，可以形成波列列表图。同一测线上多个连续测点的波形记录组合为波列图后，可以直观地显示出声参量的变化。

3. 现场检测

（1）声测管的埋设及要求

声测管是声波透射法测桩时，径向换能器的通道，其埋设数量决定了检测剖面的个数（检测剖面数为 C_n^2，n 为声测管数），同时也决定了检测精度：声测管埋设数量多，则两两组合形成的检测剖面越多，声波对桩身混凝土的有效检测范围更大、更细致，但需消耗更多的人力、物力，增加成本；减小声测管数量虽然可以缩减成本，但同时也减小了声波对桩身混凝土的有效检测范围，降低了检测精度和可靠性。

声测管之间应保持平行，否则对测试结果造成很大影响，甚至导致检测方法失效：声测管两两组合形成的每一个检测剖面。沿桩长方向具有许多个测点（测点间距不大于 250mm），我们以桩顶面两声测管之间边缘距离作为该剖面所有测点的测距，在两声测管相互平行的条件下，这样处理是可行的。但两声测管不平行时，在实测过程中，检测人员往往把因测距的变化导致的声学参数的变化误认为是混凝土质量差别所致，而声参数对测距的变化都很敏感。这必将给检测数据的分析、结果的判定带来严重影响。虽然在有些情况下，可对斜管测距进行修正，作为一种补救办法，但当声测管严重弯折翘曲时，往往无法对测距进行合理的修正，导致检测方法失效。

因此声测管的埋设质量（平行度）直接影响检测结果的可靠性和检测试验的成败。《建筑基桩检测技术规范》对声测管的埋设数量作了具体规定。

1）声测管埋设数量及布置

声测管的埋设数量由桩径大小决定：

在检测时沿箭头所指方向开始将声测管沿顺时针方向编号。检测剖面编组分别为：

1-2；

1-2，1-3，2-3；

1-2，1-3，1-4，2-3，2-4，3-4。

这样编号的目的一方面使检测过程可以再现；混凝土灌注桩声波透射法检测是一种非破损检测方法，当现场检测完成后，回来处理数据时，如果对检测数据有疑问或对结果存在争议时可对受检桩进行复检。采用上述方式对声测管进行编排，使各个剖面在复检时不至于混淆。

另一方面，当桩身存在缺陷时，便于有关方根据检测报告对缺陷方位作出准确定位，为验证试验或桩身补强指明方向。

由于声波在介质中传播时，能量随传播距离的增加呈指数规律衰减，所以两声管组成的单个剖面的有效检测范围占桩横截面的比例将随桩径的增大而变小。

对 $D \leq 800mm$ 的桩，由于两根声测管只能组成一个检测剖面，其有效检测范围相当有限，但测距短，声波衰减小，有效检测面积占桩横截面积有一定比率，所以 $D \leq 800mm$ 时规定预埋两根声测管。三根声测管可组成三个检测剖面，其有效检测范围覆盖钢筋笼内的绝大部分桩身横截面。其声测管的利用率是最高的。因此，《建筑基桩检测技术规范》把预埋三根管的桩径范围放得很宽。这样处理，符合检测工作既细致又经济的双重要求。对于桩径大于1.6m的桩，考虑到测距的进一步加大所导致检测精度的降低，所以增至四根声测管。

2）声测管管材、规格、连接

对声测管的材料有以下几个方面的要求：

①有足够的强度和刚度，保证在混凝土灌注过程中不会变形、破损，声测管外壁与混凝土粘结良好，不产生剥离缝，影响测试结果。

②有较大的透声率：一方面，保证发射换能器的声波能量尽可能多地进入被测混凝土中；另一方面，又可使经混凝土传播后的波能量尽可能多地被接收换能器接收，提高测试精度。

在发射换能器与接收换能器之间存在四个异质界面，水→声测管管壁混凝土→声测管管壁→水，异质界面声能量透过系数，可按下式计算：

$$f_{Ti} = \frac{4z_1 z_2}{(L_1 + L_2)^2}$$

式中：f_{Ti}——某异质界面的声能透过系数；

z_1、z_2——两侧介质的声阻抗率。

当 $z_1 = z_2$ 时，声能量透过系数为1（最大），所以当声测管材料声阻抗介于水和混凝土之间时，声能量的总透过系数较大。

目前常用的声测管有钢管、钢质波纹管、塑料管三种。

钢管的优点是便于安装，可用电焊焊在钢筋笼骨架上，可代替部分钢筋截面，而且由于钢管刚度较大，埋置后可基本上保持其平行度和平直度，目前许多大直径灌注桩均采用钢管作为声测管，但钢管的价格较贵。

钢质波纹管也是一种较好的声测管，它具有管壁薄、钢材省和抗渗、耐压、强度高、柔性好等特点，用作声测管时，可直接绑扎在钢筋骨架上，接头处可用大一号波纹管套接。由于波纹管很轻，因而操作十分方便，但安装时需注意保持其轴线的平直。

塑料管的声阻抗率较低，由于其声阻抗介于混凝土和水之间，所以用它作声测管具有较大的透声率，通常可用于较小的灌注桩。在大型灌注桩中使用时应慎重，因为大直径桩需灌注大量混凝土，水泥的水化热不易发散，鉴于塑料的热膨胀系数与混凝土的相差悬殊，混凝土凝结后塑料管因温度下降而产生径向和纵向收缩，有可能使之与混凝土局部脱开而造成空气或水的夹缝，在声路径上又增加了更多反射强烈的界面，容易造成误判。

声测管内径大，换能器移动顺畅，但管材消耗大，且换能器居中情况差；内径小，则换能器移动时可能会遇到障碍，但管材消耗小，换能器居中情况好。因此，声测管内径通常比径向换能器的直径大 10 ~ 20mm 即可。

普通的增压式换能器直径为30mm左右，可采用2英寸钢管，其外径为60mm，内径为53mm，近几年出现的圆环式径向换能器尺寸比普通的增压式换能器小了很多，可采用1.5英寸甚至更小的声测管。

选配直径较小的径向换能器可减小声测管的直径，节约检测成本。

声测管的壁厚对透声率的影响较小，一般不作限制，但从节约成本的角度出发，管壁在保证一定刚度（承受新浇混凝土的侧压力）的前提下，尽可能薄一点。

3）声测管的连接与埋设

用作声测管的管材一般都不长（钢管为6m长一根）。当受检桩较长时，需把管材一段一段地连接，接口必须满足下列要求：

①有足够的强度和刚度，保证声测管不致因受力而弯折、脱开；

②有足够的水密性，在较高的静水压力下，不漏浆；

③接口内壁保持平整通畅，不应有焊渣、毛刺等凸出物，以免妨碍接头的上、下移动。

④通常有两种连接方式：螺纹连接和套筒连接。

声测管一般用焊接或绑扎的方式固定在钢筋笼内侧，在成孔后，灌注混凝土之前随钢筋笼一起放置于桩孔中，声测管应一直埋到桩底，声测管底部应密封，如果受检桩不是通长配筋，则在无钢筋笼处的声测管间应设加强箍，以保证声测管的平行度。

安装完毕后，声测管的上端应用螺纹盖或木塞封口，以免落入异物，阻塞管道。声测管的连接和埋设质量是保证现场检测工作顺利进行的关键，也是决定检测数据的可靠性以及试验成败的关键环节，应引起高度重视。

4）声测管的其他用途

①替代一部分主钢筋截面。

②当桩身存在明显缺陷或桩底持力层软弱达不到设计要求时，声测管可以作为桩身压浆补强或桩底持力层压浆加固的工程事故处理通道。

（2）现场测试

1）检测前的准备工作

①按照《建筑基桩检测技术规范》JGJ 1063.2.1的要求，安排检测工作程序。

②按照《建筑基桩检测技术规范》JGJ 1063.2.2的要求，调查、收集待检工程及受检桩的相关技术资料和施工记录。比如桩的类型、尺寸、标高、施工工艺、地质状况、设计参数、桩身混凝土参数、施工过程及异常情况记录等信息。

③检查测试系统的工作状况，必要时（更换换能器、电缆线等）应按"时—距"法对测试系统的延时t_0重新标定，并根据声测管的尺寸和材质计算耦合声时t_w，声测管壁声时t_p。

④将伸出桩顶的声测管切割到同一标高，测量管口标高，作为计算各测点高程的基准。

⑤向管内注入清水，封口待检。

⑥在放置换能器前，先用直径与换能器略同的圆钢作吊绳。检查声测管的通畅情况，以免换能器卡住后取不上来或换能器电缆被拉断，造成损失。有时对局部漏浆或焊渣造成的阻塞可用钢筋导通。

⑦用钢卷尺测量桩顶面各声测管之间外壁净距离，作为相应的两声测管组成的检测剖面各测点测距，测试误差小于1%。

⑧测试时径向换能器宜配置扶正器，尤其是声测管内径明显大于换能器直径时，换能器的居中情况对首波波幅的检测值有明显影响。扶正器就是用1～2mm厚的橡皮剪成齿轮形，套在换能器上，齿轮的外径略小于声测管内径。扶正器既保证换能器在管中能居中，又保护换能器在上下提升中不至与管壁碰撞，损坏换能器。软的橡皮齿又不会阻碍换能器通过管中某些狭窄部位。

2）检测前对混凝土龄期的要求

原则上，桩身混凝土满28d龄期后进行声波透射法检测是最合理的，也是最可靠的。但是，为了加快工程建设进度、缩短工期，当采用声波透射法检测桩身缺陷和判定其完整性等级时，可适当将检测时间提前。特别是针对施工过程中出现异常情况的桩，可以尽早发现问题，及时补救，赢得宝贵时间。

这种将检测时间适当提前的做法基于以下两个原因：

一方面，声波透射法是一种非破损检测方法，声波对混凝土的作用力非常小，即使混凝土没有达到龄期，也不会因检测导致桩身混凝土结构的破坏。

另一方面，在声波透射法检测桩身完整性时，没有涉及混凝土强度问题，对各种声参数的判别采用的是相对比较法，混凝土的早期强度和满龄期后的强度有一定的相关性，而混凝土内因各种原因导致的内部缺陷一般不会因时间的增长而明显改善。因此，原则上只要求混凝土硬化并达到一定强度即可进行检测。《建筑基桩检测技术规范》（JGJ 106）中规定："当采用低应变法或声波透射法检测桩身完整性时，受检桩混凝土强度至少达到设计强度的70%，且不小于15MPa"，混凝土达到28d强度的70%一般需要两周左右。

3）检测步骤

现场的检测过程一般分两个步骤进行，首先，采用平测法对全桩各个检测剖面进行普查，找出声学参数异常的测点。其次，对声学参数异常的测点采用加密测试、斜测或扇形扫测等细测方法进一步检测，这样一方面可以验证普查结果，另一方面可以进一步确定异常部位的范围，为桩身完整性类别的判定提供可靠依据。

①平测普查

平测普查可以按照下列步骤进行：

将多根声测管以两根为一个检测剖面进行全组合（共有C_n^2个检测剖面，n为声测管数）。

将发、收换能器分别置于某一剖面的两声测管中，并放至桩的底部，保持相同标高。

自下而上将发、收换能器以相同的步长（一般不宜大于250mm）向上提升。每提升一次，进行一次测试，实时显示和记录测点的声波信号的时程曲线，读取声时、首波幅值和周期值（模拟式声波仪），宜同时显示频谱曲线和主频值（数字式仪器）。重点是声时和波幅，同时也要注意实测波形的变化。

在同一桩的各检测剖面的检测过程中，声波发射电压和仪器设置参数应保持不变。由于声波波幅和主频的变化，对声波发射电压和仪器设置参数很敏感，而目前的声波透射法测桩，对声参数的处理多采用相对比较法，为使声参数具有可比性，仪器性能参数应保持不变。

②对可疑测点的细测（加密平测、斜测、扇形扫测）

通过对平测普查的数据分析，可以根据声时、波幅和主频等声学参数相对变化及实测波形的形态，找出可疑测点。

对可疑测点，先进行加密平测（换能器提升步长为10～20cm），核实可疑点的异常情况，并确定异常部位的纵向范围。再用斜测法对异常点缺陷的严重情况进行进一步的探测。斜测就是让发、收换能器保持一定的高程差，在声测管内以相同步长同步升降进行测试，而不是像平测那样让发、收换能器在检测过程中始终保持相同的高程。斜测又分为单向斜测和交叉斜测。

由于径向换能器在铅垂面上存在指向性，因此，斜测时，发、收换能器中心连线与水平面的夹角不能太大，一般可取30°～40°。

（a）局部缺陷：在平测中发现某测线测值异常（图中用实线表示），进行斜测，在多条斜测线中，如果仅有一条测线（实线）测值异常，其余皆正常，则可以判断这只是一个局部的缺陷，位置就在两条实线的交点处。

（b）缩颈或声测管附着泥团：在平测中发现某（些）测线测值异常（实线），进行斜测。如果斜测线中、通过异常平测点发收处的测线测值异常，而穿过两声测管连线中间部位的测线测值正常，则可判断桩中心部位是正常混凝土，缺陷应出现在桩的边缘，声测管附近，有可能是缩颈或声测管附着泥团。当某根声测管陷入包围时，由它构成的两个测试面在该高程处都会出现异常测值。

（c）层状缺陷（断桩）：在平测中发现某（些）测线值异常（实线），进行斜测。如果斜测线中除通过异常平测点发收处的测线测值异常外，所有穿过两声测管连线中间部位的测线测值均异常，则可判定该声测管间缺陷连成一片。如果三个测试面均在此高程处出现这种情况，如果不是在桩的底部，测值又低下严重，则可判定是整个断面的缺陷，如夹泥层或疏松层，即断桩。

斜测有两面斜测和一面斜测。最好进行两面斜测，以便相互印证。

（d）扇形扫查测量：在桩顶或桩底斜测范围受限制时，或者为减少换能器升降次数，作为一种辅助手段，也可扇形扫查测量。一只换能器固定在某高程不动，另一只换能器逐点移动，测线呈扇形分布。要注意的是，扇形测量中各测点测距是各不相同的，虽然波速可以换算，相互比较，但振幅测值却没有相互可比性（波幅除与测距有关，还与方位角有关，且不是线性变化），只能根据相邻测点测值的突变来发现测线是否遇到缺陷。

测试中还要注意声测管接头的影响。当换能器正好位于接头处，有时接头会使声学参数测值明显降低，特别是振幅测值。其原因是接头处存在空气夹层，强烈反射声波能量。遇到这种情况，判断的方法是：将换能器移开10cm，测值立刻正常，反差极大，往往属于这种情况。另外，通过斜测也可作出判断。

③对桩身缺陷在桩横截面上的分布状况的推断

对单一检测剖面的平测、斜测结果进行分析，我们只能得出缺陷在该检测剖面上的投影范围，桩身缺陷在空间的分布是一个不规则的几何体，要进一步确定缺陷的范围（在桩身横截面上的分布范围），则应综合分析各个检测剖面在同一高程或邻高程上的测点的测试结果，一灌注桩桩身存在缺陷，在三个检测剖面的同一高程上通过细测（加密平测和斜测），确定了该桩身缺陷在三个检测剖面上的投影范围，综合分析桩身缺陷的三个剖面投影可大致推断桩身缺陷在桩横截面上的分布范围。

桩身缺陷的纵向尺寸可以比较准确地检测，因为测点间距可以任意小，所以在桩身纵剖面上可以有任意多条测线。而桩身缺陷在桩横截面上的分布则只是一个粗略的推断，因为在桩身横截面上最多只有 C_n^2 条测线（ n 为声测管埋设数量）。

近几年发展起来的灌注桩声波层析成像（CT）技术是检测灌注桩桩身缺陷在桩内的空间分布状况的一种新方法。

4. 检测报告

根据《建筑基桩检测技术规范》JGJ 106基本规定中的第3.5.3条的要求，检测报告应包括以下内容：

（1）委托方名称，工程名称、地点，建设、勘察、设计、监理和施工单位，基础、结构，层数，设计要求，检测目的，检测依据，检测数量，检测日期；

（2）地质条件描述；

（3）受检桩的桩型、尺寸、桩号、桩位、桩顶标高和相关施工记录；

（4）检测方法，检测仪器设备，检测过程叙述；

（5）受检桩的检测数据，实测与计算分析曲线、表格和汇总结果；

（6）与检测内容相应的检测结论。

《建筑基桩检测技术规范》（JGJ 106）中第10.5.12条针对声波透射法又作了一些具体要求。

检测报告除应包括规范第3.5.3条内容外，还应包括：

（1）声测管布置图及声测剖面编号；

（2）受检桩每个检测剖面声速—深度曲线、波幅—深度曲线，并将相应判据临界值所对应的标志线绘制于同一个坐标系；

（3）当采用主频值、PSD值、接收信号能量进行辅助分析判定时，绘制主频—深度曲线、PSD曲线、能量—深度曲线；

（4）各检测剖面实测波列图；

（5）对加密测试、扇形扫测的有关情况进行说明；

（6）当对管距进行修正时，应注明进行管距修正的范围及方法。

第三节　基桩的完整性检测——钻芯法

一、概述

1. 前言

《建筑基桩检测技术规范》（JGJ 106）中所列的桩身结构完整性检测方法有低应变法、高应变法、声波透射法以及钻芯法。并提倡两种及以上方法相互验证，提高检测结果可靠性。当间接法判定桩身完整性有技术困难时，提倡采用直接法进行验证。钻芯法就是一种直接法检验桩身完整性的方法。钻芯检测技术是采用金刚石岩芯钻探技术和施工工艺，对桩基工程中的基桩，钻取混凝土芯样及桩端持力层性状的检测方法，该法可对人工挖孔桩、冲（钻）孔灌注桩、沉管（夯扩）灌注桩等进行检测，其中以大直径人工挖孔桩和冲（钻）孔灌注桩的应用最多。

2. 钻芯法与其他无损检测方法的关系

（1）钻芯法为一种验证手段

当低应变法和声波法测出较深部位存在严重缺陷时，常采用钻芯法进行验证。但不同方法可能出现不一致的地方，这可能是无损检测误判造成的，也可能由于两类方法各自的缺陷造成的。

（2）低应变法与钻芯法

低应变反映的是桩身某截面的阻抗变化情况，是桩身某处的截面积、波速、容重三个参数的综合反映，对桩的缺陷性质和位置并不能准确确定。而钻芯法只反映钻孔范围内小部分混凝土质量，所以当低应变法测出的局部缺陷采用钻芯法验证时，会出现未抽中缺陷的现象，这时只有增加取芯孔数。

（3）声波法与钻芯法

钻芯法易偏离声波法确定的缺陷区，原因主要有三个：钻芯孔倾斜、声测管偏离和钢筋笼附近缺陷无法钻取。

3. 钻芯法检测优缺点

（1）优点

这种方法具有直观、实用等特点，在检测混凝土灌注桩方面应用较广。一次成功的钻芯检测，可以得到桩长、桩身混凝土强度、桩底沉渣厚度和桩身完整性，并判定或鉴别桩端持力层的岩土性状。不仅可检测混凝土灌注桩，也可检测地下连续墙的施工质量。

（2）缺点

耗时长、费用高、以点代面，易造成缺陷漏判。

4．钻芯技术对检测结果的影响

对结果影响大。如某工程先用XY-1型工程钻机，采用硬质合金单管钻具，用低压慢速小泵量及干钻相结合的钻进方法，结果采芯率不到70%，芯样完整性极差，大多呈碎块；后来改用SCZ-1型液压钻机，采用金刚石单动双管钻具，采芯率达99%，芯样呈较完整的圆柱状。《建筑基桩检测技术规范》（JGJ 106）对钻机钻具和检测技术作了相应的规定，就是为了避免取芯检测中的误判。

（1）钻芯法检测范围

1）受检桩桩径不宜小于800mm，长径比不宜大于30；

2）仅抽检桩上部的混凝土强度可不受桩径和长径比的限制；

3）由于验收的需要，可对中小直径的沉管灌注桩的上部混凝土进行钻芯法检测。

（2）钻芯法检测目的

1）检测桩身混凝土质量情况，判定桩身完整性类别；

2）桩底沉渣是否符合设计或规范的要求；

3）桩底持力层的岩土性状和厚度是否符合设计或规范要求；

4）确定桩长是否与施工记录桩长一致。

二、钻芯法仪器设备

1．主要设备

钻机、钻杆、钻头（金刚石钻头、合金钻头）、取芯管、孔口管、扩孔器、卡簧、扶正稳定器、冲洗液、标贯设备、辅助工具。

2．钻机性能要求

（1）宜采用液压操纵的钻机，并配备相应的钻塔和牢固的底座；

（2）钻机的额定最高转速应不低于790转/min，最好不低于1000转/min，转速调节范围不低于4挡；

（3）钻机额定配用压力不低于1.5MPa；

（4）加大钻机的底座重量有利于钻机的稳定性；

（5）钻芯法检测应采用金刚石钻进；

（6）钻芯法应采用单动双管钻具，并配备相应的孔口管、扩孔器、扶正稳定器以及可捞取松软渣样的钻具，严禁使用单动单管钻具；

（7）钻杆应顺直，直径宜为50mm。

3. 钻机设备安装

（1）钻机设备应精心安装，必须周正、稳固、底座水平；

（2）钻机立轴中心、天轮中心、孔口中心必须在同一铅垂线上；

（3）钻机设备最好架设在枕木上，条件允许时可使用方柱型木材垫底；

（4）设备安装后，应进行试运转，确认正常后方能开钻，钻孔应不移位不倾斜，钻芯孔垂直度偏差不得大于0.5%；

（5）桩顶面与钻机塔座距离大于2m时，宜安装孔口管，开孔宜用合金钻头，开孔深为0.3 ~ 0.5m后安装孔口管。

4. 金刚石钻头硬度

（1）硬度是表达固体材料力学性能的量。按测量方式不同可分为洛氏硬度（HRC）、布氏硬度（HBS）、维氏硬度（HV）。

金刚石钻头常用胎体硬度及其适应岩层范围见表12-4。

表12-4　钻头胎体硬度及适用范围

级别	代号	胎体硬度（HRC）	适用岩层
特软	0	10 ~ 20	坚硬致密岩层
软	1	20 ~ 30	坚硬的中等研磨性岩层
中软	2	30 ~ 35	硬的中等研磨性岩层
中硬	3	35 ~ 40	中硬的中等研磨性岩层
硬	4	40 ~ 45	硬的强研磨性岩层
特硬	5	50	硬、坚硬的强研磨性岩层，硬、脆、碎地层

（2）钻头胎体中单位体积内金刚石含量的多少称为胎体中金刚石的浓度。金刚石制品国际标准中，100%浓度表示$1cm^3$中含金刚石4.39克拉。人造孕镶金刚石钻头在不同岩层推荐的金刚石浓度见表12-5。

表12-5　人造孕镶金刚石钻头在不同岩层推荐的金刚石浓度

代号		1	2	3	4	5
浓度	金刚石制品浓度	44	50	75	100	125
	相当的体积浓度	11	12.5	18.8	25	31.5
	金刚石的实际含量（克拉）	1.93	2.2	3.3	4.3	5.49
适用地层		硬–坚硬弱研磨性	坚硬弱研磨性	中硬–硬中等研磨性	硬–中硬强研磨性	

（3）金刚石的粒度有两种表示方法，凡大于1mm的金刚石，通常以粒/克拉（SPC）来表示，用作表镶钻头；直径小于1mm的金刚石，通常以目来表示，用作孕镶钻头。表镶钻头常用金刚石密度见表12-6，孕镶钻头金刚石颗粒推荐见表12-7。

表12-6　表镶钻头常用金刚石密度

密度代号	金刚石粒度（粒/克拉）	钻头胎体上金刚石分布密度（粒/cm²）	适用地层
1	15	≈ 16	中硬
2	25	≈ 21	
3	40	≈ 38	硬
4	55	≈ 33	
5	75	≈ 39	硬 - 坚硬
6	100	≈ 41	

表12-7　孕镶钻头金刚石颗粒推荐

金刚石粒度	人造金刚石	35/40 ~ 45/50	45/50 ~ 60/70	60/70 ~ 80/100
	天然金刚石	20/25 ~ 30/35	30/35 ~ 40/45	40/45 ~ 60/70
岩层	中硬 - 坚硬			

5. 钻头的选择

（1）应根据混凝土设计强度等级选择合适的粒度（50 ~ 70目）、浓度（75%）、胎体硬度（HRC30 ~ 45）的金刚石钻头，且外径不宜小于100mm；

（2）钻头胎体不得有肉眼可见的裂纹裂缝、缺边、少边、倾斜及喇叭口变形；

（3）对钻取松散部位的混凝土和桩底沉渣，采用干钻时，应采用合金钻头，开孔也可采用合金钻头；

（4）芯样试件直径不宜小于骨料最大粒径的3倍，在任何情况下不得小于骨料粒径的2倍；

（5）从经济合理的角度综合考虑，应选用外径为101mm或110mm的钻头（原因有二：芯样完整性和骨料最大粒径

（6）当受检桩采用商品混凝土、骨料最大粒径小于30mm时，可选用外径为91mm的钻头；

（7）如果不检测混凝土强度，可选用外径为76mm的钻头。

6. 冲洗液

（1）钻进对冲洗液的要求

1）性能应能在较大范围内调节。

2）有良好的冷却散热性能和润滑性能。

3）能抗外界各种干扰，性能基本稳定。

4）冲洗液的使用应有利于取芯。

5）不腐蚀钻具和地面设备，不污染环境。

（2）冲洗液的主要作用

1）清洗孔底。

2）冷却钻头。

3）润滑钻头和钻具。

4）保护孔壁。

5）基桩钻芯法可采用清水钻进。

清水钻进的优点是黏度小，冲洗能力强，冷却效果好，可获得较高的机械钻速。水泵的排水量应为 50 ~ 160L/min、压力应为 1.0 ~ 2.0MPa。

三、检测技术

1. 钻机操作

要点：钻机的操作很重要，必须由操作熟练的试验人员完成；钻进中，必须保证钻孔内循环水流不断，且应具有一定压力；应根据回水含砂量及颜色调整钻进速度。

（1）钻头、扩孔器与卡簧的配合使用

1）金刚石钻头与岩芯管之间必须安有扩孔器，用以修正孔壁；

2）扩孔器外径应比钻头外径大 0.3 ~ 0.5mm，卡簧内径应比钻头内径小 0.3mm 左右；

3）金刚石钻头和扩孔器应按外径先大后小的排列顺序使用，同时考虑钻头内径小的先用，内径大的后用；

4）钻头、卡簧、扩孔器的使用不配套，或钻进过程中操作不当，往往造成芯样侧面周围有明显的磨损痕迹，情况严重的，芯样被扭断，横断面有明显的磨痕。

（2）钻头压力

根据混凝土芯样的强度与胶结好坏而定，一般初定压力为 0.2MPa，正常压力为 1MPa。

（3）转速

回次初转速宜为100r/min左右，正常钻进时可以采用高转速，但芯样胶结强度低的混凝土应采用低转速。

（4）冲洗液量

冲洗液量一般按钻头大小而定。钻头直径为101mm时，其冲洗液流量应为60～120L/min。

（5）金刚石钻进操作应注意的事项

1）金刚石钻进前，应将孔底硬质合金捞取干净并磨平孔底。

2）卸取芯样时，应使用自由钳拧卸钻头和扩孔器，严禁敲打卸芯。

3）提放钻具时，钻头不得在地下拖拉；下钻时钻头不得碰撞孔口或孔口管上。发生墩钻或跑钻事故，应提钻检查钻头，不得盲目钻进。

4）当孔内有掉块、混凝土芯脱落或残留混凝土芯超过200mm时，不得使用新金刚石钻头扫孔，应使用旧的金刚石钻头或针状合金钻头套扫。

5）下钻前金刚石钻头不得下至孔底，应下至距孔底200mm处，采用轻压慢转扫到孔底，待钻进正常后再逐步增加压力和转速至正常范围。

6）正常钻进时不得随意提动钻具，以防止混凝土芯堵塞，发现混凝土芯堵塞时应立刻提钻，不得继续钻进。

7）钻进过程中要随时观察冲洗液量和泵压的变化，正常泵压应为0.5～1MPa，发现异常应查明原因，立即处理。

2. 钻芯技术

（1）桩身钻芯技术

1）桩身混凝土钻芯每回次进尺宜控制在1.5m内；

2）钻进过程中，尤其是前几米的钻进过程中，应经常对钻机立轴垂直度进行校正，可用垂直吊线法校正；

3）发现芯样侧面有明显的波浪状磨痕、芯样端面明显磨痕，应查找原因，如重新调整钻头、扩孔器、卡簧搭配，检查塔座牢固稳定性等；

4）钻探过程中发现异常时，应立即分析其原因，根据发现的问题采用适当的方法和工艺，尽可能地采取芯样，或通过观察回水含砂量及颜色、钻进的速度变化，结合施工记录及已有的地质资料，综合判断缺陷位置和程度，保证检测质量；

5）应区分松散混凝土和破碎混凝土芯样，松散混凝土芯样完全是施工所致，而破碎混凝土仍处于胶结状态，施工造成其强度低，钻机机械扰动使之破碎。

（2）桩底钻芯技术

1）钻至桩底时，应采取适宜的钻芯方法和工艺钻取沉渣并测定沉渣厚度；

2）钻至桩底时，为检测桩底沉渣或虚土厚度，应采用减压、慢速钻进，若遇钻具突降，应立即停钻，及时测量机上余尺，准确记录孔深及有关情况；

3）当持力层为中、微风化岩石时，可将桩底0.5m左右的混凝土芯样、0.5m左右的持力层以及沉渣纳入同一回次；

4）当持力层为强风化岩层或土层时，钻至桩底时，立即改用合金钢钻头干钻反循环吸取法等适宜的钻芯方法和工艺钻取沉渣并测定沉渣厚度。

（3）持力层钻芯技术

1）应采用适宜的方法对桩底持力层岩土性状进行鉴别；

2）对中、微风化岩的桩底持力层，应采用单动双管钻具钻取芯样，如果是软质岩，拟截取的岩石芯样应及时包裹浸泡在水中，避免芯样受损；

3）根据钻取芯样和岩石单轴抗压强度试验结果综合判断岩性；

4）对于强风化岩层或土层，钻取芯样，并进行动力触探或标准贯入试验等，试验宜在距桩底50cm内进行，并准确记录试验结果，根据试验结果及钻取芯样综合鉴别岩性。

四、现场检测方法

1. 一般规定

（1）抽样方法

1）基桩可采用随机抽样的方法，也可根据其他检测方法的试验结果有针对性地确定桩位。

2）一般来说，钻芯法检测不应简单地采用随机抽样的方法进行，而应结合设计要求、施工现场成桩记录以及其他检测方法的检测结果，经过综合分析后对质量确有怀疑或质量较差的、有代表性的桩进行抽检。

3）检测时，混凝土龄期不得少于28d，或受检桩同条件养护试件强度达到设计强度要求。

4）若验收检测工期紧无法满足休止时间规定时，应在检测报告中注明。

（2）钻芯法检测时机和数量

1）对于端承型大直径灌注桩，当受设备或现场条件限制无法检测单桩竖向抗压承载力时，可采用钻芯法测定桩底沉渣厚度并钻取桩端持力层岩土芯样检验桩端持力层。抽检数量不应少于总桩数的10%，且不应少于10根。

2）对于端承型大直径灌注桩，应在JGJ 106规范规定的完整性检测的抽检数量范围内，选用钻芯法对部分受检桩桩身完整性检测，抽检数量不少于总桩数的10%。

3）对低应变法检测中不能明确完整性类别的桩或Ⅲ类桩，可采用钻芯法进行验证性检测。

4）当采用声波透射法、低应变、高应变检测桩身完整性发现有Ⅲ、Ⅳ类桩存在，且检测数量覆盖的范围不能为补强或设计变更方案提供可靠依据时，宜采用钻芯法在未检测桩中继续扩大检测。

（3）钻孔数量和位置

1）基桩钻孔数量应根据桩径D大小确定：

①D＜1.2m，每桩钻一孔；

②1.2m≤D≤1.6m，每桩宜钻两孔；

③D＞1.6m，每桩宜钻三孔。

2）当基桩钻芯孔为一个时，宜在距桩中心100～150mm位置开孔，这主要是考虑导管附近的混凝土质量相对较差、不具有代表性；同时也方便第二个孔的位置布置。

3）当钻芯孔为两个或两个以上时，宜在距桩中心内均匀对称布置。

（4）钻孔孔深

现行国家标准《建筑地基基础设计规范》（GB 50007）规定：嵌岩灌注桩要求按端承桩设计时，桩端以下3倍桩径范围内无软弱夹层、断裂破碎带和洞隙分布，在桩底应力扩散范围内无岩体临空面。

虽然施工前已进行岩土工程勘察，但有时钻孔数量有限，对较复杂的地质条件，很难全面弄清岩石、土层的分布情况。因此，应对桩底持力层进行足够深度的钻探。

每桩至少应有一孔钻至设计要求的深度，如设计未有明确要求时，宜钻入持力层3倍桩径且不应少于3m。

2. 现场记录

钻取的芯样应由上而下按回次顺序放进芯样箱中，每个回次的芯样应排成一排，芯样侧面上应标明回次数、块号、本回次总块数，即唯一性标识。

应按表12-8的格式及时记录钻进情况和钻进异常情况，对芯样质量做初步描述，包括记录孔号、回次数、起至深度、块数、总块数等。

表 12-8　钻芯法检测现场操作记录

桩号		孔号			工程名称			
时间		钻进（m）			芯样编号	芯样长度（m）	残留芯样	芯样初步描述及异常情况记录
检测日期					机长：记录：页次：			

3．芯样编录

（1）钻芯过程中，应对芯样混凝土、桩底沉渣以及桩端持力层做详细编录。

（2）桩身混凝土芯样描述包括混凝土钻进深度，芯样连续性、完整性、胶结情况、表面光滑情况、断口吻合程度、混凝土芯是否为柱状、骨料大小分布情况，气孔、蜂窝麻面、沟槽、破碎、夹泥、松散的情况，以及取样编号和取样位置。

（3）对持力层的描述包括持力层钻进深度、岩土名称、芯样颜色、结构构造、裂隙发育程度、坚硬及风化程度，以及取样编号和取样位置，或动力触探、标准贯入试验位置和结果。分层岩层应分别描述。

4．芯样拍照

（1）应对芯样和标有工程名称、桩号、钻芯孔号、芯样试件采取位置、桩长、孔深、检测日期、检测单位名称的标示牌的全貌进行拍照。

（2）应先拍彩色照片，后截取芯样试件，拍照前应将被包封浸泡在水中的岩样打开并摆在相应位置。

5．钻芯孔处理

（1）钻芯工作完毕，如果钻芯法检测结果满足设计要求时，应对钻芯后留下的孔洞回灌封闭，以保证基桩的工作性能；可采用压力0.5 ~ 1.0MPa，从钻芯孔孔底往上用水泥浆回灌封闭，水泥浆的水灰比可为0.5 ~ 0.7。

（2）如果钻芯法检测结果不满足设计要求时，则应封存钻芯孔，留待处理。钻芯孔可作为桩身桩底高压灌浆加固补强孔。

（3）为了加强基桩质量的追溯性，要求在试验完毕后，由检测单位将芯样移交委托单位封样保存。保存时间由建设单位和监理单位根据工程实际商定或至少保留到基础工程验收。

（4）当出现钻芯孔与桩体偏离时，应立即停机记录，分析原因。当有争议时，可进行钻孔测斜，以判断是受检桩倾斜超过规范要求还是钻芯孔倾斜超过规定要求。

五、芯样试件制作与抗压试验

1. 芯样截取原则

（1）混凝土芯样截取原则主要考虑两个方面：一是能科学、准确、客观地评价混凝土实际质量，特别是混凝土强度；二是操作性较强，避免人为因素影响，故意选择好的或差的混凝土芯样进行抗压强度试验。

（2）当钻取的混凝土芯样均匀性较好时，芯样截取比较容易，当混凝土芯样均匀性较差或存在缺陷时，应根据实际情况，增加取样数量。所有取样位置应标明其深度或标高。

（3）桩基质量检测的目的是查明安全隐患，评价施工质量是否满足设计要求，当芯样钻取完成后，有缺陷部位的强度应特别关注，因该部位芯样强度是否满足设计要求成为问题的焦点。

（4）综合多种因素考虑，《建筑基桩检测技术规范》（JGJ 106）采用了按上、中、下截取芯样试件的原则，同时对缺陷部位和一桩多孔取样作了规定。

2. 芯样截取的特殊性

（1）一般来说，蜂窝麻面、沟槽等缺陷部位的强度较正常胶结的混凝土芯样强度低，有必要对缺陷部位的芯样进行取样试验。因此，缺陷位置能取样试验时，《建筑基桩检测技术规范》（JGJ 106）明确规定应截取一组芯样进行混凝土抗压试验。

（2）如果同一基桩的钻芯孔数大于一个，其中一孔在某深度存在蜂窝麻面、沟槽、空洞等缺陷，芯样试件强度可能不满足设计要求，在其他孔的相同深度部位取样进行抗压试验是非常必要的。

3. 芯样截取规定

《建筑基桩检测技术规范》（JGJ 106）中规定，截取混凝土芯样试件应符合下列要求：

（1）当桩长为10～30mm时，每孔截取3组芯样；当桩长小于10m时，可取2组，当桩长大于30m时，不少于4组。

（2）上部芯样位置距桩顶设计标高不宜大于1倍桩径或1m，下部芯样位置距桩底不宜大于1倍桩径或1m，中间芯样宜等间距截取。

（3）缺陷位置能取样时，应截取一组芯样进行混凝土抗压试验。

（4）如果同一基桩的钻芯孔数大于一个，其中一孔在某深度存在缺陷时，应在其他孔的该深度处截取芯样进行混凝土抗压试验。

（5）当桩端持力层为中、微风化岩层且岩芯可制作成试件时，应在接近桩底部截取一组岩石芯样，遇分层岩石时宜在各层取样。为保证岩石原始性状，拟选取的岩石芯样应及时包装并浸泡在水中。

4. 芯样制作

（1）为避免高径比修正带来误差，应取试件高径比为1，即混凝土芯样抗压试件的高度与芯样试件平均直径之比应在0.95 ～ 1.05的范围内。每组芯样应制作三个芯样抗压试件。

（2）对于基桩混凝土芯样来说，芯样试件可选择的余地较大，因此，不仅要求芯样试件不能有裂缝或有其他较大缺陷，而且要求芯样试件内不能含有钢筋；同时，为了避免试件强度的离散性较大，在选取芯样试件时，应观察芯样侧面的表观混凝土粗骨料粒径，确保芯样试件平均直径不小于2倍表观混凝土粗骨料最大粒径。

5. 芯样试件加工

（1）应采用双面锯切机加工芯样试件，加工时应将芯样固定，锯切平面垂直于芯样轴线。锯切过程中应淋水冷却金刚石圆锯片。

（2）锯切过程中，由于受到振动、夹持不紧、锯片高速旋转过程中发生偏斜等因素的影响，芯样端面的平整度及垂直度不能满足试验要求时，可采用在磨平机上磨平或在专用补平装置上补平的方法进行端面加工。

（3）采用补平方法处理端面应注意两个问题：经端面补平后的芯样高度和直径之比应符合有关规定；补平层应与芯样结合牢固，抗压试验时补平层与芯样的结合面不得提前破坏。常用的补平方法有硫黄胶泥补平和水泥砂浆补平。

6. 试件测量

（1）平均直径：用游标卡尺测量芯样中部，在相互垂直的两个位置上，取其两次测量的算术平均值，精确至0.5mm。如果试件侧面有较明显的波浪状，选择不同高度对直径进行测量，测量值可相差1 ～ 2mm，误差可达5%，引起的强度偏差为1 ～ 2MPa，考虑到钻芯过程对芯样直径的影响是强度低的地方直径偏小，而抗压试验时直径偏小的地方容易破坏，因此，在测量芯样平均直径时宜选择表观直径偏小的芯样中部部位。

（2）芯样高度：用钢卷尺或钢板尺进行测量，精确至1mm。

（3）垂直度：将游标量角器的两只脚分别紧贴于芯样侧面和端面，测出其最大偏差，一个端面测完后再测另一端面，精确至0.1°。

（4）平整度：用钢板尺或角尺立起紧靠在芯样端面上，一面转动钢板尺，一面用塞尺测量与芯样端面之间的缝隙，然后慢慢旋转360°，用塞尺测量其最大间隙，对直径为80mm的芯样试件，可采用0.08mm的塞尺检查，看能否塞入最大间隙中去，能塞进去为不合格，不能塞进去为合格。

7. 试件合格标准

（1）芯样试件表面有裂缝或有其他较大缺陷、芯样试件内含有钢筋、芯样试件平均直径小于2倍表观混凝土粗骨料最大粒径均不能作为抗压试件。

（2）试件制作完成后尺寸偏差超过下列数值时，也不得用作抗压强度试验：

1）混凝土芯样试件高度小于0.95d或大于1.05d时 d为芯样试件平均直径；

2）岩石芯样试件高度小于2.0d或大于2.5d时 d为芯样试件平均直径；

3）沿试件高度任一直径与平均直径相差达2mm以上时；

4）试件端面的不平整度在100mm长度内超过0.1mm时；

5）试件端面与轴线的不垂直度超过2°时。

8. 芯样试件抗压强度试验

（1）混凝土芯样试件的含水量对抗压强度有一定影响，含水越多则强度越低。这种影响也与混凝土的强度有关，强度等级高的混凝土的影响要小一些，强度等级低的混凝土的影响要大一些。

（2）根据桩的工作环境状态，试件宜在20℃±5℃的清水中浸泡一段时间后进行抗压强度试验。

（3）允许芯样试件加工完毕后，立即进行抗压强度试验，一方面考虑到钻芯过程中诸因素影响均使芯样试件强度降低，另一方面是出于方便考虑。

（4）混凝土芯样试件的抗压强度试验应按现行国家标准《普通混凝土力学性能试验方法》（GB 50081）的有关规定执行。试验应均匀地加荷，加荷速度应为：混凝土强度等级低于C30时，取每秒钟0.3 ~ 0.5MPa；混凝土强度等级高于或等于C30时，取每秒钟0.5 ~ 0.8MPa。当试件接近破坏而开始迅速变形时，停止调整试验机油门，直至试件破坏。

9. 芯样试件抗压强度计算

（1）抗压强度试验后，若发现芯样试件平均直径小于2倍试件内混凝土粗骨料最大粒径，且强度值异常时，该试件的强度值无效，不参与统计平均。

（2）当出现截取芯样未能制作成试件、芯样试件平均直径小于2倍试件内混凝土粗骨料最大粒径时，应重新截取芯样试件进行抗压强度试验。

（3）混凝土芯样试件抗压强度应按下列公式计算：

$$f_{cor} = \frac{4p}{\pi d^2}$$

式中：f_{cor}——混凝土芯样试件抗压强度（MPa），精确至 0.1MPa；

P——芯样试件抗压试验测得的破坏荷载（N）；

d——芯样试件的平均直径（mm）。

六、检测数据分析与评价

1. 每组芯样强度代表值的确定方法

根据《建筑基桩检测技术规范》（JGJ 106）的规定：

（1）取一组三块试件强度值的平均值为该组混凝土芯样试件抗压强度代表值；

（2）某深度的强度代表值：同一根桩同一深度部位有两组或两组以上混凝土芯样试件抗压强度检测值时，取其平均值作为该桩该深度处混凝土芯样试件抗压强度检测值。

2. 桩身混凝土芯样试件抗压强度检测值的确定方法

根据《建筑基桩检测技术规范》（JGJ 106）的规定，受检桩芯样强度代表值的确定方法为：取同一受检桩不同深度位置的混凝土芯样试件抗压强度检测值中的最小值，作为该混凝土芯样试件抗压强度检测值。

七、质量评价与报告编写

1. 持力层的评价

桩底持力层性状应根据岩石芯样特征、芯样单轴抗压强度试验、动力触探或标准贯入试验结果，综合判定桩底持力层岩土性状。桩底持力层岩土性状的描述、判定应有工程地质专业人员参与，并应符合现行国家标准《岩土工程勘察规范》（GB 50021）的有关规定。

2. 基桩质量评价

（1）为保证工程质量，应按单桩进行桩身完整性和混凝土强度评价，不应根据几根桩的钻芯结果对整个工程桩基础进行评价。

（2）在单桩（地下连续墙单元槽段）的钻芯孔为两个或两个以上时，不应按单孔分别评定，而应根据单桩（地下连续墙单元槽段）各钻芯孔质量综合评定受检基桩（单元槽段）质量。

（3）成桩质量评价应结合钻芯孔数、现场混凝土芯样特征、芯样单轴抗压强度试验结果，应进行综合判定。

（4）当出现下列情况之一时，应判定该受检桩不满足设计要求：

1）受检桩混凝土芯样试件抗压强度代表值小于设计强度等级；

2）桩长、桩底沉渣厚度不满足设计或规范要求；

3）桩底持力层岩土性状（强度）或厚度未达到设计或规范要求。

（5）除桩身完整性和芯样试件抗压强度代表值外，当设计有要求时，应判断桩底的沉渣厚度、持力层岩土性状（强度）或厚度是否满足或达到设计要求。

（6）钻芯法可准确测定桩长，若实测桩长小于施工记录桩长，按桩身完整性定义中连续性的含义，应判为IV类桩。

3. 检测报告编写检测报告应包含以下内容：

（1）委托方名称，工程名称、地点、建设、勘察、设计、监理和施工单位基础形式，上部结构情况，设计要求，检测目的，检测依据，检测数量，检测日期；

（2）地质条件描述；

（3）受检桩的桩号、桩位和相关施工记录；

（4）检测方法，检测仪器设备，检测过程叙述；

（5）钻芯设备情况；

（6）检测桩数、钻孔数量，架空高度、混凝土芯进尺、岩芯进尺、总进尺、混凝土试件组数、岩石试件组数、动力触探或标准贯入试验结果；

（7）各钻孔的柱状图；

（8）芯样抗压强度试验结果；

（9）芯样彩色照片；

（10）异常情况说明；

（11）检测结论。

第四节　基桩高应变法检测

一、高应变法

高应变动力试桩技术的发展始于动力打桩公式，将重锤冲击桩顶的过程简化为刚体的碰撞，依据刚体碰撞过程中的动量及能量守恒定律将单桩承载力与施工参数建立联系，通过现场施工参数来预估单桩承载力。

在实际的动力打桩过程中，桩的运动是否呈现刚体运动的特征主要取决于锤对桩的冲击脉冲波长与桩长的比值。当冲击脉冲波长接近或大于桩长时，桩身各截面的受力和运动状态相近，此时桩的运动呈现出刚体运动的特征；而冲击脉冲波长明显小于桩长时，桩身不同深度的截面的受力和运动状态差别较大，桩的运动更多呈现出弹性杆的特征——也就是冲击脉冲在桩身中以应力波的形式传播。

通过给桩顶施加较高能量的冲击脉冲，使这一冲击脉冲沿桩身向下传播的过程中能使桩—土之间产生一定的永久位移，从而自上而下随着应力波的传播，依次激发桩侧及桩端的岩土阻力，观测并记录脉冲传播过程及被激发土阻力信号加以分析计算，可得到桩侧及桩端土阻力以及桩身阻抗变化。这就是高应变试桩法。

二、仪器设备

高应变动力试桩测试系统主要由传感器、基桩动测仪、冲击激振设备三个部分组成。

1. 传感器

目前，在高应变动力试桩中一般用应变式传感器来测定桩顶附近截面的受力，用加速度传感器来测定桩顶附近截面的运动状态。

（1）测力传感器——工具式应变传感器

通常采用工具式应变力传感器来测试，高应变动力试桩中桩身截面受力，这种传感器安装方便、可重复使用。它测量的是桩身77mm（传感器标距）段的应变值，换算成力还要乘以桩身材料的弹模E，因此，力不是它的直接测试量，而是通过下式换算：

$$F = EA = c^2 PA$$

式中：F ——传感器安装处桩身截面受力；

A ——传感器安装处桩身横截面；

E ——传感器安装处桩身材料弹性模量；

P ——桩身材料密度；

c ——桩身材料弹性波速。

应变式传感器应满足带宽0 ～ 1200Hz，幅值线性度优于5%等技术指标。《基桩动测仪》（JG/T 3055）中对应变测量子系统有具体要求。

（2）测振传感器—加速度计

目前一般采用压电式加速度传感器来测试桩顶截面的运动状况。压电式传感器具有体积小、质量轻、低频特性好、频带宽等优点。

加速度计量程：用于混凝土桩测试时一般为1000～2000g，用于钢桩测试时为3000～5000g（g为重力加速度）。在《基桩动测仪》（JG/T 3055）中对加速度测量子系统有具体要求。

2. 基桩动测仪

世界上有不少国家和地区生产用于高应变试桩的基桩动测仪，有代表性的是美国PDI公司的GC、PAK、PAL系列打桩分析仪，瑞典生产的PID打桩分析系统，以及荷兰傅国公司生产的打桩分析仪。我国国内有中科院武汉岩土所生产的RSM系列以及武汉岩海生产的RS系列基桩动测仪等。建工行业标准《基桩动测仪》（JG/T 3055）对基桩动测仪的主要性能指标作了具体规定。

3. 冲击设备

高应变现场试验用的锤击设备分为两大类：预制桩打桩机械和自制自由落锤。

（1）预制桩打桩机械

预制桩打桩机械有单动或双动筒式柴油锤、导杆式柴油锤、单动或双动蒸汽锤或液压锤、振动锤、落锤。在我国，单动筒式柴油锤、导杆式柴油锤和振动锤在沉桩施工中应用较普遍。由于振动锤施加给桩的是周期激振力，目前尚不适合用于瞬态法的高应变检测。导杆式柴油锤靠落锤下落压缩气缸中气体对桩施力，造成力和速度曲线前沿上升十分缓慢，由于动测仪复位（隔直流）作用，加上压电加速度传感器的有限低频相应（低频相应不能到0）使相应信号发生畸变，所以一般不用于高应变检测。蒸汽锤和液压锤在常规的预制桩施工中较少采用，这些锤的下落高度一般不超过1.5m。它符合重锤低击原则。筒式柴油锤在一般常规型的沉桩施工时广为采用，我国建筑工程常见的锤击预制桩横截面尺寸一般不超过600mm，用最大锤芯质量为6.2t（落距3m左右）的柴油锤可满足沉桩要求。

（2）自制锤击设备

一般由垂体、脱钩装置、导向架以及底盘组成，主要用于承载力验收检测或复打。对混凝土灌注桩的检测必须采用自制落锤。

（3）规范对冲击设备的要求

《建筑基桩检测技术规范》（JGJ 106）对高应变冲击设备有以下规定：

1）锤击设备可采用筒式柴油锤、液压锤、蒸汽锤等具有导向装置的打桩机械，但不得采用导杆式柴油锤、振动锤。

2）高应变检测用锤击设备应具有稳固的导向装置。重锤应对称，高径（宽）比不得小于1。

3）当采取落锤上安装加速度传感器的方式实测锤击力时，重锤的高径（宽）比应为 1.0 ~ 1.5。

4）采用高应变进行承载力检测时，锤的重量与单桩竖向抗压承载力特征值的比值不得小于 0.02。

三、现场检测

1. 受检桩的现场准备

（1）桩身强度要求

试验时，桩身混凝土强度（包括加固后的混凝土桩头强度）应达到设计要求值。

（2）休止时间

承载力时间效应因地而异，工期紧、休止时间不够时，除非承载力检测值已满足设计要求，否则应休止到满足《建筑基桩检测技术规范》（JGJ 106）规范规定的时间为止。预制桩承载力的时间效应主要依土的性质不同有较大或很大的差异。受超孔隙水压力消散速率的影响，砂土中桩的承载力恢复时间较快且增幅较小，黏性土中则恢复较慢且增幅较大。

对于桩端持力层为遇水易软化的风化岩层，休止时间不应少于 25d。

（3）试桩桩头处理

1）预制桩

预制桩的桩头处理较为简单，使用施工用柴油锤跟打时，只需留出足够深度以备传感器安装，无需进行桩头处理。但有些桩是在截掉桩头或桩头打烂后才通知测试，有时也有必要进行处理，一般将凸出部分割掉，重新涂上一层高强度早强水泥使桩头平整，垫上合适的桩垫即可。

2）灌注桩

灌注桩的桩头处理较为复杂。有如下几种常见方法：

制作长桩帽（一般不低于两倍桩径），将传感器安装在桩帽上，这样桩头强度高，不易砸烂，且参数可预知，信号好。但是一旦截桩效果不好会严重影响测试信号。桩头介质与桩身介质阻抗相差较大时，也使测试信号可信度降低。

制作短桩帽，这种方式将传感器安装在本桩上，利用桩帽承受锤击时的不均匀打击力，防止桩头开裂。这是常用的一种方法。

桩头处缠绕加固箍筋，并在桩头铺设 10cm 厚的早强水泥。箍筋是为了防止桩头开裂，这是一种较简单的处理方法。采取这种办法测试时，尚应铺设足够厚的桩垫。

（4）试坑开挖与桩侧处理

如果传感器必须安装在地表以下，那么就必须合理挖出桩的上段。而桩头开挖也有一定要求。测试传感器的安装位置以距离桩顶2～3倍桩径为佳，考虑到传感器离坑底必须有20cm以上高度，一般开挖深度以距离桩顶2倍桩径+50cm为宜；为便于寻找平整面安装传感器，必须将安装位置50cm范围内的土挖掉，一般应沿桩两侧分别开出2～3倍桩径深度50～70cm宽度的两个槽坑。

灌注桩的侧面一般非常不平整，开挖后，有必要清洗打磨便于传感器安装。

2. 现场操作

（1）锤击装置安设

采用打桩机械进行激振时要满足规范相关要求。

采用自制重锤进行激振时，为减少锤击偏心和避免击碎桩头，锤击装置应垂直、锤体要对中。导向架要平稳，确保锤架承重后不会发生倾斜以及锤体反弹后对导向架横向撞击不会使其倾覆。

（2）传感器安装

为了减少锤击在桩顶产生的应力集中影响和对锤击偏心进行补偿，应在距离桩顶规定的距离以下的合适部位对称安装传感器。检测时至少应对称安装冲击力和冲击响应（质点运动速度）测量传感器各两个。安装位置应满足相关规范的要求。

（3）桩垫和锤垫

当采用打桩机械作为冲击设备时，可采用打桩桩垫。当采用自制落锤作为冲击设备时，桩顶部位应设置桩垫，桩垫可采用10～30mm厚的木板或胶合板。

（4）重锤低击

采用自由落锤为冲击设备时，应重锤低击，最大锤击落距不宜大于2.5m。这是因为，落距越大锤击应力集中且偏心越大，越容易击碎桩头。同时，落距越大，锤击作用时间越短，锤击脉冲也越窄，桩身受力和运动的不均匀性越明显，同时，实测波形的动阻力影响加剧，而与位移相关的静阻力呈现明显的分段发挥态势，使承载力分析误差增加。

（5）测试参数设定和计算

1）采样间隔

采样间隔宜为50～200μs，采样信号点数不宜少于1024点。

采样时间间隔为100μs，对常见的工业与民用建筑的桩是合适的。但对于超长桩，如超过60m的桩，采样时间间隔可放宽到200μs。

2）传感器设定值应按计量检定结果设定

应变式传感器直接测到的是其安装截面上的应变，并按下式换算成冲击力：

$$F = A \cdot E \cdot e$$

式中：F——锤击力；

A——测点处桩截面积；

e——实测应变值。

显然锤击力的正确换算还依赖于设定的测点处桩参数是否符合实际。测点处桩身截面积应按实际测量确定，波速、质量密度和弹性模量应按实际情况设定。测点以下桩长和截面积可采用设计文件或施工记录提供的数据作为设定值。

3. 贯入度测量

桩的贯入度测量可采用精密水准仪等仪器测定。利用打桩机作为锤击设备时，可根据一阵（10锤）锤击下桩的总下沉量确定单击贯入度。也有采用加速度信号两次积分得到的最终位移作为实测贯入度，虽然方便，但可能存在下列问题：

（1）由于信号采集时段短，信号采集结束时桩的运动尚未停止，以柴油锤打长桩时为甚。一般情况下，只有位移曲线尾部为一水平线，即位移不再随时间变化时，所测的贯入度才是可信的。

（2）加速度计质量优劣影响积分曲线的趋势，零漂大和低频相应差时极为明显。

4. 信号采集质量的现场检查与判断

高应变试验成功与否的关键是信号质量以及信号中桩—土相互作用信息是否充分。信号质量不好首先要检查各测试环节，如动位移、贯入度小可能意味着土阻力激发不充分。

高应变的现场实测信号一般具有如下特征：

（1）两组力和速度时程曲线基本一致；

（2）F、ZV曲线一般情况下在峰值处重合（桩身存在浅部缺陷或浅部土阻力较大时除外）；

（3）R曲线、ZV–t曲线最终归零，识曲线对时间轴收敛；

（4）有足够的采样长度，拟合法需要拟合长度为max{4 ~ 5L/C，2L/c+20ms}；

（5）波形无明显高频干扰，对摩擦桩有明显桩底反射；

（6）贯入度宜为2 ~ 6mm。

贯入度太小，土阻力发挥不充分；贯入度太大，桩的运动呈明显刚体运动，波动特征不明显，波动理论与桩的真实运动状态相差较大，不适用。

第五节　桩的静载试验

一、桩静载试验的基本要求

1. 概述

单桩静载试验是采用接近于桩实际工作条件对桩分级施加静荷载，测量其在静载荷作用下的变形，来确定桩的承载力的试验方法。根据所施加的荷载方向和测试结果的不同，静载试验又分为单桩竖向抗压静载试验、单桩竖向抗拔静载试验、单桩水平抗拔静载试验和复合地基增强体单桩静载试验。

单桩竖向抗压静载试验适用于检测单桩的竖向抗压承载力；单桩竖向抗拔静载试验适用于检测单桩竖向抗拔承载力；单桩水平抗拔静载试验适用于桩顶自由时的单桩水平承载力，拟定地基土抗力系数的比例系数；复合地基增强体单桩静载试验适用于检测复合地基增强体单桩的竖向抗压承载力。

2. 试验方法

静载试验一般分10级施加荷载。按每一级观测变形时间的不同，分为慢速维持法和快速维持法。每一级按第5、15、30、45、60min测读变形量，以后每隔30min测读一次变形，每一小时内的变形量不超0.1mm，并连续出现两次（从每级荷载施加后第30min开始，由三次或三次以上每30min的变形观测值计算）就算该级变形达到稳定，称为慢速维持法。快速维持法即是每级荷载维持时间约为1h。

3. 试验目的

试验总的目的是确定桩的承载力，但按试验用途的不同又分为基本试验、验收试验和验证检测三种试验类型。

（1）基本试验

基本试验主要目的是确定桩的承载力为设计提供依据。当设计有要求或满足下列条件之一时，施工前应采用静载试验确定承载力特征值：设计等级为甲乙级的桩基；地质条件复杂、施工质量可靠性低的桩基；本地区采用的新桩型或新工艺。基本试验一般要进行破坏试验，以确定桩的极限承载力，并采用慢速维持法。

（2）验收试验

验收试验的主要目的是确定桩的承载力为工程验收提供依据，这种试验可按设计要求施加最大加载量，不进行破坏试验。验收试验一般采用慢速维持法，有成熟工作经验地区工程桩验收可采用快速维持法。

（3）验证检测

验证检测的目的是针对其他检测结果，如钻芯法或声波透射法检测发现桩身质量有疑问，需要采用静载试验进行验证检测，判定桩的承载力是否满足设计要求。

4. 检测数量

在同一条件下不应少于3根，且不宜少于总桩数的1%；当工程桩总数在50根以内时，不应少于2根。

对于工程桩验收受检桩抽检时应考虑施工质量有疑问的桩、局部地基条件出现异常的桩、完整性检测中判定的DI类桩、设计方认为重要的桩、施工工艺不同的桩以及均匀或随机分布等因素。

5. 检测设备

合理配置的千斤顶、优于或等于0.4级压力表、大量程百分表、压重设备或反力设备。条件容许的情况下还应配备自动观测载荷系统。

6. 检测条件

静载试验只有满足了如下的条件方可开始进行试验：

（1）灌注桩承载力检测其混凝土强度养护龄期不少于28天。

（2）预制桩承载力检测前的休止时间应不少于表12-9规定的时间。

（3）承载力检测时，宜在检测前后对受检桩、锚桩进行桩身完整性检测。

表12-9　休止时间

土的类别		休止时间（d）
砂土		7
粉土		10
黏性土	非饱和	15
	饱和	25

7. 报告编写

检测报告应包含以下内容：

（1）委托方名称、工程名称、地点、建设、勘察、设计、监理和施工单位、基础、结构、层数、设计要求、检测目的、检测依据、检测数量、检测日期；

（2）地基条件描述、受检桩桩位对应的地质柱状图；

（3）受检桩的桩型、尺寸、桩号、桩位、桩顶标高和相关施工记录，受检桩和铺桩的尺寸、材料强度、配筋情况以及锚桩的数量；

（4）检测方法（加卸载方法，荷载分级，加载反力种类，堆载法应指明堆载重量，锚桩法应有反力梁布置平面图），检测仪器设备，检测过程叙述；

（5）绘制的曲线及对应的数据表；与承载力判定有关的曲线及数据表格和汇总结果；

（6）承载力判定依据，检测结论；

（7）当进行分层侧阻力和端阻力测试时，还应有传感器类型、安装位置，轴力计算方法，各级荷载下桩身轴力变化曲线，各土层的桩侧极限侧阻力和桩端阻力。

二、单桩竖向抗压静载试验

1. 概述

单桩竖向抗压静载试验就是在桩顶施加竖向荷载，测量各级荷载下的沉降变形，来检测单桩的竖向抗压承载力。若当在桩周埋设有测量桩身应力、应变、桩底反力的传感器或位移杆时，可测定桩分层侧阻力和端阻力或桩身截面的位移量。

施加荷载量的大小可根据试验目的来控制。为设计提供依据的试验桩，应加载至桩侧与桩端的岩土阻力达到极限状态；当桩的承载力以桩身强度控制时，可按设计要求的加载量进行；对工程桩抽样检测时，加载量不应小于设计要求的单桩承载力特征值的2.0倍。

2. 仪器设备及其安装

（1）试验加载宜采用油压千斤顶。当采用两台及两台以上千斤顶加载时应并联同步工作，且采用的千斤顶型号、规格应相同，千斤顶的合力中心应与桩轴线重合。

（2）加载反力装置可根据现场条件选择压重平台反力装置、锚桩横梁反力装置、锚桩压重联合反力装置、地锚反力装置，加载反力装置的全部构件应进行强度和变形验算。为了观测变形不受荷施加过程影响，要求压重宜在检测前一次加足，并均匀稳固地放置于平台上。为了能使要求的荷载量能全部施加于桩，要求加载反力装置能提供的反力不得小于最大加载量的1.2倍。为了保证压重平台不倾斜、不倾覆，要求压重施加于地基的压应力不宜大于地基承载力特征值的1.5倍，有条件时宜利用工程桩作为堆载支点。若用锚桩作反力，应对锚桩抗拔力（地基土、抗拔钢筋、桩的接头）进行验算；采用工程桩作锚桩时，锚桩数量不应少于4根，并应监测锚桩上拔量。

（3）荷载测量可用放置在千斤顶上的荷重传感器直接测定或采用并联于千斤顶油路的压力表或压力传感器测定油压，根据千斤顶率定曲线换算荷载。传感器的测量误差不应大于1%，压力表精度应优于或等于0.4级。试验用千斤顶、油泵、油管在最大加载时的压力不应超过规定工作压力的80%。

（4）沉降测量宜采用位移传感器或大量程百分表。测量误差不大于0.1%FS，分辨力优于或等于0.01mm；直径或边宽大于500mm的桩，应在其两个方向对称安置4个位移测试仪表，直径或边宽小于等于500mm的桩可对称安置2个位移测试仪表；沉降测定平面宜在桩顶200mm以下位置，测点应牢固地固定于桩身；基准梁应具有一定的刚度，梁的一端应固定在基准桩上，另一端应简支于基准桩上；固定和支撑位移计（百分表）的夹具及基准梁应避免气温、振动及其他外界因素的影响。

3. 现场检测

试桩的成桩工艺和质量控制标准应与工程桩一致。桩顶部宜高出试坑底面，试坑底面宜与桩承台底标高一致。对作为锚桩用的灌注桩和有接头的混凝土预制桩，检测前后宜对其桩身完整性进行检测。

（1）试验加卸载方式

1）加载应分级进行，采用逐级等量加载；分级荷载宜为最大加载量或预估极限承载力的1/10，其中第一级可取分级荷载的2倍。

2）卸载应分级进行，每级卸载量取加载时分级荷载的2倍，逐级等量卸载。

3）加、卸载时应使荷载传递均匀、连续、无冲击，每级荷载在维持过程中的变化幅度不得超过该级增减量的±10%。

（2）荷载法施加试验步骤

1）每级荷载施加后按第5min、15min、30min、45min、60min测读桩顶沉降量，以后每隔30min测读一次。

2）试桩沉降相对稳定标准：每一小时内的桩顶沉降量不超0.1mm，并连续出现两次（从每级荷载施加后第30min开始，由三次或三次以上每30min的沉降观测值计算）。

3）当桩顶沉降速率达到相对稳定标准时，再施加下一级荷载。

4）卸载时，每级荷载维持1h，按第5min、15min、30min、60min测读桩顶沉降量；卸载至零后，应测读桩顶残余沉降量，维持时间为3h，测读时间为5min、15min、30min，以后每隔30min测读一次。

施工后的工程桩验收检测宜采用慢速维持荷载法。当有成熟的地区经验时，也可采用快速维持荷载法。

快速维持荷载法的每级荷载维持时间不得少于1h。当桩顶沉降尚未明显收敛时，不得施加下一级荷载。

（3）试验终止条件

1）某级荷载作用下，桩顶沉降量大于前一级荷载作用下沉降量的5倍；且桩顶总沉降量超过40mm。

2）某级荷载作用下，桩顶沉降量大于前一级荷载作用下沉降量的2倍，且经24h尚未达到稳定标准。

3）已达到设计要求的最大加载量。

4）当工程桩作锚桩时，锚桩上拔量已达到允许值。

5）当荷载—沉降曲线呈缓变型时，可加载至桩顶总沉降量60～80mm：在特殊情况下，可根据具体要求加载至桩顶累计沉降量超过80mm。

4．检测数据分析与判定

（1）检测数据的整理

1）确定单桩竖向抗压承载力时，应绘制竖向荷载–沉降（Q–s）、沉降–时间对数（s–lgt）曲线，需要时也可绘制其他辅助分析所需曲线。

2）当进行桩身应力、应变和桩底反力测定时，应整理出有关数据的记录表，并绘制桩身轴力分布图、计算不同土层的分层侧摩阻力和端阻力值。

（2）单桩竖向抗压极限承载力 Q_u 确定方法

1）根据沉降随荷载变化的特征确定：对于陡降型Q–s曲线，取其发生明显陡降的起始点对应的荷载值。

2）根据沉降随时间变化的特征确定：取s–lgt曲线尾部出现明显向下弯曲的前一级荷载值。

3）出现破坏情况，取破坏值前一级荷载值。

4）对于缓变型Q–s曲线可根据沉降量确定，宜取s=40mm对应的荷载值；对直径大于或等于800mm的桩，可取s=0.05D（D为桩端直径）对应的荷载值；当桩长大于40m时，宜考虑桩身弹性压缩量。

5）当按上述四款判定桩的竖向抗压承载力未达到极限时，桩的竖向抗压极限承载力应取最大试验荷载值。

（3）承载力评价

1）为设计提供依据的试验桩应采用竖向抗压极限承载力统计取值。参加统计的试桩结果，当满足其极差不超过平均值的30%时，取其平均值为单桩竖向抗压极限承载力。当极差超过平均值的30%时，应分析极差过大的原因，结合工程具体情况综合确定。必要时可增加试验桩数量。试验桩数量为2根或桩基承台下的桩数小于或等于3根时，应取低值。

2）工程桩检测是采用抽样方式，且采样率只有1%，样品无法代表整个工程桩情况，所以工程桩承载力验收检测应给出受检桩的承载力检测值，并评价单桩承载力是否满足设计要求。也就说只对受检桩进行评价。

3）单桩竖向抗压承载力特征值应按单桩竖向抗压极限承载力的50%取值。

5. 复合地基增强体单桩静载试验

其要求同单桩竖向静载试验要求基本相同，但只要求慢速维持法。

三、单桩竖向抗拔静载试验

1. 概述

单桩竖向抗拔静载试验就是利用桩的配筋在桩顶施加上拔力，测量桩顶上拔变形量，来检测单桩的竖向抗拔承载力的方法。

若当在桩周埋设有测量桩身应力、应变、桩底反力的传感器或位移杆时，可测定桩分层侧阻力和端阻力或桩身截面的位移量；施加荷载量的大小可根据试验目的来控制。

为设计提供依据的试验桩应加载至桩侧岩土阻力达到极限状态或桩身材料达到设计强度；工程桩验收检测时，施加的上拔荷载不得小于单桩竖向抗拔承载力特征值的2.0倍或使桩顶产生的上拔量达到设计要求的限值。

当抗拔承载力受抗裂条件控制时，可按设计要求确定最大加载值。检测前，检测单位应验算预估最大试验荷载是否超过钢筋设计强度。

2. 设备仪器及其安装

（1）抗拔桩试验加载装置宜采用油压千斤顶，加载方式应符合单桩竖向抗压静载试验规定。

（2）试验反力系统宜采用反力桩（或工程桩）提供支座反力，也可根据现场情况采用地基提供支座反力。反力架承载力应具有1.2倍的安全系数。采用反力桩（或工程桩）提供支座反力时，反力桩顶面应平整并具有一定的强度；采用地基提供反力时施加于地基的压应力不宜超过地基承载力特征值的1.5倍；反力梁的支点重心应与支座中心重合。上拔测量点宜设置在桩顶以下不小于1倍桩径的桩身上，不得设置在受拉钢筋上。对于大直径灌注桩，可设置在钢筋笼内侧的桩顶面混凝土上。其他要求应符合单桩竖向抗压静载试验相关规定。

3. 现场检测

对混凝土灌注桩、有接头的预制桩，宜在拔桩试验前采用低应变法检测受检桩的桩身完整性。为设计提供依据的抗拔灌注桩施工时应进行成孔质量检测，发现桩身中、下部位有明显扩径的桩不宜作为抗拔试验桩；对有接头的预制桩，应复核接头强度。

单桩竖向抗拔静载试验应采用慢速维持荷载法。需要时，也可采用多循环加、卸载方法或恒载法。慢速维持荷载法的加卸载分级、试验方法及稳定标准应按单桩竖向抗压静载试验有关规定执行。

当出现下列情况之一时，可终止加载：

（1）在某级荷载作用下，桩顶上拔量大于前一级上拔荷载作用下的上拔量5倍；

（2）按桩顶上拔量控制，累计桩顶上拔量超过100mm；

（3）按钢筋抗拉强度控制，钢筋应力达到钢筋强度设计值，或某根钢筋拉断；

（4）对于工程桩验收检测，达到设计或抗裂要求的最大上拔量或上拔荷载值。

测试桩身应变和桩端上拔位移时，数据的测读时间宜符合单桩竖向抗压静载试验的规定。

4. 检测数据分析与判定

（1）数据整理

数据整理应绘制上拔荷载–桩顶上拔量关系曲线。

（2）单桩竖向抗拔极限承载力确定方法

1）根据上拔量随荷载变化的特征确定：对陡变形U–S曲线，取陡升起始点对应的荷载值；

2）根据上拔量随时间变化的特征确定：取δ–lgt曲线斜率明显变陡或曲线尾部明显弯曲的前一级荷载值；

3）当在某级荷载下抗拔钢筋断裂时，取其前一级荷载值。

（3）承载力评价

1）为设计提供依据的试验桩应采用竖向抗拔极限承载力统计取值方式进行评价，统计方法同竖向抗压静载试验。

2）当工程桩验收检测的受检桩在最大上拔荷载作用下，未出现破坏情况时，单桩竖向抗拔极限承载力应取下列情况之一对应的荷载值：

①设计要求最大上拔量控制值对应的荷载；

②施加的最大荷载；

③钢筋应力达到设计强度值时对应的荷载。

3）单桩竖向抗拔承载力特征值应按单桩竖向抗拔极限承载力的一半取值。当工程桩不允许带裂缝工作时，取桩身开裂的前一级荷载作为单桩竖向抗拔承载力特征值，并与按极限荷载一半取值确定的承载力特征值相比取小值。

四、单桩水平静载试验

1. 概述

单桩水平静载试验就是在桩顶自由时施加一个水平推力，测量桩顶的屈服变形，以此来确定单桩水平承载力。

单桩水平静载试验适用于检测单桩的水平承载力，推定地基土水平抗力系数的比例系数。当桩身埋设有应变测量传感器时，可测定桩身横截面的弯曲应变，并据此计算桩身弯矩以及确定钢筋混凝土桩受拉区混凝土开裂时对应的水平荷载。

施加荷载量的大小可根据试验目的来控制。为设计提供依据的试验桩宜加载至桩顶出现较大水平位移或桩身结构破坏；对工程桩抽样检测，可按设计要求的水平位移允许值控制加载。

2. 设备仪器及其安装

（1）水平推力加载装置宜采用卧式油压千斤顶，加载能力不得小于最大试验荷载的1.2倍。

（2）水平推力的反力可由相邻桩提供；当专门设置反力结构时，其承载能力和刚度应大于试验桩的1.2倍。

（3）水平力作用点宜与实际工程的桩基承台底面标高一致；千斤顶和试验桩接触处应安置球形铰支座，千斤顶作用力应水平通过桩身轴线；千斤顶与试桩的接触处宜适当补强。

（4）在水平力作用平面的受检桩两侧应对称安装两个位移计，当需要测量桩顶转角时，尚应在水平力作用平面以上50cm的受检桩两侧对称安装两个位移计。

（5）位移测量的基准点设置不应受试验和其他因素的影响，基准点应设置在与作用力方向垂直且与位移方向相反的试桩侧面，基准点与试桩净距不应小于1倍桩径。

测量桩身应变时，各测试断面的测量传感器应沿受力方向对称布置在远离中性轴的受拉和受压主筋上；埋设传感器的纵剖面与受力方向之间的夹角不得大于10°。在地面下10倍桩径（桩宽）以内的主要受力部分应加密测试断面，断面间距不宜超过1倍桩径；超过10倍桩径（桩宽）深度，测试断面间距可适当加大。

3. 现场检测

加载方法宜根据工程桩实际受力特性选用单向多循环加载法或慢速维持荷载法。需要测量桩身横截面弯曲应变的试桩宜采用维持荷载法。测试桩身横截面弯曲应变时，数据的测读宜与水平位移测量同步。

（1）试验加卸载方式和水平位移测量

单向多循环加载法的分级荷载应不大于预估水平极限承载力或最大试验荷载的

1/10。每级荷载施加后，恒载4min后可测读水平位移，然后卸载至零，停2min测读残余水平位移，至此完成一个加卸载循环。如此循环5次，完成一级荷载的位移观测。试验不得中间停顿。

慢速维持荷载法的加卸载分级、试验方法及稳定标准应按有关规定执行。

（2）终止加载条件

桩身折断；水平位移超过30～40mm（软土或大直径桩取40mm）；水平位移达到设计要求的水平位移允许值。

第六节 成孔质量检测

目前灌注桩的成孔方法主要有：泥浆护壁成孔、干作业成孔、套管成孔、人工挖孔成孔。

其中泥浆护壁成孔常见的有：冲击钻成孔、冲抓锥成孔、潜水电钻成孔。

干作业成孔常见的有长螺旋钻孔成孔、短螺旋钻孔成孔。

套管成孔常见的有振动沉管成孔、锤击沉管成孔。

一、成孔工艺、常见问题及原因

1. 冲击钻成孔

冲击成孔系用冲击式钻机或卷扬机悬吊冲击钻头（又称冲锤）上下往复冲击，将硬质土或岩层破碎成孔，部分碎渣和泥浆挤入孔壁中，大部分成为泥渣，用掏渣筒掏出成孔。

（1）成孔工艺

冲击成孔施工工艺程序是：场地平整→桩位放线、开挖浆池、浆沟→护筒埋设→钻机就位、孔位校正→冲击造孔、泥浆循环、清除废浆、泥渣→清孔换浆→终孔验收。

（2）常见问题及原因

1）钻孔倾斜

冲击时遇探头石、漂石，大小不均；钻头受力不均；基岩面产状较陡；钻机底座未安置水平或者产生不均匀沉陷；土层软弱不均，孔径大，钻头小，冲击时钻头向一侧倾斜。

2）坍孔

冲击钻头或掏渣筒倾斜；泥浆相对密度较低；孔内泥浆面低于孔外水位；遇流

沙、软淤泥、破碎或松散地层时钻进太快；地层变化时未调整泥浆相对密度；清孔或漏浆时补浆不及时，造成泥浆面过低。

3）孔底沉渣

清孔不干净；辨孔引起清孔后持续掉渣。

2. 冲抓锥成孔

冲抓锥成孔是利用卷扬机悬吊冲抓锥，锥内有压重铁块及活动抓片，下落时抓片张开，钻头下落冲入土中，然后提升钻头，抓头闭合抓土，提升至地面卸土，如此循环作业成孔。

（1）成孔工艺

场地平整→放定位轴线、桩、放桩挖孔灰线→护筒埋设或砌砖护圈→钻机就位、孔位校正→冲击造孔→全面检查验收桩孔中心、直径、深度垂直度、持力层→清理沉渣，排除孔底积水。

（2）常见问题及原因

1）钻孔倾斜

①冲击时遇探头石、漂石，大小不均；

②钻头受力不均；

③钻机底座未安置水平或者产生不均匀沉陷。

2）孔底沉渣

清孔不干净。

3. 潜水电钻成孔

潜水电钻成孔是利用潜水电钻机构中密封的电动机、变速机构，直接带动钻头在泥浆旋转削土，同时用泥浆泵压送高压泥浆，泥浆从钻头底端射出与切碎的土颗粒混合，然后不断由孔底向孔口溢出，如此连续钻进、排泥渣成孔。

（1）成孔工艺

场地平整→桩位放线→护筒埋设、固定桩位→钻机就位、孔位校正→启动、下钻及钻进→清孔。

（2）常见问题及原因

1）坍孔

①护筒周围未用黏土填封紧密而漏水，或护筒埋置太浅；

②未及时向孔内加泥浆，孔内泥浆面低于孔外水位，或孔内出现承压水降低了静水压力，或泥浆密度不够；

③在流砂、软淤泥、破碎地层松散砂层中进钻，进尺太快或停在一处空转时间

太长，转速太快。

2）钻孔偏移（倾斜）

①桩架不稳，钻杆导架不垂直，钻机磨损，部件松动，或钻杆弯曲接头不直；

②土层软硬不匀；

③钻机成孔时，遇较大孤石或探头石，或基岩倾斜未处理，或在粒径悬殊的砂、卵石层中钻进，钻头所受阻力不匀。

3）孔底沉渣

①清孔不干净；

②坍孔引起清孔后持续掉渣。

4. 锤击沉管成孔

锤击沉管成孔是用锤击沉桩设备将桩管打入土中成孔。

（1）成孔工艺

场地平整→桩位放线→固定桩位→沉管就位、校正垂直度→启动沉管→清孔。

（2）常见问题及原因

1）坍孔

沉管时孔隙水压力过大，拔管速度太快。

2）孔底沉渣

①清孔不干净；

②坍孔引起清孔后持续掉渣。

5. 振动沉管成孔

振动沉管成孔是用振动冲击锤作为动力，施工时以激振力和冲击力的联合作用，将桩管沉入土中成孔。

（1）成孔工艺

场地平整→桩位放线→固定桩位→沉管就位、校正垂直度→启动沉管→清孔。

（2）见问题及原因

1）坍孔

沉管时孔隙水压力过大，拔管速度太快。

2）孔底沉渣

①清孔不干净；

②坍孔引起清孔后持续掉渣。

6. 长螺旋成孔

长螺旋成孔是利用长螺旋钻孔机的螺旋钻头，在桩位处就地切削土层，使被切土层随钻头旋转并沿长螺旋叶片上升输出到孔外成孔。

（1）成孔工艺

场地平整→桩位放线→固定桩位→钻机就位、孔位校正→启动、下钻及钻进→清孔。

（2）常见问题及原因

1）坍孔

钻杆提速快。

2）钻孔倾斜

桩架不稳，钻杆不垂直。

3）孔底沉渣

①清孔不干净；

②提杆时杆内土层掉落。

7. 短螺旋成孔

短螺旋成孔是利用短螺旋钻孔机的螺旋钻头，在桩位处就地切削土层，使被切土层随钻头旋转并沿螺旋叶片上升，靠反复提钻、反转、甩土而成孔。

（1）成孔工艺

场地平整→桩位放线→固定桩位→钻机就位、孔位校正→启动、下钻及钻进→清孔。

（2）常见问题

1）坍孔

钻杆提速快。

2）钻孔倾斜

桩架不稳，钻杆不垂直。

3）孔底沉渣

①清孔不干净；

②提杆时杆内土层掉落。

8. 人工挖孔成孔

人工挖孔成孔是指在桩位采用人工挖掘方法成孔。

（1）成孔工艺

场地平整→桩位放线→护壁施工→挖孔→清孔。

（2）常见问题及原因

1）坍孔

护壁下沉或垮塌。

2）孔倾斜

挖孔时垂直度控制不够。

3）孔底沉渣

①清孔不干净或未及时清孔；

②成孔后，孔口盖板没盖好，或在盖板上有人和车辆行走，孔口土被扰动而掉入孔内。

二、成孔检测

1. 检测内容及依据

《建筑地基基础工程施工质量验收规范》（GB 50202）规定成孔检测包括以下几个方面：孔深、垂直度、桩径、沉渣厚度，详细见表12-10。

表12-10 成孔检测内容

序	检查内容	检查方法	允许偏差或允许值	
			单位	数值
1	孔深	重锤、超声波法	mm	+300
2	垂直度	测套管或钻杆、超声波法干作业时吊垂球	见《建筑地基基础工程施工质量验收规范》表5.1.4	
3	桩径	超声波法、井径仪干施工时用钢尺量	见《建筑地基基础工程施工质量验收规范》表5.1.4	
4	沉渣厚度：端承桩摩擦桩	沉渣仪、重锤或电阻法	mm	＜50
			mm	＜150

2. 检测方法及仪器介绍

（1）超声波法

1）基本原理

超声波法实际上就是在钻孔底部对准桩中心垂直放置一个超声波发射探头，按一定间距逐步提升探头，通过径向发射和接收超声波，测量超声波从发射到接收的传播时间差来计算得到孔径、孔深和垂直度等成孔参数。孔壁不发生接触，属非接触式检测方法。

2）检测仪器

①超声波检测仪。

②智能超声波成孔质量检测仪。

智能超声成孔质量检测仪，由主机、超声波发射接收探头、深度计数器及线架等组成。

（2）接触式仪器组合法

1）基本原理

①孔径测量：测量时4条测量臂带动连杆作上下移动，连杆上端接一电工软铁，软铁在差动传感器线圈内移动，所产生的电信号经转变即为相应测量臂张开的距离大小。在探管内共设置四个差动位移传感器，分别对应于四个测量臂，当被测孔径大小变化时，四条测量臂将相应地扩张或收缩，从而带动四个软铁在其差动传感器线圈内来回移动，所产生的电信号经合成转变数字信号后，再传输到地面接收仪器即可得孔径的大小。

②孔深测量：通过安装在孔口滑轮上的光电脉冲发生器进行测量。根据绕在孔口滑轮上的电缆线每走1m，滑轮转动2圈，装在滑轮上的光电脉冲发生器随着滑轮一起转动，并产生深度脉冲信号通过电缆传送到数字采集仪进行深度显示、记录。

③垂直度测量：采用顶角测量方法。即采用一个感应式差动位移传感器，并在传感器线圈内放置一个重力摆锤（铁芯），摆锤与摆柄相连，摆柄上端固定在两端镶有1mm滚珠的轴承上。当摆锤在感应器线圈内来回摆动时，可产生一个正负电压，用相敏检波的方法，即可测出电压的大小和正负，即代表摆锤的摆距和方向。在探管内放置两个互相垂直的顶角位移传感器，分别测量两个摆锤在互相垂直方向上的摆距x、y，进行矢量合成即可得桩孔顶角。

④沉渣厚度测量：目前国内已经出现了多种沉渣厚度测定方法，常用的主要有测锤法、电阻率法等。

测锤法是用一个吊锤从孔口垂直缓慢放入孔底，计算落锤深度与钻孔深度的差值。电阻率法检测沉渣厚度的基本原理是：沉渣的电阻率与泥浆、水等物质的电阻率不同，通过测量孔底电阻率的变化，可测定沉渣的厚度。

2）检测仪器

由伞形孔径仪、专用测斜仪及沉渣测定仪组成的检测系统。

第十三章　基础施工监测

第一节　基础施工监测概述

基础施工监测，是指在基础施工过程中对受施工影响的物体（以下简称变形体）进行测量以确定其空间位置及内部形态随时间的变化特征。变形监测又称变形测量或变形观测。变形体一般包括工程建（构）筑物、技术设备以及其他自然或人工对象，如楼房、基坑、桥梁与隧道、采空区与高边坡、崩滑体与泥石流、古塔与电视塔、大坝等。

变形监测是掌握被监控对象工作性态的基本手段，但仅对被监控对象进行位移特征的监测是不够全面的，还需要对结构内部的应力、温度以及外部环境进行相应的监测，只有这样才能全面掌握被监控对象的性态特征，为此，在变形监测的基础上发展成为安全监测。安全监测的成果不仅可以反映被监控对象的工作性态，同时还能反馈给生产管理部门，用作纠偏。所以，安全监测有时又称安全监控。

安全监测的主要目的是确定被监控对象的工作状态，保证被监控对象的安全运营。为此，需要建立一套完整的安全评判理论体系，以分析和评判变形体的安全状况，由此而产生和发展了一种新的建（构）筑物健康诊断理论。

一、基础施工监测的目的与意义

目前随着各种施工而带来的安全问题受到了普遍的关注，政府和地方部门对安全监测工作都十分重视，因此，绝大部分的建（构）筑物在其施工过程及后期使用过程中都实施了监测工作。变形监测的主要目的有以下几个方面：

1. 分析和评价受监控对象的安全状态

变形观测是随着工程建设的发展而兴起的一门年轻学科。改革开放以后，我国兴建了大量的水工建（构）筑物、大型工业厂房和高层建（构）筑物。由于工程地质、外界条件等因素的影响，建（构）筑物及其设备在施工和运营过程中都会产生一定的变形。这种变形常常表现为建（构）筑物整体或局部发生沉陷、倾斜、扭曲、裂缝等。如果这种变形在允许的范围之内，则认为是正常现象。如果超过了一定的限度，就会影响建（构）筑物的正常使用，严重的还可能危及建（构）筑物的安全。例如，某基坑由于支护设计不合理导致其冠梁水平位移超过规定的预警值，进而引发坍塌，造成工程损失及基坑内人员伤亡；某建（构）筑物主体由于不均匀沉降引发主体倾斜及裂缝；某桥梁由于相邻桥墩不均匀沉降导致桥面出现裂缝；不均匀沉降使某汽车厂的巨型压机的两排立柱靠拢，以致巨大的齿轮"咬死"而不得不停工大修；某重机厂柱子倾斜使行车轨道间距扩大，造成了行车下坠事故。不均匀沉降还会使建（构）筑物的构件断裂或墙面开裂，使地下建（构）筑物的防水措施失效。因此，在工程建（构）筑物的施工和运营期间，都必须对它们进行变形观测，以监视其安全状态。

2. 验证设计参数，为改进设计提供依据

变形监测的结果也是对设计数据的验证，为改进设计和科学研究提供资料。这是由于人们对自然的认识不够全面，不可能对影响建（构）筑物的各种因素都进行精确计算，设计中往往采用一些经验公式、实验系数或近似公式进行简化，对正在兴建或已建工程的安全监测，可以验证设计的正确性，修正不合理的部分。例如，我国刘家峡大坝，根据观测结果进行反演分析，得出初期时效位移分量、坝体混凝土弹性模量、渗透扩散率及横缝作用等有关结构本身特性的信息；长沙市国际金融中心项目由于基坑比较深（最深处42.5m，坑底大坪深36.5m），考虑减小基坑开挖过程中对周边环境（包括3栋高层建筑）产生的安全影响，设计方采用了中心岛逆作法的基坑支护设计方案，经监测结果显示，设计方案有效降低了基坑开挖对周边环境的影响。

3. 反馈设计施工质量

变形监测不仅能监视建（构）筑物的安全状态，而且对反馈设计施工质量等起到重要作用。例如，葛洲坝大坝是建在产状平缓、多软弱夹层的地基上，岩性的特点是砂岩、砾岩、粉砂岩、黏土质粉砂岩互层状，因此，担心开挖后会破坏基岩的稳定，通过安装大量的基岩变形计，在施工期间及1981年大江截流和百年一遇洪水期间的观测结果表明，基岩处理后，变形量在允许范围内，大坝是安全稳定的。

4. 研究正常的变形规律和预报变形的方法

由于人们认识水平的限制，许多问题的认识都有一个由浅入深的过程，而大型建（构）筑物由于结构类型、建筑材料、施工模式、地质条件的不同，其变形特征和规律存在一定的差。因此，对已建建（构）筑物实施安全监测，从中获取大量的安全监测信息，并对这些信息进行系统的分析研究，可寻找出建（构）筑物变形的基本规律和特征，从而为监控建（构）筑物的安全、预报建（构）筑物的变形趋势提供依据。

变形监测的意义具体表现在：对于建（构）筑物（包括建筑物、基坑、桥梁、隧道），可以保证其在建造及使用阶段受到安全监控，保证其安全使用及运行，发现险情能提前控制并排除；对于机械技术设备，则保证设备安全、可靠、高效地运行，为改善产品质量和新产品的设计提供技术数据；对于滑坡，通过监测其随时间的变化过程，可进一步研究引起滑坡的成因，预报大的滑坡灾害；通过对矿山由于矿藏开挖所引起的实际变形的观测，可以采用控制开挖量和加固等方法，避免危险性变形的发生，同时可以改进变形预报模型。

二、基础施工监测的主要内容与要求

1. 基础施工监测的主要内容

对于不同类型的变形体，其监测的内容和方法有一定的差异。例如，基坑监测涉及水平位移监测、沉降监测、深层水平位移监测、支护结构应力监测、坑内外地下水位监测、倾斜监测等；建筑物主体监测涉及沉降监测、倾斜监测等；地铁监测涉及沉降监测、水平位移监测、收敛监测、分层沉降监测、支护结构应力监测、地下水位监测、裂缝监测等；桥梁监测涉及水平位移监测、沉降监测、挠度监测、裂缝监测等。

但总的来说变形监测可以分成现场巡视、位移监测、渗流监测、应力监测等几个方面。

（1）现场巡视

现场巡视检查是变形监测中的一项重要内容，它包括巡视检查和现场检测两项工作，分别采用简单量具或临时安装的仪器设备在建筑物及其周围定期或不定期进行检查，检查结果可以定性描述，也可以定量描述。

巡视检查不仅是工程运营期的必需工作，在施工期间也应十分重视。因此，在设计变形监测系统时，应根据工程的具体情况和特点，同时制定巡视检查的内容和要求，巡视人员应严格按照预先制定的巡视检查程序进行检查工作。

巡视检查的次数应根据工程的等级、施工的进度、荷载情况等决定。在施工期，一般每月2次，正常运营期，可逐步减少次数，但每月不宜少于1次。在工程进度加快或荷载变化很大的情况下，应加强巡视检查。另外，在遇到暴雨、大风、地震、洪水等特殊情况时，应及时进行巡视检查。

巡视检查的内容可根据具体情况确定，例如基坑监测中的巡视内容包括：

1）支护结构

支护结构的成型质量；冠梁、围檩、支撑有无裂缝出现；支撑、立柱有无较大变形；止水帷幕有无开裂、渗漏；墙后土体有无裂缝、沉陷及滑移；基坑有无涌土、流砂、管涌；基坑底部有无明显隆起或回弹。

2）施工工况

开挖后暴露的土质情况与岩土勘察报告有无差异；基坑开挖分段长度、分层厚度及支锚设置是否与设计要求一致；场地地表水，地下水排放状况是否正常基坑降水、回灌设施是否运转正常；基坑周边地面有无超载。

3）监测设施

基准点、监测点完好状况；监测元件的完好及保护情况；有无影响观测工作的障碍物。

4）邻近基坑及建筑的施工变化情况。

巡视检查的方法主要依靠目视、耳听、手摸、鼻嗅等直观方法，也可辅以锤、钎、量具、放大镜、望远镜、照相机、摄像机等工器具进行。如有必要，可采用坑（槽）探挖、钻孔取样或孔内电视、注水或抽水试验、化学试剂、水下检查或水下电视摄像、超声波探测及锈蚀检测、材质化验或强度检测等特殊方法进行检查。

现场巡视检查应按规定做好记录和整理，并与以往检查结果进行对比，分析有无异常迹象。如果发现疑问或异常现象，应立即对该项目进行复查，确认后，应立即编写专门的检查报告，及时上报。

（2）环境量监测

环境量监测一般包括气温、气压、降水量、风力、风向等。对于桥梁工程，还应监测河水流速、流向、泥沙含量、河水温度、桥址区河床变化等；对于水工建筑物，还应监测库水位、库水温度、冰压力、坝前淤积和下游冲刷等。总之，对于不同的工程，除了一般性的环境量监测外，还要进行一些针对性的监测工作。

环境量监测的一般项目通常采用自动气象站来实现，即在监测对象附近设立专门的气象观测站，用以监测气温、气压、降雨量等数据。

对于特定监测对象的特定监测项目，应采用特定的监测方法和要求。如对于基坑或隧道工程涉及的地下水位监测需钻设地下水位观测孔并埋设水位观测管；对于水利工程的坝前淤积和下游冲刷监测，应在坝前、沉沙池、下游冲刷的区域至少各设立一个监测断面，并用水下摄像、地形测量或断面测量等方法进行监测；对于库水位监测应在水流平稳，受风浪、泄水和抽水影响较小，便于安装设备的稳固地点设立水位观测站，采用遥测水位计和水位标尺进行观测，两者的观测数据应相互比对，并及时进行校验。

（3）位移监测

位移监测主要包括沉降监测、水平位移监测、挠度监测、裂缝监测、收敛监测、深层水平位移监测、倾斜监测、分层垂直位移监测等，对于不同类型的工程，各类监测项目的方法和要求有一定的差异。为使测量结果有相同的参考系，在进行位移测量时，应设立统一的监测基准点。

沉降监测一般采用几何水准测量方法进行，在精度要求不太高或者观测条件较差时，也可采用三角高程测量方法。对于监测点高差不大的场合，可采用液体静力水准测量和压力传感器方法进行测量。沉降监测除了可以测量建筑物基础的整体沉降情况外，还可以测量基础的局部相对沉降量、基础倾斜、转动等。

水平位移监测通常采用大地测量方法（包括交会测量、三角网测量和导线测量）、基准线测量（包括视准线测量、引张线测量、激光准直测量、垂线测量）以及其他一些专门的测量方法。其中，大地测量方法是传统的测量方法，而基准线测量是目前普遍使用的主要方法，对于某些专门测量方法（如裂缝计、多点位移计等）也是进行特定项目监测的十分有效的手段。

（4）渗流监测

渗流监测主要包括地下水位监测、渗透压力监测、渗流量监测等。对于水工建筑物，还要包括场压力监测、水质监测等。

地下水位监测通常采用水位观测井或水位观测孔进行，即在需要观测的位置打井或埋设专门的水位监测管，测量井口或孔口到水面的距离，然后换算成水面的高程，通过水面高程来分析地下水位的变化情况。

渗透压力一般采用专门的渗压计进行监测，渗压计和测读仪表的量程应根据工程的实际情况选定。

渗流量监测可采用人工量杯观测和量水堰观测等方法。量水堰通常采用三角堰和矩形堰两种形式，三角堰一般适用于流量较小的场合，矩形堰一般适用于流量较大的场合。

（5）应力、应变监测

应力、应变监测的主要项目包括：混凝土应力应变监测、锚杆（锚索）应力监测、钢筋应力监测、钢板应力监测、温度监测、立柱应力监测、土钉内力监测等。

为使应力、应变监测成果不受环境变化的影响，在测量应力、应变时，应同时测量监测点的温度。应力、应变的监测应与变形监测、渗流监测等项目结合布置，以便监测资料的相互验证和综合分析。

应力、应变监测一般采用专门的应力计和应变计进行。选用的仪器设备和电缆，其性能和质量应满足监测项目的需要，应特别注意仪器的可靠性和耐用性。

（6）周边监测

周边监测主要指对工程周边地区可能发生的对工程运营产生不良影响的监测工作，主要包括：滑坡监测、高边坡监测、渗流监测等。对于水利工程，由于水库的蓄水，使库区岸坡的岩土力学特性发生变化，从而引起库区的大面积滑坡，这对工程的使用效率和安全将是巨大的隐患，因此，应加强水利工程库区的滑坡监测工作。另外，对于水利工程中非大坝的自然挡水体，由于没有进行特殊处理，很可能会存在大量的渗漏现象，加强这方面的监测，对有效地利用水库、防止渗漏有很大的作用。

2. 变形监测的精度和周期

（1）变形监测的精度

在制定变形观测方案时，首先要确定精度要求。如何确定精度是一个不易回答的问题，国内外学者对此进行过多次讨论。在1971年国际测量工作者联合会（FIG）第十三届会议上工程测量组提出："如果观测的目的是使变形值不超过某一允许的数值而确保建筑物的安全，则其观测的中误差应小于允许变形值的1/10 ~ 1/20；如果观测的目的是研究其变形的过程，则其中误差应比这个数小得多。"

变形监测的目的大致可分为3类。第一类是安全监测，希望通过重复观测能及时发现建筑物的不正常变形，以便及时分析和采取措施，防止事故的发生。第二类是积累资料，各地对大量不同基础形式的建筑物所作沉降观测资料的积累，是检验设计方法的有效措施，也是以后修改设计方法、制定设计规范的依据。第三类是为科学试验服务。它实质上可能是为了收集资料，验证设计方案，也可能是为了安全监测。只是它是在一个较短时期内，在人工条件下让建筑物产生变形。测量工作者要在短时期内，以较高的精度测出一系列变形值。

显然，不同的目的所要求的精度不同。为积累资料而进行的变形观测精度可以低一些。另两种目的要求精度高一些。但是究竟要具有什么样的精度，仍没有解决，因为设计人员无法回答结构物究竟能承受多大的允许变形。在多数情况下，设计人员总希望把精度要求提得高一些，而测量人员希望他们定得低一些。对于重要的工程，则要求"以当时能达到的最高精度为标准进行变形观测"。当存在多个变形监测精度要求时，应根据其中最高精度选择相应的精度等级；当要求精度低于规范最低精度要求时，宜采用规范中规定的最低精度。

（2）变形监测的周期

变形监测的时间间隔称为观测周期，即在一定的时间内完成一个周期的测量工作。观测周期与工程的大小、测点所在位置的重要性、观测目的以及观测一次所需时间的长短有关。根据观测工作量和参加人数，一个周期可从几小时到几天。观测速度要尽可能快，以免在观测期间某些标志产生一定的位移以及周边环境变动带来的误差。

变形监测的周期应以能系统反映所测变形的变化过程且不遗漏其变化时刻为原则，根据单位时间内变形量的大小及外界影响因素确定。当观测中发现变形异常时，应及时增加观测次数。不同周期观测时，宜采用相同的观测网形和观测方法，并使用相同类型的测量仪器。对于特级和一级变形观测，还宜固定观测人员、选择最佳观测时段、在基本相同的环境和条件下观测。

观测次数一般可按荷载的变化或变形的速度来确定。比如在工程建筑物建成初期，变形速度较快，观测次数应多一些；在基坑开挖深度越来越深的时候，变形趋势越来越明显，观测频率越来越大，但随着建筑物停止增加荷载或基坑停止开挖完成底板浇筑，可以减少观测次数，但仍应坚持长期观测，以便能发现异常变化。对于周期性的变形，在一个变形周期内至少应观测2次。此外在施工期间，若遇特殊情况（暴雨、洪水、地震等），应增加观测频率。

及时进行第一周期的观测有重要的意义。因为延误最初的测量就可能失去已经发生的变形数据，而且以后各周期的重复测量成果是与第一次观测成果相比较的，所以，应特别重视第一次观测的质量。

3. 变形监测方案的设计

（1）设计的原则与内容

设计一套监测系统对监控对象的性态进行监测，是保证建筑物安全运营的必备措施，以便发现异常现象，及时分析处理，防止发生重大事故和灾害。

1）设计原则

①针对性

设计人员应熟悉设计对象，了解工程规模、结构设计方法、水文、气象、地形、地质条件及存在的问题，有的放矢地进行监测设计，特别是要根据工程特点及关键部位综合考虑，统筹安排，做到目的明确、实用性强、突出重点、兼顾全局，即以重要工程和危及建筑物安全的因素为重点监测对象，同时兼顾全局，并对监测系统进行优化，以最小的投入取得最好的监测效果。

②完整性

对监测系统的设计要有整体方案，它是用各种不同的观测方法和手段，通过可靠性、连续性和整体性论证后，优化出来的最优设计方案。监测系统以监测建筑物安全为主，观测项目和测点的布设应满足资料分析的需要，同时兼顾到验证设计，以达到提高设计水平的目的。另外，观测设备的布置要尽可能地与施工期的监测相结合，以指导施工和便于得到施工期的观测数据。

③先进性

设计所选用的监测方法、仪器和设备应满足精度和准确度的要求，并汲取国内外的经验，尽量采用先进技术，及时有效地提供建筑物性态的有关信息，对工程安全起关键作用且人工难以进行观测的数据，可借助于自动化系统进行观测和传输。

④可靠性

观测设备要具有可靠性，特别是监测建筑物安全的测点，必要时在这些特别重要的测点上布置两套不同的观测设备以便互相校核并可防止观测设备失灵。观测设备的选择要便于实现自动数据采集，同时考虑留有人工观测接口。

⑤经济性

监测项目宜简化，测点要优选，施工安装要方便。各监测项目要相互协调，并考虑今后监测资料分析的需要，使监测成果既能达到预期目的，又能做到经济合理，节省投资。

2）主要内容

监测方案应该包括（不限于）以下内容：

①工程概况。

②建设场地岩土工程条件及基坑周边环境状况。

③监测目的和依据。

④监测内容及项目。

⑤基准点、监测点的布设与保护。

⑥监测方法和精度。

⑦监测工期和监测频率。

⑧监测报警及异常情况下的监测措施。

⑨监测数据的处理与信息反馈。

⑩监测人员的配备。

针对特别重大或重点监测项目的监测方案应当组织专家进行专门论证。如《建筑基坑工程监测技术规范》（GB 50497）中对需要进行专门论证的监测方案做了如下规定：

①地质或环境条件复杂的基坑工程。

②临近重要建筑及管线，以及历史文物、优秀近现代建筑、地铁、隧道等破坏后果很严重的基坑工程。

③已发生严重事故，重新组织施工的基坑工程。

④采用新技术、新工艺、新材料，新设备的一、二级基坑工程。

⑤其他需要论证的基坑工程。

（2）变形监测点的分类

变形监测的测量点，一般分为基准点、工作点和变形观测点3类。

①基准点

基准点是变形监测系统的基本控制点，是测定工作点和变形点的依据。基准点通常埋设在稳固的基岩上或变形区域以外，尽可能长期保存，稳定不动。每个工程一般应建立3个基准点，以便相互校核，确保坐标系统的一致。当确认基准点稳定可靠时，也可少于3个。

水平位移监测的基准点，可根据点位所处的地质条件选埋，常采用地表混凝土观测墩、井式混凝土观测墩等。在大型水利工程中，经常采用深埋倒垂线装置作为水平位移监测的基准点。

沉降观测的基准点通常成组设置，用以检核基准点的稳定性。每一个测区的水准基点不应少于3个。对于小测区，当确认点位稳定可靠时可少于3个，但连同工作基点不得少于2个。水准基点的标石，应埋设在基岩层或原状土层中。在建筑区内，点位与邻近建筑物的距离应大于建筑物基础最大宽度的2倍，其标石埋深应大于邻近建筑物基础的深度。水准基点的标石，可根据点位所处的不同地质条件选埋基岩水准基点标石、深埋钢管水准基点标石、深埋双金属管水准基点标石和混凝土基本水准标石。

变形观测中设置的基准点应进行定期观测，将观测结果进行统计分析，以判断基准点本身的稳定情况。水平位移监测的基准点的稳定性检核通常采用三角测量法进行。由于电磁波测距仪精度的提高，变形观测中也可采用三维三边测量来检核工作基准点的稳定性。沉降监测基准点的稳定性一般采用精密水准测量的方法检核。

②工作点

工作点又称工作基点，它是基准点与变形观测点之间起联系作用的点。工作点埋设在被研究对象附近，要求在观测期间保持点位稳定，其点位由基准点定期检测。

工作基点位置与邻近建筑物的距离不得小于建筑物基础深度的1.5~2.0倍。工作基点与联系点也可设置在稳定的永久性建筑物墙体或基础上。工作基点的标石，可根据实际情况和工程的规模，参照基准点的要求建立。

③变形观测点

变形观测点是直接埋设在变形体上的能反映建筑物变形特征的测量点，又称观测点，一般埋设在建筑物内部，并根据测定它们的变化来判断这些建筑物的沉陷与位移。对通视条件较好或观测项目较少的工程，可不设立工作点，在基准点上直接测定变形观测点。

变形监测点标石埋设后，应在其稳定后方可开始观测。稳定期根据观测要求与测区的地质条件确定，一般不宜少于15天。

4. 开展变形监测应具备的条件

监测工作一般按下列步骤进行：①接受委托；②现场踏勘，收集资料；③制订监测方案；④监测点设置与验收；⑤现场监测；⑥监测数据的处理、分析及信息反馈；⑦提交阶段性监测结果和报告；⑧现场监测工作结束后，提交完整的监测资料。

从监测工作的步骤可以看出监测工作是一项严谨的、环环相扣的、多方参与且需要多方配合的一项工作。那么一个监测工作的开展需具备哪些条件呢？

一项监测工作的正常开展离不开以下条件：

（1）外部环境的协调

外部环境的协调包括业主方对监测工作的重视（技术上和资金上）、设计方的信息反馈、监理方的监督、项目施工方的配合（提供监测条件以及保护监测标志）、周边居民的配合。

（2）监测单位本身应具备的条件

监测单位应具备的条件包括单位的资质、仪器设备的配置、监测人员的资质及工作素养。

1）监测单位的资质

目前安全监测工作越来越受重视，覆盖面越来越广，对应的监测手段也越来越丰富，但总体来讲目前的监测手段可以归纳为工程测量和工程测试（检测）。这就要求从事监测工作的单位不仅要具备测绘资质还应具备相关实验检测资质。

2）仪器设备的配置

监测单位应该按照监测项目精度要求、监测等级以及现场条件配置满足要求的仪器设备。部分规范对仪器的精度指标也做了相关规定，比如《国家一、二等水准测量规范》（GB/T 12897）中对水准仪选取的规定、《工程测量规范》（GB 50026）中对全站仪选取的规定、《建筑基坑工程监测技术规范》（GB 50497）中对测斜仪、应力传感器、分层沉降仪的精度规定。

3）监测人员的资质及工作素养

从事监测工作的人员应该取得相关政府部门核发的上岗证，且应具备一定的工作素养。它要求从事监测工作的人员要有足够高的技术水平、严谨的工作态度、实事求是的工作作风以及良好的敬业精神。

（3）一个科学合理的监测方案

一个监测项目必须要有一个科学合理且有针对性的监测方案作为技术指导。监测方案的好坏直接影响监测结果的准确性以及监测工作的效果。科学合理的监测方案可以使监测工作有序高效进行，让所有该做的工作都能做到点上，取消所有冗余的工作；能让业主、监理、设计方、施工方真正意义上参与到监测工作中，监测信息能及时反馈，真正实现信息共享、实现信息化施工。不合理的监测方案可能会导致监测信息延迟或者出现错误的监测信息，从而使监测几近成为摆设，进而使监控对象失去安全监控的保护。

第二节　沉降监测技术

一、概述

沉降监测是变形监测中一项重要的监测内容。单从词面来说，"垂直位移"能同时表示建筑物的下沉或上升，而"沉降"只能表示建筑物的下沉。对于大多数建筑物来说，特别在施工阶段，由于垂直方向上的变形特征和变形过程主要表现为沉降变化，因此，实际应用中通常采用"沉降"一词。在各种不同的条件下和不同的监测时期，被测对象在垂直方向上高程的变化情况可能不同，当采用"沉降"一词时，"沉降"实际表达的是一个向量，即沉降量既有大小又有方向。如本期沉降量的大小等于前一期观测高程减去本期观测高程所得差值的绝对值，而沉降的方向则用差值自身的正负号来表示，差值为"+"时表示"下沉"，差值为"－"时表示"上升"。

建筑物的沉降与地基的土力学性质和地基的处理方式有关。建筑物的兴建，对地基施加了一定的外力，破坏了地表和地下土层的自然状态，必然引起地基及其周围地层的变形，沉降是变形的主要表现形式。沉降量的大小首先与地基的土力学性质有关，如果地基土具有较好的力学特性，或建筑物的兴建没有过大破坏地下土层的原有状态，沉降量就可能较小；否则，沉降量就可能较大。其次，如果地基的土质较差，是否对地基进行处理和处理的方式不同，将严重影响沉降量的大小，也将影响工程的质量。

建筑物的沉降与建筑物基础的设计有关。地基的沉降必然引起基础的沉降，当地基均匀沉降时，基础也均匀沉降；当地基产生不均匀沉降时，基础也随之出现不均匀沉降，基础的不均匀沉降可能导致建筑物的倾斜、裂缝甚至破坏。对于一定土质的地基，不同形式的基础其沉降效应可能不同。对于一定的基础，若地基土质不同其沉降差异很大。因此，设计人员一般要通过工程勘察和分析等工作，掌握地基土的力学性质，进行合理的基础设计。

建筑物的沉降与建筑物的上部结构有关，即与建筑物基础的荷载有关。随着建筑物的施工进程，不断增加的荷载对基础下的土层产生压缩，基础的沉降量会逐渐加大。但是荷载对基础下土层的压缩是逐步实现的，荷载的快速增加并不意味沉降量在短期内会快速加大；同样，荷载的停止增加也不意味沉降量在短期内会立即停止增加。一般认为，建筑在砂土类土层上的建筑物，其沉降在荷载基本稳定后已大部分完成，沉降趋于稳定；而建筑在黏土类土层上的建筑物，其沉降在施工期间仅完成了一部分，荷载稳定后仍会有一定的沉降变化。

建筑物施工中，引起地基和基础沉降的原因是多种多样的，除了建筑物地基、基础和上部结构荷载的影响，施工中地下水的升降对建筑物沉降也有较大的影响，如果施工周期长，温度等外界条件的强烈变化有可能改变地基土的力学性质，导致建筑物产生沉降。

上述讨论的沉降及其原因主要指建筑物施工对自身地基和基础的影响。实际上，建筑物的施工活动，如降水、基坑开挖、地下开采、盾构或顶管穿越等，对周围建筑物的地基也有一定的影响。工作中不仅要考虑建筑物施工对自身沉降的影响，还要考虑建筑物施工对周围建筑物沉降的影响，沉降监测不仅要监测建筑物自身的沉降，还要监测施工区周围建筑物的沉降。还有一部分建筑物，如堤坝、桥梁、位于软土地区的高速公路和地铁等，其沉降不仅在施工中存在，而且由于受外界因素如水位、温度、动力等影响，在运营阶段也长期存在，对这些重要建筑物，应该进行长期的沉降监测。

沉降监测就是采用合理的仪器和方法测量建筑物在垂直方向上高程的变化量。建筑物沉降是通过布置在建筑物上的监测点的沉降来体现的，因此沉降监测前首先需要布置监测点。监测点布置应考虑设计要求和实际情况，要能较全面地反映建筑物地基和基础的变形特征。沉降监测一般在基础施工时开始，并定期监测到施工结束或结束后一段时间，当沉降趋于稳定时停止，重要建筑物有的可能要延续较长一段时间，有的可能要长期监测。为了保证监测成果的质量，应根据建筑物特点和监测精度要求配备监测仪器，采用合理的监测方法。沉降监测需要有一个相对统一的监测基准，即高程系统，以便于监测数据的计算和监测成果的分析。因此沉降监测前还应该进行基准点的布置和观测，对其稳定状况进行分析和评判。

定期地、准确地对监测点进行沉降监测，可以计算监测点的累积沉降量、沉降差、平均沉降量（沉降速率），进行监测点的沉降分析和预报，通过相关监测点的沉降差可以进一步计算基础的局部相对倾斜值、挠度和建筑物主体的倾斜值，进行建筑物基础局部或整体稳定性状况分析和判断。当前，在建筑物施工或运营阶段进行沉降监测，其首要目的仍是保证建筑物的安全，通过沉降监测发现沉降异常和安全隐患，分析原因并采取必要的防范措施。其次是研究的目的，主要用于对设计的反分析和对未来沉降趋势的预报。

二、精密水准测量

1. 监测标志与选埋

精密水准测量精度高、方法简便，是沉降监测最常用的方法。采用该方法进行沉降监测，沉降监测的测量点分为水准基点、工作基点和监测点3种。

水准基点是沉降监测的基准点，一般3～4个点构成一组，形成近似正三角形或正方形。为保证其坚固与稳定，应选埋在变形区以外的岩石上或深埋于原状土上，也可以选埋在稳固的建（构）筑物上。为了检查水准基点自身的高程有否变动，可在每组水准基点的中心位置设置固定测站，定期观测水准基点之间的高差，判断水准基点高程的变动情况。也可以将水准基点构成闭合水准路线，通过重复观测的平差结果和统计检验的方法分析水准基点的稳定性。

根据工程的实际需要与条件，水准基点可以采用下列几种标志：

（1）普通混凝土标。用于覆盖层很浅且土质较好的地区，适用于规模较小和监测周期较短的监测工程。

（2）地面岩石标。用于地面土层覆盖很浅的地方，如有可能，可直接埋设在露头的岩石上。

（3）浅埋钢管标。用于覆盖层较厚但土质较好的地区，采用钻孔穿过土层达到一定深度时，埋设钢管标志。

（4）井式混凝土标。用于地面土层较厚的地方，为防止雨水灌进井内，井台应高出地面0.2m。

（5）深埋钢管标。用于覆盖层很厚的平坦地区，采用钻孔穿过土层和风化岩层，达到基岩时埋设钢管标志。

（6）深埋双金属标。用于常年温差很大的地方，通过钻孔在基岩上深埋两根膨胀系数不同的金属管，如一根为钢管，另一根为铝管，因为两管所受地温影响相同，因此通过测定两根金属管高程差的变化值，可求出温度改正值，从而可消除由于温度影响所造成的误差。

工作基点是用于直接测定监测点的起点或终点。为了便于观测和减少观测误差的传递，工作基点应布置在变形区附近相对稳定的地方，其高程尽可能接近监测点的高程。工作基点一般采用地表岩石标，当建筑物附近的覆盖层较深时，可采用浅埋标志；当新建建筑物附近有基础稳定的建筑物时，也可设置在该建筑物上。因工作基点位于测区附近，应经常与水准基点进行联测，通过联测结果判断其稳定状况，以保证监测成果的正确可靠。

监测点是沉降监测点的简称，布设在被监测建（构）筑物上。布设时，要使其位于建筑物的特征点上，能充分反映建筑物的沉降变化情况；点位应当避开障碍物，便于观测和长期保护；标志应稳固，不影响建（构）筑物的美观和使用；还要考虑建筑物基础地质、建筑结构、应力分布等，对重要和薄弱部位应该适当增加监测点的数目。例如，建筑物四角或沿外墙 10 ~ 15m 处或 2 ~ 3 根柱基上；裂缝、沉降缝或伸缩缝的两侧；新旧建筑物或高低建筑物以及纵横墙的交接处；建筑物不同结构的分界处；人工地基和天然地基的接壤处；烟囱、水塔和大型储罐等高耸构筑物的基础轴线的对称部位，每个构筑物不少于 4 个点。监测点标志应根据工程施工进展情况及时埋设，常用的监测点标志形式有以下几种：

（1）盒式标志。一般用铆钉或钢筋制作，适于在设备基础上埋设。

（2）窨井式标志。一般用钢筋制作，适于在建筑物内部埋设。

（3）螺栓式标志。标志为螺旋结构，平时旋进螺盖以保护标志，观测时将螺盖旋出，将带有螺纹的标志旋进，适于在墙体上埋设。

2. 监测仪器及检验

不同类型的建筑物，如大坝、公路等，其沉降监测的精度要求不尽相同。同一种建筑物在不同的施工阶段，如公路基础和路面施工阶段，其沉降监测的精度要求也不相同。针对具体的监测工程，应当使用满足精度要求的水准仪，采用正确的测量方法。国家有关测量规范如《建筑变形测量规范》（JGJ 8），对不同等级的沉降监测应当配备的水准仪有明确的要求：对特级、一级沉降监测，应使用 DSZ05 或 DS05 型水准仪和因瓦合金标尺；对二级沉降监测，应使用 DS1 或 DS05 型水准仪和因瓦合金标尺；对三级沉降监测，应使用 DS3 水准仪和区格式木质标尺或 DS1 型水准仪和因瓦合金标尺。

目前，投入沉降监测的精密水准仪种类较多，相当于或高于DS05型的精密水准仪 有 WildN3、ZeissNi002、ZeissNi004、ZeissDiNil2、DS05、NA2003、TrimbleDini03 等，相当于或高于DS1型的精密水准仪有ZeiSSNi007、DS1、NA2002等，其中 ZeissNi002、ZeissNi007为自动安平水准仪，ZeissDiNil2、NA2002、NA2003等为电子水准仪。自动安平水准仪并概略整平后，自动补偿器可以实现仪器的精确整平，因此操作过程比一般精密水准仪简单方便，提高了观测速度。但从发展趋势来看，既具有自动补偿功能，又能实现水准测量自动化和数字化的电子水准仪更有发展和应用前景。

自动安平水准仪和电子水准仪虽有一般精密水准仪无法比拟的优点，但也有其不足之处。首先表现在它们对风和振动的敏感性，因此，在建筑工地和沿道路观测时应特别注意。此外，它们易受磁场的影响，有研究和经验表明，ZeissNi007基本不受磁场的影响，ZeiSSNi002受影响较小，但仍然呈明显的系统影响：NA2002存在影响，但大小尚不明确。因此，精密水准测量时应该避开高压输电线和变电站等强磁场源，在没有搞清楚强大的交变磁场对仪器的磁效应前，最好不要使用这类仪器。

无论使用何种仪器，开始工作前，应该按照测量规范要求对仪器进行检验，其中水准仪的i角误差是最重要的检验项目。精密水准测量前，还应按规范要求对水准标尺进行检验，其中标尺的每米真长偏差是最重要的检验项目，一般送专门的检定部门进行检验。《国家一、二等水准测量规范》（GB/T 12897）规定，如果一根标尺的每米真长偏差大于0.1mm，应禁止使用；如果一根标尺的平均每米真长偏差大于0.05mm，应对观测高差进行改正。

在野外作业期间，可以用通过检定的一级线纹米尺检测标尺每米真长的变化，掌握标尺的使用状况，但检测结果不作为观测高差的改正用，具体方法参见《国家一、二等水准测量规范》（GB/T 12897）。

3. 监测方法及技术要求

采用精密水准测量方法进行沉降监测时，从工作基点开始经过若干监测点，形成一个多个闭合或附合路线，其中以闭合路线为佳，特别困难的监测点可以采用支水准路线往返测量。整个监测期间，最好能固定监测仪器和监测人员，固定监测路线和测站，固定监测周期和相应时段。

水准仪在作业中由于受温度等影响，i角误差会发生一定的变化。这种变化有时是很不规则的，其影响在往返测不符值中也不能完全被发现。减弱其影响的有效方法是减少仪器受辐射热的影响，避免日光直接照射。如果认为在较短的观测时间内，

i角误差与时间成比例地均匀变化，则可以采用改变观测程序的方法，在一定程度上消除或减弱其影响。因此水准测量规范对观测程序有明确的要求，往测时，奇数站的观测顺序为：后视标尺的基本分划，前视标尺的基本分划，前视标尺的辅助分划，后视标尺的辅助分划，简称"后前前后"；偶数站的观测顺序为：前视标尺的基本分划，后视标尺的基本分划，后视标尺的辅助分划，前视标尺的辅助分划，简称"前后后前"。返测时，奇、偶数站的观测顺序与往测偶、奇数站相同。

标尺的每米真长偏差应在测前进行检验，当超过一定误差时应进行相应改正。

对采用精密水准测量进行沉降监测，国家有关测量规范都提出了具体的技术要求，具体实施时，应结合具体的沉降监测工程，选择相应的规范作为作业标准。

三、精密三角高程测量

精密水准测量因受观测环境影响小，观测精度高，仍然是沉降监测的主要方法。但如果水准路线线况差，水准测量实施将很困难。高精度全站仪的发展，使电磁波测距三角高程测量在工程测量中的应用更加广泛，若能用短程电磁波测距三角高程测量代替水准测量进行沉降监测，将极大地降低劳动强度，提高工作效率。

1. 单向观测

单向观测法即将仪器安置在一个已知高程点（一般为工作基点）上，观测工作基点到沉降监测点的水平距离、垂直角、仪器高和目标高，计算两点之间的高差。

2. 中间法

中间法是将仪器安置于已知高程测点1和测点2之间，通过观测站点到1、2两点的距离Z1和Z2，垂直角a1和a2，目标1、2的高度VI和V2，计算1、2两点之间的高差。

3. 对向观测

这种方法对监测点标志的选择有较高的要求，作业难度也较大，一般的监测工程较少采用。

四、液体静力水准测量

1. 基本原理

液体静力水准测量也称为连通管测量，是利用相互连通的且静力平衡时的液面进行高程传递的测量方法。

如图13-1所示，为了测量A、B两点的高差h将容器1和2用连通管连接，其静力水准测头分别安置在上。由于两测头内的液体是相互连通的，当静力平衡时，两

液面将处于周一高程面上，因此A、B两点的高差h为

$$h=H_1-H_2=（a_1-a_2）-（b_1-b_2）$$

式中：a_1、a_2——容器的顶面或读数零点相对于工作底面的高度；

　　　　b_1、b_2——容器中液面位置的读数或读数零点到液面的距离。

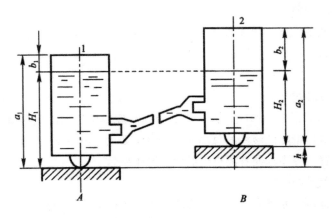

图13-1　静力水准测量原理

　　由于制造的容器不完全一致，探测液面高度的零点位置（起始读数位置）不可能完全相同，为求出两容器的零位差，可将两容器互换位置，求得A、B两点的新的高差A为：

$$h=H_1-H_2=（a_2-a_1）-（b'_2-b'_1）$$

式中，b'_1和b'为对应容器中液面位置的新读数。联合解算式上面式子得：

$$h = \frac{1}{2}\left[(b_2 - b_1) - (b'_2 - b'_1) \right]$$

$$c = a_2 - a_1 = \frac{1}{2}\left[(b_2 - b_1) + (b'_2 - b'_1) \right]$$

式中：C——两容器的零位差。

　　对于确定的两容器，零位差是个常量。若采用自动液面高度探测的传感器，两容器的零位差就是两传感器对应的零位到容器顶面距离不等而产生的差值。对于新仪器或使用中的仪器进行检验时，必须测定零位差。当传感器重新更换或调整时，也必须测定零位差。

　　液体静力水准仪种类较多，但总体上由3部分组成，即液体容器及其外壳、液面高度测量设备和沟通容器的连通管。根据不同的仪器及其结构，液面高度测定方法有目视法、接触法、传感器测量法和光电机械法等。前两种方法精度较低，后两

种方法精度较高且利于自动化测量。

2. 误差来源

液体静力水准测量的原理并不复杂，但要在实际测量中达到很高的精度，必须考虑诸多因素的影响。

（1）仪器的误差

包括观测头的倾斜、测量设备的误差和液体的漏损等。通过仪器制造时的严密检校、调试在仪器壳体上附加用于观测头置平的圆水准器，这些误差可限制在极小的范围内。

（2）温度的影响

水温不均匀对误差的影响较大，且与液柱高度成正比。因此为减小温度对测量系统的影响，应尽量降低液柱的总高度，最好不要大于50mm。此外，连接各容器的管道应水平设置，并力求使各测点处的温度基本一致。

（3）气压差异的影响

为保证液体静力水准仪液面所受的大气压相同，在测头的上部应采用硬橡胶管相互连接，使各测头处液面所受的大气压相等，减小压力差异所产生的高差误差。

（4）对容器的要求

液体静力水准系统一般用玻璃容器盛放液体，容器半径越小，对测量工作越不利。但是，容器半径越大，对加工精度的要求就越高。一般来说，容器内壁应做抛光和精密处理。

（5）对传感器的要求

利用光电机械式探测器或线性差动位移传感器进行液面高度变化的测量，容易实现自动化观测。特别是线性差动位移传感器，价格低、操作简便、精度高、避免了高精度机械加工的要求。

综上分析，液体静力水准测量系统的误差主要包括仪器本身的误差和外界环境影响所产生的误差。如果仪器的加工及安装精度很高，在几十米测量距离范围内的环境条件差异也不显著，通常可以达到很高的精度。在电厂大型汽轮发电机组的安装中，如我国的北仑港电厂，采用液体静力水准测量系统测定各汽缸内转子的高程、推力轴承的高程等，达到了 ±0.01mm ～ ±0.02mm 的高精度。德国的耶拿公司采用液体静力水准测量系统检测大型平板的平整度，精度达到 ±0.01mm。

影响液体静力水准精度的最主要因素是外部环境条件，特别在恶劣的环境条件下，测量人员难以对其进行有效的控制。目前，采用双液体静力水准系统进行测量，可有效地消除由于温度不均匀和各测点的环境温度不一致产生的测量误差。双液体静力水准系统的测量原理参见相关文献。

3. 技术要求

有关变形监测规范对各等级静力水准测量有一定的要求，测量作业过程中应符合下列要求：

（1）观测前向连通管充水时，不得将空气带入，可采用自然压力排气充水法或人工排气充水法进行充水。

（2）连通管应平放在地面上，当通过障碍物时，应防止连通管在垂直方向出现"Ω"形而形成滞气"死角"。连通管任何一段的高度都应低于蓄水罐底部，但最低不宜低于20cm。

（3）观测时间应选在气温最稳定的时段，观测读数应在液体完全呈静态下进行。

（4）测站上安置仪器的接触面应清洁、无灰尘杂物。仪器对中误差不应大于2mm，倾斜度不应大于10°。使用固定式仪器时，应有校验安装面的装置，校验误差不应大于 ± 0.5mm.

（5）宜采用两台仪器对向观测，条件不具备时可采用一台仪器往返观测。每次观测，可取2 ~ 3个读数的中数作为一次观测值。读数较差限值视读数设备精度而定，一般为0.02 ~ 0.04mm。

第三节　水平位移监测技术

一、概述

1. 基本原理

水平位移是指监测点的平面移动，它代表受监控对象的整体位移或者其局部产生的变形。产生水平位移的原因主要是受监控对象受到水平应力的影响，如地基处于滑坡地带等，而产生的地基的水平移动。实时监控水平位移量，能有效地了解监控对象的安全状况，并可根据实际情况采取适当的加固措施。

设某监测点在第k次观测周期所得相应坐标为X_k、Y_k，该点的原始坐标为X_0、Y_0，则该点的水平位移 δ 为：

$$\delta_x = X_k - X_o$$

$$\delta_y = Y_k - Y_o$$

某一时间段t内变形值的变化用平均变形速度来表示。例如，在第n和第m观测周期相隔时间内，观测点的平均变形速度为：

$$\upsilon_{均} = \frac{\delta_n - \delta_m}{t}$$

若t时间段以月份或年份数表示时，则r均为月平均变化速度或年平均变化速度。

2. 测点布设

建筑物水平位移监测的测点宜按两个层次布设，即由控制点组成控制网、由观测点及所联测的控制点组成扩展网；对于单个建筑物上部或构件的位移监测，可将控制点连同观测点按单一层次布设。

控制网可采用测角网、测边网、边角网和导线网等形式。扩展网和单一层次布网有角度交会、边长交会、边角交会、基准线和附合导线等形式。各种布网均应考虑网形强度，长短边不宜差距过大。

为保证变形监测的准确可靠，每一测区的基准点不应少于2个，每一测区的工作基点亦不应少于2个。基准点、工作基点应根据实际情况构成一定的网形，并按规范规定的精度定期进行检测。

平面控制点标志的形式及埋设应符合下列要求。

（1）对特级、一级、二级及有需要的三级位移观测的控制点，应建造观测墩或埋设专门观测标石，并应根据使用仪器和照准标志的类型，顾及观测精度要求，配备强制对中装置。强制对中装置的对中误差最大不应超过±0.1mm，埋设时的整平误差应小于4′。

用于位移监测的基准点（控制点）应稳定可靠，能够长期保存，且建立在便于观测的稳妥的地方。在通常情况下，标墩应建立在基岩上；在地表覆盖层较厚时，可开挖或钻孔至基岩；在条件困难时，可埋设土层混凝土标，这时标墩的基础应适当加大，且需开挖至冻土层以下，最好在基础下埋设3根以上的钢管，以增加标墩的稳定性。

位移监测点（观测点）应与变形体密切结合，且能代表该部位变形体的变形特征。为便于观测和提高测量精度，观测点一般也应建立混凝土标墩，并且埋设强制对中装置。

（2）照准标志应具有明显的几何中心或轴线，并应符合图像反差大、图案对称、相位差小和本身不变形等要求。根据点位不同情况可选用重力平衡球式标、旋入式杆状标、直插式觇牌、屋顶标和墙上标等形式的标志。

该照准牌由底座和照准牌两部分组成，主要用于精密工程测量中角度测量、滑坡观测和水平位移监测中的视准线法观测等。

对于某些直接插入式的照准杆和照准牌，由于其底部大多没有用于整平的基座，其照准目标的倾斜误差可能会比较大，在实际使用过程中应加以注意。

3. 常用方法

水平位移常用的观测方法有以下几种。

（1）大地测量法

大地测量方法是水平位移监测的传统方法，主要包括：三角网测量法、精密导线测量法、交会法等。大地测量法的基本原理是利用三角测量、交会等方法多次测量变形监测点的平面坐标，再将坐标与起始值相比较，从而求得水平位移量。该方法通常需人工观测，劳动强度高，速度慢，特别是交会法受图形强度、观测条件等影响明显，精度较低。但利用正在推广应用的测量机器人技术，实现变形监测的自动化，从而有效提高变形监测的精度。

（2）基准线法

基准线法是变形监测的常用方法，该方法特别适用于直线形建筑物的水平位移监测（如直线形大坝等），其类型主要包括：视准线法、引张线法、激光准直法和垂线法等。

（3）专用测量法

即采用专门的仪器和方法测量两点之间的水平位移，如多点位移计、光纤等。

（4）GPS测量法

利用GPS自动化、全天候观测的特点，在工程的外部布设监测点，可实现高精度、全自动的水平位移监测，该技术已经在我国的部分水利工程中得到应用。

二、交会法

交会法是利用2个或3个已知坐标的工作基点，测定位移标点的坐标变化，从而确定其变形情况的一种测量方法。该方法具有观测方便、测量费用低、不需要特殊仪器等优点，特别适用于人难以到达的变形体的监测工作，如滑坡体、悬崖、坝坡、塔顶、烟囱等。该方法的主要缺点是测量的精度和可靠性较低，高精度的变形监测一般不采用此方法。该方法主要包括测角交会、测边交会和后方交会3种方法。

在进行交会法观测时，首先应设置工作基点。工作基点应尽量选在地质条件良好的基岩上，并尽可能离开承压区，且不受人为的碰撞或振动。工作基点应定期与基准点联测，校核其是否发生变动。工作基点上应设强制对中装置，以减小仪器对中误差的影响。

工作基点到位移监测点的边长不能相差太大，应大致相等，且与监测点大致同高，以免视线倾角过大而影响测量的精度。为减小大气折光的影响，交会边的视线应离地面或障碍物1.2m以上，并应尽量避免视线贴近水面。在利用边长交会法时，还应避免周围强磁场的干扰影响。

三、精密导线法

精密导线法是监测曲线形建筑物（如拱坝等）水平位移的重要方法。按照其观测原理的不同，又可分为精密边角导线法和精密弦矢导线法。弦矢导线法是根据导线边长变化和矢距变化的观测值来求得监测点的实际变形量；边角导线法则是根据导线边长变化和导线的转折角观测值来计算监测点的变形量。由于导线的两个端点之间不通视，无法进行方位角联测，故一般需设计倒垂线控制和校核端点的位移。以下重点介绍较常见的边角导线法。

边角导线的转折角测量是通过高精度经纬仪观测的，而边长大多采用特制钢钢尺进行丈量，也可利用高精度的光电测距仪进行测距。观测前，应按规范的有关规定检查仪器。在洞室和廊道中观测时，应封闭通风口以保持空气平稳，观测的照明设备应采用冷光照明（或手电筒），以减少折光误差。观测时，需分别观测导线点标志的左右侧角各一个测回，并独立进行两次观测，取两次读数中值为该方向观测值。

边角导线的导线长一般不宜大于320m，边数不宜多于20条，同时要求相邻两导线边的长度不宜相差过大。

四、全站仪极坐标法

全站仪又称全站型电子速测仪，是一种兼有电子测距、电子测角、计算和数据自动记录及传输功能的自动化、数字化的三维坐标测量与定位系统。

全站仪由电子测角、电子测距等系统组成，测量结果能自动显示、计算和存储，并能与外围设备自动交换信息。

（1）全站仪的结构

全站仪是集光、机、电于一体的高科技仪器设备，其中轴系机械结构和望远镜光学瞄准系统与光学经纬仪相比没有大的差异，而电子系统主要由以下三大单元构成：

1）子测距单元，外部称为测距仪。

2）电子测角及微处理器单元，外部称为电子经纬仪。

3）电子记录单元或称存储单元。

从系统功能方面来看，上述电子系统又可归纳为光电测量子系统和微处理子系统。光电测量子系统主要由电子测距、角度传感器和倾斜传感器、马达板等部分组成，其主要功能如下：

1）水平角、垂直角测量。

2）距离测量。

3）仪器电子整平与轴系误差自动补偿。

4）轴系驱动和目标自动照准、跟踪等。

微处理子系统主要由中央处理器、内存、键盘/显示器组件等部件和有关软件组成，主要功能如下：

1）控制和检核各类测量程序和指令，确保全站仪各部件有序工作。

2）角度电子测微，距离精、粗读数等内容的逻辑判断与数据链接，全站仪轴系误差的补偿与改正。

3）距离测量的气象改正或其他归化改算等。

4）管理数据的显示、处理与存储，以及与外围设备的信息交换等。

（2）全站仪的分类

全站仪按测距仪测距分类，可以分为以下3类。

1）短程测距全站仪：测程小于3km，一般匹配测距精度为 ±（5mm+5×10^{-6}D），主要用于普通工程测量和城市测量。

2）中程测距全站仪：测程为 3 ~ 15km，一般匹配测距精度为 ±（5mm+2×10^{-6}D）~（±2mm+2×10^{-6}D），通常用于一般等级的控制测量。

3）长程测距全站仪：测程大于15km，一般匹配测距精度为 ±（5mm+1×10^{-6}D），通常用于国家三角网及特级导线的测量。

全站仪按测角、测距准确度等级划分，主要可分为4类（见表13-1）。

表13-1　全站仪准确度等级分类

准确度等级	测角标准偏差（"）	测距标准偏差（mm）
I	$\lvert m\beta \rvert \leqslant 1$	$\lvert mD \rvert \leqslant 3$
II	$1 < \lvert m\beta \rvert \leqslant 2$	$3 < \lvert mD \rvert \leqslant 5$
III	$2 < \lvert m\beta \rvert \leqslant 6$	$5 < \lvert mD \rvert \leqslant 10$
IV	$6 < \lvert m\beta \rvert \leqslant 10$	$10 < \lvert mD \rvert \leqslant 20$

（3）全站仪测量

全站仪坐标法测量充分利用了全站仪测角、测距和计算一体化的特点，只需要输入必要的已知数据，就可很快地得到待测点的三维坐标，操作十分方便。由于目前全站仪已十分普及，该方法的应用也已相当普遍。

全站仪架设在已知点A上，只要输入测站点A、后视点B的坐标，瞄准后视点定向，按下反方位角键，则仪器自动将测站与后视的方位角设置在该方向上。然后，瞄准待测目标，按下测量键，仪器将很快地测量水平角、垂直角、距离，并利用这些数据计算待测点的三维坐标。

用全站仪测量点位，可事先输入气象要素（现场的温度和气压），仪器会自动进行气象改正。因此，用全站仪测量点位既能保证精度，又操作十分方便，无须做任何手工计算。

五、视准线法

1. 基本原理

视准线法是基准线法测量的方法之一，它是利用经纬仪或视准仪的视准轴构成基准线，通过该基准线的铅垂面作为基准面，并以此铅垂面为标准，测定其他观测点相对于该铅垂面的水平位移量的一种方法。为保证基准线的稳定，必须在视准线的两端设置基准点或工作基点。视准线法所用设备普通、操作简便、费用少，是一种应用较广的观测方法。但是，该方法同样受多种因素的影响，如照准精度、大气折光等，操作不当时，误差不容易控制，精度会受到明显的影响。

用视准线法测量水平位移，关键在于提供一条方向线，故所用仪器首先应考虑望远镜放大率和旋转轴的角度。在实际工作中，一般采用DJ1型经纬仪或视准仪进行观测。

2. 视准线布置

视准线一般分三级布点，即基准点、工作基点和观测点，当条件允许时，也可将基准点和工作基点合并布设。视准线的两个基点必须稳定可靠，即应选择在较稳定的区域，并具备高一级的基准点经常检核的条件，且便于安置仪器和观测。各观测点基本位于视准基面上，且与被检核的建筑部位牢固地成为一体。整条视准线离各种障碍物需有一定距离，以减弱旁折光的影响。

工作基点（端点）和观测点应浇筑混凝土观测墩，埋设强制对中底座。墩面离地表1.2m以上，以减弱近地面大气湍流的影响。为减弱观测仪竖轴倾斜对观测值的影响，各观测墩面力求基本位于同一高程面内。

位移标点的标墩应与变形体连接，从表面以下0.3～0.4m处浇筑，其顶部也应埋设强制对中设备。常常还在位移标点的基脚或顶部设铜质标志，兼作垂直位移的标点。

视准线的长度一般不应超过300m，当视线超过300m时，应分段观测，即在中间设置工作基点，先观测工作基点的位移量，再分段观测各观测点的位移量，最后将各位移量换算到统一的基准下。

观测使用的照准标牌图案应简单、清晰、有足够的反差、呈中心对称，这对提高视准线观测精度有重要影响。觇标分为固定觇标和活动觇标。前者安置在工作基点上，供经纬仪瞄准构成视准线用；后者安置在位移标点上，供经纬仪瞄准以测定位移标点的偏离值用。图式活动觇标，其上附有微动螺旋和游标，可使觇标在基座的分划尺上左右移动，利用游标读数，一般可读至0.1mm。

六、引张线法

所谓引张线，就是在两个工作基点间拉紧一根不锈钢丝而建立的一条基准线。以此基准线对设置在建筑上的变形监测点进行偏离量的监测，从而可求得各测点水平位移。引张线法是精密基准线测量的主要方法之一，广泛应用于各种工程测量，苏联较早将其应用于大坝水平位移观测，20世纪60年代该方法引入国内，并在我国大坝安全监测领域得到了广泛的应用。

在直线形建筑物中用引张线方法测量水平位移，因其设备简单、测量方便、速度快，精度高、成本低而在我国得到了广泛的应用。此外，在采用引张线自动观测设备后，可克服观测时间长、劳动强度大等不利因素，进一步发挥引张线在安全监测中的作用。早期安装在大坝上的引张线仪，由人工测读水平位移。随着自动化技术的发展，国内已有步进电机光电跟踪式引张线仪、电容感应式引张线仪、CCD式引张线仪，以及电磁感应式引张线仪等。

1. 有浮托引张线

引张线系统测线一般采用钢丝，测线在重力作用下所形成的悬链线垂径较大，工作现场不易布置，因此采用若干浮托装置，托起测线，使测线形成若干段较短的悬链线，以减小垂径。按照这种方法布置的引张线称为有浮托引张线。

（1）系统构造

引张线的设备主要包括端点装置、测点装置、测线及其保护管。

端点装置可采用一端固定，另一端加力的方式，也可采用两端加力的方式。加力端装置包括定位卡、滑轮和重锤，固定端装置仅有定位卡和固定栓。定位卡的作用是保证测线在更换前后的位置保持不变，定位卡的V形槽槽底应水平，且方向与测线一致。滑轮的作用是使测线能平滑移动，在安装时，应使滑轮槽的方向及高度与定位卡的V形槽一致。重锤的大小应根据测线的长度确定，引张线长度在200 ～ 600m时，一般采用40 ～ 80kg的重锤张拉。

有浮托引张线的测点装置包括水箱、浮船、读数尺、底盘和测点保护箱。浮船的体积通常为其承载重量与其自重之和的排水量的1.5倍。水箱的长、宽、高为浮船的1.5 ～ 2倍，水箱水面应有足够的调节余地，以便调整测线高度满足测量工作的需要，寒冷地区水箱中应采用防冻液。读数尺的长度应大于位移量的变幅，一般不小于50mm。同一条引张线的读数尺零方向必须一致，一般将零点安装在下游侧，尺面应保持水平，尺的分划线应平行于测线，尺的位置应根据尺的量程和位移量的变化范围而定。

测线一般采用0.8 ～ 1.2mm的不锈钢丝，要求表面光滑，粗细均匀，抗拉强度大。为了防风及保护测线，通常用把测线套在保护管内。保护管的管径应大于位移量的2 ～ 3倍，并在管中呈自由状态。以前主要用钢管，现在大多用PVC管。保护管安装时，宜使测线位于保护管中心，至少须保证测线在管内有足够的活动范周。保护管和测点保护箱应封闭防风。

（2）引张线的观测

以引张线法测定水平位移时，就是视整条引张线为固定基准线。为了测定各监测点的位移值，可在不同时间测出钢丝在各测点标尺上对应的读数，读数的变化值就是监测点相对于两端点的位移值。

引张线观测中的作业步骤如下：

1）检查整条引张线各处有无障碍，设备是否完好。

2）在两端点处同时小心地悬挂重锤，引张线在端点处固定。

3）对每个水箱加水，使钢丝离开不锈钢标尺面0.3 ～ 0.5mm。同时检查各观测箱，不使水箱边缘或读数标尺接触钢丝。浮船应处于自由浮动态。

4）采用读数显微镜观测时，先目视读取标尺上的读数，然后用显微镜读取毫米以下的小数。由于钢丝有一定的宽度，不能直接读出钢丝中心线对应的数值，所以必须读取钢丝左右两边对应于不锈钢尺上的数值，然后取平均求得钢丝中心的读数。

5）从引张线的一端观测到另一端为1个测回，每次观测应进行3个测回，3个测回的互差应小于0.2mm。测回间应轻微拨动中部测点处的浮船，并待其静止后再观测下一测回。观测工作全部结束后，先松开夹线装置再下重锤。

6）计算观测点的位移值。

2. 无浮托引张线

随着安全监测自动化程度的不断提高，引张线观测技术也由人工观测向自动化观测的方向发展。在实现引张线自动观测时，目前大多数情况是在浮托引张线法的基础上增加自动测读设备，形成引张线自动观测系统。而这种系统在全自动观测时存在一些问题：①回避了引张线观测前的检查和调整工作，在自动观测时不能确定测线是否处于正常工作状态；②忽略了测回间对测线进行拨动的程序要求，不能有效地检验和消除浮托装置所引起的测线复位误差；③浮液长期不进行更换，浮液被污染或变质，增加了对浮船的阻力，增大了测线的复位误差。因此，这种引张线观测系统的全自动观测，还需要进行人为干预，不能形成真正意义上的自动观测系统。

为了解决引张线实现自动化中的种种问题，最根本的方法就是在系统中取消浮托装置，这样不但可以减少误差，提高引张线的综合精度，而且可以简化引张线的观测程序，便于其实现完全的自动化观测系统。

（1）观测设备

无浮托引张线其观测原理与有浮托的基本相同，但它的设备较为简单。引张线的一端固定在端点上，另一端通过滑轮悬挂一重锤将引张线拉直，取消了各测点的水箱和浮船等装置，在各测点上只安装读数尺和安装引张线仪的底板，用以测定读数尺或引张线仪相对于引张线的读数变化，从而算出测点的位移值。

由于引张线有自重，如拉力不足，引张线的垂径过大，灵敏度不足，影响观测精度；拉力过大，势必将引张线拉断。按规定，所施拉力应小于引张线极限拉力的1/2。若采用普通不锈钢丝作引张线，当不锈钢丝直径为0.8mm，施以400N拉力时，引张线长为140m时，其垂径约为0.26m。因此，当采用普通不锈钢丝作引张线时，无浮托引张线的长度一般不应大于150m。近几年经过研制试验，采用密度较小、抗拉强度较大的特殊线材作引张线，其长度可达500m，已经在国内一些大坝安装试验获得成功，这将为无浮托引张线的使用，开拓更大空间。

（2）观测方法

无浮托引张线的观测方法与有浮托的基本相同，既可用显微镜在各测点的读数尺上读数，亦可在各测点上安装光电引张线仪进行遥测。由于它不需到现场调节各测点的水位，测点的障碍物也较少，不仅节约大量时间，且其稳定性和可靠性都高于有浮托的引张线，可以实现引张线观测的全自动化。

3. 误差分析

引张线测量系统的误差主要包括观测误差和外界条件的影响两个方面。

观测误差与所用的观测仪器、作业方法、观测人员的熟练程度等因素有关。根据大量重复观测资料的统计分析，对于一个熟练的观测人员，使用读数显微镜观测引张线，则3测回的平均值精度可达±0.04mm左右。另外，由于引张线的两个端点需要在测前进行检测，因而存在一定的检测误差，但该误差一般较小。大量的研究结果表明，在通常条件下，引张线测定偏离值的精度，若取3测回平均值计算，可达±0.1mm左右的精度。因此，引张线法是一种高精度的偏移值观测方法。

影响引张线监测精度的因素，除上述分析的测点观测误差外，还取决于它的复位误差。较长距离的引张线，为克服钢丝的下垂，在各个测点处设置漂浮于液面上的浮体，由浮体抬托引张线体，而使整个引张线基本处于同一水平面。由于液体的黏滞阻力，当测点产生微小位移时，若引张线两端拉力产生的分力不足以克服浮体的黏滞阻力，则浮体将随测点一起作微小位移，此时测点相对于固定基准的微小位移就不可能测定。这种由于黏滞阻力而引起的当测点位移变动时，引张线本身不能恢复到原有位置所产生的误差，就是引张线的复位误差。为减弱此误差，除了观测工作的仔细及采用高精度的观测仪器外，应注意采用黏滞度小的液体以及承托钢丝的浮体加工成流线型的船体型，以进一步降低浮体的黏滞阻力；或在监测距离较短时，采用无浮装置的引张线系统，以取得更好效果。

在引张线观测时，由于风的作用，可能会使测线产生明显的偏离，从而产生明显的观测误差。因此，在观测时，应关闭廊道及通风口门，观测点保护箱应盖严。

七、垂线测量法

垂线有两种形式：正垂线和倒垂线。正垂线一般用于建筑物各高程面处的水平位移监测、挠度观测和倾斜测量等。倒垂线大多用于岩层错动监测、挠度监测，或用作水平位移的基准点。

1. 正垂线

（1）系统结构

正垂线装置的主要部件包括：悬线设备、固定线夹、活动线夹、观测墩、垂线、重锤及油箱等。正垂线是将钢丝上端悬挂于建筑物的顶部，通过竖井至建筑物的底部，在下端悬挂重锤，并放置在油桶之中，便于垂线的稳定，以此来测定建筑物顶部至底部的相对位移。

在变形监测中，正垂线应设置保护管，其目的一方面可保护垂线不受损坏；另一方面可防止风力的影响，提高垂线观测值的精度。在条件良好的环境中，也可不加保护管，例如，重力拱坝的垂线可设置在专门设计的竖井内。

（2）观测方法

正垂线的观测方法有多点观测法和多点夹线法两种。多点观测法是利用同一垂线，在不同高程位置上安置垂线观测仪，以坐标仪或遥测装置测定各观测点与此垂线的相对位移值。多点夹线法是将垂线坐标仪设置在垂线底部的观测墩上，而在各测点处埋设活动线夹，测量时，可自上而下依次在各测点上用活动线夹夹住垂线，同时在观测墩上用垂线坐标仪读取各测点对应的垂线读数。多点夹线法适用于各观测点位移变化范围不大的情况。

在大坝变形中，采用多点夹线法观测时，一般需观测2个测回，每测回中应两次照准垂线读数，其限差为±0.3mm，两测回间的互差不得大于0.3mm。多点夹线法仅需一台坐标仪且不必搬动仪器。但由于观测点上均需多次夹住垂线，易使垂线受损，并且活动线夹质量较差时，会增加观测的误差；同时，多点夹线法每次需人工进行夹线操作，工作效率较低，不利于监测的自动化。而多点观测法可在每个测点上设置坐标仪，有利于监测的自动化，但相应的系统造价也提高了。

（3）误差分析

正垂线观测中的误差主要有夹线误差、照准误差、读数误差、对中误差、垂线仪的零位漂移和螺杆与滑块间的隙动误差等。要十分精确地定量分析这些误差是十分困难的。对此有些研究人员根据大量的观测数据，按误差传播定律/进行正垂线测量精度的统计分析。分析时，按每次测量中两测回的测回差进行计算，求得一测回的中误差约为±0.084mm，则一次照准的中误差约为±0.12mm。如果考虑垂线仪的零位漂移误差，那么每次测量值（两测回平均值）的中误差将可能达到±0.2mm。

坐标仪的零位漂移误差是正垂线测量中的一项重要误差，其变化比较复杂，且变化量也比较大。因此，在每次测量前后，都应该对垂线坐标仪的零位进行检测。光学垂线坐标仪一般在专用的观测墩上进行，自动遥测垂线坐标仪一般采用仪器内部的检测装置进行检测，并自动进行改正。

2. 倒垂线

（1）系统构造

倒垂线装置的主要部件包括孔底锚块、不锈钢丝、浮托设备、孔壁衬管和观测墩等。倒垂线是将钢丝的一端与锚块固定，而另一端与浮托设备相连，在浮力的作用下，钢丝被张紧，只要锚块稳定不动，钢丝将始终位于同一铅垂位置上，从而为变形监测提供一条稳定的基准线。

倒垂线钻孔的保护管（孔壁衬管）一般采用壁厚5～7mm的无缝钢管，其内径不宜小于100mm。由于倒垂的孔壁衬管为钢管，因此各段钢管间应该用管接头紧密相连，以防止孔壁上的泥石等落入井孔中，有效地阻止钻孔渗水对倒垂线的损害。孔壁衬管在放入钻孔前必须检查它的直线度，以保证倒垂线发挥最大的效用。衬管正式下管前，要将钻孔中的水抽净，并灌入0.5m深的水泥砂浆。衬管与钻孔之间的空隙也应该用水泥砂浆填满。

浮托装置是用来拉紧固定在孔底锚块上的钢丝并使钢丝位于铅垂线上的设备。浮体组一般采用恒定浮力式，浮子的浮力应根据倒垂线的测线的长度确定。浮体安装前必须进行调整实验，以保证浮体产生的拉力在钢丝允许的拉应力范围内。浮体不能产生偏心，合力点要稳定，承载浮体的油箱要有足够大小的尺寸。

孔底锚块需埋设于基岩的一定深度处。目前对于倒垂锚块设置的深度尚无统一标准，有些设置于基岩下20～30m，也有些设置于50～80m深处。在大坝变形监测中，倒垂锚块设置的一般原则是，把铺块埋设于理论计算的坝体压应力影响线和库水的水力作用线范围以外的稳固基岩中。

测线应采用强度较高的不锈钢丝，其直径的选择应保证极限拉力大于浮子浮力的3倍，通常选用直径1.0～1.2mm的钢丝。

倒垂观测墩面应埋设有强制对中底盘，供安置垂线观测仪。为了利于多种变形监测系统的联系，倒垂装置最好能设置于工作基点观测墩上。如果因条件有限，两者不能设置在一起，那么必须很好地考虑它们测量工作之间的联系，以便把不同观测系统所得的结果纳入统一的基准中，以利于资料的分析和处理。

（2）倒垂线的观测

倒垂线观测前，应首先检查钢丝是否有足够的张力，浮体有无与浮桶壁相接触。若浮体与浮桶相接触，应把浮桶稍微移动直到两者脱离接触为止。待钢丝静止后，用坐标仪进行观测。

变形监测中，倒垂线一般要求精确观测3测回，每测回中，应使仪器从正、反两个方向导入而照准钢丝，两次读数差不得大于0.3mm，各测回间的互差不得大于0.3mm，并取3测回平均值作为结果。

（3）误差分析

倒垂线测量的误差主要来源于浮力产生的误差、垂线观测仪产生的误差、外界条件变化产生的误差。从倒垂设备本身的误差而言，主要有垂线摆动后的复位误差、浮力变化产生的误差、浮体合力点变动而带来的误差。研究表明：第一项的误差对倒垂测量精度影响较大，该项影响与垂线长度和垂线的拉力直接相关，一般可达到0.1～0.3mm；倒垂测量中，还会因仪器的对中、调平、读数和零位漂移等因素使测量结果产生误差。因此，倒垂观测时，应选择品质优良的仪器，并要经常对仪器进行检验。通常认为，倒垂线测量的精度可以达到0.1～0.3mm。

坐标仪的零位漂移误差对各次观测影响是相同的，有时可达到相当大的数值，所以观测前应精确测定仪器零位值并对观测结果施加零位改正。

倒垂线观测的复位误差是影响倒垂观测精度的一个重要因素。复位误差是由倒垂本身结构、钢丝所施的拉应力大小、浮桶所受液体黏滞阻力等因素所产生的。垂线的复位误差主要与垂线长度（钢丝残余的挠曲应力）及垂线所受的拉应力有关。浮桶所受的黏滞阻力很复杂，它与浮桶的形状、浸入液体的表面积及液体黏滞系数有关，有待进一步详细研究。

第四节　应力应变监测技术

一、概述

1. 应力应变监测的范畴

在所考察的截面某一点单位面积上的内力称为应力，应力是反映物体一点处受力程度的力学量，同截面垂直的称为正应力或法向应力，同截面相切的称为剪应力或切应力。物体由于外因（受力、温度变化等）而变形，变形的程度称为应变。应变有正应变（线应变）、切应变（角应变）及体应变。

应力（应变）会随着外力的增加而增长，对于某一种材料，应力（应变）的增长是有限度的，超过这一限度，材料就要被破坏。对某种材料来说，应力（应变）可能达到的这个限度称为该种材料的极限应力。极限应力值要通过材料的力学试验来测定。将测定的极限应力作适当降低，规定出材料能安全工作的应力最大值，这就是许用应力。材料要想安全使用，在使用时其内的应力应低于它的极限应力，否则材料就会在使用时发生破坏，这就涉及应力应变监测的问题了。

应力应变监测涵盖范围非常广，实际工程中经常用到的有锚索（杆）应力监测、土钉拉力监测、支撑内力监测、围护墙内力监测、围檩内力监测、立柱内力监测、建筑结构梁应力监测、钢结构应变监测、混凝土应变监测等。

2. 工作仪器、设备简介

（1）监测传感器及基本原理（钢弦式传感器）

监测传感器是地下工程施工前或施工过程中直接埋设在地层及结构物中，用以监测其在施工阶段受力和变形的传感器。按照它们的工作原理可分成差动电阻式（卡尔逊式）、钢弦式、电阻应变式、电感式等多种。

目前地下工程中使用较多的是钢弦式和电阻应变片式传感器。钢弦式传感器是利用钢弦的振动频率将物理量变为电量，再通过二次测量仪表（频率计）将频率的变化反映出来。当钢弦在外力作用下产生变形时，其振动频率即发生变化。在传感器内有一块电磁铁，当激振发生器向线圈内通入脉冲电流时钢弦振动。钢弦的振动又在电磁线圈内产生交变电动势。利用频率计就可测得此交变电动势即钢弦的振动频率。根据预先标定的频率-应力曲线或频率-应变曲线即可换算出所需测定的压力值或变形值。由于频率信号不受传感器与接收仪器之间信号电缆长度的影响，因此钢弦式传感器十分适用于长距离遥测（国内电缆可长达1000m，国外电缆可长达1500m）。当然，无线传输技术的应用也为长距离遥测提供了技术支撑。钢弦式传感器还具有稳定性、耐久性好的特点。能适应相对较差的监测环境，在目前工程实践中得到了广泛应用。

钢弦式传感器可制作成用于不同监测参数的传感器，如应变计、钢筋应力计、轴力计、（孔隙水压力计和土压力盒）等。

1）应变计

应变计是用于监测结构承受荷载、温度变化而产生变形的监测传感器。与应力计所不同的是，应变计中传感器的刚度要远远小于监测对象的刚度。根据应变计的布置方式，可分为表面应变计和埋入式应变计。

①表面应变计。表面应变计主要用于钢结构表面，也可用于混凝土表面。表面应变计由两块安装钢支座、微振线圈、电缆组件和应变杆组成，其微振线圈可从应变杆卸下，这样就增加了一个可变度使传感器的安装、维护更为方便，并且可以调节测量范围（标距）。安装时使用一个定位托架，用电弧焊将两端的安装钢支座焊（或安装）在待测结构的表面。表面应变计的特点在于安装快捷，可在测试开始前再行安装，避免前期施工造成的损坏，传感器成活率高。

②埋入式应变计。埋入式应变计可在混凝土结构浇筑时，直接埋入混凝土中用于地下工程的长期应变测量。埋入式应变计的两端有两个不锈钢圆盘。圆盘之间用柔性的铝合金波纹管连接，中间放置一根张拉好的钢弦，将应变计埋入混凝土内。混凝土的变形（应变）使两端圆盘相对移动，这样就改变了张力，用电磁线圈激振钢弦，通过监测钢弦的频率求混凝土的变形。埋入式应变计因完全埋在混凝土中，不受外界施工的影响，稳定性耐久性好，使用寿命长。

2）钢筋应力计

用于测量钢筋混凝土内的钢筋应力。可根据被测钢筋的直径选配与之相应的钢筋应力计。

3）轴力计

在基坑工程中轴力计主要用于测量钢支撑的轴力。轴力计的外壳是一个经过热处理的高强度钢筒。在筒内装有应变计，用来测读作用在钢筒上的荷载。

4）孔隙水压力计

孔隙水压力计（渗压计）是用于测量由于打桩、基坑开挖、地下工程开挖等作业扰动土体而引起的孔隙水压变化的测量传感器。孔隙水压力计由金属壳体和透水石组成，孔隙水渗入透水石作用于传感器。

5）土压力计（盒）

土压力计按埋入方式分为埋入式和边界式两种。土压力盒是置于土体与结构界面上或埋设在自由土体中，用于测量土体对结构的土压力及地层中土压力变化的测量传感器。根据其内部结构不同又有单膜和双膜两类。单膜式受接触介质的影响较大，而使用前的标定要与实际土体一致往往做不到，因而测试误差较大。一般使用于测量界面土压力目前采用较广的是双膜式，其对各种介质具有较强适应性。因此多用于测量土体内部的土压力，依据土压力盒的测量原理结构材料和外形尺寸，使用时可根据实际用途、施工方式、量程大小进行选择。

（2）测试仪器、设备（频率仪）

频率仪是用来测读钢弦式传感器钢弦振动频率值的二次接收仪表。目前现场常用的是采用单片计算机技术，测量范围在 $500 \sim 5000\text{Hz}$，分辨率 0.1Hz 的数显频率仪。

1）安装电池。打开仪器背后的电池盒盖，依照所示正负极安装密封电池，应使用优质电池，以防电液损坏仪器。

2）连接测量导线。将单点测量线或多点测量控制线插接在仪器上。禁止在开机带电状态下插拔测量线，以免造成分线箱永久损坏。

3）通电测读。打开电源开关，仪器自检后进入等待测量状态，按动键开始选点测量，读取稳定的测试数据。

二、锚索（杆）应力监测

1. 锚索（杆）应力监测点的布设

锚索（杆）应力监测是采用在初期支护的锚索上安装锚索测力计，通过测力计数据的变化，了解锚索实际工作状态及变形过程、受力大小、受力状态和工作状态，借以修正锚索设计参数，评价锚索的支护效果及其安全性。

锚杆内力监测点应选择在受力较大且具有代表性的位置，每层锚杆内力监测点数量应为该层锚索总数的 $1\% \sim 3\%$，并不应少于 3 根。各层监测点位置在竖向上宜保持一致，锚索应力计安装。

2. 锚索（杆）应力监测的方法

（1）传感器的埋设

目前为了减少不均匀和偏心受力的影响，设计时一般由三个或四个钢弦式传感器组成，然后外置高强度合金钢圆筒（可起防水密封的作用），最后再进行传感器的安装。具体步骤如下：

1）安装前检查钢绞线的轴线方向与钢垫板平面近似垂直，如果不垂直将会导致传感器在锚索张拉过程中在垫板上发生滑移，导致测量结果失真。

2）安装时，钢绞线从圆筒中心穿过，传感器处于钢垫板和工作锚具之间。

3）传感器应该尽量对中，避免过大的偏心荷载，承载板应平整，不得有焊疤、焊渣及其他异物。

4）传感器受力面应对应于压力方向。

5）安装完后，传感器在未张拉前连接配套的二次测量仪表。

6）锚索张拉时，记录各级张拉荷载对应的预应力。

（2）锚索（杆）应力监测的测量方法

锚索施工完成后应对传感器进行检查测试，并取下一层土方开挖前连续2d获得的稳定测试数据的平均值作为初始值。测量仪器的精度不宜低于0.5%F·S，分辨率不宜低于0.2%F·S。

钢弦式传感器测试方法可分为手动和自动两类。目前工程中常用的为手动测试，即用手持式数显频率仪现场测试传感器频率。具体操作方法为，接通频率仪电源，将频率仪两根测试导线分别接在传感器的导线上，按频率仪测试按钮，频率仪数显窗口会出现数据（传感器频率），反复测试几次，观测数据是否稳定，如果几次测试的数据变化量在1Hz以内.可以认为测试数据稳定，取平均值作为测试值。由于频率仪在测试时会发出很高的脉冲电流，所以在测试时操作者必须使测试接头保持干燥，并使接头处的两根导线相互分开，不要有任何接触，不然会影响测试结果。

现场原始记录必须采用专用格式的记录纸，除记录下传感器编号和对应测试频率外，原始记录纸上还要充分反映环境和施工信息。

三、土钉内力监测

1. 土钉内力监测点的布设

土钉的内力监测点应选择在受力较大且有代表性的位置，基坑每边中部、阳角处和地质条件复杂的区段宜布置监测点。监测点的数量和间距应视具体情况而定，各层监测点位置在竖向上宜保持一致。每根土钉杆体上的监测点应设置在有代表性的受力位置。

2.　土钉内力监测的方法

（1）传感器的埋设

将应力计串联焊接到锚杆杆体的预留位置上，并将导线编号后绑扎在钢筋上导出，从传感器引出的测量导线应留有足够的长度，中间不宜留接头。应力计两边的钢筋长度应不小于35d（d为钢筋的直径），以备有足够的锚固长度来传递粘结应力。在进行施工前应对钢筋上的应力计逐一进行测量检查，并对同一断面的应力计进行位置核定、导线编号，最好对不同位置的应力计选用不同颜色的导线，以便在日后施工中不慎碰断导线，还可根据颜色来判断其位置。

外在应力计与受力主筋进行焊接时，容易产生高温，会对传感器产生不利影响。所以，在实际操作时有两种处理方法。其一，有条件时应先将连杆与受力钢筋碰焊对接（或碰焊），然后再旋上应力计。其二，在安装应力计的位置上先截下一段不小于传感器长度的主筋，然后将连上连杆的应力计焊接在被测主筋上焊上。应力计连杆应有足够的长度，以满足规范对搭接焊缝长度的要求。在焊接时，为避免传感器受热损坏，要在传感器上包上湿布并不断浇冷水，直到焊接完毕后钢筋冷却到一定温度为止。在焊接过程中还应不断测试传感器，看传感器是否处于正常状态。

（2）土钉内力监测的测量方法

测量方法与锚索应力测量方法一致，直接量取的是传感器的频率。

四、支撑内力监测

1.　支撑内力监测点的布设

宜设置在支撑内力较大或在整个支撑系统中起控制作用的杆件上；每层支撑的内力监测点不应少于3个，各层支撑的监测点位置在竖向上宜保持一致；钢支撑的监测截面宜选择在两支点间1/3部位或支撑的端头；混凝土支撑的监测截面宜选择在点间1/3部位，并避开节点位置。

2.　支撑内力监测的方法

（1）传感器的埋设

1）钢筋混凝土支撑

目前钢筋混凝土支撑杆件，主要采用钢筋计监测钢筋的应力，然后通过钢筋与混凝土共同工作、变形协调条件反算支撑的轴力。当监测断面选定后监测传感器应布置在该断面的4个角上或4条边上以便必要时可计算轴力的偏心距，且在求取平均值时更可靠（考虑个别传感器埋设失败或遭施工破坏等情况），当为了使监测投资更为经济或同工程中的监测断面较多，每次监测工作时间有限时也可在个监测断面上下对称、左右对称或在对角线方向布置两个监测传感器。

钢筋计与受力主筋一般通过连杆电焊的方式连接。因电焊容易产生高温，会对传感器产生不利影响。所以，在实际操作时有两种处理方法。其一，有条件时应先将连杆与受力钢筋碰焊对接（或碰焊），然后再旋上钢筋计。其二，在安装钢筋计的位置上先截下一段不小于传感器长度的主筋，然后将连上连杆的钢筋计焊接在被测主筋上。钢筋计连杆应有足够的长度，以满足规范对搭接焊缝长度的要求。在焊接时，为避免传感器受热损坏，要在传感器上包上湿布并不断浇冷水，直到焊接完毕后钢筋冷却到一定温度为止。在焊接过程中还应不断测试传感器，看看传感器是否处于正常状态。

钢筋计电缆一般为一次成型，不宜在现场加长。如需接长，应在接线完成后检查钢筋计的绝缘电阻和频率初值是否正常。要求电缆接头焊接可靠，稳定且防水性能达到规定的耐水压要求。做好钢筋计的编号工作。

2）钢支撑

对于钢结构支撑杆件，目前较普遍的是采用轴力计（也称反力计）。轴力计可直接监测支撑轴力。

轴力计安装：将轴力计圆形钢筒安装架上没有开槽的一端面与支撑固定头断面钢板焊接牢固，电焊时安装架必须与钢支撑中心轴线与安装中心点对齐。待冷却后，把轴力计推入焊好的安装架圆形钢筒内并用圆形钢筒上的4个M10螺丝把轴力计牢固地固定在安装架内，然后把轴力计的电缆妥善地绑在安装架的两翅膀内侧，确保支撑吊装时，轴力计和电缆不会掉下来。起吊前，测量一下轴力计的初频，是否与出厂时的初频相符合（≤±20Hz）。钢支撑吊装到位后，在轴力计与墙体钢板间插入一块250mm×250mm×25mm钢板，防止钢支撑受力后轴力计陷入墙体内，造成测值不准等情况发生。在施加钢支撑预应力前，把轴力计的电缆引至方便正常测量位置，测试轴力计初始频率。在钢支撑施加预应力同时测试轴力计，看其是否正常工作。待钢支撑预应力施加结束后，测试轴力计的轴力，检验轴力计所测轴力与施加在钢支撑上的预顶力是否一致。

（2）支撑内力监测的测量

测量方法与锚索应力测量方法一致，直接量取的是传感器的频率。

五、围护墙内力监测

1. 围护墙内力监测点的布设

围护墙内力监测断面应选在围护结构中出现弯矩极值的部位。在平面上，可选择围护结构位于两支撑的跨中部位、开挖深度较大以及水土压力或地表超载较大的地方。在立面上可选择支撑处和每层支撑的中间，此处往往发生极大负弯矩和极大正弯矩。若能取得围护结构弯矩设计值，则可参考最不利工况下的最不利截面位置进行钢筋计的布设。围护墙内力测试传感器采用钢筋计，安装方法同钢筋混凝土支撑。当钢筋笼绑扎完毕后，将钢筋计串联焊接到受力主筋的预留位置上，并将导线编号后绑扎在钢筋笼上导出地表，从传感器引出的测量导线应留有足够的长度，中间不宜有接头，在特殊情况下采用接头时，应采取有效的防水措施。钢筋笼下沉前应对所有钢筋计全都测定核查焊接位置及编号无误后方可施工。对于桩内的环形钢筋笼、要保证焊有钢筋计的主筋位于开挖时的最大受力位置，即一对钢筋计的水平连线与基坑边线垂直，并保持下沉过程中不发生扭曲。钢筋笼焊接时，要对测量电缆遮盖湿麻袋进行保护。浇捣混凝土的导管与钢筋计位置应错开以免导管上下时损伤监测传感器和电缆。电缆露出围护结构，应套上钢管，避免日后凿除浮渣时造成损坏。混凝土浇筑完毕后，应立即复测钢筋计，核对编号，并将同立面上的钢筋计导线接在同一块接线板不同编号的接线柱，以便日后监测。

2. 围护墙内力监测的测量方法

测量方法与锚索应力测量方法一致，直接量取的是传感器的频率。

六、围檩内力监测

1. 围檩内力监测点的布设

围护支护系统中围檩有钢筋混凝土围檩和钢围檩之分，钢筋混凝土围檩内力传感器安装同钢筋混凝土支撑，采用钢筋计监测钢筋的应力，然后通过钢筋与混凝土共同工作、变形协调条件反算围檩内力。钢围檩内力传感器安装采用表面应变计，通过监测钢围檩应变，计算钢围檩内力。传感器安装与支撑内力传感器安装方法一致。

2. 围檩内力监测的测量方法

围檩内力监测的测量方法及计算原理与支撑内力一致。

七、立柱内力监测

1. 立柱内力监测点的布设

立柱的内力监测点宜布置在受力较大的立柱上，位置宜设置在坑底以上各层立柱下部的1/3部位，每个截面内不应少于4个传感器。传感器的安装与支撑内力传感器安装方法一致。

2. 立柱内力监测的测量方法

立柱内力监测的测量方法及计算原理与支撑内力一致。

八、建筑结构梁应力监测

1. 建筑结构梁应力监测点的布设

建筑结构梁应力监测点宜布置在受力较大或具有代表性的梁上，每个梁上的监测点宜设置在最受力的部位，每个截面内不应少于4个传感器。传感器的安装与支撑内力传感器安装方法一致。

2. 建筑结构梁应力监测的测量方法

建筑结构梁应力监测的测量方法及计算原理与支撑内力一致。

九、应变监测

1. 钢结构应变监测

（1）钢结构应变监测点的布设

钢结构应变监测主要使用表面应变计。表面应变计由两块安装钢支座、微振线圈、电缆组件和应变杆组成，其微振线圈可从应变杆卸下，这样就增加了一个可变度使传感器的安装、维护更为方便，并且可以调节测量范围（标距）。表面应变计的特点在于安装快捷，可在测试开始前再行安装，避免前期施工造成的损坏，传感器成活率高。其安装过程如下：

在钢支撑同一截面两侧分别焊上表面应变计，应变计应与支撑轴线保持平行或在同一平面上。焊接前先将安装杆固定在钢支座上，确定好钢支座的位置，然后将钢支座焊接在钢支撑上。待冷却后将安装杆从钢支座取出，装上应变计。调试好初始频率后将应变计牢固在钢支座。需要注意的是，表面应变计必须在钢支撑施加预顶力之前安装完毕。

（2）钢结构应变测量方法。

测量方法与锚索应力测量方法一致，直接量取的是传感器的频率。

2. 混凝土应变监测

（1）混凝土应变监测点的布设

混凝土应变监测主要使用埋入式应变计。埋入式应变计可在混凝土结构浇筑时，直接埋入混凝土中用于地下工程的长期应变测量。埋入式应变计的两端有两个不锈钢圆盘。圆盘之间用柔性的铝合金波纹管连接。中间放置一根张拉好的钢弦，将应变计埋入混凝土内。混凝土的变形（应变）使两端圆盘相对移动，这样就改变了张力，用电磁线圈激振钢弦，通过监测钢弦的频率求混凝土的变形。埋入式应变计因完全埋入在混凝土中，不受外界施工的影响，稳定性耐久性好，使用寿命长。

（2）混凝土应变的测量

振弦式应变计是利用弦振频率与弦的拉力的变化关系来测量应变计所在点的应变，应变计在制作出厂后，其中钢弦具有一定的初始拉力T_0，因而具有初始频率f_0，当应变计被埋入混凝土中后，应变筒随混凝土变形而变形，筒中弦的拉力随变形而变化，利用弦的拉力变化可以测出应变筒的应变大小。

第五节　深层水平位移监测技术

一、概述

在基础施工监测中，一般都需要进行深层水平位移监测。深层水平位移监测一般以观测断面的形式进行布置，观测断面应布置在最大横断面及其他特征断面上，如地质及地形复杂段、结构及施工薄弱段等。

目前基础施工监测中深层水平位移监测一般用在地下连续墙、混凝土灌注桩、水泥土搅拌桩、型钢水泥土复合搅拌桩等围护形式上。深层侧向位移监测为重力式、板式围护体系一、二级监测等级必测项目，重力式、板式围护体系三级监测等级选测项目。

深层水平位移监测的常用方法有测斜仪及引张线式位移计，有条件时，也可采用正、倒垂线进行观测。本节重点介绍测斜仪法进行深层水平位移监测。

1. 测斜仪用途及原理

测斜仪是种能有效且精确地测量深层水平位移的工程监测仪器。应用其工作原理可以监测土体、临时或永久性地下结构（如桩、连续墙、沉井等）的深层水平位移。测斜仪分为固定式和活动式两种。固定式是将测头固定埋设在结构物内部的固定点上；活动式即先埋设带导槽的测斜管，间隔一定时间将测头放入管内沿导槽滑动测定斜度变化，计算水平位移。

2. 分类及特点

活动式测斜仪按测头传感器不同，可细分为滑动电阻式、电阻应变片式、钢弦式及伺服加速度计式四种。上海地区用得较多的是电阻应变片式和伺服加速度计式测斜仪，电阻应变片式测斜仪优点是产品价格便宜，缺点是量程有限，耐用时间不长；伺服加速度计式测斜仪优点是精度高、量程大和可靠性好等，缺点是伺服加速度计抗震性能较差，当测头受到冲击或受到横向振动时，传感器容易损坏。

3. 测斜仪的组成

测斜仪由以下四大部分组成：

（1）探头：装有重力式测斜传感器。

（2）测读仪：测读仪是二次仪表，需和测头配套使用，其测量范围、精度和灵敏度，根据工程需要而定。

（3）电缆：连接探头和测读仪的电缆起向探头供给电源和给测读仪传递监测信号的作用，同时也起到收放探头和测量探头所在测点与孔口距离。

（4）测斜管：测斜管一般由塑料管或铝合金管制成。常用直径为50～75mm，长度每节2～4m，管口接头有固定式和伸缩式两种，测斜管内有两对相互垂直的纵向导槽。测量时，测头导轮在导槽内可上下自由滑动。

二、围护体系深层水平位移监测

1. 围护体系深层水平位移监测点的布设原则

（1）布置在基坑平面上挠曲计算值最大的位置，如悬臂式结构的长边中心，设置水平支撑结构的两道支撑之间。孔与孔之间布置间距宜为20～50m，每侧边至少布置1个监测点。

（2）基坑周围有重点监护对象［如建（构）筑物、地下管线］时，离其最近的围护段。

（3）基坑局部挖深加大或基坑开挖时围护结构暴露最早、得到监测结果后可指导后继施工的区段。

（4）监测点布置深度宜与围护体入土深度相同。

2. 测斜管的安装方法

（1）地下连续墙内测斜管安装

测斜管在地下连续墙内的位置应避开导管，具体安装步骤如下：

1）测管连接：将4m（或2m）一节的测斜管用束节逐节连接在一起，接管时除外槽口对齐外，还要检查内槽口是否对齐。管与管连接时先在测斜管外侧涂上PVC胶水，然后将测斜管插入束节，在束节四个方向用自攻螺丝或铝铆钉紧固束节与测斜管。注意胶水不要涂得过多，以免挤入内槽口结硬后影响以后测试。自攻螺丝或铝铆钉位置要避开内槽口且不宜过长。

2）接头防水：在每个束节接头两端用防水胶布包扎，防止水泥浆从接头中渗入测斜管内。

3）内槽检验：在测斜管接长过程中，不断将测斜管穿入制作好的地下连续墙钢筋笼内，待接管结束，测斜管就位放置后，必须检查测斜管一对内槽是否垂直于钢筋笼面，测斜管上下槽口是否扭转。只有在测斜管内槽位置满足要求后方可封住测斜管下口。

4）测管固定：把测斜管绑扎在钢筋笼上。由于泥浆的浮力作用，测斜管的绑扎定位必须牢固可靠，以免浇筑混凝土时，发生上浮或侧向移动。

5）端口保护：在测斜管上端口，外套钢管或硬质PVC管，外套管长度应满足以后浮浆混凝土凿除后管子仍插入混凝土50cm。

6）吊装下笼：现在一般一幅地墙钢笼都可全笼起吊，这为测斜管的安装带来了方便。绑扎在钢笼上的测斜管随钢笼一起放入地槽内，待钢笼就位后，在测斜管内注满清水，然后封上测斜管的上口。在钢笼起吊放入地槽过程中要有专人看护，以防测斜管意外受损。如遇钢笼入槽失败，应及时检查测斜管是否破损，必要时须重新安装。

7）圈梁施工：圈梁施工阶段是测斜管最容易受到损坏阶段，如果保护不当将前功尽弃。因此在地下连续墙凿除上部混凝土以及绑扎圈梁钢筋时，必须与施工单位协调好，派专人看护好测斜管，以防被破坏。同时应根据圈梁高度重新调整测斜管口位置。一般需接长测斜管，此时除外槽对齐外，还要检查内槽是否对齐。

8）最后检验：在圈梁混凝土浇捣前，应对测斜管作一次检验，检验测斜管是否有滑槽和堵管现象，管长是否满足要求。如有堵管现象要做好记录，待圈梁混凝土浇好后及时进行疏通。如有滑槽现象，要判断是否在最后一次接管位置。如果是，要在圈梁混凝土浇捣前及时进行整改。

（2）混凝土灌注桩内测斜管安装

基本步骤同上，需要特别注意的是：因为围护桩钢筋笼一般需要分节吊装，因此给测斜管的安装带来不少麻烦，测斜管安装过程中，上段测斜管要有一定的自由度。

可以与下段测斜管对接。接头对接时，槽口要对齐，不能使束节破损，一旦破损必须把它换掉。接头处要使用胶水，并用螺丝固定连接，胶带密封。每节钢筋笼放入时，应该在测斜管内注入清水，测斜管的内槽口，一边要垂直于围护边线，由于桩的钢筋笼是圆形的，施工时极有可能要发生旋转，使原对好的槽口发生偏转，为了保证安装质量，要与施工单位协调，尽量满足测斜管安装要求。

（3）型钢水泥土复合搅拌桩内测斜管安装

型钢水泥土复合搅拌桩，由多头搅拌桩内插H形钢组成。型钢水泥土复合搅拌桩（SMW工法桩）围护形式的测斜管的安装方法有两种，第一种：安装在H型钢上，随型钢一起插入搅拌桩内；第二种：在搅拌桩内钻孔埋设。在此仅介绍第一种方法。

1）连接：将4m（或2m）一节的测斜管用束节逐节连接在一起，接管时除外槽口对齐外，还要检查内槽口是否对齐。管与管连接时先在测斜管外侧涂上PVC胶水，然后将测斜管插入束节，在束节四个方向用自攻螺丝或铝铆钉固紧束节与测斜管。注意胶水不要涂得过多，以免挤入内槽结硬后引起测斜仪在测试过程中滑槽。自攻螺丝或铝铆钉位置要避开内槽口且不宜过长，以免影响测斜仪在槽内移动。

2）接头防水：在每个束节接头两端用防水胶布包扎，防止水泥浆从接头中渗入测斜管内。

3）内槽检验：接管结束后，必须检查测斜管内槽是否扭转。

4）测管固定：将测斜管靠在H形钢的一个内角，测斜管一对内槽须垂直H形钢翼板，间隔一定距离，在束节处焊接短钢筋把测斜管固定在H形钢上。固定测斜管时要调整一对内槽始终垂直于H形钢翼板。

5）端口保护：因测斜管固定在H形钢内，一般不需在测斜管上端口外套钢管或硬质PVC管，只要在上口用管盖密封即可。

6）型钢插入：在型钢插入施工过程中要有专人看护，以防测斜管意外受损。如遇测斜管固定不牢在型钢插入过程中上浮，表明安装失败，应重新安装。

7）圈梁施工：圈梁施工阶段是测斜管最容易受到损坏阶段，如果保护不当将前功尽弃。因此必须与施工单位协调好，派专人看护好测斜管，以防被破坏。

8）最后检验：在圈梁混凝土浇捣前，应对测斜管做一次检验，检验测斜管是否有滑槽和堵管现象，管长是否满足要求。如有堵管现象要做好记录，待圈梁混凝土浇好后及时进行疏通。

（4）水泥土搅拌桩内测斜管安装

水泥土搅拌桩内测斜管采用钻孔法安装，步骤如下：

1）钻孔：孔深大于所测围护结构的深度5～10m，孔径比所选的测斜管大5～10cm，在土质较差地层钻孔时应用泥浆护壁。

2）接管：钻孔作业的同时，在地表将测斜管用专用束节连接好，并对接缝处进行密封处理。

3）下管：钻孔结束后马上将测斜管沉入孔中，然后在管内充满清水，以克服浮力。下管时一定要对好槽口。

4）封孔：测斜管沉放到位后，在测斜管与钻孔空隙内填入细砂或水泥和膨润土拌合的灰浆，其配合比取决于土层的物理力学性能和地质情况。刚埋设完几天内，孔内充填物会固结下沉因此要及时补充保持其高出孔口。

5）保护：圈梁施工阶段是测斜管最容易受到损坏阶段，如果保护不当将前功尽弃。因此必须与施工单位协调好，派专人看护好测斜管，以防被破坏。测斜管管口一般高出圈梁面20cm左右，周围砌设保护井，以免遭受损坏。

3. 深层水平位移的测量方法

测斜管应在工程开挖前15 ~ 30d埋设完毕，在开挖前的3 ~ 5d内复测2 ~ 3次。待判明测斜管已处于稳定状态后，取其平均值作为初始值，开始正式测试工作。每次监测时，将探头导轮对准与所测位移方向一致的槽口，缓缓放至管底，待探头与管内温度基本一致、显示仪读数稳定后开始监测。一般以管口作为确定测点位置的基准点，每次测试时管口基准点必须是同一位置，按探头电缆上的刻度分划，匀速提升。每隔500mm读数一次，并做记录。待探头提升至管口处，旋转180°后，再按上述方法测测量，以消除测斜仪自身的误差。

4. 深层水平位移监测注意事项

（1）因测斜仪的探头在管内每隔0.5m测读一次，故对测斜管的接口位置要精确计算，避免接口设在探头滑轮停留处。

（2）测斜管中有一对槽口应自上而下始终垂直于基坑边线，若因施工原因致使槽口转向而不垂直于基坑边线，则须对两对槽口进行测试，然后在同一深度取矢量和。

（3）测点间距应为0.5m，以使导轮位置能自始至终重合相连，而不宜取10m测点间距，导致测试结果偏离。

三、土体深层水平位移监测

1. 土体深层水平位移监测点的布设原则

土体深层水平位移监测点布置在基坑平面上挠曲计算值最大的位置，如悬臂式结构的长边中心，设置水平支撑结构的两道支撑之间。孔与孔之间布置间距宜为20 ~ 50m，每侧边至少布置1个监测点。测斜管的埋设长度不宜小于基坑开挖深度的1.5倍，并应大于围护墙的深度。当以测斜管底为固定起算点时，管底应嵌入稳定的土体中。

2. 测斜管的安装

土体深层水平位移监测孔的测斜管安装方法与水泥土搅拌桩内测斜管安装方法

一致。

第六节 土体分层垂直位移监测技术

一、概述

分层沉降观测即在测斜管的外部再加设沉降环，要求测斜管的刚度与周围介质相当，且沉降环与周围介质密切结合。

利用电磁式沉降仪观测分层沉降时，首先应测定孔口的高程，再用电磁式测头自下而上测定每个沉降磁环的位置（孔口到沉降环的距离），每个测点应平行测定两次，读数差不得大于2mm。利用孔口高程和孔口到沉降环的距离可以计算出每个沉降环的高程，从而可以计算出每个沉降环的沉降量，以及每个沉降环之间的相对沉降量。

土体分层垂直位移监测包括坑内分层垂直位移监测和坑外分层垂直位移监测。坑外垂直位移监测属于基础施工周边环境安全监测的范畴，而坑内分层垂直位移监测属于地基土分层沉降监测的范畴。

分层沉降观测的主要方法有：电磁式沉降仪观测、干簧管式沉降仪观测、水管式沉降仪观测、横臂式沉降仪观测和深式测点组观测。以下介绍常用的电磁式沉降仪。

1. 分层沉降仪用途及原理

分层沉降仪是通过电感探测装置，根据电磁频率的变化来观测埋设在土体不同深度内的磁环的确切位置，再由其所在位置深度的变化计算出地层不同标高处的沉降变化情况。分层沉降仪可用来监测由开挖引起的周围深层土体的垂直位移。

2. 分层沉降仪的组成

分层沉降测量系统由三部分构成：第一部分为埋入地下的材料部分，由沉降导管、底盖和沉降磁环等组成；第二部分为地面测试仪器——分层沉降仪，由测头、测量电缆、接收系统和绕线盘等组成；第三部分为管口水准测量，由水准仪、标尺、脚架、尺垫等组成。分层沉降仪的组成：

（1）导管：采用PVC塑料管，管径53mm或70mm。

（2）磁环：沉降磁环由注塑制成，内安放稀土高能磁性材料，形成磁力圈。外安装弹簧片，弹簧片张开后外径约200mm，磁环套在导管处，弹簧片与土层接触，随土层移动而位移。

（3）测头：不锈钢制成，内部安装了磁场感应器，当遇到外磁场作用时，便会接通接收系统，当外磁场不起作用时，就会自动关闭接收系统。

（4）电缆：由钢尺和导线采用塑胶工艺合二为一，既防止了钢尺诱蚀，又简化了操作过程，测读更加方便、准确。钢尺电缆一端接入测头，另一端接入接收系统。

（5）接收系统：由音响器和峰值指示组成，音响器发出连续不断的蜂鸣声响，峰值指示为电压表指针指示，两者可通过拨动开关来选用，不管用何种接收系统，测读精度是一致的。

（6）绕线盘：由绕线圆盘和支架组成。

3. 分层沉降仪使用方法

测量时，拧松绕线盘后面螺丝，让绕线盘转动自由后，按下电源按钮，手持测量电缆，将测头放入沉降管中，缓慢地向下移动。当测头穿过土层中的磁环时，接收系统的蜂鸣器便会发出连续不断的蜂鸣声。若是在噪声较大的环境中测量，蜂鸣声不能听清时可用峰值指示，只要把仪器面板上的选择开关拨至电压挡即可测量。方法同蜂鸣声指示。

二、坑外分层垂直位移监测技术

1. 坑外分层垂直位移监测点的布设原则

监测孔应布置在邻近保护对象处，竖向监测点（磁环）宜布置在土层分界面上，在厚度较大土层中部应适当加密，监测孔深度宜大于2.5倍基坑开挖深度，且不应小于基坑围护结构以下5～10m。在竖向布置上，测点已设置在各层土的界面上，也可等间距设置。测点深度、测点数量视具体情况确定。

2. 坑外分层垂直位移监测孔的安装

沉降管用外径为53mm的PEE管，每段长4m，用外接头和专用胶水连接，接头处密封不透水，沉降磁环的内径为53mm。

钻孔法一般埋设步骤如下：

（1）钻孔选用150型钻机，必须采用干钻，套管跟进，套管长度为L5～2.0m。套管直径采用130mm。钻孔倾斜度要求不大于1°，钻孔深度应超过基坑底板2～3m。

（2）钻孔时要详细记录各土层的性质、土质分界线同时还要记录跟进套管规格。钻孔应比最下面一个磁环深1.0m。

（3）沉降管来用外径53mm、壁厚3.5mm的PEE管，每段长4m，用外接头和胶水连接，接头处密封不透水。沉降管的管底用闷盖和胶水密封，外面用土工布绑扎。

按照设计要求在预定位置套一只磁环，磁环可在两个接头之间自由滑动，但不能穿过接头。磁环上均匀布置六只带倒刺的钢片，钢片用螺丝固定在磁环上，其中三只向上方倾斜，另外三只向下方倾斜。

（4）根据钻孔的深度，按照上述方法装配好沉降管，将每个磁环朝下的三只钢片用纸绳捆扎四道，磁性沉降环的设置间距为2m。

（5）将装配好的沉降管放入钻孔中，此时磁环向上的钢片与孔壁之间会产生摩擦，需用力将沉降管压到孔底。确认到底后，将沉降管向上拔出1m，这样所有磁环均安装到设计高程，且位于各段沉降管的中间位置。

（6）抓住沉降管使之不会下沉然后开始回填，回填料应与钻孔周围的土料一致。回填过程中应适当加水，因为捆扎钢片的纸绳遇水浸泡一定时间后即断裂，三只钢片自动弹开，插入孔壁土体中，这样每个磁环的六只钢片全部插入孔壁土体中，使磁环与孔壁土体的连接更加牢固。

（7）管口应高出地平面50～100cm，并加以保护。

（8）回填结束后待稳定一段时间，进行初次观测。首先测出管口（管底）高程，然后从管口（管底）用沉降仪进行首次观测，首次测试应进行2～3次，取这几次的平均值为原始数据，并做好记录。根据沉降仪的读数计算出各磁环的高程，此高程即作为该磁环的初始高程。

3. 坑外分层垂直位移监测的测试方法

（1）测试方法

监测时应先用水准仪测出沉降管的管口高程，然后将分层沉降仪的探头缓缓放入沉降管中。当接收仪发生蜂鸣或指针偏转最大时，就是磁环的位置。捕捉响第一声时测量电缆在管口处的深度尺寸，每个磁环有两次响声，两次响声间的间距十几厘米。这样由上向下地测量到孔底，这称为进程测读。当从该沉降管内收回测量电缆时，测头再次通过土层中的磁环，接收系统的蜂鸣器会再次发出蜂鸣声。此时读出测量电缆在管口处的深度尺寸，如此测量到孔口，称为回程测读。磁环距管口深度取进、回程测读数平均数。

（2）坑外分层垂直位移监测注意事项

1）深层土体垂直位移的初始值应在分层标埋设稳定后进行，一般不少于一周。每次监测分层沉降仪应进行进、回两次测试，两次测试误差值不大于1.0m，对于同一个工程应固定监测仪器和人员，以保证监测精度。

2）管口要做好防护墩台或井盖，盖好盖子，防止沉降管损坏和杂物掉入管内。

三、坑内分层垂直位移监测技术

1. 坑内分层垂直位移监测点的布设原则

坑内分层垂直位移监测也称为地基土分层沉降观测，它应测定建筑地基内部各分层土的沉降量、沉降速度以及有效压缩层的厚度。分层垂直位移监测点应在建筑地基中心附近2m×2m或各点间距不大于50cm的范围内，沿铅垂线方向上的各土层布置。点位数量与深度应根据分层土的分布情况确定，每一土层应设一点，最浅的点位应在基础底面下不小于50cm处，最深的点位应超过压缩层理论厚度处或设在压缩性低的砾石或岩石层上。

2. 坑内分层垂直位移监测点的安装

坑内分层垂直位移监测点的安装与坑外分层垂直位移监测点的安装方法一致。

3. 坑内分层垂直位移测试方法及原理

坑内分层垂直位移监测点的测试方法及原理与坑外分层垂直位移监测点的测试方法及原理一致。

第七节 水工、土工监测技术

一、概述

随着监测技术的发展和工程人员对安全监控的愈加重视，水工、土工监测出现的频次越来越多。

地下水位观测是水利、采矿、能源、交通以及高层建筑等工程中进行安全监测的主要项目之一。地下水流失是地层、地基下沉的主要原因。目前，国内地下水位观测一般采取在透水层埋设测压管，通过人工或利用水位传感器进行观测，也可通过专门的观测井进行观测。

孔隙水压力监测用于测量基坑工程坑外不同深度土的孔隙水压力。由于饱和土受荷载后首先产生的是孔隙水压力的变化，随后才是颗粒的固结变形，孔隙水压力的变化是土体运动的前兆。静态孔隙水压力监测相当于水位监测。潜水层的静态孔隙水压力测出的是孔隙水压力计上方的水头压力，可以通过换算计算出水位高度。在微承压水和承压水层，孔隙水压力计可以直接测出水的压力。结合土压力监测，可以进行土体有效应力分析，作为土体稳定计算的依据。不同深度孔隙水压力监测可以为围护墙后水、土压力分算提供设计依据。孔隙水压力监测为重力式围护体系一、二级监测等级、板式围护体系一级监测等级选测项目。

基坑工程土压力监测主要用于测量围护结构内、外侧的土压力。结合孔隙水压力监测，可以进行土体有效应力分析，作为土体稳定计算的依据。不同深度土压力监测可以为围护墙后水、土压力分算提供设计依据。土压力监测为板式围护体系一、二级监测等级选测项目。

二、坑外、内地下水位监测

坑外地下水位监测主要用于监测基础施工过程中，工地周边环境的地下水流失情况，用于对周边环境进行安全监控。坑内地下水位监测主要用监测基础施工场地内地下水位变化情况，检测基坑降水效果（如降水速率和降水深度），一般采用地下水位观测井进行观测，且地下水位观测井与基坑降水井一起布设。由于坑内地下水位监测比较容易实现，故本节主要阐述坑外地下水位监测的方法与原理。

1. 地下水位观测设备简介

（1）水位计用途及原理

水位计是观测地下水位变化的仪器；它可用来监测由降水、开挖以及其他地下工程施工作业所引起的地下水位的变化。

（2）水位仪的组成

水位测量系统由三部分组成：第一部分为地下埋入材料部分——水位管；第二部分为地表测试仪器——钢尺水位计，由探头、钢尺电缆、接收系统、绕线架等部分组成；第三部分为管口水准测量，由水准仪、标尺、脚架、尺垫等组成。

1）钢尺水位计：探头外壳由金属车制而成，内部安装了水阻接触点。当触点接触水面时，接收系统蜂鸣器发出蜂鸣声，同时峰值指示器中的电压指针发生偏转。测量电缆部分由钢尺和导线采用塑胶工艺合二为一。既防止了钢尺的锈蚀，又简化了操作过程，读数方便、准确。

2）水位管：潜水水位管一般由PVC工程塑料制成，包括主管和束节及封盖。主管管径50～70mm，管头50cm打有四排的孔。束节套于两令主管的接头处，起着连接、固定作用，埋设时应在主管管头滤孔外包上土工布，起到滤层的作用。承压水水位管一般采用PPR管，接口采用热熔技术，管子之间完全融合在一起，可有效阻隔上层水的渗透。

（3）水位计的使用

水位测量时，拧松水位计绕线盘后面螺丝，让绕线盘转动自由后，按下电源按钮把测头放入水位管内，手拿钢尺电缆，让测头缓慢地向下移动，当测头的触点接触到水面时，接收系统的音响器便会发出连续不断的蜂鸣声。此时读出钢尺电缆在管口处的读数。

2. 地下水位监测孔的埋设

（1）水位孔的布设原则

检验降水效果的水位孔布置在降水区内，采用轻型井点管时可布置在总管的两侧，采用深井降水时应布置在两孔深井之间。潜水水位观测管埋设深度不宜小于基坑开挖深度以下3m。微承压水和承压水层水位孔的深度应满足设计要求。

保护周围环境的水位孔应围绕围护结构和被保护对象（如建筑物、地下管线等）或在两者之间进行布置，其深度应在允许最低地下水位之下或根据不同水层的位置而定，潜水水位观测管埋设深度宜为6～8m。潜水水位监测点间距宜为20～50m，微承压水和承压水层水位监测点间距宜为30～60m，每测边监测点至少1个。

（2）水位管构造与埋设

水位管选用直径50mm左右的钢管或硬质塑料管，管底加盖密封，防止泥砂进入管中。下部留出0.5～1m的沉淀段（不打孔），用来沉积滤水段带入的少量泥砂。中部管壁周围钻出6～8列直径为6mm左右的滤水孔，纵向孔距50～100mm。相邻两列的孔交错排列，呈梅花状布置。管壁外部包扎过滤层，过滤层可选用土工织物或网纱。上部管口段不打孔，以保证封口质量。

水位孔一般用小型钻机成孔，孔径略大于水位管的直径，孔径过小会导致下管困难，孔径过大会使观测产生一定的滞后效应。成孔至设计标高后，放入裹有滤网的水位管，管壁与孔壁之间用净砂回填过滤，再用黏土进行封填，以防地表水流入。承压水水位管安装前须摸清承压水层的深度，水位管放入钻孔后，水位管滤头必须在承压水层内。承压水面层以上一定范围内，管壁与孔壁之间采取特别的措施，隔断承压水与上层潜水的连通。

3. 地下水位测试方法

先用水位计测出水位管内水面距管口的距离，然后用水准测量的方法测出水位管管口绝对高程，最后通过计算得到水位管内水面的绝对高程。

4. 注意事项

1）水位管的管口要高出地表并做好防护墩台，加盖保护，以防雨水、地表水和杂物进入管内。水位管处应有醒目标志，避免施工损坏。

2）在监测了一段时间后。应对水位孔逐个进行抽水或灌水试验，看其恢复至原来水位所需的时间，以判断其工作的可靠性。

3）坑内水位管要注意做好保护措施，防止施工破坏。

4）坑内水位监测除水位观测外，还应结合降水效果监测，即对出水量和真空度进行监测。

三、土压力监测

1. 仪器设备简介

（1）土压力计（盒）

土压力盒有钢弦式、差动电阻式、电阻应变式等多种。目前基坑工程中常用的是钢弦式。土压力盒又有单膜和双膜两类，单膜一般用于测量界面土压力，并配有沥青压力囊；双膜式一般用于测量自由土体土压力。

（2）测试仪器、设备数显频率仪。

2. 土压力计（盒）的安装

（1）钻孔法

钻孔法是通过钻孔和特制的安装架将土压力计压入土体内。具体步骤如下：1）先将土压力盒固定在安装架内；2）钻孔到设计深度以上0.5～1.0m；放入带土压力盒的安装架，逐段连接安装架压杆，土压力盒导线通过压杆引到地面。然后通过压杆将土压力盒压到设计标高；3）回填封孔。

（2）挂布法

挂布法用于测量土体与围护结构间接触压力。具体步骤如下：1）先用帆布制作一幅挂布，在挂布上缝有安放土压力盒的布袋，布袋位置按设计深度确定；2）将包住整幅钢笼的挂布绑在钢筋笼外侧，并将带有压力囊的土压力盒放入布袋内，压力囊朝外，导线固定在挂布上通到布顶；3）挂布随钢筋笼一起吊入槽（孔）内；4）混凝土浇筑时，挂布将受到侧向压力而与土体紧密接触。

3. 土压力测试方法与原理

（1）测试方法

土压力测试方法相对比较简单，用数显频率仪测读、记录土压力计频率即可。

（2）计算原理土压力计算式如下：

$$P=k\left(f_i^2-f_0^2\right)$$

式中：P——土压力（kPa）；

k——标定系数（kPa/Hz）；

f_i——测试频率；

f_0——初始频率。

四、孔隙水压力监测

1. 仪器设备简介

（1）孔隙水压力计

目前孔隙水压力计有钢弦式、气压式等几种形式，基坑工程中常用的是钢弦式孔隙水压力计，属钢弦式传感器中的一种。孔隙水压力计由两部分组成，第一部分为滤头，由透水石、开孔钢管组成，主要起隔断土压的作用；第二部分为传感部分，其基本要素同钢筋计。

（2）测试仪器、设备数显频率仪。

2. 孔隙水压力计安装

（1）安装前的准备

将孔隙水压力计前端的透水石和开孔钢管卸下，放入盛水容器中热泡，以快速排除透水石中的气泡，然后浸泡透水石至饱和，安装前透水石应始终浸泡在水中，严禁与空气接触。

（2）钻孔埋设

孔隙水压力计钻孔埋设有两种方法，一种方法为一孔埋设多个孔隙水压力计，孔隙水压力计间距大于1.0m，以免水压力贯通。此种方法的优点是钻孔数量少，比较适合于提供监测场地不大的工程，缺点是孔隙水压力计之间封孔难度很大，封孔质量直接影响孔隙水压力计埋设质量，成为孔隙水压力计埋设好坏的关键工序，封孔材料一般采用膨润土泥球。埋设顺序为：1）钻孔到设计深度；2）放入第一个孔隙水压力计，可采用压入法至要求深度；3）回填膨润土泥球至第二个孔隙水压力计位置以上0.5m；4）放入第二个孔隙水压力计，并压入至要求深度；5）回填膨润土泥球，以此反复，直到最后一个。

第二种方法采用单孔法即一个钻孔埋设一个孔隙水压力计。该方法的优点是埋设质量容易控制，缺点是钻孔数量多，比较适合于能提供监测场地或对监测点平面要求不高的工程。具体步骤为：1）钻孔到设计深度以上0.5 ~ 1.0m；2）放入孔隙水压力计，采用压入法至要求深度；3）回填1m以上膨润土泥球封孔。

3. 孔隙水压力测试方法与原理

（1）测试方法

孔隙水压力计测试方法相对比较简单，用数显频率仪测读、记录孔隙水压力计频率即可。

（2）计算原理

孔隙水压力计算式如下：

$$u = k(f_i^2 - f_0^2)$$

式中：u——空隙水压力（kPa）；

k——标定系数（kPa/Hz^2）；

f_i——测试频率；

f_0——初始频率。

4. 注意事项

（1）孔隙水压力计应按测试量程选择，上限可取静水压力与超孔隙水压力之和的1.2倍。

（2）采用钻孔法施工时，原则上不得采用泥浆护壁工艺成孔。如因地质条件差不得不采用泥浆护壁时，在钻孔完成之后，需要清孔至泥浆全部清洗为止。然后在孔底填入净砂，将孔隙水压力计送至设计标高后，再在周围回填约0.5m高的净砂作为滤层。

（3）在地层的分界处附近埋设孔隙水压力计时应十分谨慎，滤层不得穿过隔水层，避免上下层水压力的贯通。

（4）孔隙水压力计在安装过程中，其透水石始终要与空气隔绝。

（5）在安装孔隙水压力计过程中，始终要跟踪监测孔隙水压力计频率，看是否正常，如果频率有异常变化，要及时收回孔隙水压力计，检查导线是否受损。

（6）孔隙水压力计埋设后应测量孔隙水压力初始值，且连续测量一周，取三次测定稳定值的平均值作为初始值。

参考文献

［1］高大钊.《岩土工程勘察规范》（GB 50021—2001）的修订［J］.建筑结构，2002（12）：62-65.

［2］戴一鸣.探讨解决岩土工程勘察中存在的技术问题［J］.福建建设科技，2005（1）：320.

［3］陈晨，李晓元，刘博.浅谈岩土工程勘察中存在的问题及解决措施［J］.科协论坛（下半月），2010（11）：24-25.

［4］潘广灿，张金来.对岩土工程勘察与地基设计若干问题的认识［J］.探矿工程（岩土钻掘工程），2005，32（9）：20-21.

［5］姜明友.岩土工程勘察中常见问题的分析和解决措施［J］.中国新技术新产品，2010（18）：100.

［6］陈志芳.当前岩土工程勘察中存在的问题分析［J］.建筑设计管理，2011，28（12）：56-57.

［7］黎艳，王炜.岩土工程勘察技术现状及发展问题述评［J］.工程勘察，1998（4）：3-8.

［8］林宗元.岩土工程勘察设计手册［M］.辽宁科学技术出版社，1996.

［9］程兴洪.岩土工程勘察技术的应用与技术管理研究［J］.低碳世界，2014（11）：192-193.

［10］张培成，王明格，陶志刚.岩土工程勘察中常见问题分析［J］.资源与产业，2007，9（3）：113-114.

［11］上海市建设和管理委员会.建筑地基基础工程施工质量验收规范［M］.中国计划出版社，2002.

［12］沈珠江.抗风化设计——未来岩土工程设计的一个重要内容［J］.岩土工程学报，2004，26（6）：866-869.

［13］林宗元.简明岩土工程勘察设计手册（下册），岩土工程设计部分［M］.中国建筑工业出版社，2003.

［14］张旷成，李亮辉.从岩土工程设计看岩土工程勘察工作中几个值得注意和改进的问题［J］.矿产勘查，2006，9（12）：21-26.

［15］杨俊峰.岩土工程设计、施工项目的企业内部质量管理［J］.中国勘察设计，2002（12）：32-35.

［16］胡小军，张海兵.信息管理技术在岩土工程设计和施工中的应用［J］.地球，2014（1）.

［17］慕凤林.岩土工程勘察与岩土工程设计的关系［J］.山西建筑，2016，42（24）：77-78.

［18］刘金川，孟薄萍，师文斌.高填方岩土工程设计初探［J］.中国高新技术企业，2010（18）：140-141.

［19］倪飞.岩土工程设计施工专项业务承包发展模式浅析［J］.建筑施工，2014，36（5）：616-618.

［20］杨嗣信.建筑地基基础工程施工技术指南［J］.岩土力学，2005（7）：1140.